Einführung in die Digitalelektronik 2

Ernst Beckmann
Roland Jeschke

Experimente: Einführung in die Digitalelektronik 2

Herausgegeben von Jean Pütz

CIP-Kurztitelaufnahme der Deutschen Bibliothek

Beckmann, Ernst:
Experimente: Einführung in die Digitalelektronik/
Ernst Beckmann; Roland Jeschke. Hrsg. von Jean
Pütz. – Köln: Verlagsgesellschaft Schulfernsehen.
(Experimente)

NE: Jeschke, Roland:

2. – 1. Aufl. – 1981.
ISBN 3-8025-1032-1

Bildquellen
Digital Elektronic Automation GmbH, Frankfurt (Bild 1.4)
Grundig AG, Fürth (Bild 6.40 a)
Philips Fachbuchverlag, Hamburg (Bild 1.2)
Telefunken, Hannover (Bild 2.1)
Texas Instruments Deutschland, Freising (Bild 1.1)

Alle übrigen Fotos: Gerhard Praßer, Köln

1. Auflage 1981
2. Auflage 1987
© Verlagsgesellschaft Schulfernsehen–vgs–Köln 1981
Umschlaggrafik: Renate Triltsch, Köln
Zeichnungen: Ingenieurbüro Metz & Kohlöffel, Ravensburg
Reproduktion der Abbildungen: Regrafo GmbH, Kempen
Gesamtherstellung: Laub GmbH + Co., Elztal-Dallau
Printed in Germany
ISBN 3-8025-1032-1

Vorwort

Liebe Leser!

Ich freue mich, Ihnen nun den zweiten Band dieses Werkes präsentieren zu können.

Die drei Bände erscheinen mit einem gewissen zeitlichen Abstand voneinander, weil solch ein Experimentierbuch, das nicht nur Theorie, sondern auch einen gewichtigen Teil Praxis enthält, nicht einfach so »runtergeschrieben« werden kann; viele Abstimmungsprozesse sind nötig, alles muß auf Funktion und Machbarkeit geprüft werden, und die Schaltungen müssen nicht nur prinzipiell dargestellt, sondern mit allen Daten für Bauelemente und Platinen versehen werden. Wir haben, wie Sie vom ersten Band wissen, dazu ein eigenes Experimentiersystem DIGIPROB entwickelt. Auch in diesem zweiten Band bildet das DIGIPROB-System (nach dem Baukastenprinzip erweiterbar) wieder das experimentelle Rückgrat.

Aber auch derjenige, der das Buch ohne eigene Versuche durcharbeitet, profitiert vom didaktischen Ansatz. Einerseits gestattet es sozusagen alles in Gedankenversuchen nachzuvollziehen: Man lernt am konkreten, exemplarischen Objekt, ohne lange, ermüdende Durststrecken. Andererseits bringt dieses experiment-bestimmte Konzept auch für den Autor einen sozusagen »disziplinierenden« Effekt: Er verliert sich nie in für den Leser unerreichbare Höhen der reinen Theorie.

Mittlerweile hat es sich überall herumgesprochen, welch wichtige Grundlagenfunktion die Digitalelektronik in der heutigen modernen Technik einnimmt; da brauche ich Sie sicher nicht mehr zu motivieren. Was mich besonders freut, ist die positive Resonanz vieler Facharbeiter und Techniker, die von unseren Sendungen und Büchern beruflich und auch für ihr Hobby profitiert haben. Herzlichen Dank: Applaus – besonders wenn er aus der richtigen Ecke kommt – ist auch ein wenig das Brot des Journalisten.

Eines der wichtigsten Ziele meiner Arbeit ist es ja auch, die Leser zu erreichen, die durch Selbststudium den Zugang zu neuen qualifizierteren Tätigkeiten erlangen möchten. Ohne sie hätte unsere Volkswirtschaft nicht ihren hohen technologischen Standard. Wissen und Können ist der beste Schutz vor Arbeitslosigkeit. Schon zeichnet sich ein erheblicher Mangel an Elektronikfachleuten ab, insbesondere in der Digitalelektronik, die wohl die Branche mit den größten Zukunftsaussichten sein wird. Die Analogtechnik wird immer mehr von der Digitaltechnik abgelöst; selbst klassische Branchen wie Fernmelde-, Rundfunk- und Fernsehtechnik stellen immer mehr auf digitale Prinzipien um. Zwei Beispiele von vielen: die digital (PCM) codierte Schallplatte mit sagenhafter Wiedergabequalität ist zur Marktreife entwickelt, und der Hörfunk erhält durch Satellitensender, die digital codierte Signale übermitteln, eine ungeahnte technische Qualität.

Kurz: die Berufsaussichten für Digitalelektroniker werden auch bei wirtschaftlicher Rezession immer besser. Ich hoffe, daß dieses Werk Ihnen hilft, mit auf diesen Zug aufzuspringen. Daß Digitalelektronik auch noch Spaß machen kann, beweist die Tatsache, daß viele sie zu ihrem Hobby gemacht haben – auch ihnen ist dieses Buch gewidmet.

Der dritte Band dieser *Einführung in die Digitalelektronik* wird das Angebot an interessanten Schaltungsvorschlägen abrunden.

Viel Spaß und Erfolg!

Ihr

Jean Pütz

Inhalt

1. Codes – die Sprachen der Digitalelektronik

Binär codierte Systeme 12
Die Vielfalt der binären Codes 12
Eine Wegstreckenabtastung – digitalelektronisch ausgewertet 13
Das Bit – die Einheit der Informationsmenge .. 16

Verschiedene Zahlensysteme und ihre binäre Codierung 17
Das Zweier-System 18
Das Sechser-System 19
Das Achter-System 21
Das Zehner-System 23
Der BCD-Code 24
Das Zwölfer-System 24
Das Sechzehner-System 25

Ein Positionsgeber für eine drehbare Antenne . 27

Die binäre Codierung von Schriftsätzen 31

2. Zähl- und Registerschaltungen aus bistabilen Kippgliedern

JK-Kippglieder: universell einsetzbare Speicher 36
Die Arbeitsweise des JK-Kippgliedes 36
JK-Kippglied mit Einflanken-Steuerung 38
JK-Kippglied mit Zweiflanken-Steuerung ... 38
Experimente mit dem zweiflanken-gesteuerten JK-Kippglied 39
1. Experiment: Die Arbeitsweise des zweiflanken-gesteuerten JK-Kippgliedes 40
2. Experiment: JK-Kippglied als T-Kippglied 41
3. Experiment: JK-Kippglied als D-Kippglied 41

Frequenzteiler mit JK-Kippgliedern 42
Frequenzteilung 2:1 42
Frequenzteilung 4:1 42
Frequenzteilung 3:1 42
Frequenzteilung 5:1 43
Frequenzteilung 6:1 44
Die 50-Hz-Netzfrequenz wird herabgesetzt ... 45

Impulszähler mit JK-Kippgliedern 46
Zum prinzipiellen Aufbau von Zählschaltungen. 46
Zwei bistabile Kippglieder zählen bis 3 47
Die Bewertung der Zählerausgangs-Zustände . 48
Die Zählkapazität eines Dualzählers 48
Ein Zählerstand soll ausgewertet werden 50
Zurückstellen eines Dualzählers 52
Mit Dualzählern rückwärts zählen 53
Voreinstellen von Dualzählern 55
Synchronzähler und Asynchronzähler 58

Der BCD-Zähler: ein »bequemer« Zähler ... 60
Ein BCD-Zähler als integrierter Schaltkreis .. 64
Die dezimale Anzeige des Zählerstandes 67
Anzeige mit einzelnen Leuchtdioden 67
Anzeige mit Ziffernfiguren 68
Ein BCD-7-Segment-Codierer 71
Ein zweistelliger Dezimalzähler 72
Vorwählbare Meldung eines Zählerstandes .. 74

Schieberegister aus JK-Kippgliedern 76
Schieberegister mit Auffüll-Effekt 76
Schieberegister mit Auffüll- und Räumeffekt .. 78
Schieberegister mit einem wandernden 1-Wert . 81
Änderung der Schieberichtung 81

Informations-Eingabe und -Ausgabe bei Schieberegistern 84
a) Serielle Ein- und Ausgabe 84
b) Serielle Eingabe und parallele Ausgabe 85
c) Parallele Eingabe und serielle Ausgabe 85
d) Parallele Ein- und Ausgabe 86
Anwendungsbeispiel: Datenübertragung 86

3. Schmitt-Trigger-Glieder: die Schwellwertschalter der Digitalelektronik

Eine Schwelle für Signale 90
Hysterese: zwei verschiedene Schwellenwerte . 91
Das Schmitt-Trigger-Glied im IC 7414 92
NAND-Glieder mit Trigger-Verhalten 94
Ströme an einem Trigger-Eingang 95
Anwendungshinweise für Schmitt-Trigger ... 99

4. Verzögerungsglieder – Signalverarbeitung mit geplanter Verspätung

Möglichkeiten der Schaltzeitbeeinflussung ... 100
Realisierung von Verzögerungsgliedern mit TTL-ICs 101
Eine Ausschaltverzögerung für eine Garagenbeleuchtung 101
Die Ausschaltverzögerung wird zur Einschaltverzögerung 104

5. Monostabile Kippglieder – Schalten auf Zeit

Monostabile Kippglieder in TTL-74-ICs 109
Nachtriggerbare monostabile Kippglieder ... 110

Der Zeitgeber »555« als monostabiles Kippglied 113

Monostabile Kippschaltung mit Schmitt-Trigger und RC-Glied 115

Anwendungsbeispiele für monostabile Kippglieder 116
Monostabile Kippglieder als »Kurzzeit-Schaltuhren« 116
Stafettenlauf der Signale – Programmablauf-Steuerung mit monostabilen Kippgliedern ... 117
Ein monostabiles Kippglied als Impulsformer in einem Frequenz- oder Drehzahlmesser 120

6. Astabile Kippglieder – die Taktgeber der Digitalelektronik

Beispiele für den Aufbau von astabilen Kippschaltungen 125

Verzögerungsglied und Negationsglied als Impulsgenerator 125
Zwei monostabile Kippglieder im »Schlagabtausch« 126
Schmitt-Trigger mit RC-Glied als Impulsgenerator 126

Beispiele für die Anwendung astabiler Kippglieder 128
Blinksignalgeber mit Leuchtdiode 128
Tonsignalgeber 130
Tonsignalgeber mit periodisch unterbrochenem Ton: der »Pieper« 131
Miniorgel mit astabilen Kippgliedern 131
Astabile Kippglieder programmgesteuert – ein digitalelektronischer Melodiegeber 134
Astabile Kippglieder im Zusammenspiel – ein »akustisches Mobile« 139
Impulsgeneratoren aus monostabilen Kippgliedern 144
Nadelimpuls-Generator mit einem monostabilen Kippglied des Typs 74123 144
Impulsgenerator mit Frequenz- und Impulsdauer-Einstellung 145
Stufenlose Helligkeitseinstellung für Lampen oder Leuchtdioden durch Impulsdauer-Veränderung 146
Automatische Stromimpuls-Helligkeitssteuerung 148
»Sunrise-Sunset-Dimmer« – Automatische, stufenlose Hell- und Dunkel-Steuerung durch Stromimpulse 150
Astabiles Kippglied mit getrennt einstellbarer Impuls- und Impulspausendauer 152
Eine »Jaul«-Sirene mit einem spannungsgesteuerten Impulsgenerator 154
Der Zeitgeber »555« als astabiles Kippglied ... 157
Ein astabiles Kippglied aus NAND-Gliedern? . 159
Ein quarzgesteuerter Taktgenerator 160

7. Beispiele für Informations-Ein- und Ausgabeeinheiten bei TTL-Schaltungen

Sensoren für nichtelektrische Größen 163
Sensoren für Helligkeitsunterschiede – Dämmerungsschalter 163
Lichtschranken 165
Lichtschranken für geringe Schrankenweiten mit sichtbarem Lichtstrahl 166
Infrarot-Strahlschranken 167

Optoelektronische Lochstreifen- und Lochkartenleser 169
Ein 8-Kanal-Lochstreifenleser zum Experimentieren . 171
Ein Reflexions-Lesekopf 173
Wechsellichtschranken für größere Schrankenweiten 174
Wechsellichtsender 174
Infrarot-Impulsempfänger 177

Fernauslösung von Schaltvorgängen durch Infrarot-Impulse 180
Ein akustischer Sensor 183
Ein Temperatursensor 185
Ein Magnetfeldsensor 186

Pegelumsetzer 188
Optokoppler 190

Thyristoren und Triacs als Wechselstromschalter 192
Thyristoren 192
Triacs 198

8. Zum Nachschlagen für die Experimentierpraxis

Zahlensysteme 201
Allgemeines 201
Zusammenstellung wichtiger Zahlensysteme . . 202
Zusammenstellung von Potenzwerten zu B^n . . 202

Beispiele von Zahlen nach dem Stellenwertsystem 203
Umwandlung vorgegebener Zahlen einiger Stellenwertsysteme in Dezimalzahlen 205
Umwandlung von Dezimalzahlen in Zahlen anderer Stellenwertsysteme 205

Funktionsglied-Tabellen 208
Zusammenstellung von JK-Kippgliedern 208
Zusammenstellung von Verzögerungsgliedern . 212
Zusammenstellung von monostabilen Kippgliedern 213
Zusammenstellung von astabilen Kippgliedern . 215
Zusammenstellung von Schmitt-Trigger-Gliedern 216
Zusammenstellung von Signalpegel-Umsetzern 217

TTL-Bausteine: Anschlußpläne 218

9. Lösungen der Übungen 222

Anhang

Literaturhinweis 241

Sachregister 242

1. Codes – die Sprachen der Digitalelektronik

Die moderne Elektronik – besonders die Mikroelektronik – verdankt ihren Siegeszug, ihren epochemachenden Einzug in nahezu alle Lebensbereiche, vor allem der *Digitaltechnik*. Die Vielfalt der bis heute schon entwickelten integrierten Schaltungen, vom Schaltkreis mit wenigen Transistorfunktionen bis hin zu hochintegrierten Schaltungen mit einigen hunderttausend Elementen, läßt sich so quasi auf einen Nenner bringen. Digitalelektronische Methoden sind aus der Technik nicht mehr wegzudenken; es gibt kaum einen Bereich, der davon nicht beeinflußt wird (*Bild 1.1*). Das klassische Feld digitalelektronischer Methoden ist die Computertechnik, die heute durch den Mikrocomputer und andere vielfältig einsetzbare integrierte Schaltungen auch solche Branchen erfaßt, an die vorher in diesem Zusammenhang kaum zu denken war. Um nur ein Beispiel von vielen zu nennen: die Unterhaltungselektronik, in der sehr bald die Digitaltechnik im wahrsten Sinne des Wortes den Ton angeben wird, wenn man an die neu entwickelte digitale Schallplatte denkt, die eine extrem originalgetreue Tonwiedergabe ermöglicht. Der Ton wird hier binär im sogenannten Puls-Code-Modulationsverfahren (PCM) codiert.

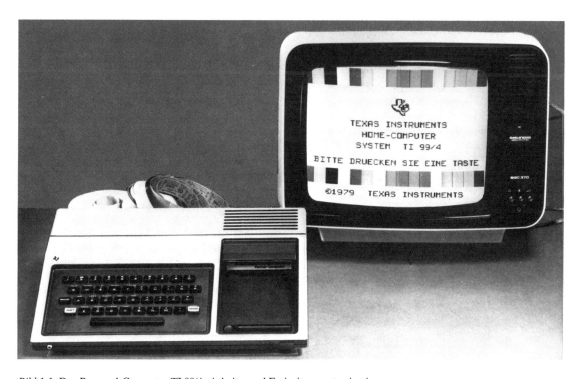

Bild 1.1: Der Personal-Computer TI 99/4: Arbeits- und Freizeitcomputer in einem.

Codes begegnen dem Digitaltechniker allenthalben: Sie stellen die Sprachen dar, mit denen ein digitales System Informationen austauschen kann, sowohl systemintern als auch extern mit anderen Systemen; über Codes kann es aber auch mit dem Menschen »in Kommunikation treten«. Gerade *dieser* Eigenschaft kommt immer mehr Bedeutung zu, denn wir scheinen mitten in einer der Phasen einer dritten industriellen Revolution zu stecken – nach der ersten, der *Motorisierung* (die mit der Dampfmaschine begann und die menschliche Muskelkraft entlastete) – und der zweiten, die die *Automatisierung* brachte und dadurch ständig wiederkehrende mechanische Arbeiten erleichterte. Sie geht nun heute fast nahtlos über in die dritte industrielle Revolution, die vorgibt, die menschliche Geistestätigkeit unterstützen zu können; auf jeden Fall kann sie aber von geistiger Routinearbeit (umfangreiche Berechnungen, Datenhaltung etc.) freimachen. Insbesondere wird hierbei aber das wachsende Kommunikationsbedürfnis der modernen Welt befriedigt. Dafür werden *Codes* benötigt, die nach Bedarf vom Menschen oder von den Maschinen entziffert werden können. Sehr wichtig ist dabei, daß diese Codes auch international abgestimmt bzw. genormt und so über Landes- und Sprachgrenzen hinweg zu verstehen sind.

Codes – die Darstellung von Informationen durch ein vereinbartes System von Lauten, Zeichen oder anderem – sind an sich nichts Neues: Seit der Urzeit haben sich die Menschen in codierter Form verständigt. Jede Umgangssprache ist bereits ein Code. Das gleiche gilt für die *Schrift* bzw. die Darstellung von Zahlenwerten durch *Ziffern*. Zunächst war das eine mehr oder weniger begrenzte Verständigungsmethode der Menschen eines Stammes, eines Gebietes oder eines ganzen Kulturbereiches (*Bild 1.2*).

Begriff	Nr	Wort	Kodierungsvorschrift	
			Sprache	Alphabet
	1	BERG	Deutsch	Lateinisch
	2	HILL	Englisch	Lateinisch
	3	ГОРА	Russisch	Kyrillisch
	4	山	Chinesisch	Chinesisch
	5	ΟΡΟΣ	Griechisch	Griechisch
	6	LOOLL LOOOO OLOLO OLOLL	Deutsch (Fernschreibkode)	Binär

Bild 1.2: Ein Begriff – in verschiedenen Sprachen und Schriftarten codiert.

Solche symbolhaften Zuordnungen zwischen Begriffen und Zeichen (Wortzeichen, Buchstaben oder Ziffern) waren und sind notwendige, äußerst nützliche Erfindungen des menschlichen Geistes. Wortschatz und Symbolik wurden immer wieder den Erfordernissen des jeweiligen Zeitalters angepaßt. In diesem Zusammenhang sind auch die in diesem Jahrhundert entstandenen technisch-wissenschaftlichen Spezialsprachen und Codes zu nennen – geeignete Zuordnungssysteme, die eindeutig verstanden werden.

Binär codierte Systeme

Besonders interessant, weil technisch mit einfachsten Mitteln realisierbar, sind in dem vorher besprochenen Zusammenhang *binär codierte Systeme*. Sie ermöglichen einen sehr einfachen und sicheren Informationsaustausch, z. B. zwischen Maschine und Maschine. Informationsträger sind dabei u. a. elektrische Spannungen, Ladungen oder Ströme – oder auch magnetische Felder (Ton- und Videoaufzeichnungen usw.) bzw. optische Übertragungs- oder Speichermedien (Glasfasern oder Laserbildplatte z. B.). Der große Vorteil und die hohe Funktionssicherheit der binären Informationsübertragung bzw. -speicherung besteht darin, daß nur zwei Zustände unterschieden werden müssen, also nur die beiden Werte 0 und 1: z. B. einerseits keine oder wenig Spannung (Strom), andererseits eine eindeutig höhere Spannung (Strom).

Binär codierte Werte können in der Regel außerordentlich einfach weiterverarbeitet werden. Der einzige Nachteil ist, daß diese binären Codes dem Menschen meist fremd und ungewohnt erscheinen. Will der Mensch mit der Maschine in Kommunikation treten, so empfiehlt sich eine Umsetzung des binären Codes in eine menschengemäße Darstellung in Form von Buchstaben oder von Zahlen des Dezimalsystems. Diese Umsetzung ist aber beim heutigen Stand der Technologie kein Problem mehr. Außerdem gibt es schon eine Fülle von Sprachen (Programmiersprachen, siehe die Beispiele in *Bild 1.3*), die vom Menschen leicht erlernbar sind und von der Maschine, hier dem Computer, verstanden werden, da sie intern in den Maschinencode übersetzt werden.

Die Vielfalt der binären Codes

Bisher wurde dargelegt, daß Zahlenwerte oder andere Informationen für die Verarbeitung in digitalelektronischen Schaltungen *binär codiert* werden

```
LISTNH
10 REM MAXIMALWERT-BESTIMMUNG
20 PRINT "EINGABE DER ZAHLEN FUER A,B,C ";
30 INPUT A,B,C
40 IF A>=B GO TO 80
50 IF B>=C THEN PRINT "B=";B; \ GO TO 100
60 PRINT "C=";C; \ GO TO 100
80 IF A>=C THEN PRINT "A=";A; \ GO TO 100
90 GO TO 60
100 PRINT " IST DIE GROESSTE ZAHL"
110 END

READY

RUN

MAX       26-JUN-78          BASIC

EINGABE DER ZAHLEN FUER A,B,C ? 34,65,21
B= 65  IST DIE GROESSTE ZAHL

READY
```

Bild 1.3: Auch Sprachen, die zur Programmierung geschaffen wurden, sind Systeme der Codierung; hier ein einfaches Basic-Programm.

müssen. In diesem Kapitel soll u. a. die Frage beantwortet werden, wie dies bei einzelnen Anwendungsbeispielen am zweckmäßigsten geschieht, denn es gibt eine außerordentlich große Vielfalt von binären Codes.
Je nach Anwendungsgebiet sind ganz verschiedene Anforderungen an den Code zu stellen. So gibt es Codes, die bei der Auswertung der Information das Vorliegen eines Übertragungsfehlers erkennen lassen (vgl. *Seite 34*, Prüfbit). Andere Codes (etwa der Fernschreibcode, *Seite 31 f.*) sind den Gegebenheiten der elektromechanischen Lochstreifenabtastung angepaßt: Die häufiger vorkommenden Zeichen entsprechen einer geringeren Lochanzahl, um die Abnutzung von Stanz- und Lesegerät gering zu halten. In wieder anderen Fällen mag eine andere Form von »Sparsamkeit« obenanstehen: Möglichst wenige Bits (siehe *Seite 16*) sollen zum Übertragen oder Speichern nötig sein. Die Rechentechnik erfordert wiederum eigene Zuordnungssysteme, bei denen die Art der Stellenwertigkeit (siehe *Seite 17 f.*) eine große Rolle spielt. Schließlich kann auch die Übersichtlichkeit beim »Ablesen« wichtig sein; als Beispiel hierfür wird Ihnen der BCD-Code begegnen (*Seite 24*). Ein Code für eine ganz spezielle Problemstellung, die der schrittweisen Streckenabtastung, ist der sogenannte Gray-Code (*Seite 28*). Und ganz anders sieht es aus, wenn der Code zur Geheimhaltung geeignet sein muß. Wenn Sie dieses Kapitel gelesen haben, können Sie Ihren eigenen »Geheimcode« entwickeln; mit entsprechenden logischen Verknüpfungsschaltungen (siehe *Band 1*) können Sie dazu die notwendigen Verschlüsselungs- und Entschlüsselungs-Einheiten (Codierer und Decodierer) selbst bauen.
Diese Andeutungen mögen hier »zum Einstieg« genügen; Sie sehen daran schon, wie vielfältig und interessant das Gebiet der Codierung ist. In diesem Buch dürfen wir nicht den Ehrgeiz haben, alle in der Technik gebräuchlichen Codes vorstellen oder gar erklären zu wollen. Hier geht es darum, die *Strukturen* von Codesystemen aus der Problemstellung heraus an Beispielen zu begründen. Wir beschränken uns also bewußt auf wenige praktische Fälle.

Eine Wegstreckenabtastung – digitalelektronisch ausgewertet

Betrachten wir folgenden Fall aus der technischen Praxis: Von einem kompliziert geformten Teil (etwa von einer Autokarosserie) ist in Handarbeit ein Modell angefertigt worden. Nun müssen für die Fertigungsvorbereitung die genauen Abmessungen ermittelt werden. Hierfür gibt es Maschinen (*Bild 1.4*), die das Modell in allen drei Koordinaten (Länge, Breite und Höhe) abtasten und die Ergebnisse elektronisch speichern. Nach diesen Daten können dann z. B. Konstruktionszeichnungen sowie Berechnungen (des Materialbedarfs usw.) ausgeführt werden.
Nun soll hier nicht eine solche Apparatur in allen Einzelheiten beschrieben werden, sondern der Frage nachgegangen werden: Wie kann digitaltechnisch gesehen eine Einrichtung beschaffen sein, mit der die Position eines Körpers (hier des Abtastkopfes) digitalelektronisch erfaßt und an einen anderen Ort übertragen wird, z. B. zu einer Anzeigetafel oder einem Rechner.
Bild 1.5 zeigt das Prinzip einer möglichen Lösung. Der Einfachheit halber wird nur eine Koordinate betrachtet, d. h. eine gerade Strecke abgetastet. Über der hier relativ grob unterteilten Bahn kann sich der Abtastkopf vorwärts und rückwärts bewegen. Die mit den Nummern 0 bis 15 bezeichneten sechzehn Positionen werden fotoelektronisch abgetastet (vgl. hierzu *Kapitel 7*). Liegt der Kopf über einer der Markierungen, so wird von dem ihr zugeordneten *Sender*-Element über eine eigene Leitung ein 1-Wert an die *Empfänger*-Einrichtung abgegeben. Hier leuchtet eine Leuchtdiode auf und zeigt damit die Position an. Alle anderen Leitungen führen 0-Wert. Vom Empfänger aus könnte die Positionsmeldung an digitale Baugruppen weitergegeben und dort weiter verarbeitet werden.

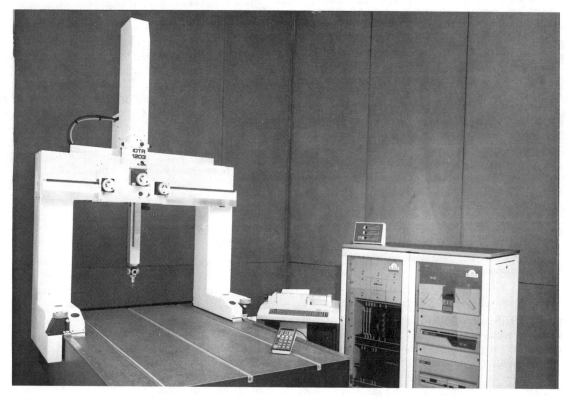

Bild 1.4: 3-Koordinaten-Meßmaschine zur Erfassung der Abmessungen mittelgroßer Werkstücke wie z. B. Wagen- oder Flugzeugteile.

Bei dieser Anordnung (*Bild 1.5*) handelt es sich um eine binäre Codier-Einrichtung; binär, weil nur die zwei Werte 0 und 1 verwendet werden. Der Code ist hier ganz einfach: Da immer nur eine der 16 Leitungen 1-Wert führt, spricht man von einem *1-aus-16-Code*. Ganz deutlich geht aus *Bild 1.5* schon hervor, daß solche sogenannten *1-aus-m-Codes* (hier ist $m = 16$) einen enormen Aufwand an Leitungen erfordern. Will man z. B. eine Strecke von 99 mm auch nur in Schritten von 1 mm abtasten – und das ist noch ziemlich grob –, dann braucht man bei diesem Prinzip 100 Leitungen und 100 Anzeigedioden; und immer nur *eine* davon führt 1-Wert! In diesem Fall liegt dann der 1-aus-100-Code vor ($m = 100$).

Von den *1-aus-m-Codes* hat besonders der *1-aus-10-Code* (*Bild 1.6*) technische Bedeutung erlangt, z. B. bei Tastenfeldern für die Ziffern 0 bis 9, wobei jeder Ziffer eine Taste zugeordnet ist. Für die Informationsübertragung ist dieser Code allerdings, wie schon gesagt, nicht optimal, und auch zur Weiterverarbeitung in Rechenvorgängen muß er zuerst in einen anderen Code umgesetzt werden.

Zurück zur Wegstreckenabtastung:
Eine ganz andere Lösung als die in *Bild 1.5* vorgestellte bietet die in *Bild 1.7* gezeigte Übertragungsart. Hier wird die Position des Abtastkopfes durch *Abzählen* bestimmt. Jedesmal wenn der Kopf eine Bahnmarkierung erreicht, wird ein binärer Wertewechsel erzeugt, der über eine Leitung auf eine Zähleinrichtung übertragen wird. Durch ein zusätzliches binäres Signal wird die Richtung der Schlittenbewegung angezeigt (z. B. 1 für vorwärts und 0 für rückwärts). Damit wird über eine zweite Leitung dem Zähler mitgeteilt, ob der auf der ersten Leitung eingehende Impuls dem Zählerstand zugezählt oder von ihm abgezogen werden soll. Das Zeitablaufdiagramm in *Bild 1.7* zeigt sechs Impulse, die im Zähler addiert wurden; dementsprechend steht der Abtastkopf auf der sechsten Markierung, und in der Anzeige steht die Zahl 6.

Sofort ist zu erkennen, daß gegenüber den 16 Leitungen in *Bild 1.5* hier nur *zwei* Leitungen nötig sind, von der elektrischen Masse einmal abgesehen. Und außerdem: Wenn die gegebene Strecke feiner unter-

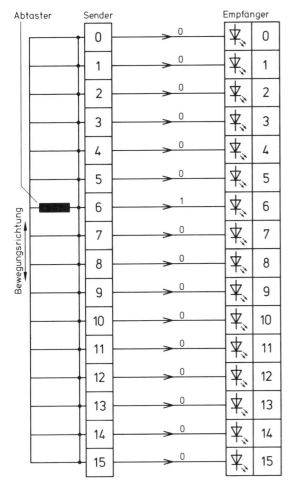

Stellen-Nr.	10	9	8	7	6	5	4	3	2	1
Wertigkeit	9	8	7	6	5	4	3	2	1	0
0	0	0	0	0	0	0	0	0	0	1
1	0	0	0	0	0	0	0	0	1	0
2	0	0	0	0	0	0	0	1	0	0
3	0	0	0	0	0	0	1	0	0	0
4	0	0	0	0	0	1	0	0	0	0
5	0	0	0	0	1	0	0	0	0	0
6	0	0	0	1	0	0	0	0	0	0
7	0	0	1	0	0	0	0	0	0	0
8	0	1	0	0	0	0	0	0	0	0
9	1	0	0	0	0	0	0	0	0	0

(Zeilenbeschriftung links: zugeordnete Ziffern des Dezimalsystems)

Bild 1.6: Der 1-aus-10-Code aus der Gruppe der 1-aus-m-Codes. Dieser Code ist für die Weiterverarbeitung nicht gut geeignet. Hierzu werden die Informationen in der Regel in einen anderen Code umgesetzt. Zur *Wertigkeit* siehe *Seite 17 f.*

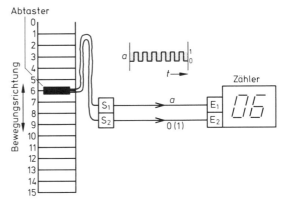

Bild 1.5: Binäre Positionsübertragung mit großem Leitungsaufwand.

Bild 1.7: Binäre Positionsübertragung nach dem Impulszählverfahren mit Berücksichtigung der Bewegungsrichtung.

teilt wird oder eine längere Bahn abgetastet werden muß, ist keine zusätzliche Leitung erforderlich! Es muß nur gewährleistet sein, daß die Zählkapazität des Zählers (siehe *Seite 48*) ausreichend hoch ist, um alle beim »Abfahren« der Geraden erzeugten Impulse zählen zu können; die nachgeschaltete Anzeige muß natürlich ausreichend viele Stellen (Ziffern) haben. Im *Bild 1.7* ist eine dezimale Anzeige dargestellt. Eine andere Möglichkeit der Ergebnisdarstellung lernen Sie in *Kapitel 2* kennen.

Die einfachste Art, Zahlenwerte zu übermitteln, ist die durch die Abzählung von Einzelstrichen (denken Sie an den Bierdeckel!). In Anlehnung daran ist die Anwendung von Impulssummen die unkomplizierteste Form der binären Übertragung von Zahlen: Die Anzahl der Impulse gibt den Zahlenwert an. Weil bei der beschriebenen Methode Impulse *gezählt* werden müssen, um die darzustellende Zahl erkennen oder verwerten zu können, spricht man auch von *Zählcodes*.

Bei der Positionsübertragung von *Bild 1.7* gibt der Abtastkopf auf dem Weg vom Streckenanfang bis zur sechsten Marke insgesamt 6 Impulse ab, wie in der Zeichnung dargestellt. Ließe man ihn nur bis zur dritten Marke laufen, so hätte die erzeugte *Impulsserie* demnach 3 Impulse.

Die Erzeugung und Weitergabe von Impulsserien wird auch in den *Fernsprechanlagen* verwendet.

Beim Zurücklaufen der Wählscheibe werden – der gewählten Ziffer entsprechend – bis zu 10 Impulse weitergegeben (beim Tastentelefon werden sie digitalelektronisch erzeugt): für die Eins 1 Impuls, für die Zwei 2 Impulse, usw. Mit null Impulsen kann natürlich keine Information übermittelt werden, also sind für die Ziffer Null 10 Impulse vorgesehen. Dieser *Ziffernzählcode* ist in *Bild 1.8* dargestellt: Jedem 1-Wert entspricht ein Zählimpuls. Wird z.B. die Nummer 63 gewählt, so ist eine Impulsserie mit 6 Impulsen und danach eine mit 3 Impulsen weiterzugeben. Dabei wird in der Wähleinrichtung sichergestellt, daß die einzelnen Impulsserien voneinander getrennt, erkannt und ausgewertet werden, d.h. für jede Ziffer eine eigene Impulsserie abgegeben wird; andernfalls würden ja die in unserem Beispiel insgesamt erzeugten 9 Impulse die Ziffer 9 repräsentieren und nicht die gewählte Ziffernkombination 63.

Stellen-Nr.	10	9	8	7	6	5	4	3	2	1
Wertigkeit	1	1	1	1	1	1	1	1	1	1
zugeordnete Ziffern des Dezimalsystems 1	0	0	0	0	0	0	0	0	0	1
2	0	0	0	0	0	0	0	0	1	1
3	0	0	0	0	0	0	0	1	1	1
4	0	0	0	0	0	0	1	1	1	1
5	0	0	0	0	0	1	1	1	1	1
6	0	0	0	0	1	1	1	1	1	1
7	0	0	0	1	1	1	1	1	1	1
8	0	0	1	1	1	1	1	1	1	1
9	0	1	1	1	1	1	1	1	1	1
0	1	1	1	1	1	1	1	1	1	1

Bild 1.8: Der Ziffern-Zähl-Code, wie er in der Fernsprechvermittlungstechnik Anwendung findet.

Bei dem in *Bild 1.7* vorgestellten Übertragungssystem haben wir festgestellt, daß die Position des Körpers durch eine *Impulssumme* repräsentiert wird. Die Information wird dabei binär-codiert übertragen. Ungeklärt blieb bisher noch, wie die Impuls*summe* digitalelektronisch erfaßt und zur Anzeige gebracht wird. Oder mit anderen Worten: Wie wird z.B. aus einer Serie von 6 Impulsen unmißverständlich die Anzeige »6«?
Wir haben dem Aufbau von Zählern und der Zählerauswertung einen beträchtlichen Teil des *Kapitels 2* gewidmet. Dort werden konkrete, nachbaubare Zählerschaltungen vorgestellt und erklärt. In *diesem* Kapitel soll nun zunächst die Frage untersucht werden, welche Möglichkeiten es überhaupt gibt, Zahlen – oder auch andere Informationen – durch *binäre Codes* darzustellen.

Das Bit – die Einheit der Informationsmenge

Allen binären Funktionselementen der Digitalelektronik ist gemeinsam, daß sie nur zwei verschiedene Zustände annehmen können, nämlich entweder den Zustand 1 oder den Zustand 0. Das gilt für systemgerecht eingesetzte Leitungen ebenso wie für Verknüpfungsglieder oder Kippglieder (vgl. hierzu auch *Band 1*). Anders ausgedrückt: Jedes binäre Funktionselement kann eine Information darüber darstellen, ob der Zustand 0 oder der Zustand 1 vorliegt. Die in einer Ja/Nein- bzw. 0/1-Entscheidung enthaltene Information nennen wir *Bit* (vom englischen binary digit): 1 Bit ist die Einheit der Informationsmenge, d.h. die kleinste mögliche Informationsmenge.

Jede Stelle eines binären Codes entspricht also 1 Bit: Der 1-aus-10-Code (*Bild 1.6*) hat 10 Bits, und ebenso der Ziffernzählcode in *Bild 1.8*. Nun darf man keineswegs meinen, daß sich mit 10 Bits immer nur 10 verschiedene Möglichkeiten der Informationsdarstellung (wie in den beiden Beispielen) ergeben. Nehmen Sie an, die 10 Stellen würden durch die Q-Ausgänge von 10 Kippgliedern repräsentiert – und nun lassen Sie einfach zu, daß gegenüber *Bild 1.6* nicht immer nur ein einziges Kippglied, sondern jeweils gleichzeitig zwei Kippglieder den Wert 1 an ihrem Q-Ausgang führen dürfen. Sie sehen sofort, daß sich weit mehr als 10 verschiedene Möglichkeiten der Informationsdarstellung ergeben; und noch wesentlich mehr werden es, wenn z.B. drei Kippglieder ihren Zustand unabhängig von den anderen einstellen können, usw.
Wozu stellen wir diese Frage nach der Anzahl der verschiedenen Möglichkeiten, die 10 einzelnen 0/1-Entscheidungen zu kombinieren?
Nun, jede weitere, von den anderen verschiedene Kombination der 10 Bits stellt ja eine *andere Information* dar, d.h., sie repräsentiert etwas anderes. Ein einfaches Beispiel: Bei 2 Bits bestehen die Kombinationsmöglichkeiten 00, 01, 10 und 11. Damit können z.B. vier Schaltzustände einer Steuerung dargestellt werden, oder aber auch die vier Zahlen null, eins, zwei und drei; man könnte auch vereinbaren, daß die Buchstaben A, B, C und D gemeint sind. Durch die Anzahl der verwendeten Bits (jedes durch ein Verknüpfungs- oder Speicherglied o.ä. repräsentiert) wird festgelegt, wie viele verschiedene Zustände diese Funktionsgruppen annehmen können. Es ergibt sich dabei die Frage: Wie viele verschiedene Informationen können von einer Leitung (einem Kippglied), und wie viele von mehreren Leitungen (Kippgliedern, etc.) repräsentiert werden?

Bild 1.9 gibt die Antwort darauf, dargestellt an einem Beispiel mit Speichergliedern. Jedes einzelne kann – wie gesagt – 2 Zustände annehmen. Wird ein *zweites* Speicherglied dazugenommen, so gibt es schon 4 Kombinationsmöglichkeiten. Kommt ein drittes Speicherglied hinzu, so können seine beiden Zustände (0 und 1) jeweils mit jedem der 4 Zustände der ersten beiden Speicherglieder kombiniert werden, und es resultieren daraus insgesamt 8 mögliche Zustände (d.h., es können 8 verschiedene Informationen gespeichert werden).

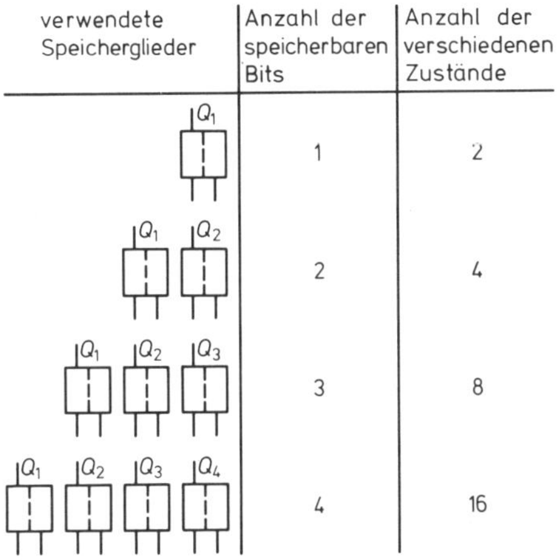

verwendete Speicherglieder	Anzahl der speicherbaren Bits	Anzahl der verschiedenen Zustände
Q_1	1	2
Q_1 Q_2	2	4
Q_1 Q_2 Q_3	3	8
Q_1 Q_2 Q_3 Q_4	4	16

Bild 1.9: Mit jedem Speicherglied kann 1 Bit gespeichert bzw. repräsentiert werden. Durch Kombinationen von n Speichergliedern können mit n Bits bis zu $x = 2^n$ verschiedene Informationen (Zustände) dargestellt werden.

Hieraus folgt: Mit jedem weiteren Speicherglied *verdoppelt* sich die Anzahl der möglichen Zustände; bei n Speichergliedern sind es also 2^n Zustände. Würde man einen 10stelligen Code entsprechend ausnutzen, könnte er $2^{10} = 1024$ verschiedene Informationen darstellen.
Wenden wir nun diese 2^n-Gesetzmäßigkeit auf die Übertragungsbeispiele in *Bild 1.5* und *1.7* an:
In *Bild 1.5* wurden mit 16 Leitungen 16 verschiedene Positionen übertragen. Rechnerisch könnten bei diesem Aufwand jedoch $x = 2^{16}$, also $x = 65\,536$ verschiedene Informationen dargestellt werden. Sie erkennen sofort, daß bei diesem Übertragungssystem die theoretisch gegebenen Möglichkeiten bei weitem nicht ausgeschöpft werden.

Völlig anders liegen die Verhältnisse bei der in *Bild 1.7* vorgestellten Lösung. Nach dem zu *Bild 1.9* Gesagten könnten mit den zwei Leitungen nur 4 verschiedene Informationen übertragen bzw. dargestellt werden. Die eigentliche Informations-Darstellung und -Auswertung erfolgt hier nicht direkt über die Leitungszustände 0 und 1, sondern erst im Zähler, der die ankommende Impulsfolge auswertet und aus ihr die *Impulssumme* bildet. Weil die abgetastete Strecke in 16 Abschnitte aufgeteilt ist, muß der Zähler also 16 verschiedene Informationen darstellen können. Wie im folgenden – besonders in *Kapitel 2* – gezeigt wird, sind die digitalelektronischen Zähler prinzipiell aus einzelnen Speichergliedern aufzubauen. Ein für das behandelte Beispiel, d.h. für 16 verschiedene Zustände, geeigneter Zähler, muß demnach aus (mindestens) 4 Speichergliedern bestehen (siehe *Bild 1.9*).

Es sind also zwei Fragen zu beantworten:
1. Wie kann aus einer Impuls*folge* die Impuls*summe* gebildet werden, d.h., wie sind die Speicherglieder schaltungstechnisch zu organisieren? Die Antwort hierauf wird weitgehend in *Kapitel 2* abgehandelt (ab *Seite 46*).
2. Nach welchem System oder welchen Systemen können Zahlen (z.B. die Anzahl der Impulse) *binär* dargestellt werden? Den Ausgängen der Speicherglieder sind ja immer nur die Binärwerte 0 bzw. 1 zuzuordnen.

Dieser zweiten Frage wenden wir uns in dem nun folgenden Abschnitt zu.

Verschiedene Zahlensysteme und ihre binäre Codierung

Alle heute gebräuchlichen Zahlensysteme verfügen über einen relativ kleinen *Zeichenvorrat* und arbeiten nach dem *Stellenwert*-System, so daß trotzdem auch beliebig große Zahlen dargestellt werden können. Die beiden hier kursiv hervorgehobenen Begriffe sind sehr wichtig, daher ein kleines Beispiel:
Obwohl das allgemein bekannte *Dezimal-System* (lat. decem = zehn) nur einen *Zeichenvorrat* von zehn Ziffern hat (1, 2, ... 9, 0), können auch Zahlen wie z.B. »vierhundertzweiundsiebzig« dargestellt werden: »472«. Jeder, der diese Dezimalzahl sieht, »rechnet« nun wie folgt: 4 Hunderter plus 7 Zehner plus 2 Einer. Es ist also jedem Platz (jeder *Stelle*) ein bestimmter Wert, der *Stellenwert*, zugeordnet. Mit ihm muß die dort stehende Zahl – dargestellt durch eine Ziffer – multipliziert werden, hier

also die vier mit dem Wert hundert, die sieben mit zehn usw. Das Ergebnis aller so erhaltenen Zahlen wird dann addiert. Der Stellenwert, auch Stellenwertigkeit genannt, ist beim Dezimal-System (*10er-System*) mit jeder Stelle weiter links 10mal größer: 1, 10, 100, 1000 usw.; dies kann üblicherweise auch geschrieben werden: 10^0, 10^1, 10^2, 10^3 usw., allgemein bis 10^n bei einer Dezimalzahl mit $n + 1$ Stellen.

Entsprechend sind beim Zweier-System (Dualsystem) die Stellenwerte 2^n, beim Sechser-System 6^n, usw. Dies ist in *Bild 1.10* zu sehen. Hier sind die Zahlensysteme übersichtlich zusammengestellt, die nun näher beschrieben werden.

Name des Zahlen-Systems	verwendete Zeichen	Stellen-werte
Zweier-System	0,1	2^n
Sechser-System	0,1,2,3,4,5	6^n
Achter-System	0,1,2,3,4,5,6,7	8^n
Zehner-System	0,1,2,3,4,5,6,7,8,9	10^n
Zwölfer-System	0,1,2,3,4,5,6,7,8,9,A,B	12^n
Sechzehner-System	0,1,2,3,4,5,6,7,8,9,A,B,C,D,E,F	16^n

Bild 1.10: Einige Zahlensysteme mit ihren Zeichen und Stellenwerten. Die in der Digitalelektronik heute besonders gebräuchlichen Systeme sind unterstrichen. Die beiden anderen sollen im Vergleich dazu analysiert werden.

Das Zweier-System (Bild 1.11)

Das Zweier-System, auch duales Zahlensystem oder kurz *Dualsystem* (lat. duo = zwei) genannt, kennt nur die beiden Zeichen 0 und 1, mit deren Hilfe alle Zahlenwerte ausgedrückt werden. Die Stellenwerte sind im Dualsystem Potenzen von 2 (*Bild 1.12*). Wie man eine Dezimalzahl in eine Dualzahl oder umgekehrt umsetzen kann, finden Sie in *Kapitel 8*.

Das Zweier-System spielt in der Digitalelektronik eine besondere Rolle, weil auch hier mit nur zwei verschiedenen Werten gearbeitet wird. Aus diesem Grunde kann man jeder Stelle einer Dualzahl eine binäre Leitung oder ein binäres Speicherglied direkt zuordnen (*Bild 1.13*). Jede Stelle einer Dualzahl entspricht also einem Bit (0/1-Entscheidung, siehe *Seite 16*). Mit anderen Worten: Es müssen zur binären Darstellung des dualen Zahlensystems immer genau soviele Bits vorhanden sein, wie die Dualzahl Stellen hat. Der bei dieser Zuordnung entstehende Code wird »Dual-Code«, aber auch »Binär-Code«, »Reiner Binär-Code« oder »Binär-Direkt-Code« genannt (nicht verwechseln mit dem BCD-Code, s.u.).

gleichwertige Dezimalzahl	Stellen-Nr. 9	8	7	6	5	4	3	2	1	Zahlenwert
	Stellenwert 2^8	2^7	2^6	2^5	2^4	2^3	2^2	2^1	2^0	
0	0	0	0	0	0	0	0	0	0	null
1	0	0	0	0	0	0	0	0	1	eins
2	0	0	0	0	0	0	0	1	0	zwei
3	0	0	0	0	0	0	0	1	1	drei
4	0	0	0	0	0	0	1	0	0	vier
5	0	0	0	0	0	0	1	0	1	fünf
6	0	0	0	0	0	0	1	1	0	sechs
7	0	0	0	0	0	0	1	1	1	sieben
8	0	0	0	0	0	1	0	0	0	acht
9	0	0	0	0	0	1	0	0	1	neun
10	0	0	0	0	0	1	0	1	0	zehn
11	0	0	0	0	0	1	0	1	1	elf
12	0	0	0	0	0	1	1	0	0	zwölf
13	0	0	0	0	0	1	1	0	1	dreizehn
14	0	0	0	0	0	1	1	1	0	vierzehn
15	0	0	0	0	0	1	1	1	1	fünfzehn
16	0	0	0	0	1	0	0	0	0	sechzehn
17	0	0	0	0	1	0	0	0	1	siebzehn
18	0	0	0	0	1	0	0	1	0	achtzehn
19	0	0	0	0	1	0	0	1	1	neunzehn
⋮	⋮	⋮	⋮	⋮	⋮	⋮	⋮	⋮	⋮	⋮
472	1	1	1	0	1	1	1	0	0	vierhundert-zweiundsiebzig
⋮	⋮	⋮	⋮	⋮	⋮	⋮	⋮	⋮	⋮	⋮

Bild 1.11: Der Aufbau des Zweier-Systems (Dualsystems).

n	2^n
0	1
1	2
2	4
3	8
4	16
5	32
6	64
7	128
8	256
9	512
10	1024
11	2048
12	4096

Bild 1.12: Die Potenzen von 2, die Stellenwerte des Dualsystems, lassen sich z.B. mit den Taschenrechner-Funktionen y^x ermitteln. Dabei wird $y = 2$ und $x = n$ eingegeben.

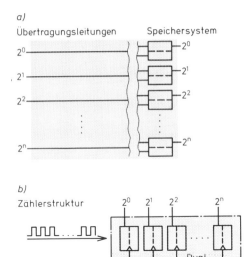

gleichwertige Dezimalzahl	Stellen-Nr. 5 4 3 2 1 Stellenwert 6^4 6^3 6^2 6^1 6^0	Zahlenwert
0	0 0 0 0 0	null
1	0 0 0 0 1	eins
2	0 0 0 0 2	zwei
3	0 0 0 0 3	drei
4	0 0 0 0 4	vier
5	0 0 0 0 5	fünf
6	0 0 0 1 0	sechs
7	0 0 0 1 1	sieben
8	0 0 0 1 2	acht
9	0 0 0 1 3	neun
10	0 0 0 1 4	zehn
11	0 0 0 1 5	elf
12	0 0 0 2 0	zwölf
13	0 0 0 2 1	dreizehn
14	0 0 0 2 2	vierzehn
15	0 0 0 2 3	fünfzehn
16	0 0 0 2 4	sechzehn
17	0 0 0 2 5	siebzehn
18	0 0 0 3 0	achtzehn
19	0 0 0 3 1	neunzehn
⋮	⋮ ⋮ ⋮ ⋮ ⋮	⋮
472	0 2 1 0 4	vierhundert-zweiundsiebzig
⋮	⋮ ⋮ ⋮ ⋮ ⋮	⋮

Bild 1.13: Zur digitalelektronischen Darstellung des Zweier-Zahlensystems wird jeder Stelle dieses Zahlensystems ein binäres Element zugeordnet:
a) $n + 1$ binäre Übertragungsleitungen mit nachgeschalteten binären Speichergliedern;
b) eine binäre Leitung zur Impulsserien-Übertragung mit nachgeschaltetem Dualzähler (Prinzip), s. *Seite 46*.
Hier ist schon gut der Unterschied zwischen *paralleler* (a) und *serieller* (b) Informationsübertragung zu erkennen (siehe *Seite 84 f.*).

Bild 1.14: Der Aufbau des Sechser-Systems.

Das Sechser-System (Bild 1.14)

Beim Sechser-System (hexales Zahlensystem, von griech. hexa = sechs) werden die sechs verschiedenen Zahlen 0, 1, 2, 3, 4, 5 verwendet. Die Stellenwerte sind Potenzen von 6 (*Bild 1.15*). Wie man eine Hexalzahl in eine Dezimalzahl und umgekehrt umsetzt, können Sie in *Kapitel 8* nachlesen.
Obwohl das Sechser-System in der Digitalelektronik nur selten angewendet wird, fördert es sicherlich das Verständnis für Codierungsmaßnahmen, wenn wir jetzt hier versuchen, dieses System mit binären Werten darzustellen, um es später mit dem Achter-System vergleichen zu können.
Binäre Codierung bedeutet ja: Es muß jedem Zeichen (hier des Sechser-Systems) eine bestimmte Bit-Kombination zugeordnet werden. Dabei gibt es grundsätzlich sehr viele verschiedene Möglichkeiten. *Bild 1.16* zeigt sowohl solche, bei denen die einzelnen Stellen mit Stellenwerten ausgestattet sind, als auch

n	6^n
0	1
1	6
2	3 6
3	2 1 6
4	1 2 9 6
5	7 7 7 6
6	4 6 6 5 6

Bild 1.15: Die Potenzen von 6, die Stellenwerte im Sechser-System, können über die Taschenrechner-Funktion y^x ermittelt werden: $y = 6$, $x = n$.

andere ohne solche Festwerte. Naheliegend ist, daß man wie in *Bild 1.16d* die Zeichen 0 bis 5 nach dem Dualsystem codiert. Hierbei sind *pro Stelle* des Sechser-Systems 3 Bits notwendig. Ein Beispiel: Der Zahlenwert *neunzehn* wird im hexalen System 31 geschrieben (siehe *Bild 1.14*). Nach *Bild 1.16d* binär codiert lautet die Darstellung 011001.

Zeichen des Sechser-Systems	a) Stellen-Nr. 6	5	4	3	2	1	b) Stellen-Nr. 5	4	3	2	1	c) Stellen-Nr. 3	2	1	d) Stellen-Nr. 3	2	1
	Stellenwert 5	4	3	2	1	0	Stellenwert keiner					Stellenwert keiner			Stellenwert 4	2	1
0	0	0	0	0	0	1	0	0	0	1	1	1	0	1	0	0	0
1	0	0	0	0	1	0	0	0	1	1	0	0	1	0	0	0	1
2	0	0	0	1	0	0	0	1	1	0	0	1	0	0	0	1	0
3	0	0	1	0	0	0	1	1	0	0	0	0	0	1	0	1	1
4	0	1	0	0	0	0	0	0	1	0	1	1	1	1	1	0	0
5	1	0	0	0	0	0	0	1	0	1	0	0	1	1	1	0	1
	6 Bit pro Stelle						5 Bit pro Stelle					3 Bit pro Stelle			3 Bit pro Stelle		

Bild 1.16: Eine Auswahl von Möglichkeiten der binären Darstellung der Zeichen 0, 1, 2, 3, 4, 5 des Sechser-Systems:
a) Nach dem 1-aus-6-System, sehr aufwendig;
b) mit 5 Bit, willkürlich;
c) mit 3 Bit, willkürlich;
d) mit 3 Bit, nach dem Zweier-System. Mit weniger als 3 Bit können 6 verschiedene Zustände nicht unterschieden werden.

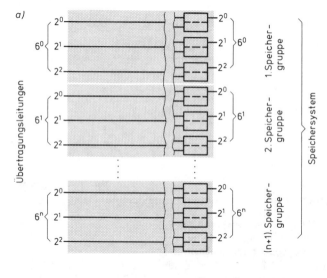

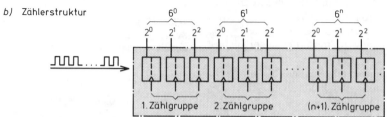

Bild 1.17: Zur digitalelektronischen Darstellung des Sechser-Zahlensystems wird jeder Stelle eine bestimmte Anzahl von binären Elementen zugeordnet, in diesem Beispiel nach dem Zuordnungsprinzip von *Bild 1.16d*:
a) binäre Übertragungs-Leitungen mit nachgeschalteten binären Speichergliedern;
b) eine binäre Leitung zur Impulsserien-Übertragung mit nachgeschaltetem Zähler, der pro Stelle jeweils bis 5 zählt (0, 1, 2, 3, 4, 5). Die digitaltechnische Organisation der einzelnen Speicherglieder *in* jeder Zählgruppe wird hier nicht betrachtet.

Zu beachten ist, daß aber die mit 3 Bits ($2^3 = 8$) erreichbare Möglichkeit, 8 verschiedene Informationen darzustellen (siehe *Bild 1.9*) nicht ausgeschöpft werden. Es werden zwei von den acht möglichen Zustandskombinationen nicht verwendet.

Wie man Informationen, die im Sechser-System vorliegen, mit Hilfe eines Leitungssystems übertragen kann, zeigt *Bild 1.17*. In *Bild 1.17a* werden jeder Stelle des Sechser-Systems drei binäre Leitungen zugeordnet (Vergleichen Sie mit der binären Codierung in *Bild 1.16d*). In *Bild 1.17b* arbeitet eine Leitung nach dem Prinzip der Impulsserien-Übertragung auf einen nachgeschalteten Zähler, der so viele Zählgruppen besitzt, wie das Sechser-System bei der Übertragung an Stellen aufweist. Jede Zählgruppe besteht aus drei binären Zählspeicher-Gliedern (siehe auch *Bild 1.16d*), die so miteinander verschaltet sind, daß die Zählgruppe bis 5 zählt.

Das Achter-System (Bild 1.18)

Im Achter-System, oktales System genannt (lat. octo = acht), werden acht verschiedene Zeichen 0, 1, 2, 3, 4, 5, 6, 7 verwendet. Der von ihnen repräsentierte Wert muß jeweils mit Stellenwerten, die Potenzen von 8 sind (*Bild 1.19*), multipliziert werden (siehe auch *Kapitel 8*).

Bei der binären Codierung muß – wie beim Sechser-System gezeigt – jedem der acht Zeichen eine bestimmte und eindeutige Bit-Kombination zugeordnet werden, bei deren Struktur man im Prinzip freie Hand hat: *Bild 1.20*. Auch hier ist es wieder zweckmäßig, die Zeichen von 0 bis 7 nach dem Dualsystem (*Bild 1.20c*) zu codieren. Dazu sind pro Stelle des Achter-Systems 3 Bit vorzusehen: *Bild 1.21*.

Im Gegensatz zum binär-codierten Sechser-System sind bei dem binär-codierten Achter-System die Kombinationsmöglichkeiten der 3 Bits voll ausgeschöpft. Weil dies recht wirtschaftlich ist, findet das Achter-System z.B. bei Mikroprozessoren zur sogenannten *Adressierung*, d.h. zur Kennzeichnung von »Datenquellen« und »Datenzielen« Anwendung.

gleichwertige Dezimalzahl	Stellen-Nr. 5	4	3	2	1	Zahlenwert
	Stellenwert 8^4	8^3	8^2	8^1	8^0	
0	0	0	0	0	0	null
1	0	0	0	0	1	eins
2	0	0	0	0	2	zwei
3	0	0	0	0	3	drei
4	0	0	0	0	4	vier
5	0	0	0	0	5	fünf
6	0	0	0	0	6	sechs
7	0	0	0	0	7	sieben
8	0	0	0	1	0	acht
9	0	0	0	1	1	neun
10	0	0	0	1	2	zehn
11	0	0	0	1	3	elf
12	0	0	0	1	4	zwölf
13	0	0	0	1	5	dreizehn
14	0	0	0	1	6	vierzehn
15	0	0	0	1	7	fünfzehn
16	0	0	0	2	0	sechzehn
17	0	0	0	2	1	siebzehn
18	0	0	0	2	2	achtzehn
19	0	0	0	2	3	neunzehn
⋮	⋮	⋮	⋮	⋮	⋮	⋮
472	0	0	7	3	0	vierhundertzweiundsiebzig
⋮	⋮	⋮	⋮	⋮	⋮	

Bild 1.18: Der Aufbau des Achter-Systems.

n	8^n
0	1
1	8
2	64
3	512
4	4096
5	32768
6	262144

Bild 1.19: Die Potenzen von 8 sind die Stellenwerte im Oktal-System.

Zeichen des Achter-Systems	a) Stellen-Nr.								b) Stellen-Nr.				c) Stellen-Nr.		
	8	7	6	5	4	3	2	1	4	3	2	1	3	2	1
	Stellenwert								Stellenwert keiner				Stellenwert		
	7	6	5	4	3	2	1	0					4	2	1
0	0	0	0	0	0	0	0	1	1	0	1	0	0	0	0
1	0	0	0	0	0	0	1	0	1	0	0	1	0	0	1
2	0	0	0	0	0	1	0	0	1	1	0	0	0	1	0
3	0	0	0	0	1	0	0	0	0	1	0	1	0	1	1
4	0	0	0	1	0	0	0	0	0	0	1	1	1	0	0
5	0	0	1	0	0	0	0	0	0	1	1	0	1	0	1
6	0	1	0	0	0	0	0	0	1	0	1	1	1	1	0
7	1	0	0	0	0	0	0	0	0	1	1	1	1	1	1
	8 Bit pro Stelle								4 Bit pro Stelle				3 Bit pro Stelle		

Bild 1.20: Einige Möglichkeiten der binären Darstellung der Zeichen 0, 1, 2, 3, 4, 5, 6, 7 des Achter-Systems (Beispiele):
a) nach dem 1-aus-8-System, mit großem Aufwand;
b) mit 4 Bit, willkürlich;
c) mit 3 Bit, nach dem Zweier-System.

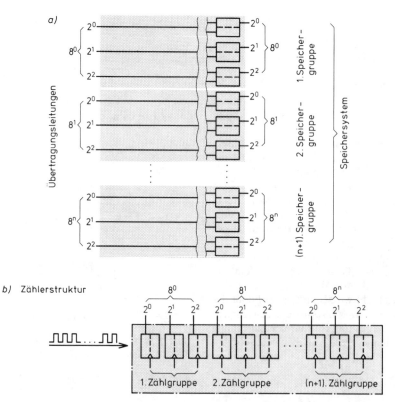

Bild 1.21: Zur digitalelektronischen Darstellung des Achter-Zahlen-Systems wird jeder Stelle des Systems eine bestimmte Anzahl von binären Elementen zugeordnet. In diesem Beispiel nach dem Zuordnungsprinzip von *Bild 1.20c*:
a) binäre Übertragungs-Leitungen mit nachgeschalteten binären Speicher-Gliedern;
b) eine binäre Leitung zur Impulsserien-Übertragung mit nachgeschaltetem Zähler, der pro Stelle jeweils bis 7 zählt (0, 1, 2, 3, 4, 5, 6, 7).

Das Zehner-System (Bild 1.22)

Das Zehner-System (Dezimal-System) ist das z. Z. bekannteste Zahlensystem überhaupt. Alle numerischen (zahlenmäßigen) Darstellungen erfolgen mit den zehn Ziffern 0, 1, 2, 3, 4, 5, 6, 7, 8, 9. Die dabei verwendeten Stellenwerte sind Potenzen von 10 (*Bild 1.23*), vgl. auch *Seite 17 f.* und *Kapitel 8*.

Bei der binären Codierung des Zehner-Systems wird auch hier jedem Zeichen eine unverwechselbare Bit-Kombination zugeordnet. Dazu sind pro Dezimalstelle mindestens 4 Bit erforderlich, weil mit 3-Bit-Kombinationen nur höchstens acht Informationen unterschieden werden können. Auf Grund der besonderen Bedeutung des Zehner-Systems wurden im Laufe der Zeit – für die verschiedensten Anwendungsfälle – sehr unterschiedliche binäre Codes entwickelt. Da gibt es die Gruppe der 4-Bit-Codes (Beispiele zeigt *Bild 1.24*), ferner findet man Codes mit 5 Bits und mit einigen mehr. Den 1-aus-10-Code (*Bild 1.6*) und den Ziffern-Zähl-Code (*Bild 1.8*) haben Sie bereits kennengelernt.

gleichwertige Dezimalzahl	Stellen-Nr. 5 / 4 / 3 / 2 / 1 Stellenwert 10^4 / 10^3 / 10^2 / 10^1 / 10^0	Zahlenwert
0	0 0 0 0 0	null
1	0 0 0 0 1	eins
2	0 0 0 0 2	zwei
3	0 0 0 0 3	drei
4	0 0 0 0 4	vier
5	0 0 0 0 5	fünf
6	0 0 0 0 6	sechs
7	0 0 0 0 7	sieben
8	0 0 0 0 8	acht
9	0 0 0 0 9	neun
10	0 0 0 1 0	zehn
11	0 0 0 1 1	elf
12	0 0 0 1 2	zwölf
13	0 0 0 1 3	dreizehn
14	0 0 0 1 4	vierzehn
15	0 0 0 1 5	fünfzehn
16	0 0 0 1 6	sechzehn
17	0 0 0 1 7	siebzehn
18	0 0 0 1 8	achtzehn
19	0 0 0 1 9	neunzehn
⋮	⋮	⋮
472	0 0 4 7 2	vierhundertzweiundsiebzig
⋮	⋮	⋮

Bild 1.22: Der Aufbau des Zehner-Systems.

n	10^n
0	1
1	10
2	100
3	1 000
4	10 000
5	100 000
6	1 000 000

Bild 1.23: Die Potenzen von 10 sind die Stellenwerte im Dezimalsystem.

Stellen-Nr. 4/3/2/1	Dual-Code	BCD-Code 8-4-2-1-Code	AIKEN-Code	Exzeß-3-Code	4-2-2-1-Code	5-4-2-1-Code	5-2-2-1-Code	5-3-1-1-Code
0 0 0 0	0	0	0	–	0	0	0	0
0 0 0 1	1	1	1	–	1	1	1	1
0 0 1 0	2	2	2	–	2	2	2	–
0 0 1 1	3	3	3	0	3	3	3	2
0 1 0 0	4	4	4	1	–	4	–	3
0 1 0 1	5	5	–	2	–	–	–	4
0 1 1 0	6	6	–	3	4	–	4	–
0 1 1 1	7	7	–	4	5	–	–	–
1 0 0 0	8	8	–	5	–	5	5	5
1 0 0 1	9	9	–	6	–	6	6	6
1 0 1 0	10	–	–	7	–	7	7	–
1 0 1 1	11	–	5	8	–	8	8	7
1 1 0 0	12	–	6	9	6	9	–	8
1 1 0 1	13	–	7	–	7	–	–	9
1 1 1 0	14	–	8	–	8	–	9	–
1 1 1 1	15	–	9	–	9	–	–	–

Codewort | Dezimalzahl | Zugeordnete Zeichen (Ziffern)

– bedeutet: Das zugehörige Codewort ist hier eine Pseudotetrade.

Bild 1.24: Beispiele von 4-Bit-Codes zur binären Darstellung der Zeichen des Zehner-Systems. Jedem Zeichen ist ein 4-Bit-Codewort (Tetrade) zugeordnet. Die nicht benutzten Codeworte (Pseudotetraden) sind mit – gekennzeichnet.

Für die Familie der 4-Bit-Codes ergibt sich als gemeinsame Besonderheit, daß von den mit 4 Bits darstellbaren sechzehn Kombinationen im Dezimalsystem jeweils nur zehn ausgenutzt werden. Die benutzten vierstelligen Codeworte werden *Tetraden*, die nichtbenutzten Codeworte werden *Pseudotetraden* genannt. (*Tetrade* kommt vom griechischen Wort *tetra* [= vier] und bedeutet einfach: eine aus vier Einheiten bestehende Gesamtheit. Eine *Oktade* z. B. besteht in dem hier gegebenen Zusammenhang aus 8 Bits, vgl. *Seite 33*). Im Grunde genommen ist wegen der Existenz von Pseudotetraden das binär-codierte Dezimalsystem nicht wirtschaftlich, da hier Darstellungsmöglichkeiten verschenkt werden. Aber wegen der starken Verbreitung des Zehner-Systems (und wegen der Gewöhnung daran) nimmt man das in vielen Anwendungsbereichen der Digitalelektronik in Kauf.

Von all den in der Fachliteratur genannten und in der Praxis benutzten 4-Bit-Codes wollen wir nur einen – besonders wichtigen – als Beispiel herausgreifen und näher untersuchen.

Beispiel: Ist die größte darzustellende Dezimalzahl dreistellig, so müssen $3 \times 4 = 12$ Bits auch dann vorgesehen werden, wenn in einem Falle die auftretende Zahl nur einstellig ist (*Bild 1.25*).

Dezimalzahl Stellen-Nr. 3 | 2 | 1	Dezimalzahl im BCD-Code 3.Dezimalstelle	2.Dezimalstelle	1.Dezimalstelle
0 0 0	0 0 0 0	0 0 0 0	0 0 0 0
0 0 1	0 0 0 0	0 0 0 0	0 0 0 1
0 0 2	0 0 0 0	0 0 0 0	0 0 1 0
0 0 3	0 0 0 0	0 0 0 0	0 0 1 1
0 0 4	0 0 0 0	0 0 0 0	0 1 0 0
0 0 5	0 0 0 0	0 0 0 0	0 1 0 1
0 0 6	0 0 0 0	0 0 0 0	0 1 1 0
0 0 7	0 0 0 0	0 0 0 0	0 1 1 1
0 0 8	0 0 0 0	0 0 0 0	1 0 0 0
0 0 9	0 0 0 0	0 0 0 0	1 0 0 1
0 1 0	0 0 0 0	0 0 0 1	0 0 0 0
0 1 1	0 0 0 0	0 0 0 1	0 0 0 1
0 1 2	0 0 0 0	0 0 0 1	0 0 1 0
0 1 3	0 0 0 0	0 0 0 1	0 0 1 1
0 1 4	0 0 0 0	0 0 0 1	0 1 0 0
0 1 5	0 0 0 0	0 0 0 1	0 1 0 1
⋮	⋮	⋮	⋮
4 7 2	0 1 0 0	0 1 1 1	0 0 1 0
⋮	⋮	⋮	⋮

Der BCD-Code (Bild 1.25)

Die Bezeichnung *BCD-Code* ist von dem Begriff »*B*inär *C*odierte *D*ezimalzahl« abgeleitet und hierdurch im Grunde genommen etwas verwirrend, da in der Digitalelektronik die Dezimalzahlen in jedem Falle mit binären Werten dargestellt werden müssen; unabhängig, wie die Organisation des Codes aussieht. Beispiele waren ja in *Bild 1.24* gezeigt. Exakt gemeint ist mit dieser Benennung in Wirklichkeit, daß die zehn Ziffern des Dezimal-Systems nach dem *Dual*-Code (Binär-direkter Code) repräsentiert werden (vgl. Sie hierzu mit *Bild 1.11*). Es wird also zur binären Darstellung *jeder* Dezimalstelle eine Tetrade benötigt (*Bild 1.25*).

Der besondere Vorteil des BCD-Codes liegt darin, daß man seinen Aufbau jederzeit und ohne Nachschlagehilfe zusammenbringen kann, wenn man die ersten zehn Zahlen des Dualsystems kennt. Sein Nachteil liegt – im Vergleich zum Dual-Code – im erhöhten Bit-Aufwand. Bei der Beurteilung dieses Aufwands ist – wie immer – zu beachten, daß sich die vorzusehende Anzahl an Bits nach der größten Zahl richtet, die in diesem System zu verarbeiten ist.

Bild 1.25: Das Prinzip der binären Codierung von Zahlen nach dem BCD-Code. Jede Dezimalstelle wird nach dem Dualsystem codiert. In der untersten Zeile erhält die Zahl 472 also die Tetraden 0100 ($\triangleq$ 4), 0111 ($\triangleq$ 7) und 0010 ($\triangleq$ 2). Zur digitalelektronischen Ausführung von BCD-Zählern siehe *Seite 60 f.*

Das Zwölfer-System (Bild 1.26)

Das Zwölfer-System (Duodezimales Zahlensystem) hat für die Digitalelektronik keine nennenswerte Bedeutung; es wird gelegentlich für Sonderfälle verwendet. Wir wollen es hier dennoch kurz vorstellen, weil es von der Problemstellung der binären Codierung her – im Vergleich mit dem Zehner-System einerseits und dem Sechzehner-System andererseits – einige interessante Einblicke bietet.

Die Stellenwerte des Zwölfer-Systems werden durch Potenzen von 12 gebildet (*Bild 1.27*). Eine Besonderheit bietet hier der verwendete Zeichenvorrat: Da

gleichwertige Dezimalzahl	Stellen-Nr. 5 4 3 2 1 Stellenwert $12^4 12^3 12^2 12^1 12^0$	Stellen-Nr. 5 4 3 2 1 Stellenwert $16^4 16^3 16^2 16^1 16^0$	Zahlenwert
0	0 0 0 0 0	0 0 0 0 0	null
1	0 0 0 0 1	0 0 0 0 1	eins
2	0 0 0 0 2	0 0 0 0 2	zwei
3	0 0 0 0 3	0 0 0 0 3	drei
4	0 0 0 0 4	0 0 0 0 4	vier
5	0 0 0 0 5	0 0 0 0 5	fünf
6	0 0 0 0 6	0 0 0 0 6	sechs
7	0 0 0 0 7	0 0 0 0 7	sieben
8	0 0 0 0 8	0 0 0 0 8	acht
9	0 0 0 0 9	0 0 0 0 9	neun
10	0 0 0 0 A	0 0 0 0 A	zehn
11	0 0 0 0 B	0 0 0 0 B	elf
12	0 0 0 1 0	0 0 0 0 C	zwölf
13	0 0 0 1 1	0 0 0 0 D	dreizehn
14	0 0 0 1 2	0 0 0 0 E	vierzehn
15	0 0 0 1 3	0 0 0 0 F	fünfzehn
16	0 0 0 1 4	0 0 0 1 0	sechzehn
17	0 0 0 1 5	0 0 0 1 1	siebzehn
18	0 0 0 1 6	0 0 0 1 2	achtzehn
19	0 0 0 1 7	0 0 0 1 3	neunzehn
⋮	⋮	⋮	
472	0 0 3 3 4	0 0 1 D 8	vierhundertzweiundsiebzig
⋮	⋮	⋮	
	Zwölfer-System	Sechzehner-System	

Bild 1.26: Der Aufbau des Zwölfer-Systems und der des Sechzehner-Systems im Vergleich.

n	12^n	16^n
0	1	1
1	12	16
2	144	256
3	1728	4096
4	20736	65536
5	248832	1048576
6	2985984	16777216

Bild 1.27: Die Stellenwerte des Zwölfer-Systems sind Potenzen von 12, die Stellenwerte des Sechzehner-Systems sind Potenzen von 16.

insgesamt 12 verschiedene Zeichen benötigt werden, in der gebräuchlichen dezimalen Darstellung aber nur 10 Ziffernzeichen (0 bis 9) bekannt sind, werden die letzten beiden Zeichen mit Hilfe von Großbuchstaben ausgedrückt. Dabei sind diesen Großbuchstaben ebenfalls Zahlenwerte zugeordnet, und zwar ist A = 10 und B = 11.

Für die binäre Codierung jeder Stelle des Zwölfer-Systems sind – wie schon beim Zehner-System – mindestens 4 Bits erforderlich. Während bei der binären Darstellung des Dezimal-Systems sechs Pseudotetraden auftreten, sind es hier nur vier. Im Vergleich zum Zehner-System ist das Zwölfer-System daher bei binärer Codierung etwas wirtschaftlicher, durch die Verwendung der Buchstaben aber auch komplizierter in der Handhabung.

Das Sechzehner-System (Bild 1.28)

Das Sechzehner-System (auch Hexadezimales System oder Sedezimal-System genannt) spielt in der angewandten Digitalelektronik eine wachsende Rolle; bei Mikroprozessoren besonders zur Adressierung von Speicherplätzen und zur Numerierung der Befehle.

Die Stellenwerte sind Potenzen von 16 (*Bild 1.27*). Zur Darstellung der 16 notwendigen, verschiedenen Zeichen werden die Ziffern 0, 1, 2, 3, 4, 5, 6, 7, 8, 9 und zusätzlich die bewerteten Großbuchstaben A, B, C, D, E und F verwendet. (A = 10, B = 11, C = 12, D = 13, E = 14, F = 15). Vom Prinzip her also durchaus vergleichbar mit dem Zwölfer-System (siehe *Bild 1.26*).

Der besondere Vorteil des Sechzehner-Systems gegenüber dem Zehner- bzw. dem Zwölfer-System besteht darin, daß bei der Verwendung von 4-Bit-Codeworten keine Pseudotetraden auftreten. Alle sechzehn Möglichkeiten der Wertekombinationen sind voll ausgeschöpft. Wegen dieser hohen Wirtschaftlichkeit bei der Ausnutzung z.B. von binären Speichergliedern (*Bild 1.28* und *1.29*) nimmt man in Kauf, daß neben den gewohnten Ziffern auch Buchstaben auftreten. Während das Zwölfer-System bei der binär-codierten Darstellung beide Nachteile (Großbuchstaben und Pseudotetraden) aufweist, bieten das Sechzehner-System den Vorteil hoher Wirtschaftlichkeit und das Zehner-System den der ausschließlichen Verwendung der gewohnten Ziffern 0 bis 9.

Von allen besprochenen binär-codierten Zahlen-Systemen schöpfen bei binärer Codierung das Achter- und das Sechzehner-System die Binärstellen am wirtschaftlichsten aus, weil dabei keine Pseudotetraden auftreten. Natürlich werden auch beim Dualsystem alle möglichen Bit-Kombinationen ausgenutzt.

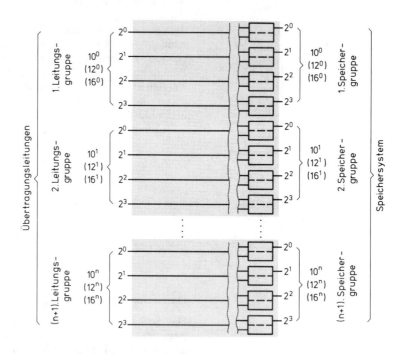

Bild 1.28: Binäre Übertragungsleitungen mit nachgeschalteten binären Speicher-Gliedern. Mit solchen 4-Bit-Gruppierungen lassen sich das Zehner-, das Zwölfer- und auch das Sechzehner-System realisieren. Dabei ist (wie im Text erläutert) der Ausnutzungsgrad sehr unterschiedlich (Pseudotetraden).

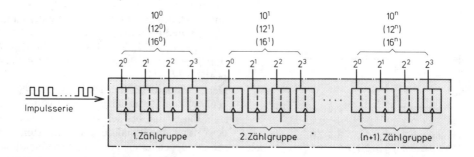

Bild 1.29: Die Zählerstrukturen von Zählern, die nach dem Zehner-, nach dem Zwölfer- bzw. nach dem Sechzehner-System arbeiten, sind vom Speicheraufwand her gleich. Die Zählzyklen pro Zählgruppe (und damit die Ausnutzungsgrade) unterscheiden sich: 0 bis 9, 0 bis 11, 0 bis 15. Ebenso ist die hier nicht dargestellte digitaltechnische Organisation der Kippglieder *in* den einzelnen Zählgruppen unterschiedlich.

Übung 1.1

a) Stellen Sie in der Tabelle den Dezimalzahlen 0 bis 18 die gleichwertigen Zahlen der anderen Zahlensysteme gegenüber.

Dezimal-zahl	Dual-zahl	Hexal-zahl	Oktal-zahl	Duo-dezimal-zahl	Se-dezimal-zahl
0					
1					
2					
3					
4					
5					
6					
7					
8					
9					
10					
11					
12					
13					
14					
15					
16					
17					
18					

b) Welches Problem tritt auf, wenn die Zeichenkombination für eine Zahl ohne Angabe des verwendeten Zahlensystems notiert ist?

Übung 1.2

Die Dezimalzahl $S_{10} = 21437$ ist umzuwandeln in:
a) eine Dualzahl S_2,
b) eine Hexalzahl S_6,
c) eine Oktalzahl S_8,
d) eine Duodezimalzahl S_{12} und
e) eine Sedezimalzahl S_{16}.

Beachten Sie hierzu die Hinweise in *Kapitel 8*.

Übung 1.3

Gegeben sei ein 8-Bit-Übertragungs- und Speicher-System:

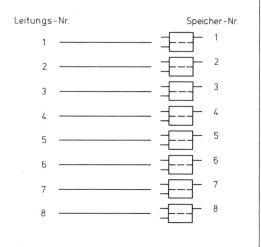

Welche Zahlenwertbereiche können übertragen bzw. abgespeichert werden, wenn
a) das Dual-System,
b) das Hexal-System,
c) das Oktal-System,
d) das Dezimal-System,
e) das Duodezimal-System oder
f) das Sedezimal-System
jeweils in binär-codierter Form verwendet werden soll?

Ein Positionsgeber für eine drehbare Antenne

Zwei Methoden für die digitalelektronische Auswertung von Positionsbestimmungen wurden bereits in *Bild 1.5* und *1.7* vorgestellt: Zum einen der aufwendige *1-aus-16-Code* und zum anderen das *Impulszählverfahren*, bei dem einiger schaltungstechnischer Aufwand zu betreiben ist. So muß am Abtastkopf die Bewegungsrichtung »erkannt« und übermittelt werden; ferner müssen bei Rückwärtsbewegung die ankommenden Impulse vom Zählerstand subtrahiert werden, der Zähler ist also nicht so ganz einfach aufzubauen (vgl. *Kapitel 2*).

Nachdem Ihnen nun schon einiges über Codes bekannt ist, soll hier eine weitere Möglichkeit für einen Positionsgeber, und zwar für eine drehbare Antenne, vorgestellt werden.

Um die 16 verschiedenen Positionsmeldungen aus unserem Beispiel in *Bild 1.5* in einem binären Code darzustellen, braucht man mindestens 4 Bits (2^4 = 16). Eine mit entsprechenden Markierungen versehene Strecke könnte etwa so aussehen wie in *Bild 1.30*: In 16 Reihen (Zeilen) sind je 4 Felder vorgesehen. Dabei entspricht ein graues Feld einem 1-Wert und ein weißes einem 0-Wert. Die Abtastvorrichtung weist 4 Optofühler auf (Näheres dazu siehe *Kapitel 7*); diese sitzen so auf dem Abtastschlitten, daß jeweils die ganze Zeile erfaßt wird. Die ermittelte Wertekombination wird über 4 Übertragungsleitungen zur Empfangseinrichtung weitergegeben.

weitere Spur (*Markierungsspur*, vgl. auch *Bild 7.12 ff.*), die in der Mitte verläuft: Erst wenn hier ein 1-Wert erscheint, werden von der Auswerte-Elektronik die übrigen Binärwerte übernommen. Es geht aber auch ohne eine solche Markierungsspur, wenn man dafür sorgt, daß sich von einer Zeile zur nächsten immer nur *ein* Wert ändert. Man spricht dann von einem *einschrittigen* Code. Ein solcher ist z. B. der *Gray*-Code (*Bild 1.31b*). Im Gegensatz zu ihm ist der Dual-Code ein mehrschrittiger Code: Beim Wechsel von Zeile 7 zu Zeile 8 ändern sich sogar alle vier Werte. Doch nun zu einem Beispiel aus der Praxis. Das Problem ist jedem Hobby-Elektroniker bekannt: Bei einer mit einem Motor drehbaren Radio- oder Fernseh-Antenne auf dem Dach kann man bei jedem neu eingestellten Sender den Motor so lange laufen lassen, bis der Empfang optimal ist, die Antennenposition also richtig steht. Besser ist es natürlich, sich für jeden Sender eine Position zu merken, die dann sehr schnell eingestellt werden kann.

Denkt man sich die abzutastende Strecke von *Bild 1.30* oder *1.31* nun als Kreis, der z. B. in zwölf 30°-Segmente (A bis M genannt) aufgeteilt wird, so

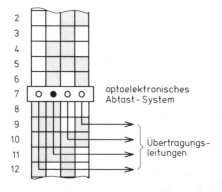

Bild 1.30: Ein Abtastkopf mit vier Optofühlern bewegt sich über eine Strecke, deren Felder nach einem 4-Bit-Code markiert sind (s. *Bild 1.31b*). Die in den vier Spuren aufgenommenen Binärwerte werden über die vier Übertragungsleitungen abgegeben.

Eine große Rolle spielt hier der Code, nach dem die 4 Felder markiert sind. Naheliegen würde der Dual-Code: *Bild 1.31a*. Hierbei kann aber folgendes Problem auftreten, wenn sich der Abtastkopf entlang der Strecke bewegt: Von einer Zeile zur nächsten ändert sich ja fast immer in mehr als einer Stelle (Spur) der Binärwert. Ist nun die mechanische Justierung nicht ganz exakt, d. h. sitzt der Tastkopf ein wenig schief, so können falsche Wertekombinationen weitergegeben werden. Das ist zu vermeiden durch eine

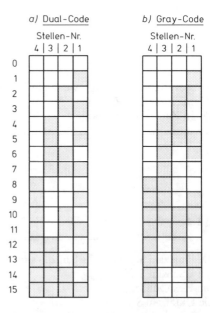

Bild 1.31: Zwei mögliche 4-Bit-Codierungen für die abzutastende Strecke:
a) im Dual-Code;
b) im Gray Code. Dies ist ein einschrittiger Code (siehe Text).

kann der entstehende Ring (die Abtastscheibe) um das Antennenrohr herum angebracht werden: *Bild 1.32a.*

Bild 1.32b zeigt das digitaltechnische Prinzip der ganzen Anlage: Die vom Abstastkopf angegebenen 4 Binärwerte werden über je eine Leitung (W, X, Y und Z) zu einer Decodierlogik übermittelt. Diese setzt die Information in den *1-aus-12-Code* um: Bei jeder der 12 Positionen leuchtet auf der Anzeigeeinheit (im Wohnzimmer) eine Leuchtdiode auf.

Zwei Fragen müssen nun geklärt werden. *Erstens*: Wie müssen die Felder der Scheibe in *Bild 1.32a* codiert werden, damit über den ganzen Umlauf Einschrittigkeit besteht? *Zweitens*: Wie sieht die Schaltung der Decodierlogik aus?

Zunächst zur *Abtastscheibe*: *Bild 1.33* zeigt die Lösung:

a) Hier wurde Segment A mit der Zeile Nr. 0 des Gray-Codes belegt (vgl. zur Ziffernzuordnung *Bild 1.31b*), Segment B mit Nr. 1, usw. Man sieht sofort, daß zwischen M und A *drei* Wertewechsel auftreten. Auch die Zuordnung A ≙ 1, B ≙ 2 des Gray-Codes, usw. führt nicht zum Ziel. Erst mit A ≙ 2, B ≙ 3, ..., M ≙ 13 ist über den gesamten Umlauf die Einschrittigkeit gegeben: *Bild 1.33b*. Hiermit sei die Betrachtung der Senderseite abgeschlossen – wie gesagt, Optofühler etc. werden in *Kapitel 7* ausführlich behandelt.

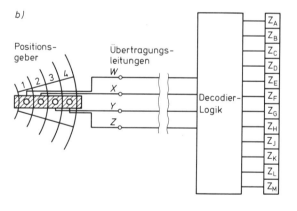

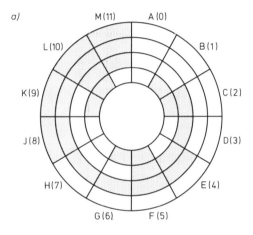

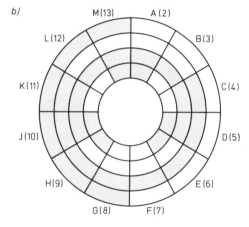

Bild 1.32:
a) Die codierte Strecke wird als Scheibe ausgeführt und in 12 Segmente (je 30°) eingeteilt.
b) Das Prinzip der Positionsmeldung mit Positionsgeber, Übertragungsleitungen und Empfangseinrichtung (Decodierlogik und Anzeigeeinheit).

Bild 1.33: Die Übertragung des Gray-Codes auf die 12 Segmente der Scheibe. Im Fall *a)* besteht keine durchgehende Einschrittigkeit (Übergang zwischen den Segmenten A und M!). Im Fall *b)* ist Einschrittigkeit über den gesamten Umlauf erreicht.

Die Decodierlogik ist mit logischen Verknüpfungsgliedern aufzubauen. Wie Verknüpfungsglieder funktionieren, wissen Sie aus dem ersten Band dieser *Einführung in die Digitalelektronik*, so daß hier nur die Ausführung der Decodierschaltung beschrieben werden muß. *Bild 1.34* zeigt tabellarisch die Verhältnisse: Die an den einzelnen Segmenten (A bis M bzw. 2 bis 13) bei der Abtastung anstehenden Binärwerte W, X, Y und Z werden den entsprechenden Leuchtdioden zugeordnet: Z_A, Z_B, ..., Z_M.

Nun müssen die Verknüpfungsgleichungen aufgestellt werden: Es muß für die in der jeweiligen Zeile in *Bild 1.34* angegebene Wertekombination der entsprechende Z-Wert 1 sein. Das Ergebnis ist in *Bild 1.35* aufgeführt (UND-Verknüpfungen). Es ergeben sich 12 Gleichungen. Nach dem in *Band 1* Gesagten ist die Schaltung nun kein großes Problem. Es werden NAND-Glieder mit je 4 Eingängen (im IC 7420) verwendet; NAND-Glieder deshalb, weil die Leuchtdioden mit 0-Wert angesteuert werden. Die Schaltung ist in *Bild 1.36* zu sehen.

lfd. Nr.	Position	Stellen-Nr.				Anzeige
		Leitung				
		W	X	Y	Z	
2	A	1	1	0	0	Z_A
3	B	0	1	0	0	Z_B
4	C	0	1	1	0	Z_C
5	D	1	1	1	0	Z_D
6	E	1	0	1	0	Z_E
7	F	0	0	1	0	Z_F
8	G	0	0	1	1	Z_G
9	H	1	0	1	1	Z_H
10	J	1	1	1	1	Z_J
11	K	0	1	1	1	Z_K
12	L	0	1	0	1	Z_L
13	M	1	1	0	1	Z_M

Bild 1.34: Die Zuordnung der 12 Segmente A, B, ... zu den Wertekombinationen, die sich bei der Abtastung der vier Spuren ergeben (vgl. *Bild 1.33b*), und zu den 12 Anzeigedioden (Z_A, Z_B, ...).

$$Z_A = W \wedge X \wedge \overline{Y} \wedge \overline{Z}$$
$$Z_B = \overline{W} \wedge X \wedge \overline{Y} \wedge \overline{Z}$$
$$Z_C = \overline{W} \wedge X \wedge Y \wedge \overline{Z}$$
$$Z_D = W \wedge X \wedge Y \wedge \overline{Z}$$
$$Z_E = W \wedge \overline{X} \wedge Y \wedge \overline{Z}$$
$$Z_F = \overline{W} \wedge \overline{X} \wedge Y \wedge \overline{Z}$$
$$Z_G = \overline{W} \wedge \overline{X} \wedge Y \wedge Z$$
$$Z_H = W \wedge \overline{X} \wedge Y \wedge Z$$
$$Z_J = W \wedge X \wedge Y \wedge Z$$
$$Z_K = \overline{W} \wedge X \wedge Y \wedge Z$$
$$Z_L = \overline{W} \wedge X \wedge \overline{Y} \wedge Z$$
$$Z_M = W \wedge X \wedge \overline{Y} \wedge Z$$

Bild 1.35: Die 12 Verknüpfungsgleichungen für die Umsetzung der Leitungszustände (Gray-Code) in den 1-aus-12-Code.

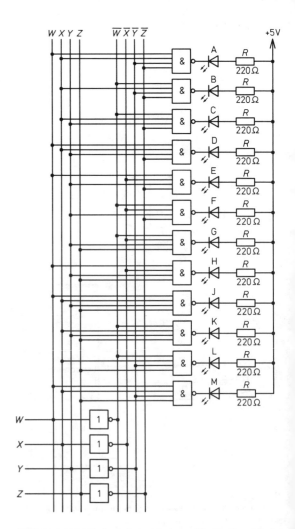

Bild 1.36: Die Verknüpfungsschaltung für die Decodierlogik nach *Bild 1.35*. Es werden benötigt ½ 7420-NAND-ICs und ⅚ 7404-NICHT-ICs.

Die binäre Codierung von Schriftsätzen

Bisher war in diesem Kapitel oft die Rede von den verschiedenen Informationen, die mit einer Kombination entsprechend vieler Binärwerte dargestellt (binär codiert) werden können. Wenn dies z. B. mit den Zahlen von 0 bis 15 geht (in diesem Falle mit 4 Bits, siehe *Bild 1.31*), so muß es außer für Ziffern auch für Buchstaben und andere Zeichen möglich sein; man spricht dann von *alphanumerischer Darstellung*. Auf einer gebräuchlichen Schreibmaschine findet man – je nach Ausstattung leicht abweichend – 89 Zeichen vor (*Bild 1.37*). Um 89 verschiedene Informationen in einem binären Code darzustellen, reichen 6 Bits nicht aus ($2^6 = 64$), man braucht also 7 Bits ($2^7 = 128$); dann werden aber 39 (= 128 − 89) Bitkombinationen »verschenkt«. Eine mögliche, willkürliche Zuordnung (Codierung) zeigt *Bild 1.38*. Die Codeworte haben hier 7 Bit. Dieser frei erfundene Code soll hier nur das Prinzip der binären Codierung von alphanumerischen Zeichen illustrieren; in der Praxis kommt er so nicht vor.

Weiter unten (*Bild 1.39* und *1.40*) werden zwei gebräuchliche Codes betrachtet, von denen der eine mit 5 Bits pro Codewort auskommt. Wie ist das möglich? Selbst wenn man von den erwähnten 89 Zeichen die Umlaute abzieht und auch keine Kleinbuchstaben verwendet, hat man immer noch 59 Zeichen, braucht also 6-Bit-Codeworte. Mit 5 Bits hat man nur 32 Möglichkeiten, kann also nicht einmal alle Buchstaben und Ziffern codieren, ganz abgesehen von Satzzeichen, Anführungszeichen etc. Man hat sich hier mit einem Trick geholfen, der Ihnen von der Schreibmaschine her bekannt ist, der *Doppelbelegung*. Bei der Schreibmaschine erscheint ja ein anderes Zeichen, wenn die Umschalttaste gedrückt wird, z. B. »)« statt der »7«. Auch bei etwas anspruchsvolleren Taschenrechnern gibt es sogenannte Doppelfunktionstasten. Eine entsprechende Umschaltfunktion wird nun bei dem hier vorzustellenden Fernschreibcode (*Bild 1.39*) von den beiden Bitkombinationen (Codeworten) 11111 (a) bzw. 11011 (b) betätigt, die Sie in den Zeilen 29 und 30 sehen. Geht das Codewort (a) voraus, so werden alle Codeworte wie in der Spalte »1. Belegung« (Buchstaben) zugeordnet. Erscheint das Codewort (b), so trifft die Spalte »2. Belegung« (Ziffern) zu, bis wieder (a) auftritt, usw.

Dabei hat die Bitkombination (a) noch eine andere Funktion. Beim Lochstreifen (s. u.) entspricht einem 1-Wert ja eine Lochung in der betreffenden Spur. Hat man nun beim Eintippen (»Lochen«) einen Fehler gemacht, so setzt man den Streifen bis dahin zurück und ersetzt die fehlerhafte Lochung durch eine »Voll-Lochung«. Diese stört in keiner Weise bei der Übertragung und Auswertung des Streifens, da sie ja der Buchstabenumschaltung entspricht. Trat der Fehler beim Ziffern-Eingeben auf, muß man natürlich als nächstes das Codewort (b) eintasten. Wegen dieser Verwendung bei der Fehlerkorrektur heißt die Voll-Lochung auch »rub out« (engl. ausradieren).

An dieser Stelle sind ein paar Worte zur Technik der Informationsübertragung mit Lochstreifen angebracht. Abgesehen vom Morsetelegrafen ist der Fernschreiber das älteste Gerät, mit dem ganze Schriftsätze binär codiert und elektrisch übermittelt werden. Auch heute noch wird mit Lochstreifen gearbeitet, die entweder 5 oder 8 Kanäle (Spuren) haben. Zu Anfang und teilweise heute noch ge-

lfd.Nr.	Zeichen	lfd.Nr.	Zeichen	lfd.Nr.	Zeichen
1	a	31	A	61	0
2	b	32	B	62	1
3	c	33	C	63	2
4	d	34	D	64	3
5	e	35	E	65	4
6	f	36	F	66	5
7	g	37	G	67	6
8	h	38	H	68	7
9	i	39	I	69	8
10	j	40	J	70	9
11	k	41	K	71	+
12	l	42	L	72	−
13	m	43	M	73	÷
14	n	44	N	74	×
15	o	45	O	75	=
16	p	46	P	76	(
17	q	47	Q	77	)
18	r	48	R	78	%
19	s	49	S	79	—
20	t	50	T	80	.
21	u	51	U	81	;
22	v	52	V	82	'
23	w	53	W	83	:
24	x	54	X	84	!
25	y	55	Y	85	?
26	z	56	Z	86	"
27	ß	57	Ä	87	`
28	ä	58	Ö	88	´
29	ö	59	Ü	89	/
30	ü	60	&		

Bild 1.37: Alphanumerische Zeichen und Sonderzeichen, wie man sie ähnlich auf einer Schreibmaschine vorfindet.

lfd.Nr.	Zeichen	Codewort Stellen-Nr. 7|6|5|4|3|2|1	lfd.Nr.	Zeichen	Codewort Stellen-Nr. 7|6|5|4|3|2|1	lfd.Nr.	Zeichen	Codewort Stellen-Nr. 7|6|5|4|3|2|1
0		0 0 0 0 0 0 0	31	A	0 0 1 1 1 1 1	62	1	0 1 1 1 1 1 0
1	a	0 0 0 0 0 0 1	32	B	0 1 0 0 0 0 0	63	2	0 1 1 1 1 1 1
2	b	0 0 0 0 0 1 0	33	C	0 1 0 0 0 0 1	64	3	1 0 0 0 0 0 0
3	c	0 0 0 0 0 1 1	34	D	0 1 0 0 0 1 0	65	4	1 0 0 0 0 0 1
4	d	0 0 0 0 1 0 0	35	E	0 1 0 0 0 1 1	66	5	1 0 0 0 0 1 0
5	e	0 0 0 0 1 0 1	36	F	0 1 0 0 1 0 0	67	6	1 0 0 0 0 1 1
6	f	0 0 0 0 1 1 0	37	G	0 1 0 0 1 0 1	68	7	1 0 0 0 1 0 0
7	g	0 0 0 0 1 1 1	38	H	0 1 0 0 1 1 0	69	8	1 0 0 0 1 0 1
8	h	0 0 0 1 0 0 0	39	I	0 1 0 0 1 1 1	70	9	1 0 0 0 1 1 0
9	i	0 0 0 1 0 0 1	40	J	0 1 0 1 0 0 0	71	+	1 0 0 0 1 1 1
10	j	0 0 0 1 0 1 0	41	K	0 1 0 1 0 0 1	72	−	1 0 0 1 0 0 0
11	k	0 0 0 1 0 1 1	42	L	0 1 0 1 0 1 0	73	÷	1 0 0 1 0 0 1
12	l	0 0 0 1 1 0 0	43	M	0 1 0 1 0 1 1	74	×	1 0 0 1 0 1 0
13	m	0 0 0 1 1 0 1	44	N	0 1 0 1 1 0 0	75	=	1 0 0 1 0 1 1
14	n	0 0 0 1 1 1 0	45	O	0 1 0 1 1 0 1	76	(	1 0 0 1 1 0 0
15	o	0 0 0 1 1 1 1	46	P	0 1 0 1 1 1 0	77	)	1 0 0 1 1 0 1
16	p	0 0 1 0 0 0 0	47	Q	0 1 0 1 1 1 1	78	%	1 0 0 1 1 1 0
17	q	0 0 1 0 0 0 1	48	R	0 1 1 0 0 0 0	79	−	1 0 0 1 1 1 1
18	r	0 0 1 0 0 1 0	49	S	0 1 1 0 0 0 1	80	.	1 0 1 0 0 0 0
19	s	0 0 1 0 0 1 1	50	T	0 1 1 0 0 1 0	81	;	1 0 1 0 0 0 1
20	t	0 0 1 0 1 0 0	51	U	0 1 1 0 0 1 1	82	,	1 0 1 0 0 1 0
21	u	0 0 1 0 1 0 1	52	V	0 1 1 0 1 0 0	83	:	1 0 1 0 0 1 1
22	v	0 0 1 0 1 1 0	53	W	0 1 1 0 1 0 1	84	!	1 0 1 0 1 0 0
23	w	0 0 1 0 1 1 1	54	X	0 1 1 0 1 1 0	85	?	1 0 1 0 1 0 1
24	x	0 0 1 1 0 0 0	55	Y	0 1 1 0 1 1 1	86	"	1 0 1 0 1 1 0
25	y	0 0 1 1 0 0 1	56	Z	0 1 1 1 0 0 0	87	`	1 0 1 0 1 1 1
26	z	0 0 1 1 0 1 0	57	Ä	0 1 1 1 0 0 1	88	'	1 0 1 1 0 0 0
27	ß	0 0 1 1 0 1 1	58	Ö	0 1 1 1 0 1 0	89	/	1 0 1 1 0 0 1
28	ä	0 0 1 1 1 0 0	59	Ü	0 1 1 1 0 1 1			
29	ö	0 0 1 1 1 0 1	60	&	0 1 1 1 1 0 0			
30	ü	0 0 1 1 1 1 0	61	0	0 1 1 1 1 0 1			

Bild 1.38: Binäre Codierung der Zeichen nach *Bild 1.37.* Diese 7-Bit-Codeworte wurden frei zugeordnet. Das Codewort Nr. 0 (0000000) wird aus Sicherheitsgründen nicht verwendet.

schieht die Abtastung der Lochstreifen mechanisch: 5 (bzw. 8) kleine, bewegliche »Zapfen« tasten den Streifen ab; kommt ein Loch, dann »fällt« der Zapfen hinein und schließt bei seiner Bewegung einen elektrischen Kontakt, wodurch der 1-Wert weitergegeben wird. Wenn Sie den *CCIT-Code* in *Bild 1.39* näher ansehen, werden Sie feststellen, daß die häufiger vorkommenden Zeichen (so z. B. das E oder das T) mit solchen Codeworten belegt sind, die nur wenige 1-Werte haben. Dadurch wird die Abnutzung der Stanz- und Lese-Einrichtung möglichst gering gehalten.

Außer den »Informationsspuren« hat der Lochstreifen noch eine *Transportspur* mit kleineren Löchern. Hier greift ein Zahnrad ein, das den Streifen trans- portiert und außerdem die Synchronisation beim Lesen der Codeworte sicherstellt. Bei den heute vor allem in der Computertechnik verwendeten optoelektronischen Lesegeräten dient die Transportspur als Markierungsspur für den »Lesebefehl«. Das Prinzip können Sie in *Bild 7.12* und *7.14* sehen.

Der zweite in der Praxis gelegentlich benutzte Code, der hier noch gezeigt werden soll, erlaubt es, einen anderen Aspekt der Informationsübertragung an einem einfachen, überschaubaren Beispiel deutlich zu machen: den der *Sicherheit.* Es ist prinzipiell nicht möglich, alle bei einer Datenübertragung etwa auftretenden Fehler beim Auswerten zu erkennen. Aber eine gewisse, vom betriebenen Aufwand abhängige, Sicherheit ist möglich. Der in *Bild 1.40* dargestellte

Zeichen-Nr. nach CCIT	Spur-Nr. 1	Spur-Nr. 2	Transportspur	Spur-Nr. 3	Spur-Nr. 4	Spur-Nr. 5	1.Belegung (Bu)	2.Belegung (Zi)
1	■	■	O				A	–
2	■		O		■	■	B	?
3		■	O	■	■		C	
4	■		O		■		D	✠
5	■		O				E	3
6	■		O	■	■		F	◥
7		■	O		■	■	G	◥
8			O	■		■	H	◥
9		■	O	■			I	8
10	■	■	O		■		J	⍾
11	■	■	O	■	■		K	(
12		■	O			■	L	)
13			O	■	■	■	M	·
14			O	■	■		N	,
15			O		■	■	O	9
16		■	O	■		■	P	0
17	■	■	O	■		■	Q	1
18		■	O		■		R	4
19	■		O	■			S	'
20			O			■	T	5
21	■	■	O	■			U	7
22		■	O	■	■	■	V	=
23	■	■	O			■	W	2
24	■		O	■	■	■	X	/
25	■		O	■		■	Y	6
26	■		O			■	Z	+
27			O		■		<	
28		■	O				≡	
29	■	■	O	■	■	■	Bu	
30	■	■	O		■	■	Zi	
31			O	■			#	
32			O				⊖	

Zeichenerklärung

✠	Wer da ?
⍾	Klingel
<; WR	Wagenrücklauf
≡; ZL	Zeilenvorschub
#; ZW	Zwischenraum
Bu; A...	Buchstabenumschaltung
Zi; 1...	Ziffernumschaltung
◥	Frei für Sonderzeichen
⊖	Nicht benutzt

Bild 1.39: Der Internationale 5-Bit-Fernschreibcode CCIT Nr. 2 mit doppelter Belegung von Codeworten. Dadurch können in den 5-Bit-Codeworten auch einige Maschinenkommandos untergebracht werden.
Jede graue Fläche entspricht einem 1-Wert bzw. einer Lochung im Lochstreifen. Dieser Code stammt aus dem Jahre 1932 und ist auf die Erfordernisse der Elektromechanik zugeschnitten.

lfd. Nr.	Zeichen	Kanalbezeichnung								
		ZE	X	0	CHECK	8	Transport	4	2	1
1	0			■			O			
2	1						O			■
3	2						O		■	
4	3				■		O		■	■
5	4						O	■		
6	5				■		O	■		■
7	6				■		O	■	■	
8	7						O	■	■	■
9	8					■	O			
10	9				■	■	O			■
11	A		■	■			O			■
12	B		■	■			O		■	
13	C		■	■	■		O		■	■
14	D		■	■			O	■		
15	E		■	■	■		O	■		■
16	F		■	■	■		O	■	■	
17	G		■	■			O	■	■	■
18	H		■	■		■	O			
19	I		■	■	■	■	O			■
20	J		■		■		O			■
21	K		■		■		O		■	
22	L		■				O		■	■
23	M		■		■		O	■		
24	N		■				O	■		■
25	O		■				O	■	■	
26	P		■		■		O	■	■	■
27	Q		■		■	■	O			
28	R		■			■	O			■
29	S			■	■		O		■	
30	T			■			O		■	■
31	U			■	■		O	■		
32	V			■			O	■		■
33	W			■			O	■	■	
34	X			■	■		O	■	■	■
35	Y			■	■	■	O			
36	Z			■		■	O			■

lfd. Nr.	Zeichen	Kanalbezeichnung								
		ZE	X	0	CHECK	8	Transport	4	2	1
37	ZW				■		O			
38	+		■	■	■		O			
39	–		■				O			
40	SP 1		■	■	■	■	O		■	
41	PS 2		■			■	O		■	
42	/			■	■		O			■
43	#					■	O		■	■
44	@				■	■	O	■		
45	PS 7					■	O	■		■
46	KE 1					■	O	■	■	
47	KOR				■	■	O	■	■	■
48	·		■	■		■	O		■	■
49	¤		■	■	■	■	O	■		
50	PS 5		■	■		■	O	■		■
51	SP 2		■	■		■	O	■	■	
52	SZU		■	■	■	■	O	■	■	■
53	$		■		■	■	O		■	■
54	*		■			■	O	■		
55	PS6		■		■	■	O	■		■
56	WR		■		■	■	O	■	■	
57	FLR		■			■	O	■	■	■
58	,			■	■	■	O		■	■
59	%			■		■	O	■		
60	PS 4			■	■	■	O	■		■
61	SPR			■	■	■	O	■	■	
62	KE 2			■		■	O	■	■	■
63	PS 3			■		■	O		■	
64	PS 1				■	■	O		■	
65	ZE	■					O			

Zeichenerklärung

ZW	Zwischenraum
SZU	Streifenzufuhr
SP	Spezialzeichen
WR	Wagenrücklauf
KE	Kartenende
SPR	Sprung
KOR	Korrektur
FLR	Fehler
ZE	Zeilenende
PS	Programmschlüssel

Bild 1.40: Der 8-Kanal-Code von IBM. Alle Codeworte haben eine ungerade Anzahl von 1-Werten.

8-*Kanal-Code von IBM* hat Codeworte mit 8 (7 + 1) Bits, die aber, wie am CCIT-Code deutlich wurde, nicht alle nötig sind, um die alphanumerischen Zeichen zu codieren. In einer separaten Spur (in *Bild 1.40* »Check« genannt) wird hier nun immer dann ein 1-Wert übertragen, wenn das restliche Codewort eine gerade Anzahl von 1-Werten hat. Die Erzeugung dieses *Prüfbits* (auch *parity bit*) geschieht in einer entsprechend ausgelegten logischen Schaltung automatisch beim Eingeben der Information. Es liegen auf dem Streifen dann nur Codeworte mit einer *ungeraden* Anzahl von 1-Werten vor. Im Empfangs- bzw. Entschlüsselungs-Gerät wird nun auf die Einhaltung dieser Bedingung abgefragt. Ist sie nicht erfüllt, dann wird eine Fehlermeldung ausgegeben. Diese Fehlererkennungs-Methode ist nicht sehr sicher: Es erfolgt z.B. keine Fehlermeldung, wenn *zwei* 1-Werte zuviel (oder zuwenig) vorhanden sind, oder wenn 1-Werte auf dem falschen Platz (in der falschen Spur) sitzen.

Es gibt eine Unzahl von Codes für die verschiedensten Zwecke der Übertragung oder Speicherung von Informationen, und ebenso kennt man zahlreiche Fehlererkennungsmethoden – bis hin zur Möglichkeit, Fehler selbsttätig korrigieren zu lassen. An dieser Stelle mögen die beiden gezeigten Code-Beispiele genügen, um das Prinzip der binären Codierung von Zeichen anschaulich zu machen.

2. Zähl- und Registerschaltungen aus bistabilen Kippgliedern

In *Band 1* dieser *Einführung in die Digitalelektronik* wurden erste Versuche mit bistabilen Kippgliedern vorgestellt. Es wurde dort die Arbeitsweise wichtiger Kippglied-Arten besprochen und gezeigt, wie man mit ihrer Hilfe Signale speichern, Frequenzen teilen und Informationen »schieben« kann.

Diese Thematik soll nun fortgeführt werden, nachdem in *Kapitel 1* zur Vorbereitung einiges über Codes und die binäre Codierung von Zahlen (in verschiedenen Zahlensystemen) gesagt wurde.

Zuvor noch ein kurzer Blick voraus: Auch in *Band 3* wird es um Zähler- und Schieberegisterschaltungen gehen – vor allem in bezug auf Informationsverarbeitung. Während hier in diesem Kapitel (wie bereits im ersten Band) im wesentlichen *Aufbau* und *Arbeitsweise* dieser wichtigen Funktionseinheiten aus dem Zusammenwirken *einzelner* Kippglieder heraus betrachtet werden, werden in *Band 3* die Zähler und Schieberegister nur noch als *Funktionseinheiten* behandelt, mit denen die verschiedenartigsten praktischen Problemstellungen gelöst werden. Dazu werden dann Kenntnisse vom inneren Aufbau und Verständnis für die Arbeitsweise dieser komplexeren Einheiten vorausgesetzt, die hier noch sozusagen »Kippglied für Kippglied« entwickelt werden.

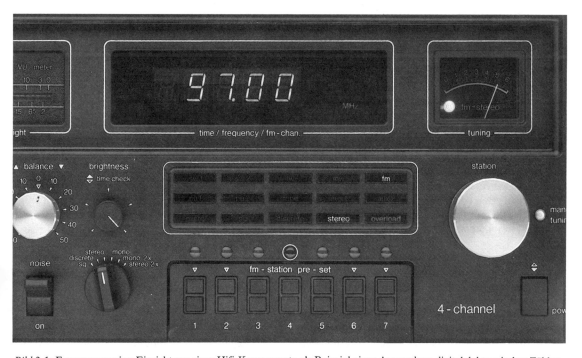

Bild 2.1: Frequenzanzeige-Einrichtung einer Hifi-Komponente als Beispiel einer Anwendung digitalelektronischer Zähler.

JK-Kippglieder: universell einsetzbare Speicher

Trotz der Vielfalt der Probleme, die mit Hilfe der Digitaltechnik zu lösen sind, war es möglich, die Anzahl der verschiedenen Digitalbausteine relativ überschaubar zu halten. Dies gelang durch die Entwicklung recht universell einsetzbarer binärer Funktionsglieder. Zu diesen zählen auch die *JK-Kippglkeder*. Mit den (im folgenden näher beschriebenen) Vorbereitungseingängen und dem Steuereingang bieten diese Kippglieder Einsatzmöglichkeiten, die mit den im *Band 1* behandelten RS-, D- und T-Kippgliedern zum Teil gar nicht oder aber nur mit dem Aufwand erheblicher Zusatzschaltungen zu realisieren sind.

So kann man, wie noch ausführlich gezeigt wird, mit JK-Kippgliedern auch Frequenzteiler mit *ungeradzahligem* Teilungsverhältnis (3:1, 5:1, etc.) aufbauen; mit T-Kippgliedern sind dagegen nur geradzahlige Verhältnisse möglich. Andererseits lassen sich bei entsprechender Beschaltung die JK-Kippglieder auch als T- oder als D-Kippglieder betreiben. Schließlich sind spezielle Zählerschaltungen, z.B. Dezimalzähler, wiederum nur mit JK-Kippgliedern und nicht mit T- oder D-Kippgliedern aufzubauen. – Man kann also die JK-Kippglieder durchaus zu Recht als universell einsetzbar bezeichnen.

Typisch für ein JK-Kippglied sind die beiden *Vorbereitungseingänge* J und K und der *Steuereingang* C. Die (genormten) Bezeichnungen J und K sind rein willkürlich gewählt und stellen keine Abkürzungen dar, im Gegensatz zu den Benennungen S (für Setzen) und R (für Rückstellen) beim RS-Kippglied.

Bild 2.2 zeigt das Schaltzeichen eines JK-Kippgliedes mit *Einflanken-Steuerung*: Die Informationsübernahme erfolgt bei einem 0-1-Wertwechsel am Steuereingang C (ansteigende Impulsflanke, im Schaltzeichen durch den Pfeil am Steuereingang C symbolisiert. Die Arbeitsweise wird in *Bild 2.3* ausführlich dargestellt). Bei der Zweiflanken-Steuerung (vgl. *Bild 2.7*) sind zur vollständigen Informationsverarbeitung zwei entgegengesetzte Wertwechsel an C nötig.

Hier sei noch einmal auf die genormte *Abhängigkeitsnotation* bei Kippgliedeingängen hingewiesen: Dem Steuereingang wird dieselbe Nummer *angehängt* (z.B. *C1*), die den von ihm gesteuerten Vorbereitungseingängen *vorangestellt* wird (z.B. *1J* sowie *1K*). In komplexeren Bausteinen wird die Nummer also wichtig: voneinander abhängige Eingänge erhalten dieselbe Ziffer.

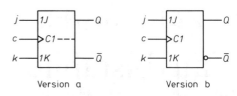

Bild 2.2: Das Schaltzeichen eines JK-Kippgliedes mit Einflanken-Steuerung. Nach DIN 40700 sind beide Versionen wahlweise verwendbar. Bei Version a wird die Gegensätzlichkeit der binären Ausgangswerte Q und $\overline{Q}$ durch die gestrichelte Trennlinie und in Version b durch das Negationszeichen am Ausgang $\overline{Q}$ ausgedrückt, der im Setzzustand des Kippgliedes 0-Wert führt. Zur besseren Übersichtlichkeit sollte man in Schaltplänen aber immer nur *eine* Version des Schaltzeichens verwenden.

Die Arbeitsweise des JK-Kippgliedes

Die Wirkweise der Vorbereitungseingänge, wie sie sich im Zusammenspiel mit dem Steuertakteingang C ergibt, ist für die *vier möglichen Wertekombinationen* an den Vorbereitungseingängen J und K ausführlich in *Bild 2.3* dargestellt:

a) $J = 1, K = 0$:
Mit der nächsten 0-1-Steuerflanke werden die Werte der Vorbereitungseingänge an die Kippglied-Ausgänge weitergegeben: Der zurückgestellte Speicher wird *gesetzt*, der gesetzte Speicher bleibt gesetzt, auch wenn der Steuereingang C wieder auf 0-Wert geschaltet wird. Das Kippglied speichert die Werte, bis vor einem 0-1-Wechsel an C ein Wechsel der Werte an J bzw. K erfolgt (s.u.).

b) $J = 0, K = 1$:
Mit der nächsten 0-1-Steuerflanke werden die Werte der Vorbereitungseingänge an die Kippglied-Ausgänge weitergegeben: Der zurückgestellte Speicher bleibt *zurückgestellt*, der gesetzte Speicher wird zurückgestellt.

Bis hierher kann man schon zusammenfassen: *Wenn J und K unterschiedliche Werte führen*, wird mit einem 0-1-Wechsel an C die Information, die an J bzw. K anliegt, an die Ausgänge weitergegeben: der Ausgang Q übernimmt den J-Wert, und $\overline{Q}$ erhält den K-Wert.

Es müssen nun noch zwei Fälle in *Bild 2.3* betrachtet werden:

c) $J = 1, K = 1$:
Es erfolgt eine *wechselnde Zustandsänderung* wie bei einem T-Kippglied (Binär-Teiler, siehe *Band 1*).

a)

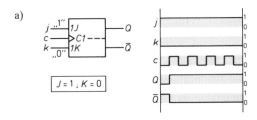

b)

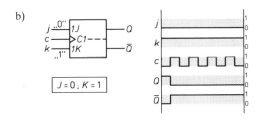

c)

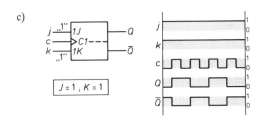

d)

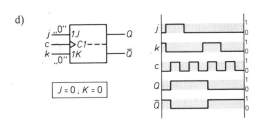

Bild 2.3: Die verschiedenen Arbeitsmöglichkeiten eines JK-Kippgliedes, abhängig von der Ansteuerung der Vorbereitungseingänge J und K. Nähere Erläuterung im Text.

d) $J = 0$, $K = 0$:
Hierbei erfolgt keine Zustandsänderung der Kippglied-Ausgänge. Das Kippglied ist *blockiert*. Es verbleiben an den Ausgängen die Werte, die vor der Werte-Kombination $J = 0$, $K = 0$ vorlagen.

Eine andere Möglichkeit zur Beschreibung der Arbeitsweise eines Kippgliedes bietet die *Wertetabelle*. Für das JK-Kippglied sind zwei Ausführungsformen in Gebrauch: sehr ausführlich wie in *Bild 2.4* oder gestrafft wie in *Bild 2.5*. Vergleichen Sie die Aussage beider Tabellen mit den Zeitablaufdiagrammen in *Bild 2.3*.

Vorbereitungs-eingänge		Ausgang Q		Bemerkung
J	K	vor dem 0-1-Wechsel an C	nach dem 0-1-Wechsel an C	
1	0	0	→ 1	Q erhält oder behält den Wert 1
1	0	1	→ 1	
0	1	0	→ 0	Q erhält oder behält den Wert 0
0	1	1	→ 0	
1	1	0	→ 1	Wertewechsel an Q mit jedem 0-1-Wechsel an C
1	1	1	→ 0	
0	0	0	→ 0	kein Wertewechsel an Q
0	0	1	→ 1	

Bild 2.4: Die Arbeitsweise eines JK-Kippgliedes, mit Hilfe einer Wertetabelle dargestellt.

Zeitpunkt vor einem 0-1-Wechsel an C t_n		Zeitpunkt nach einem 0-1-Wechsel an C t_{n+1}
J	K	Q
1	0	1
0	1	0
1	1	$\overline{Q}_n$
0	0	Q_n

Q_n: Der Wert vor dem 0-1-Wechsel an C bleibt erhalten.
$\overline{Q}_n$: Der Wert wechselt bei jedem 0-1-Wechsel an C.

Bild 2.5: Wertetabelle in Kurzform zur Darstellung der Arbeitsweise eines JK-Kippgliedes.

JK-Kippglied mit Einflanken-Steuerung

Ein JK-Kippglied mit Einflanken-Steuerung entsteht durch Erweiterung der Vorbereitungseingänge eines einflanken-gesteuerten RS-Kippgliedes (*Bild 2.6a*) mit je einem UND-Glied (*Bild 2.6b*).

Das einflanken-gesteuerte RS-Kippglied übernimmt die an den Vorbereitungseingängen S und R anliegenden Werte jeweils im Moment des 0-1-Wertwechsels (ansteigende Flanke) am Steuereingang C. Dabei muß eine Besonderheit beachtet werden, die sich beim technischen Einsatz dieses Kippgliedes gelegentlich als unerwünscht erweist:

Führen beide Vorbereitungseingänge S und R gleichzeitig den Wert 1, so sind nach dem folgenden 0-1-Wertewechsel (ansteigende Flanke) an C die Ausgangszustände an Q und Q^* unbestimmt (schraffierte Bereiche).

Wird nun den Vorbereitungseingängen des einflanken-gesteuerten RS-Kippgliedes je ein UND-Glied vorgeschaltet (siehe *Bild 2.6b*), so wird der unerwünschte Ansteuerungsfall vermieden. Durch die gekreuzten Rückführungen der Kippglied-Ausgänge auf die UND-Glied-Eingänge wird schaltungstechnisch sichergestellt, daß tatsächlich niemals beide Vorbereitungseingänge des RS-Kippgliedes auf 1-Wert liegen.

Übung 2.1

Vervollständigen Sie das Zeitablaufdiagramm der vorgegebenen Speicherschaltung, die einem JK-Kippglied mit Einflanken-Steuerung entspricht.

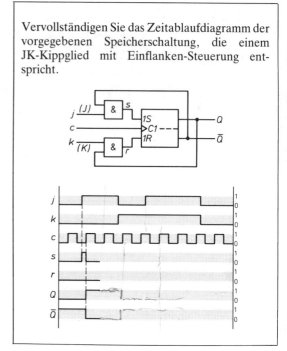

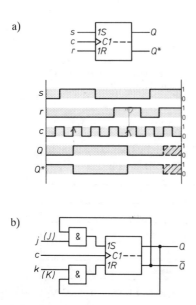

Bild 2.6 a): RS-Kippglied mit Einflanken-Steuerung.
b): Das einflanken-gesteuerte RS-Kippglied wird durch entsprechende Eingangsbeschaltung zum *JK-Kippglied*.

JK-Kippglied mit Zweiflanken-Steuerung

In dem Schaltbild nach *Bild 2.7* weisen die Winkelzeichen an den Ausgängen des Kippgliedes darauf hin, daß es sich hier um einen Speicher mit retardierenden (»verzögernden«) Ausgängen handelt. Im zugehörigen Zeitablaufdiagramm ist entsprechend zu erkennen, daß die Zustandswechsel an den Speicherausgängen erst bei 1-0-Übergängen an c auftreten. Die *Innenschaltung* (*Bild 2.8*) dieser JK-Kippglied-Variante besteht aus einem Master-Speicher, einem Slave-Speicher und einer Steuer-Logik. Die aus dem Englischen stammenden Bezeichnungen *Master* und *Slave* für »Herr« und »Knecht« drücken die besondere Abhängigkeit der beiden Kippglieder voneinander aus. Wenn Sie diese Anordnung mit der nach *Bild 2.6b* vergleichen, so stellen Sie fest, daß das dort abgebildete einflanken-gesteuerte JK-Kippglied um ein RS-Kippglied und um eine Negationsstufe erweitert worden ist. In der Speicherfunktion entspricht diese Schaltungskonzeption der in *Bild 2.6b*, aber mit einem Unterschied: Die Ansteuerung erfolgt jetzt nach der Zweiflanken-Technik.

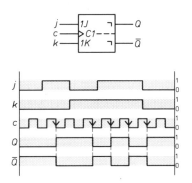

Bild 2.7: JK-Kippglied mit Zweiflanken-Steuerung, d.h. mit retardierenden Ausgängen; Schaltzeichen und Zeitablaufdiagramm.

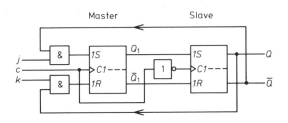

Bild 2.8: Beispiel für die *innere Organisation* eines JK-Kippgliedes mit Zweiflanken-Steuerung (retardierende Ausgänge) vom Master-Slave-Typ. Zum Schaltbild vgl. *Bild 2.7*.

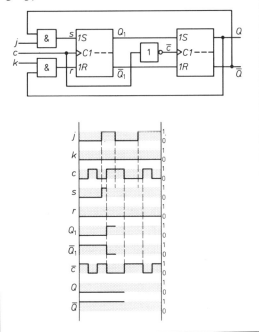

Übung 2.2

Vervollständigen Sie das vorbereitete Zeitablaufdiagramm für die JK-Master-Slave-Kippschaltung. Beachten Sie besonders die Vorgänge für den Fall, daß der Wert am Vorbereitungseingang j wechselt, während $c = 1$ ist.

Zur Funktion:
Die Master-Slave-Schaltung wird – bei entsprechender Vorbereitung über die UND-Glied-Eingänge j und k – jeweils durch die *ansteigende Flanke* eines Steuerimpulses an c aktiviert: Phase der *Informationsspeicherung*. Während der abfallenden Steuerimpulsflanke (1-0-Übergang an c) wird die Werte-Kombination von den Ausgängen der Master-Stufe in die Slave-Stufe übernommen, d.h. sie erscheint nun an den Ausgängen der Slave-Stufe, die gleichzeitig auch die (retardierenden) Ausgänge der Gesamtschaltung darstellen. Mit den Zustandsänderungen der retardierenden Ausgänge Q und $\overline{Q}$ wird infolge der Rückkopplung auf die UND-Glieder die Vorbereitung des Master-Speichers beeinflußt (vgl. auch *Übung 2.1*).

Experimente mit dem zweiflanken-gesteuerten JK-Kippglied

Mit Hilfe einiger sehr einfacher Experimente können Sie die universellen Einsatzmöglichkeiten von JK-Kippgliedern kennenlernen. Für diese Experimente wurde der TTL-Baustein 7473 ausgewählt. Wie Sie seinem Anschlußplan in *Bild 2.9* entnehmen können, enthält er zwei JK-Kippglieder, die zweiflanken-gesteuert arbeiten. Jedes dieser Kippglieder besitzt zusätzlich zu den für ein JK-Kippglied obligatorischen drei Eingängen *J, K,* und *C* noch einen weiteren, *dominierenden* Rücksetz-Eingang *R*. Beachten Sie den Negations-Kreis: Ein 0-Wert an diesem Rücksetz-Eingang zwingt den Speicherausgang Q auf 0-Wert und gleichzeitig den Ausgang $\overline{Q}$

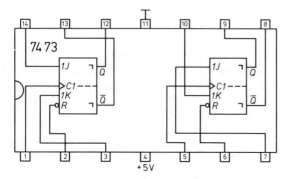

Bild 2.9: Anschlußplan des TTL-Bausteins 7473, der zwei JK-Kippglieder mit Zweiflanken-Steuerung (vgl. *Bild 2.7*) enthält. Jedes Kippglied besitzt hier außerdem einen dominierenden Rücksetz-Eingang. Ein 0-Wert am Rücksetz-Eingang zwingt den Ausgang Q auf 0 und den Ausgang $\overline{Q}$ auf 1, unabhängig von der Ansteuerung der übrigen Eingänge.

auf 1-Wert. Und dies – wegen der angesprochenen Dominanz – vollkommen unabhängig von der Ansteuerung der übrigen drei Eingänge. Diese werden erst dann wirksam, wenn der Rückstell-Eingang R mit einem 1-Wert (H-Pegel) beschaltet wird. Beachten Sie beim Experimentieren, daß auch ein nicht beschalteter R-Eingang auf H-Pegel liegt. Diese Eigenschaft der 74er-Bausteine kennen Sie schon aus *Band 1*: »offene« Eingänge wirken wie auf H-Pegel geschaltet.

1. Experiment: Die Arbeitsweise des zweiflanken-gesteuerten JK-Kippgliedes

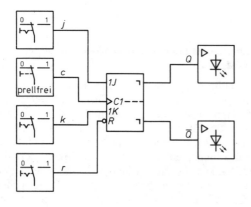

Bild 2.10: Experimentierschaltung zur Arbeitsweise eines JK-Kippgliedes mit Zweiflanken-Steuerung und dominierendem Rücksetz-Eingang R. Das Kippglied wird zurückgesetzt mit $r = 0$.

Bild 2.10 schlägt eine erste einfache Experimentierschaltung vor, mit der Sie die Wirkweisen der Kippglied-Eingänge und ihre Abhängigkeiten herausarbeiten können. Der *Steuertakt-Eingang C* ist über einen entprellten Taster anzusteuern. Für die Ansteuerung der Vorbereitungseingänge und des dominierenden Rücksetz-Eingnges genügt jeweils eine einfache binäre Signaleingabe-Einheit. Im Experiment werden Sie bestätigt finden, was Sie über das zweiflanken-gesteuerte JK-Kippglied in den vor-

a)
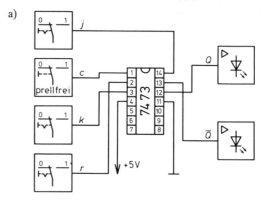

b)

Bild 2.11 a): Anschlußplan für die Experimentierschaltung nach *Bild 2.10*.

b): Schaltungsaufbau mit dem DIGIPROB-System: Es werden benötigt: 3/4 der 4fach-Eingabe-Einheit DPS 1, eine prellfreie Eingabe (DPS 2), eine IC-Halterung (DPS 3) und 2/6 der 6fach-Ausgabeeinheit DPS 5. Zur besseren Übersichtlichkeit ist die Spannungsversorgung hier nicht verdrahtet.

angegangenen Abschnitten gelesen haben. Insbesondere die Zeitablaufdiagramme in *Bild 2.7* oder *Übung 2.2* können Sie damit nachvollziehen. Der Anschlußplan der Experimentierschaltung in *Bild 2.11* mag Ihnen eine Aufbauhilfe sein.

2. Experiment: JK-Kippglied als T-Kippglied

Das JK-Kippglied kann als *T-Kippglied* verwendet werden, wenn die Vorbereitungseingänge *J* und *K* mit den Ausgängen $\overline{Q}$ und *Q* überkreuz verbunden werden oder wenn beide Vorbereitungseingänge ständig den Wert 1 führen (*Bild 2.12*). Im Unterschied zu *Bild 2.3c* liegen hier jedoch retardierende Ausgänge vor.

Wenn Sie die Wertetabelle des JK-Kippgliedes in *Bild 2.5* noch einmal verfolgen, so wird Ihnen die Schaltungsmöglichkeit in *Bild 2.12b* keine Verständnisschwierigkeiten bereiten. Der Fall *a)* wird auch klar, wenn Sie beachten, daß die Vorbereitungseingänge *J* und *K* mit den entgegengesetzten Ausgängen $\overline{Q}$ und *Q* gekoppelt sind und somit das Kippglied stets so vorbereitet ist, daß es mit jeder 1-0-Flanke an *t* seinen Zustand wechselt.

3. Experiment: JK-Kippglied als D-Kippglied

Werden die Vorbereitungseingänge des JK-Kippgliedes gemeinsam, aber mit komplementären Werten, angesteuert, so arbeitet das JK-Kippglied als *D-Kippglied* (*Bild 2.13*). Die komplementäre Ansteuerung der beiden Vorbereitungseingänge *J* und *K* wird durch den Einsatz eines NICHT-Gliedes, z.B. aus einem 7404-IC, erzielt (*Bild 2.14*).

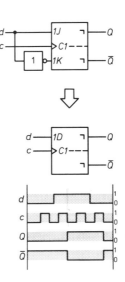

Bild 2.13: Das JK-Kippglied kann bei entsprechender Beschaltung als D-Kippglied verwendet werden. Mit jeder 0-1-Steuerimpulsflanke an *c* wird der an *d* anliegende Binärwert in den Speicher übernommen und mit der 1-0-Steuerflanke an den Ausgang *Q* weitergegeben; der Ausgang $\overline{Q}$ führt den dazu negierten Wert.

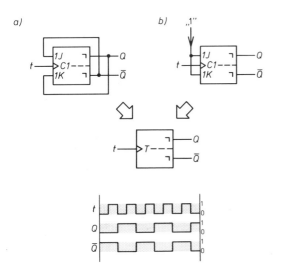

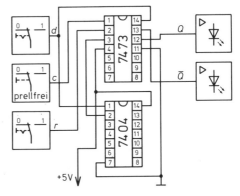

Bild 2.12: Das JK-Kippglied kann als T-Kippglied betrieben werden: mit jeder 0-1-Steuerimpulsflanke wechseln die Werte an den Ausgängen *Q* und $\overline{Q}$.

Bild 2.14: Anschlußplan eines als D-Kippglied betriebenen JK-Kippgliedes, nach *Bild 2.13*. Zur Negation wird 1/6 7404-TTL-Baustein benötigt.

Übung 2.3

Vervollständigen Sie den vorbereiteten Anschlußplan so, daß zwei hintereinandergeschaltete T-Kippglieder mit den Ausgängen Q_1 und Q_2 entstehen.

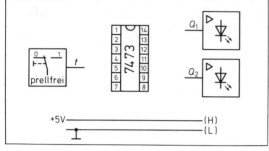

Frequenzteiler mit JK-Kippgliedern

Das Prinzip der *Frequenzteiler* bzw. der *Frequenzuntersetzer* ist Ihnen bereits von der Verwendung des T-Kippgliedes in *Band 1* her bekannt. Da sich das JK-Kippglied bei geeigneter Beschaltung (*Bild 2.12*) auch wie ein T-Kippglied verhalten kann, liegt es nahe, die universell verwendbaren JK-Kippglieder als Frequenzteiler einzusetzen. Nach einem »Baukastenprinzip« kann man durch geschickte Kombinationen mehrerer Binärteiler neue Frequenzteiler-Schaltungen mit entsprechend hohen Teilungsverhältnissen erstellen. Die Zusammenhänge sollen nun im einzelnen betrachtet werden.

Frequenzteilung 2:1 (Bild 2.15)

Ein als T-Kippglied geschaltetes JK-Kippglied setzt eine bei c auftretende Impulsfrequenz f auf die Hälfte herab. Die Periodendauer T wird hierbei verdoppelt, da gilt: $T = 1/f$.

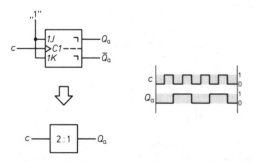

Bild 2.15: Frequenzteilung 2:1.

Frequenzteilung 4:1 (Bild 2.16)

Eine Frequenzteilung im Verhältnis 4:1 wird wie in der aus *Band 1* schon bekannten Weise hier mit zwei JK-Kippgliedern erreicht, die beide als T-Kippglieder arbeiten. Jedes Kippglied wechselt seine Ausgangszustände bei jedem Steuerimpuls (siehe *Bild 2.15*), wird also mit jedem zweiten erneut gesetzt. Schaltet man die beiden Kippglieder hintereinander, so multiplizieren sich also die Frequenzteilungsverhältnisse zu $(2 \cdot 2) : 1 = 4 : 1$.

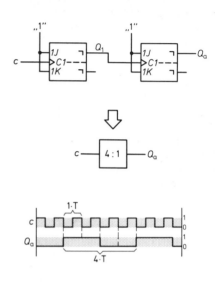

Bild 2.16: Frequenzteilung 4:1, vgl. auch *Übung 2.3*.

Frequenzteilung 3:1 (Bild 2.17)

Frequenzteiler-Schaltungen mit *ungeradzahligen* Teilerverhältnissen sind nicht so ohne weiteres durch einfaches Hintereinanderschalten von Kippgliedern zu realisieren. Die Beschaltung der Vorbereitungseingänge für die Herabsetzung der Eingangsfrequenz auf ein Drittel zeigt *Bild 2.17*. Wenn am Schaltungseingang Impuls*länge* t_i und Impuls*pause* t_p gleich lang sind, so sind sie am Frequenzteiler-Ausgang ungleich lang. Dies ergibt sich durch die innere Signalverarbeitung der Teilerschaltung. Die *Periodendauer* ($T = t_i + t_p$) ist dabei aber »ordnungsgemäß« dreimal länger als die der Eingangsfrequenz.

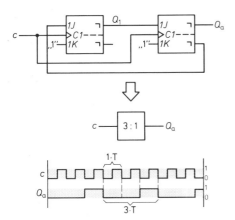

Bild 2.17: Frequenzteilung 3:1 mit Hilfe zweier JK-Kippglieder; vgl. auch *Übung 2.4*.

Frequenzteilung 5:1 (Bild 2.18)

Noch etwas weniger leicht überschaubar als beim 3:1-Frequenzteiler sind die Verhältnisse beim 5:1-Teiler. Aus diesem Grunde finden Sie in *Bild 2.19* eine Darstellung aller Vorgänge, wie sie sich vor bzw. nach jedem einzelnen Impuls in der Schaltung abspielen. Mit Hilfe der Exmperimentier-Schaltung nach *Bild 2.20* können Sie die Zustände Schritt für Schritt nachprüfen.

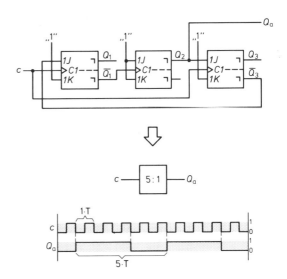

Bild 2.18: Frequenzteilung 5:1. Wenn am Eingang c fünf vollständige Steuertakte (5 Impulse und 5 Impulspausen) abgelaufen sind, so ist am Ausgang Q_a ein vollständiger Takt (1 Impuls und 1 Impulspause) abgelaufen. Das ausführliche Zeitablaufdiagramm wird in *Übung 2.5* erarbeitet.

Übung 2.4

Die vorgegebene Experimentierschaltung stellt einen Frequenzteiler 3:1 dar. Ergänzen Sie – durch Experimentieren unterstützt – das Zeitablaufdiagramm. Kennzeichnen Sie die Periodendauer T_c der Eingangsfrequenz und die der Ausgangsfrequenz (T_{Qa}).

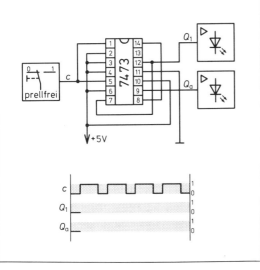

Übung 2.5

Ergänzen Sie das Zeitablaufdiagramm zu dem Frequenzteiler 5:1 in *Bild 2.18*. Die Experimentierschaltung hierzu ist in *Bild 2.20* wiedergeben.

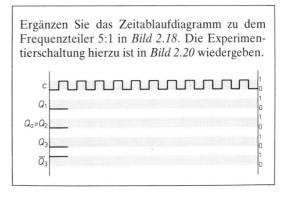

Grundzustand (vor dem 1. Impuls):

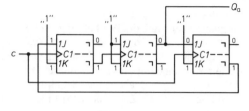

nach dem 1. Impuls:

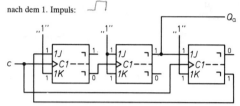

nach dem 2. Impuls:

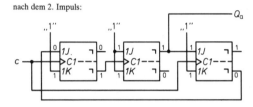

nach dem 3. Impuls:

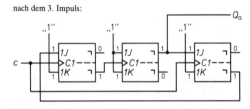

nach dem 4. Impuls:

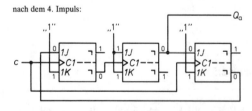

nach dem 5. Impuls (wieder Grundzustand):

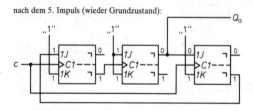

Bild 2.19: Schaltungsinterne Vorgänge bei einem Frequenzteiler 5:1.

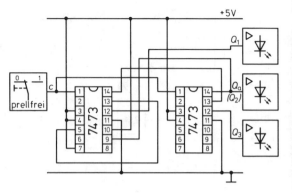

Bild 2.20: Experimentierschaltung (Anschlußplan) zum Frequenzteiler 5:1 nach *Bild 2.18*.

Frequenzteilung 6:1 (Bild 2.21)

Eine Frequenzteiler-Schaltung 6:1 kann durch Hintereinanderschaltung eines Teilers 2:1 und eines Teilers 3:1 gebildet werden. Das dabei erzielte Frequenzteilungs-Verhältnis ergibt sich als Produkt der einzelnen Teilungsverhältnisse.

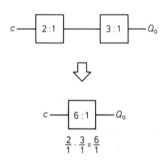

Bild 2.21: Frequenzteilung 6:1 durch Kombination zweier Frequenzteiler 2:1 und 3:1.

Übung 2.6

Ergänzen Sie die noch fehlenden Leitungsverbindungen, so daß eine Frequenzteiler-Schaltung für das Teilungsverhältnis 6:1 gebildet wird.

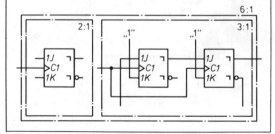

Die 50-Hz-Netzfrequenz wird herabgesetzt

Bei einer Reihe praktisch ausgeführter digitalelektronischer Geräte wird die Taktfrequenz vom elektrischen 50-Hz-Netz abgeleitet (vgl. *Band 1*, Seite 127). Um dabei auf den Sekundentakt zu kommen, wird ein 50:1-Frequenzteiler benötigt. Wie man dabei schaltungstechnisch vorgeht, zeigt das Blockschaltbild in *Bild 2.22*. Die Hintereinanderschaltung zweier 5:1-Frequenzteiler mit einem 2:1-Frequenzteiler ergibt ein Gesamt-Teilungsverhältnis von 50:1. Einen konkreten Schaltungsvorschlag für diesen Frequenzteiler finden Sie in *Bild 2.23*. Zum Aufbau werden insgesamt vier TTL-Bausteine vom Typ 7473 benötigt, die entsprechend dem Anschlußplan nach *Bild 2.24* zu verschalten sind.

In dem dritten TTL-Baustein (IC 3 in *Bild 2.24*) befindet sich noch ein unbenutztes JK-Kippglied. Schaltet man es zusätzlich als Binärteiler vor oder hinter den 50:1-Teiler, so erzielt man ein Teilungsverhältnis von 100:1. Eine Frequenz von 100 Hz kann man aus der Netzfrequenz erhalten, wenn über Brückengleichrichtung *jede* Halbwelle ausgewertet wird.

Bild 2.25 zeigt den Versuchsaufbau eines Frequenzteilers für das Teilungsverhältnis 50:1. Hierbei werden vier TTL-Bausteine vom Typ 7473 verwendet.

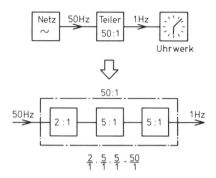

Bild 2.22: Anwendungsbeispiel für einen Frequenzteiler: die 50-Hz-Netzfrequenz kann mit einem Frequenzteiler 50:1 auf einen Einsekunden-Takt herabgesetzt werden, mit dem ein Uhrwerk gesteuert wird.

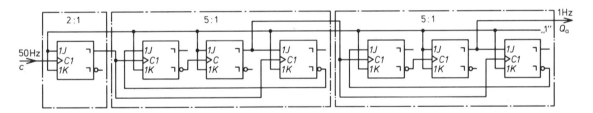

Bild 2.23: Gesamtschaltplan eines Frequenzteilers für das Teilungsverhältnis 50:1, zusammengesetzt aus einem Teiler 2:1 und zwei Teilern 5:1. Die JK-Kippglieder sind hier in der nach DIN 40700 ebenfalls zulässigen Version b (*Bild 2.2*) dargestellt.

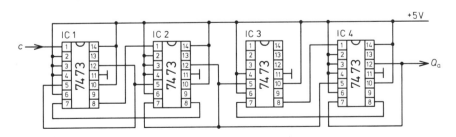

Bild 2.24: Anschlußplan der Frequenzteilerschaltung 50:1 nach *Bild 2.23*.

Bild 2.25: Versuchsaufbau (mit dem DIGIPROB-System) eines Frequenzteilers für das Teilungsverhältnis 50:1 mit 4 TTL-Bausteinen des Typs 7473. Hier ist nur der in *Bild 2.24* gezeigte Schaltungsteil aufgebaut, also ohne Ein- und Ausgabe.

solche integrierten Zählstufen oft selbst bereits als Zähler bezeichnen).
Untersucht man den Aufbau solcher Zählschaltungen, so findet man in ihnen als die wesentlichsten digitaltechnischen Funktionsglieder die schon behandelten bistabilen Kippglieder wieder. Im Grunde ist das auch nicht anders zu erwarten, da die einzelnen binären Zählimpulse beim Vorgang des Zählens nach einem *Code* (siehe *Kapitel 1*) binär verarbeitet werden müssen.

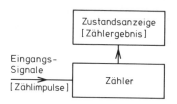

Bild. 2.26: Aufbauprinzip eines digitalelektronischen Zählers.

Übung 2.7

Welches Teilungsverhältnis ergibt sich insgesamt, wenn man die vorgegebenen Frequenzteiler in Reihe schaltet?

→ 2:1 → 5:1 → 5:1 → 2:1 →

⇓

→ ? →

Impulszähler mit JK-Kippgliedern

Die meisten technisch realisierten Zähler bestehen im wesentlichen aus zwei Funktionseinheiten: dem eigentlichen *Zählersystem* und der nachgeschalteten *Ergebnisanzeige* (*Bild 2.26*).
Das zentrale Zählersystem selbst ist häufig in einer einzigen, in anderen Fällen noch in mehreren integrierten Schaltungen realisiert (wobei die Techniker

Zum prinzipiellen Aufbau von Zählschaltungen

Jeder digitalelektronische Zähler arbeitet nach einem bestimmten, von seinem Entwickler vorgegebenen Zuordnungssystem, einem *binären Code*. (Häufig wird das Dualsystem zugrundegelegt). Das Aufbauprinzip aller binär arbeitenden Zähler besteht darin, daß für jede *Stelle* des Codes (siehe *Seite 18*) ein bistabiles Kippglied vorgesehen wird, daß die Binärziffer dieser Stelle repräsentieren kann (*Bild 2.27*). Hat bei einem bestimmten Zählerstand eine Zählstelle die Binärziffer 1, so ist das entsprechende Kippglied gesetzt; im Falle der Binärziffer 0 ist es zurückgestellt.

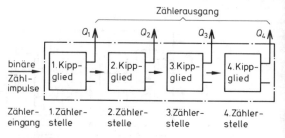

Bild 2.27: Prinzipieller Aufbau einer digitalelektronischen Zählschaltung.

Zwei bistabile Kippglieder zählen bis 3

Weil die Arbeitsweise eines *Dualzählers* besonders einfach zu verstehen und sein Aufbau unkompliziert ist, wollen wir uns zunächst mit einem solchen Zähler näher befassen.

Bild 2.28 gibt den Aufbau eines zweistelligen Dualzählers wieder. Hier werden zwei *T*-Kippglieder mit retardierendem Ausgang so miteinander verbunden, daß der Ausgang Q_1 des ersten Kippgliedes den Impulseingang des nachfolgenden Kippgliedes ansteuert. Wie man eine solche Zählschaltung mit zwei JK-Kippgliedern des TTL-Bausteines 7473 aufbauen kann, zeigt *Bild 2.29*.

Da die unbeschalteten Eingänge der JK-Kippglieder bei dem hier eingesetzten TTL-Baustein intern auf H-Pegel liegen, führen sowohl alle Vorbereitungseingänge *J* und *K* als auch alle Rückstelleingänge *R* 1-Wert. Hierdurch wird erreicht, daß die JK-Kippglieder als *T*-Kippglieder arbeiten (vgl. *Bild 2.12*) und gleichzeitig die Zählsperre (über die Rückstelleingänge) aufgehoben ist.

Achtung: Die Zählimpuls-Eingabe muß unbedingt *prellfrei* erfolgen. Im anderen Falle würde Unsicherheit darüber bestehen, wie viele Impulse tatsächlich den Zählereingang erreicht haben.

Und nun zur Durchführung und zur Interpretation des vorgeschlagenen Experiments:

Der Zählerinhalt beträgt dann Null, wenn alle (nichtnegierten) Kippglied-Ausgänge – in diesem Falle Q_1 und Q_2 – den Wert 0 eingenommen haben. Mit dem *ersten* Zählimpuls wird das erste T-Kippglied gesetzt (*Bild 2.28*; beachten Sie die Wirkung der retardierenden Speicherausgänge). Es stellt sich die Speicherausgangs-Kombination $Q_1 = 1$, $Q_2 = 0$ ein. Nach dem *zweiten* Zählimpuls wird $Q_1 = 0$ und $Q_2 = 1$, nach dem *dritten*: $Q_1 = 1$ und $Q_2 = 1$. Ein Zählergebnis 4 (als Dualzahl geschrieben: 100) kann mit zwei Kippgliedern nicht mehr erfaßt werden. (Dazu müßte man ein weiteres, drittes Speicherglied zuschalten, um das dritte *Bit* (*siehe Seite 16*) darstellen zu können).

Der zweistellige Dualzähler geht mit dem *vierten* Zählimpuls wieder in seine Grundstellung ($Q_1 = 0$, $Q_2 = 0$) zurück. Mit dem *fünften* Impuls beginnt der Zählzyklus wieder von vorne. Fünf Zählimpulse werden also wie eine 1 angezeigt.

Der Zählbereich kann erweitert werden durch Zuschalten weiterer Kippglieder. Mit jedem weiteren zugefügten Kippglied wird die Anzahl der möglichen Zählerzustände verdoppelt.

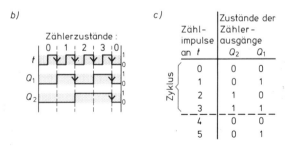

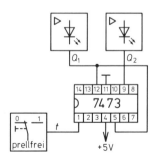

Bild 2.28: Dualzähler aus zwei T-Kippgliedern mit retardierenden Ausgängen:
a) *Schaltplan* zur Darstellung der Zählerorganisation;
b) *Zeitablaufdiagramm* mit der Folge der Zählerzustände;
c) *Wertetabelle* mit den möglichen Zählerzuständen.

Bild 2.29: Experimentierschaltung für einen zweistelligen Dualzähler nach *Bild 2.28*, ausgeführt mit JK-Kippgliedern des TTL-Bausteins 7473.

Übung 2.8

Ein dreistelliger Dualzähler kann mehr verschiedene Wertekombinationen (Zählerzustände) einnehmen als ein zweistelliger.

a) Setzen Sie das für einen dreistelligen Dualzähler (*Bild 2.30*) vorbereitete Zeitablaufdiagramm so weit fort, bis sich der Anfangszählerstand $Q_1 = 0$, $Q_2 = 0$, $Q_3 = 0$ wiederholt.

b) Wie viele verschiedene Zählerzustände (Wertekombinationen an den Speicherausgängen) sind bei einem dreistelligen Dualzähler möglich?

c) Vervollständigen Sie dem Zählablauf entsprechend die vorbereitete Wertetabelle.

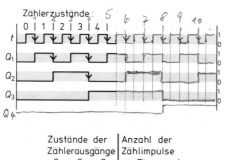

Zustände der Zählerausgänge Q_3 Q_2 Q_1	Anzahl der Zählimpulse am Eingang t
0 0 0	0
0 0 1	1
0 1 0	2
0 1 1	3
1 0 0	4
1 0 1	5
1 1 0	6
1 1 1	7
0 0 0	8

niszählen die weiteren Zahlenzuordnungen, je nach der vorliegenden Organisationsform des Zählers. Zur binären Codierung verschiedener Zahlensysteme wurde in *Kapitel 1* Näheres ausgeführt.
Die Tabelle in *Bild 2.31* gibt die Zuordnung wieder, wie sie bei einem reinen *Dualzähler* vorliegt. Diese Art der Zuordnung entspricht dem dualen Zahlensystem (*siehe Seite 18, Kapitel 1*).

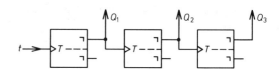

Bild 2.30: Schaltungsaufbau eines dreistelligen Dualzählers mit T-Kippgliedern.

Dreistelliger Dualzähler

Anzahl der Zählimpulse auf den Eingang	Wertekombinationen bei den drei Kippgliedern Q_3 Q_2 Q_1	Zahlenbedeutung der Wertekombinationen (im Dezimalsystem angegeben)
0	0 0 0	0
1	0 0 1	1
2	0 1 0	2
3	0 1 1	3
4	1 0 0	4
5	1 0 1	5
6	1 1 0	6
7	1 1 1	7
8	0 0 0	0
9	0 0 1	1
10	0 1 0	2

Bild 2.31: Übersicht über die Wertekombinationen bei einem dreistelligen Dualzähler nach *Bild 2.30* und ihre Zahlenbedeutung.

Die Bewertung der Zählerausgangs-Zustände

Grundsätzlich könnte man jede beliebige Ausgangswerte-Kombination eines Zählers (bei einem dreistelligen Zähler also z. B.: $Q_1 = 1$, $Q_2 = 0$, $Q_3 = 1$) als »Null-Zustand« definieren, von dem dann das fortlaufende Zählen ausginge.

Naheliegend jedoch ist, denjenigen Zählerzustand als *Null-Zustand* festzulegen, bei dem *alle* Kippglieder an ihren Arbeitsausgängen Q 0-Werte aufweisen. Hieraus ergeben sich dann beim Impuls- oder Ereig-

Die Zählkapazität eines Dualzählers

Binär arbeitende Zähler können mit zwei, mit drei, im Prinzip auch mit beliebig vielen geeigneten Kippgliedern aufgebaut werden. Dabei hat die Anzahl und die Organisation der verwendeten Kippglieder einen unmittelbaren Einfluß auf die *Zählkapazität* eines Zählers. Diese Zählkapazität begrenzt die Anzahl der zählbaren Einheiten (Zählschritte bzw. Zählimpulse), die vom Zähler in Form unterschiedlicher Werte-Kombinationen (Zählerzustände) ausgedrückt werden können.

Bei einem binär arbeitenden Zähler, der nach dem *Dualsystem* organisiert ist, gilt: Mit jedem zusätzlichen Kippglied verdoppelt sich die Anzahl der möglichen verschiedenen Werte-Kombinationen, die der Zähler darstellen kann. Für die Zählkapazität gilt dabei folgende Beziehung: $z = 2^n - 1$. Hier steht z für die Zählkapazität und n für die Anzahl der Kippglieder (Zählstufen). Die Zählkapazität eines Zählers ist immer um 1 kleiner als die Anzahl der möglichen, verschiedenen Zählerzustände ($k = 2^n$), weil der Zählergrundzustand »Null« bei der Berechnung der Zählkapazität naturgemäß nicht eingeht. Die 2^n-Gesetzmäßigkeit spielte schon im *Kapitel 1* bei der Besprechung des Dualsystems eine Rolle: Die Stellenwerte waren: 2^n (*Seite 18*). Jedes Kippglied repräsentiert eine Stelle, vgl. *Bild 1.15*

In *Bild 2.32* finden Sie die Abhängigkeiten zwischen der Anzahl n der Zählstufen, der Anzahl k der möglichen verschiedenen Zählerzustände und der jeweils erzielbaren Zählkapazität z für Dualzähler (mit 1 bis 10 Stufen) zusammengestellt.

Achtung: Bei binär arbeitenden Zählern, die anders als der reine Dualzähler organisiert sind, muß die Zählkapazität nach anderen Formeln berechnet werden; siehe z. B. den BCD-Zähler auf *Seite 60*.

Der Dualzähler

Anzahl der Zählstufen (Kippglieder)	Anzahl der möglichen verschiedenen Wertekombinationen	Zählkapazität
n	$k = 2^n$	$z = 2^n - 1$
1	2	1
2	4	3
3	8	7
4	16	15
5	32	31
6	64	63
7	128	127
8	256	255
9	512	511
10	1024	1023

Bild 2.32: Übersicht über den gesetzmäßigen Zusammenhang zwischen der Anzahl der Zählstufen (Kippglieder) eines Dualzählers und seiner Zählkapazität.

Übung 2.9

In 6 TTL-Bausteinen vom Typ 7473 sind insgesamt 12 bistabile Kippglieder enthalten, die zu einem zwölfstelligen Dualzähler zusammengeschaltet werden können.
a) Wie viele verschiedene Werte-Kombinationen sind bei einem solchen Zähler möglich? $2^{12} = 4096$
b) Wie groß ist seine Zählkapazität z? $2^{12} - 1 = 4095$

Übung 2.10

Weil in der Digitaltechnik vierstellige Zähleinheiten besonders wichtig sind und man sie in der Praxis entsprechend häufig vorfindet, soll hier ein *vierstelliger Dualzähler* aufgebaut und experimentell durchgespielt werden.
a) Entwerfen Sie für die vorgegebene Zählerschaltung aus vier T-Kippgliedern den Anschlußplan mit TTL-ICs vom Typ 7473 und bauen Sie die Experimentierschaltung auf. (Fortsetzung *Seite 50*).

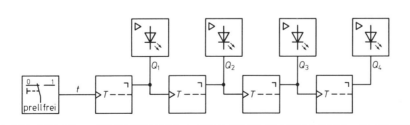

b) Füllen Sie die Wertetabelle aus.
c) Vervollständigen Sie das Zeitablaufdiagramm. Die T-Kippglieder haben retardierende Ausgänge.

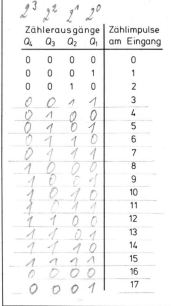

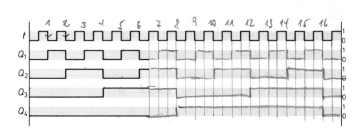

2^3	2^2	2^1	2^0	
\multicolumn{4}{c}{Zählerausgänge}	Zählimpulse
Q_4	Q_3	Q_2	Q_1	am Eingang
0	0	0	0	0
0	0	0	1	1
0	0	1	0	2
0	0	1	1	3
0	1	0	0	4
0	1	0	1	5
0	1	1	0	6
0	1	1	1	7
1	0	0	0	8
1	0	0	1	9
1	0	1	0	10
1	0	1	1	11
1	1	0	0	12
1	1	0	1	13
1	1	1	0	14
1	1	1	1	15
0	0	0	0	16
0	0	0	1	17

Ein Zählerstand soll ausgewertet werden

Das Zählen von Impulsen hat naturgemäß keinen Selbstzweck; immer soll etwas Sinnvolles damit erreicht werden. So müssen z. B. häufig kleine Teile (Schrauben, Pillen, etc.) schnell und sicher in immer gleichen Stückzahlen abgepackt werden. Was liegt näher, als daß man sich hierfür einer elektronischen Zähleinrichtung bedient. Die abzupackenden Gegenstände werden in einer Lichtschranke fotoelektronisch erfaßt. Die dabei ausgelösten Zählimpulse werden dem elektronischen Zähler zugeführt.
Nun könnte man den angezeigten Zählerstand laufend mit der abzupackenden Stückzahl der Kleinteile vergleichen und den Teilenachschub von Hand dann stoppen, wenn der vorgesehene Sollwert erreicht ist. Da dieses Verfahren aber wegen der Monotonie und der dazu notwendigen Konzentration über einen vollen Produktionstag unsicher und ermüdend ist, geht man einen bequemeren Weg.
Mit Hilfe einer logischen Verknüpfungsschaltung (siehe *Band 1*) wird der Zähler laufend überwacht.

Sobald der vorgegebene Soll-Wert erreicht ist, gibt diese Überwachungslogik ein Signal ab (z. B. einen 1-Wert) und stoppt über eine geeignete, elektronisch angesteuerte Einrichtung die weitere Zufuhr der Teile. Nach diesem Prinzip arbeiten viele vollautomatische Abpackvorrichtungen.
An einem einfachen Beispiel soll nun das Prinzip der Zählerstands-Auswertung beschrieben werden:
Ein vierstelliger Dualzähler, der also 16 verschiedene Werte-Zustände einnehmen und von 0 bis 15 zählen kann, soll eine Schaltung ansteuern, die immer dann ein Signal auslöst, wenn die Werte-Kombination $Q_1 = 1$, $Q_2 = 0$, $Q_3 = 0$ und $Q_4 = 1$ vorliegt, der Zählerinhalt also 9 beträgt.
Wie *Bild 2.33* zeigt, besteht die Auslese-Logik im wesentlichen aus einem UND-Glied mit vier Eingängen, dem die Werte der Zählerausgänge zugeführt werden. Dabei müssen durch zwischengeschaltete Negationsglieder diejenigen Kippglied-Ausgänge »angepaßt« werden, die bei dem auszulesenden Zählerstand je einen 0-Wert führen, hier also Q_2 und Q_3.

Beachten Sie, daß ein UND-Glied ja nur dann einen 1-Wert abgibt, wenn *alle* seine Ausgänge gleichzeitig 1-Wert führen (siehe *Band 1*). Für die Meldung »Zählerstand 9« ergibt sich demnach die Verknüpfungsgleichung
$Z = Q_1 \wedge \overline{Q}_2 \wedge \overline{Q}_3 \wedge Q_4$.

Die meisten technisch ausgeführten und für das Zählen geeigneten bistabilen Kippglieder besitzen neben ihren »Arbeits-Ausgängen« Q auch die dazu jeweils negierten Ausgänge $\overline{Q}$. Deshalb können in den Zähleranwendungs-Schaltungen vielfach die zur Auswertung nach *Bild 2.33* notwendigen Negationsglieder entfallen: *Bild 2.34*. Nach diesem Schaltungsprinzip können alle Zählerinhalte von 0 bis 15 eines vierstelligen Dual-Zählers wahlweise ausgewertet werden, wenn man zur Sollwert-Vorgabe vier Umschalter einsetzt: *Bild 2.35*. Wie man die mechanische Umschaltung durch eine digitalelektronische ersetzen kann, zeigt *Bild 2.36*. Die Vorwahl der Zählerauswertung erfolgt über vier binäre Signale, und zwar je eines für jede der vier Zählerstellen 2^0, 2^1, 2^2 und 2^3.

Beispiel: Wenn mit den Eingabe-Einheiten (*Bild 2.36 links*) für die Zählerstellen 2^0 und 2^2 jeweils ein 1-Wert und für die Zählerstellen 2^1 und 2^3 je ein 0-Wert eingegeben wird, dann ist der Zählerstand $0101 \triangleq 5$ vorgewählt. Es wird ein Signal gegeben ($Z = 1$), wenn der Zählerstand 5 vorliegt.

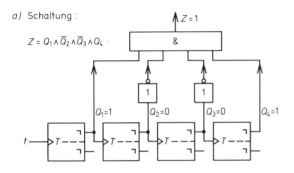

a) Schaltung:

b) Aufstellen der Verknüpfungsgleichung:

Q_4	Q_3	Q_2	Q_1	Zählerstand
0	1	1	1	7
1	0	0	0	8
1	0	0	1	9
1	0	1	0	10
1	0	1	1	11

$Z = Q_4 \wedge \overline{Q}_3 \wedge \overline{Q}_2 \wedge Q_1$

Bild 2.33: Schaltung zur Auswertung des vorgegebenen Zählerstandes 9: Wenn an den Ausgängen des vierstelligen Dualzählers die Werte-Kombination $Q_1 = 1$, $Q_2 = 0$, $Q_3 = 0$, $Q_4 = 1$ auftritt, dann führt der Ausgang Z der Auswertungsschaltung den Wert 1.

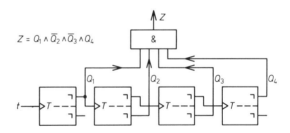

Bild 2.34: Der Zählerstand 9 wird ausgewertet. Die NICHT-Glieder nach *Bild 2.33* können eingespart werden, wenn die negierten Kippglied-Ausgänge $\overline{Q}$ benutzt werden.

Übung 2.11

Geben Sie die Verknüpfungsschaltung und die zugehörige Verknüpfungsgleichung für den Fall an, daß der Dualzählerstand 7 angezeigt werden soll, d.h., die von einem vierstelligen Dualzähler angezeigte Wertekombination soll dem Zahlenwert sieben entsprechen.

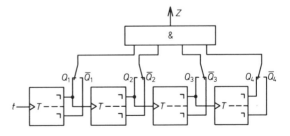

Bild 2.35: Mit umschaltbaren Kippglied-Ausgängen können alle Zählerinhalte von 0 bis 15 wahlweise ausgewertet werden.

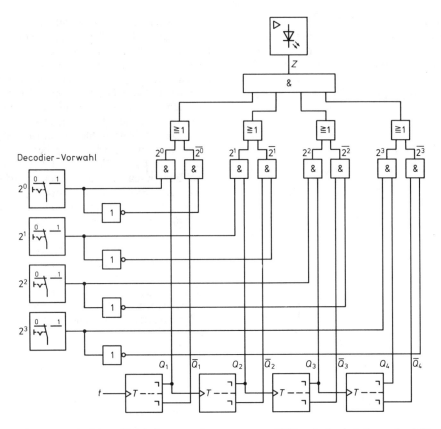

Bild 2.36: Digitalelektronische Vorwahl-Schaltung zur Auswertung von Zählerständen bei einem vierstelligen Dualzähler. Die Vorwahl erfolgt über vier binäre Signale, und zwar je eines für jede der vier Zählerstellen 2^0, 2^1, 2^2 und 2^3.

Zurückstellen eines Dual-Zählers

Eine Schaltung, mit der man einen Dual-Zähler aus jedem beliebigen gerade erreichten Zählerzustand auf die Grundstellung Null zurückbringen kann, gibt *Bild 2.37* wieder. Die dominierenden Rückstelleingänge der T-Kippglieder sind 0-Wert-gesteuert. Damit überhaupt gezählt werden kann, muß $r = 1$ sein. Die jederzeit mögliche Rückstellung des Zählers erfolgt mit $r = 0$.

In dem Anschlußplan der in *Bild 2.38* vorgeschlagenen Experimentier-Schaltung wurde sowohl eine frei vorwählbare Auswertung eines beliebigen Zählerzustandes wie auch eine zentrale Rückstellmöglichkeit vorgesehen. Die beiden 7473-TTL-Bausteine enthalten die vier als T-Kippglieder geschalteten JK-Kippglieder des Zählers. In dem TTL-Baustein 7421 befinden sich zwei UND-Glieder (mit je vier Eingängen), von denen allerdings nur ein Verknüpfungs-

glied genutzt wird. Die zur Vorwahl der Zählerauswertung benötigten Umschalter können durch Steckverbindungen nachgebildet werden. Sollten Sie den speziellen UND-Baustein 7421 nicht zur Verfügung haben, können Sie eine entsprechende UND-Verknüpfung auch mit anderen UND- oder NAND-ICs realisieren (siehe *Band 1*).

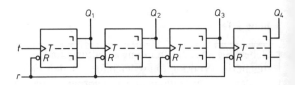

Bild 2.37: Schaltung eines Dualzählers mit Rückstellmöglichkeit in den Null-Zustand. Die Rückstellung erfolgt mit $r = 0$. Dann führen alle Q-Ausgänge 0-Wert.

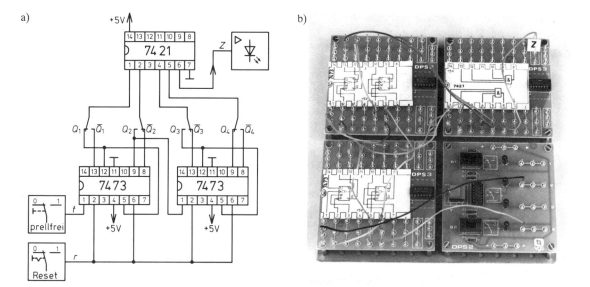

Bild 2.38 a): Anschlußplan einer Experimentierschaltung eines vierstelligen Dualzählers mit frei vorwählbarer Zählerauswertung und zentraler Rückstellmöglichkeit ($r = 0$: Rückstellung). Statt der Wechsler kann beim Experimentieren auch das Umstecken der entsprechenden Verbindungsleitungen vorgesehen werden, wie hier im Foto *(b)*. Die Spannungsversorgungsleitungen sind der Deutlichkeit halber hier weggelassen.

Mit Dualzählern rückwärts zählen

Stillschweigend haben wir bisher vorausgesetzt, daß ein Zähler (wie z. B. der in *Bild 2.37*) jeden weiteren Zählimpuls zu einem im Zähler bereits gespeicherten Ergebnis hinzuzählen müsse. Mit jedem Zählimpuls wurde folglich das Zählergebnis um 1 größer. Das muß aber nicht unbedingt so sein und ist in manchen Fällen auch gar nicht zweckmäßig.

Beispiel: Zeitmessung. Die gebräuchliche Stoppuhr zählt die in ihrem Taktgeber erzeugten 1/100-s-Impulse vorwärts. Dies ist zweckmäßig, weil man die für einen bestimmten Vorgang benötigte Zeit nicht kennt, d. h. das Ende »offen« ist.
Ganz anders bei einer Eieruhr. Hier wird eine Zeitspanne vorgegeben und ein »count-down« eingeleitet. Nach Ablauf dieser Zeitspanne erfolgt ein Signal; die Uhr steht nun auf Null. Solche Zeitmesser laufen also rückwärts. Demzufolge muß es wohl auch digitalelektronische Zähler geben, die rückwärts zählen. Mit jedem Zählimpuls wird dabei der Zählerstand um 1 verringert, z.B. bis auf Null.
Wie man einen Zähler mit denselben Kippgliedern vom Vorwärts- zum Rückwärtszählen bringen kann, sei am Beispiel des Dualzählers dargestellt. Hier ist dies besonders einfach vorzunehmen.

Bild 2.39 zeigt einen zweistelligen Vorwärtszähler und einen zweistelligen Rückwärtszähler im Vergleich. Wie Sie erkennen können, sind die Zähl-Kippglieder in beiden Fällen unterschiedlich zusammengeschaltet. Während bei dem Vorwärtszähler der Zähleingang T des zweiten Kippgliedes vom Q-Ausgang des ersten Kippgliedes angesteuert wird, erfolgt beim Rückwärtszähler die Ansteuerung über den $\overline{Q}$-Ausgang. Die Anzeige erfolgt immer über die Q-Ausgänge. Wie die unterschiedliche Zählimpuls-Verarbeitung über Q bzw. über $\overline{Q}$ die beiden Zählrichtungen ergibt, machen die Zeitablaufdiagramme und Wertetabellen in *Bild 2.39* deutlich.
Überträgt man das in *Bild 2.39* vorgestellte Organisationsprinzip des Rückwärtszählers auf die gebräuchlichen vierstelligen Dualzähler, so erhält man eine Schaltung wie in *Bild 2.40b*. Die T-Kippglieder werden dabei – praxisgerecht – mit JK-Kippgliedern (mit retardierenden Ausgängen) realisiert.
Vielseitiger verwendbar werden Dualzähler dann, wenn Rückwärts- und Vorwärtsbetrieb *wahlweise* möglich sind. Solche Zähler gibt es selbstverständlich. Die Zählrichtung kann z. B. mit Umschaltern eingestellt werden: *Bild 2.41*. Vergleichen Sie mit *Bild 2.39* und *2.40*.

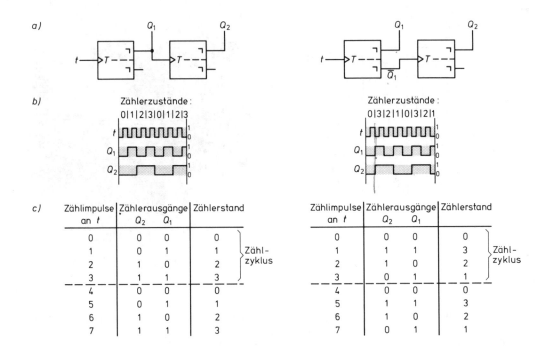

Bild 2.39: Zweistelliger Dualzähler im Vergleich: *links:* Vorwärtszähler, *rechts:* Rückwärtszähler.
a) Zählerorganisationen, b) Zeitablaufdiagramme, c) Wertetabellen.

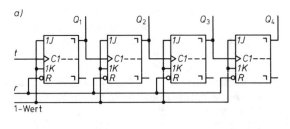

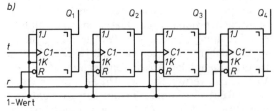

Bild 2.40: Vierstellige Dualzähler mit JK-Kippgliedern: a) Vorwärtszähler, b) Rückwärtszähler, jeweils mit zentraler Rückstellung.

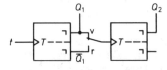

Bild 2.41: Prinzip eines umschaltbaren Dualzählers. Schalterstellung: v = Vorwärtszählung, r = Rückwärtszählung.

Wie man zwischen Vorwärts- und Rückwärtszählung *digitalelektronisch* umschalten kann, zeigt *Bild 2.42*. Steht der Vorwahlschalter auf 0, so ist das UND-Glied U_1 über das Negationsglied vorbereitet, U_2 dagegen gesperrt, und der Zähler kann vorwärts zählen. Gibt der Vorwahlschalter einen 1-Wert ab, so ist Rückwärtszählen möglich.

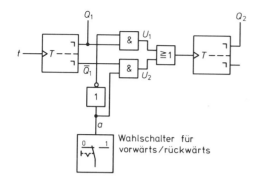

Bild 2.42: Schaltung einer digitalelektronischen vorwärts/rückwärts-Wahl bei einem Dualzähler. $a = 0$: Vorwärtsbetrieb, $a = 1$: Rückwärtsbetrieb.

Damit Sie einen kleinen Einblick in den Aufwand der Steuerlogik solcher umschaltbarer Dualzähler bekommen, wird in *Bild 2.43* ein vierstelliger Zähler – mit JK-Kippgliedern aufgebaut – vorgestellt. Die Steuerlogik selbst wurde mit NAND-Gliedern realisiert. Zur experimentellen Umsetzung dieser Schaltung werden 4/2-TTL-Bausteine 7473 und 10/4-TTL-Bausteine 7400, insgesamt also 5 TTL-ICs benötigt; ein relativ großer Aufwand. Es gibt solche Zähler aber auch in »monolithischer« Ausführung, d.h. integriert in einem einzigen Baustein.

Ein Problem bei selbsterstellten, umschaltbaren Zählern soll nicht verschwiegen werden: Je nach Organisation des Zählers kann es durch den Wechsel von Vorwärtszählbetrieb auf Rückwärtszählbetrieb (und umgekehrt) zu Änderungen des Zählerstandes kommen, da beim Umschalten an den Steuereingängen Wertwechsel auftreten können, die nicht durch die Zähltakte bedingt, also ungewollt sind. Bei einigen Anwendungsfällen ist das eine wenig angenehme Sache. Überprüfen Sie den in *Bild 2.43* vorgestellten Zähler daraufhin einmal.

Voreinstellen von Dualzählern

Üblicherweise wird ein digitalelektronischer Zähler zu Beginn eines Zählvorgangs auf einen ganz bestimmten Zählerstand voreingestellt. Bei Vorwärtszählern geschieht dies in der Regel über die zentrale Rückstelltaste auf den Stand »Null«; bei Rückwärtszählern – je nach der Problemstellung – auf einen bestimmten Wert, von dem aus meist bis auf Null heruntergezählt wird.

Da ein Zählerstand durch die Ausgangszustände der Zählkippglieder bestimmt wird, benötigt man zum Aufbau eines voreinstellbaren Dualzählers solche Kippglieder, die durch Steuersignale wahlweise gesetzt oder zurückgestellt werden können, und zwar unabhängig vom Zähltakt.

Bild 2.44 zeigt einen geeigneten Kippglied-Typ, der mit einem 0-Wert an s gesetzt ($Q = 1$, $Q^* = 0$) und mit einem 0-Wert an r zurückgestellt ($Q = 0$, $Q^* = 1$) werden kann. Gezählt werden kann nur, wenn sowohl r wie auch s je einen 1-Wert führen.

Achtung: Wenn die Eingänge s und r gleichzeitig auf den Wert 0 geschaltet werden, so führen *beide* Kippgliedausgänge gleichzeitig den Wert 1; sie sind deshalb nicht mit Q und $\overline{Q}$, sondern mit Q und Q* bezeichnet. Die Werte $s = 0$ und gleichzeitig $r = 0$ sind zu vermeiden!

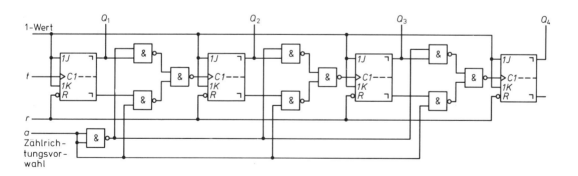

Bild 2.43: Vierstelliger Dualzähler mit elektronischer Zählrichtungs-Vorwahl: $a = 0$: vorwärts; $a = 1$: rückwärts.

Übung 2.12

Erstellen Sie für den vierstelligen Dual-Rückwärtszähler nach *Bild 2.40b*:
a) die Wertetabelle,
b) das Zeitablaufdiagramm,
c) den Zählzyklus.
Der Ausgangszustand des Zählers wird mit 5 willkürlich angenommen. Es sind 18 Zählimpulse zu verarbeiten.

a) Wertetabelle:

Zählimpulse an t	Q_4	Q_3	Q_2	Q_1	Zählerstand
0	0	1	0	1	5
1					
2	0	1	0	0	4
3	0	0	1	1	3
4	0	0	1	0	2
5	0	0	0	1	1
6	0	0	0	0	0
7	1	1	1	1	15
8	1	1	1	0	14
9					13
10					12
11					11
12	1	0	1	0	10
13					9
14					8
15					7
16					6
17	0	1	0	1	5
18					

b) Zeitablaufdiagramm:

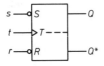

Bild 2.44: T-Kippglied mit dominierenden Setz- und Rückstell-Eingängen, die 0-Wert-gesteuert werden.

In *Bild 2.45* wird ein vierstelliger Dual-Rückwärtszähler vorgestellt, bei dem jeder beliebige Zählerstand von 0 bis 15 vorgegeben werden kann. Zu diesem Zweck werden kurzzeitig die entsprechenden s- und r-Eingänge über die Tastschalter S_1 bis S_8 mit der 0-Wert-Leitung verbunden. Bei dieser Schaltungskonzeption wird davon ausgegangen, daß es sich bei den Kippgliedern um solche aus TTL-Bausteinen handelt, bei denen unbeschaltete Eingänge 1-Werte führen.
Diese in *Bild 2.45* vorgestellte Schaltungskonzeption ist für den praktischen Einsatz nicht ganz unproblematisch, da sich während und durch das Voreinstellen (je nach Vorgehen) der Zählerinhalt verändern kann. Beachten Sie, daß die t-Eingänge der Schaltglieder während des Voreinstellens nicht gesperrt sind und außerdem die notwendigen Schalter kaum alle gleichzeitig betätigt werden können.
Wie man mit diesem Problem der unkontrollierten Zählerstandsbeeinflussung schaltungstechnisch fertig wird, zeigt die Konzeption in *Bild 2.46*. Es werden zweiflanken-gesteuerte JK-Kippglieder verwendet, wie sie im TTL-Baustein 7476 (*Bild 2.47*) realisiert sind. Der in der Schaltung nach *Bild 2.46* betriebene

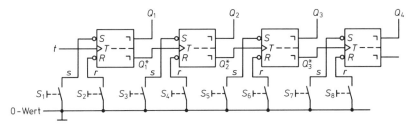

Bild 2.45: Prinzipschaltung eines voreinstellbaren Dual-Rückwärtszählers. Mit den Tast-Schaltern S_1 bis S_8 können alle Zählerzustände von 0 bis 15 vorgegeben werden.

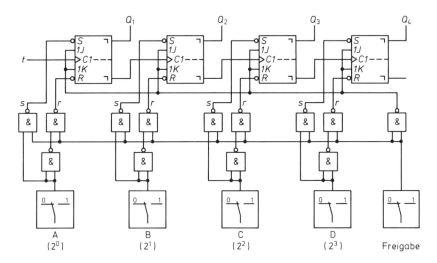

Bild 2.46: Voreinstellbarer Dual-Rückwärtszähler mit Steuerlogik.

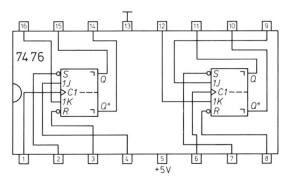

Bild 2.47: Anschlußplan des TTL-Bausteins 7476, der zwei JK-Kippglieder mit Zweiflanken-Steuerung enthält. Jedes Kippglied besitzt sowohl einen dominierenden Setz- wie auch einen Rückstell-Eingang. Diese Eingänge werden 0-Wert-gesteuert.

Aufwand an NAND-Gliedern dient ausschließlich Steuerungszwecken, um eine fehlerfreie Zählervoreinstellung zu ermöglichen.

Für den normalen *Zählbetrieb* muß der Freigabeschalter einen 0-Wert abgeben, der folgendes bewirkt:

a) Alle J- und alle K-Eingänge der Kippglieder erhalten über das als Negations-Glied geschaltete NAND-Glied 1-Werte.

b) Alle den Speichereingängen s und r direkt vorgeschalteten NAND-Glieder geben 1-Werte ab, gleichgültig, wie die Schalter A bis D stehen.

Das alles hat zur Folge, daß der Zähler zählbereit ist. Für die *Voreinstellung* muß der Freigabeschalter auf 1-Wert geschaltet werden. Dann führen alle J- und alle K-Eingänge 0-Werte, und die Zähleingänge der Kippglieder sind *gesperrt.* Über die mit A, B, C und

D benannten Schalter können jetzt die Kippglieder voreingestellt werden: z. B. mit $A = 1$, $B = 0$, $C = 0$ und gleichzeitig $D = 1$ auf den Stand 9. Durch einen der Voreinstellung folgenden Freigabebefehl (bleibender 0-Wert) kann von diesem vorgegebenen Zählerstand an abwärts gezählt werden.

Solche voreinstellbaren Zählschaltungen sind als komplexe integrierte Bauelemente im Programm der IC-Hersteller zu finden. Es wird dann nur ein einziger Baustein gebraucht, während wir für den Experimentieraufbau für *Bild 2.46* 4/2 TTL-Bausteine 7476 und 13/4 TTL-Bausteine 7400 (NAND) benötigen. Hier sei wieder auf *Band 3* verwiesen, in dem die höher integrierten komplexeren Zählbausteine behandelt und zu Problemlösungen eingesetzt werden.

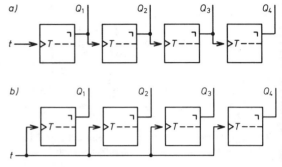

Bild 2.48: Die Organisations-Strukturen von Asynchron- und Synchronzählern im Vergleich:
a) Ansteuerung des Asynchronzählers, b) Ansteuerung des Synchronzählers.

Übung 2.13

Welche Eingangs-Werte sind bei dem in *Bild 2.46* dargestellten Dual-Rückwärtszähler vorzugeben, wenn der Zähler auf den Stand 5 voreingestellt werden soll?

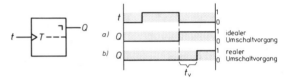

Bild 2.49: Für Zählkippglieder in TTL-Technik sind Umschaltzeiten von bis zu 50 ns anzusetzen.

Synchronzähler und Asynchronzähler

Digitalelektronische Zähler können nach den verwendeten Zählcodes, nach der Betriebsart (vorwärts, rückwärts), aber auch nach ihrem zeitlichen Verhalten eingeteilt werden. Man unterscheidet im letzteren Falle die *asynchrone* und die *synchrone* Arbeitsweise. *Bild 2.48* zeigt die Organisationsstrukturen beider Zählertypen etwas schematisiert, so daß der wesentliche Unterschied deutlich herauskommt.

Beim Synchronzähler werden die Zähleingänge t aller Kippglieder parallel, also gleichzeitig (synchron) von der Zähltakt-Leitung angesteuert; beim Asynchronzähler wirkt der Zähltakt nur auf den t-Eingang des *ersten* Kippgliedes ein.

Dieser Unterschied in den Zählerstrukturen hat einen direkten Einfluß auf die maximal mögliche Zählgeschwindigkeit, da man die in der Praxis auftretenden Umschaltzeiten der Kippglieder berücksichtigen muß. Für Zählkippglieder in TTL-Technik sind Umschaltvorgänge von bis zu 50 ns anzusetzen (*Bild 2.49*).

Dazu folgendes Beispiel: Nehmen wir an, der Zählerstand eines vierstelligen Dual-Vorwärtszählers sei 7, und ein achter Zählimpuls sei nun zu verarbeiten. Bei einem Übergang des Zählerstandes 7 ($Q_1 = 1$, $Q_2 = 1$, $Q_3 = 1$, $Q_4 = 0$) auf den Zählerstand 8 ($Q_1 = 0$, $Q_2 = 0$, $Q_3 = 0$, $Q_4 = 1$) müssen alle vier Kippgliedzustände verändert werden. Da bei einem synchron arbeitenden Dualzähler alle vier Kippglieder gleichzeitig angesteuert werden, ist die Umschaltung nach etwa 50 ns beendet. Anders dagegen bei dem asynchron arbeitenden Dualzähler (*Bild 2.50*): Da jedes Kippglied von dem vorhergehenden angesteuert wird, ergeben sich bis zum Erreichen des endgültigen Zählerstandes 8 mehrere Übergangszustände, so daß sich eine Gesamtumschaltzeit von 4×50 ns = 200 ns ergibt.

Die bei Asynchronzählern deutlich längere »Reaktionszeit« begrenzt (wie gesagt) die maximal mögliche Zählfrequenz. Bei einem vierstelligen Asynchronzähler in TTL-Technik treten allerdings erst dann Probleme auf, wenn die Zähltakt-Frequenz etwa 5 MHz übersteigt. Haben Sie Zählprobleme zu bewältigen, bei denen weniger als 5 Millionen Zählimpulse pro Sekunde zu verarbeiten sind, dann steht die Frage »Synchronzähler oder Asynchronzähler?« nicht im Vordergrund.

Der Vorteil von Synchronzählern gegenüber Asynchronzählern im Hinblick auf die Arbeitsgeschwindigkeit wird durch einen Nachteil anderer Art erkauft:

Damit die parallel angesteuerten Kippglieder des Synchronzählers nicht alle bei jedem Zähltakt wechseln, bedarf es einer Steuerlogik (*Bild 2.51*). Die vier UND-Glieder U_1 bis U_4 sorgen dafür, daß die Schaltung nach dem Dualcode arbeitet. Vergleichen Sie diese Schaltungskonzeption mit der des asynchronen Dual-Vorwärtszählers in *Bild 2.40a*.

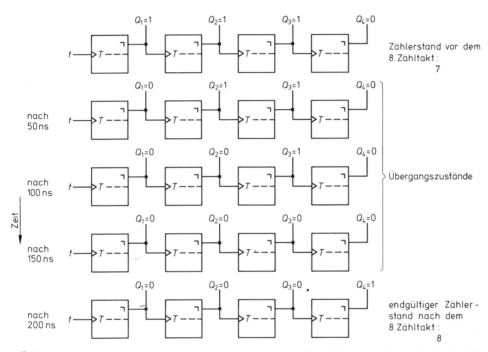

Bild 2.50: Übergangszustände und zeitliches Verhalten eines asynchronen Dual-Vorwärtszählers beim Wechsel des Zählerstandes von 7 nach 8.

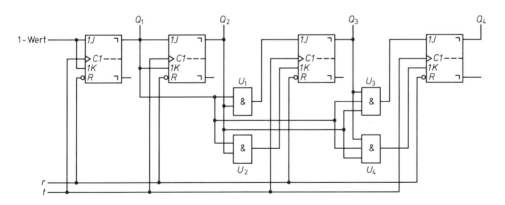

Bild 2.51: Synchron arbeitender Dual-Vorwärtszähler.

Übung 2.14

> Ermitteln Sie für die synchron arbeitende Dualzählerschaltung nach *Bild 2.51* die Eingangszustände der UND-Glieder U_1 bis U_4
> a) nach dem 2. Zählimpuls (Zählerstand 2);
> b) nach dem 7. Zählimpuls (Zählerstand 7).

Der BCD-Zähler: ein »bequemer« Zähler

Weil wir daran gewöhnt sind, in Dezimalzahlen und nicht in Dualzahlen zu denken und zu rechnen, erscheint uns die Arbeitsweise eines Dualzählers irgendwie unbequem. Die Tatsache aber, daß binäre Signale und binäre Zustände nur mit Hilfe von binären Speichern verarbeitet werden können, läßt keine grundsätzlich andere schaltungstechnische Lösung zu, bei der man auf bistabile Kippglieder verzichten könnte. In der Praxis hat man jedoch Wege gefunden, wie man einen »bequemeren« Zähler mit 10 verschiedenen Zählerzuständen bauen kann, der ebenso aus binären Schaltelementen aufgebaut ist (s. u.), aber seine Ergebnisse dezimal ausgeben kann, denn dezimale Anzeigen bringen eine wesentliche Erleichterung in der Handhabung von Zählern. Da gibt es zwei verschiedene Methoden. Bei der ersten wird der jeweilige Zählerstand mit Hilfe von Ziffernpunkten in Form von Leuchtdioden-Anzeigen dezimal lesbar gemacht (*Bild 2.52, links*). Hierbei wird jeder Zahl eine bestimmte Leuchtdiode zugeordnet. Leuchtet z. B. die LED mit der Kenn-Nummer 7 auf, so hat der Zähler insgesamt sieben Impulse gezählt. Bei der zweiten und allgemein gebräuchlicheren Methode erfolgt die Zählerinhalts-Anzeige in Form von elektronisch gesteuerten Ziffernfiguren (*Bild 2.52, rechts*).

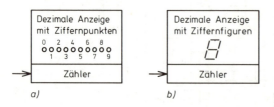

Bild 2.52: Dezimale Zähleranzeige:
a) mit Leuchtpunkten, denen die Bedeutung von Dezimalziffern zugeordnet ist;
b) mit elektronisch angesteuerten Ziffernfiguren (7-Segment-Anzeigen).

In beiden Fällen der dezimalen Zählerinhalts-Anzeige muß zwischen dem binär arbeitenden Zähler und der eigentlichen Anzeige-Einheit jeweils eine geeignete *Codier-Schaltung* eingefügt werden, die dafür sorgt, daß die dezimale Anzeige auch tatsächlich dem binärcodierten Zählerinhalt entspricht.

Der Schritt vom Dualzähler hin zum wesentlich bequemer zu handhabenden *Dezimalzähler* erfolgt durch einen Eingriff in die Schaltungsorganisation des Zählers. Die Basis für diese Maßnahme ist der Ihnen bereits bekannte vierstellige Dualzähler (siehe u.a. *Bild 2.37*), der insgesamt 16 Zustände unterscheiden und somit von 0 bis 15 zählen kann. Da aber ein Dezimalzähler pro Dezimalstelle nur von 0 bis 9 zählen soll, kommt man dabei mit nur 10 verschiedenen Zuständen aus. Dies hat zur Folge, daß man einen vierstufigen Zähler, den man für eine Dezimalstelle einsetzen möchte, nur von 0 bis 9 zählen läßt und ihn mit dem zehnten Zählimpuls wieder in die Grundstellung 0 zurücksetzt. Dabei wird dieser zehnte Zählimpuls wie eine 1 in einer zweiten nachgeschalteten Zählereinheit registriert (*Bild 2.53*).

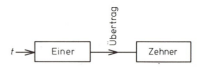

Bild 2.53: Prinzipanordnung eines zweistelligen Dezimalzählers mit Stellenübertrag beim zehnten Zählimpuls.

Der vom Dualzähler abgeleitete Dezimalzähler arbeitet wie dieser binär und wird deshalb »*Binär-Codierter-Dezimal-Zähler*«, kurz *BCD-Zähler* genannt. Eine solche BCD-Zähler-Schaltung zeigt *Bild 2.54*. Wie die Dualzähler-Schaltung in *Bild 2.40a* besteht dieser Zähler ebenfalls aus vier JK-Kippgliedern. Beim Vergleich beider Schaltungen fallen folgende Unterschiede auf:

● Der BCD-Zähler enthält zusätzlich zu den vier Kippgliedern noch ein UND-Glied.

● Der Steuereingang des vierten Kippgliedes wird beim BCD-Zähler nicht vom Ausgang des dritten Kippgliedes, sondern vom Q-Ausgang des ersten Kippgliedes angesteuert.

● Der Ausgang $\overline{Q}_4$ ist auf den J-Vorbereitungseingang des zweiten Kippgliedes zurückgekoppelt.

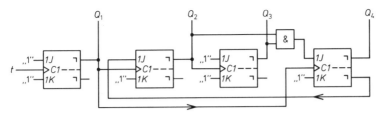

Bild 2.54: Schaltung eines einstelligen vorwärtszählenden BCD-Zählers. Der Ausgang Q_4 gibt zugleich den Übertrags-Impuls zur Zehnerstelle (vgl. *Bild 2.53*).

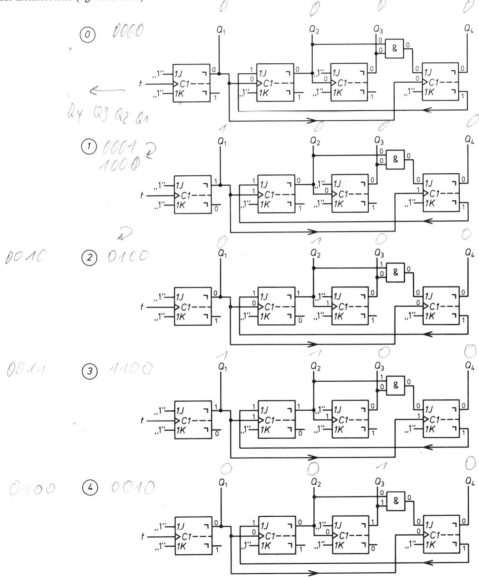

Bild 2.55: Die Arbeitsweise eines BCD-Zählers in den Zählphasen 0 bis 9. (Fortsetzung auf der nächsten Seite).

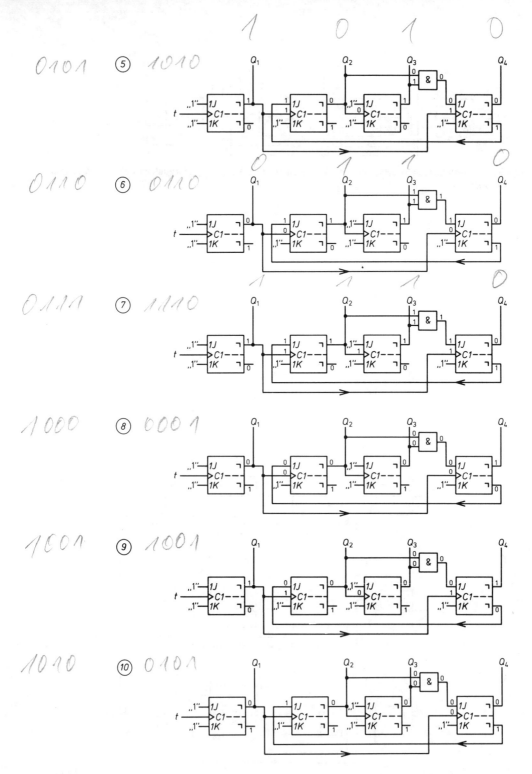

Bild 2.55: (Fortsetzung von Seite 61): Die Arbeitsweise eines BCD-Zählers in den Zählphasen 0 bis 9. Der Zustand 10 ist derselbe wie der Zustand 0.

Es gibt in der Praxis noch einige schaltungstechnisch andere BCD-Zähler-Konzeptionen. Wir wollen diese jedoch nicht alle zeigen; dafür soll aber die Arbeitsweise der Schaltung nach *Bild 2.54* etwas ausführlicher dargestellt werden. *Bild 2.55* gibt dazu Hilfen. Hier sind alle zählerinternen binären Zustände eingetragen, wie sie sich beim Aufwärtszählen von 0 bis 9 ergeben.

Beachten Sie bitte folgende Besonderheiten:

● Das vierte Kippglied mit dem Ausgang Q_4 kann erst mit dem achten Zählimpuls gesetzt werden, da der J-Eingang erst nach dem sechsten Zählimpuls einen 1-Wert erhält und der siebente Zählimpuls bei Q_1 ein 0-1-Wechsel erzeugt, der aber von dem retardierenden Ausgang Q_4 nicht zu einem 1-Wert verarbeitet werden kann.

● Nachdem das vierte Kippglied mit dem achten Zählimpuls gesetzt worden ist, erhält der J-Vorbereitungseingang des zweiten Kippgliedes (Q_2) einen 0-Wert. Diese Vorbereitung verhindert, daß dieses zweite Kippglied gesetzt wird, wenn das erste Kippglied und das vierte Kippglied durch den zehnten Zählimpuls wieder zurückgesetzt werden. Durch diese Sperre des zweiten Kippgliedes wird mit dem zehnten Zählimpuls die Zählergrundstellung 0 erzwungen.

In *Bild 2.56* finden Sie das ausführliche Zeitablauf-Diagramm zur Arbeitsweise des BCD-Zählers nach *Bild 2.54*. Die entsprechende Wertetabelle zeigt *Bild 2.57*.

Wertekombinationen an den Ausgängen des BCD-Zählers				Dezimale Zahlenbedeutung der binären Wertekombinationen des BCD-Zählers
Q_4	Q_3	Q_2	Q_1	
0	0	0	0	0
0	0	0	1	1
0	0	1	0	2
0	0	1	1	3
0	1	0	0	4
0	1	0	1	5
0	1	1	0	6
0	1	1	1	7
1	0	0	0	8
1	0	0	1	9

Bild 2.57: Übersicht über die Werte-Kombinationen an den Ausgängen eines BCD-Zählers und deren dezimale Zahlenbedeutung.

Übung 2.15

Die hier dargestellte Experimentierschaltung für den BCD-Zähler nach *Bild 2.54* ist falsch verdrahtet. Der linke 7473-TTL-Baustein realisiert die ersten beiden JK-Kippglieder, der rechte die letzten beiden. Von dem Vierfach-UND-Baustein 7408 wird nur ein UND-Glied verwendet.
Die Schaltungsfehler sind aufzufinden, eine korrigierte Schaltung aufzuzeichnen und diese dann für ein Experiment aufzubauen.

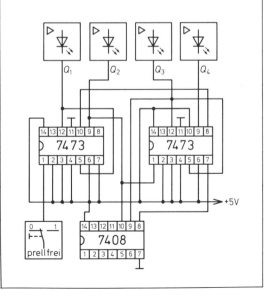

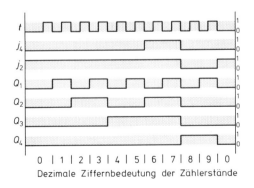

Bild 2.56: Zeitablaufdiagramm zur Arbeitsweise des BCD-Zählers nach *Bild 2.54*.

Ein BCD-Zähler als integrierter Schaltkreis

Nahezu alle digitalelektronischen Schaltungen, die häufig benötigt werden, findet man in integrierter Form realisiert, so auch die BCD-Zähler. Der TTL-Baustein 7490 (*Bild 2.58*) enthält eigentlich einen Teiler 2:1 und einen zusätzlichen Teiler 5:1. Wenn diese Schaltung als BCD-Zähler betrieben werden soll, muß der Anschluß b (die Takteingänge des 2. und des 4. Kippgliedes, vgl. *Bild 2.54*) mit Q_1 verbunden werden.

Interessant ist es, an diesem Beispiel einmal aufzuzeigen, wie unterschiedlich eine integrierte Zählschaltung auf verschiedene Weise zeichnerisch erfaßt werden kann. Die umgezeichneten Darstellungen der Innenschaltung des integrierten BCD-Zählers von Typ 7490 in *Bild 2.59* machen dies deutlich.

Diese integrierte Schaltung entspricht weitgehend der aus vier einzelnen JK-Kippgliedern und einem UND-Glied zusammengesetzten Schaltung nach *Bild 2.54*. Zusätzlich sind hier im wesentlichen zwei UND-Glieder vorgesehen, die dominierend auf bestimmte Setz- bzw. Rückstell-Eingänge wirken. Das erste UND-Glied wird über r_{01} und r_{02}, das zweite über r_{91} und r_{92} angesteuert (*Bild 2.58*). Faßt man – zur Vereinfachung der Schaltungsverhältnisse – r_{01} und r_{02} zu r_0 sowie r_{91} und r_{92} zu r_9 zusammen, indem man die jeweiligen UND-Eingänge miteinander verbindet (*Bild 2.60*), so bewirkt ein 1-Wert an dem Sammeleingang r_0, daß der Zähler auf den Grundzustand 0 ($Q_1 = 0$, $Q_2 = 0$, $Q_3 = 0$, $Q_4 = 0$) gesetzt wird. Dagegen erzwingt ein 1-Wert an dem Sammeleingang r_9 den Ausgangszustand 9 ($Q_1 = 1$, $Q_2 = 0$, $Q_3 = 0$, $Q_4 = 1$). Wozu man diesen Zählergrundzustand 9 benötigt, wollen wir an dieser Stelle nicht näher erläutern.

Bevor Sie nun zu einem konkreten Experiment mit dem TTL-Baustein 7490 übergehen (*Bild 2.61*), beachten Sie bitte die in *Bild 2.62* ausführlich zusammengestellten Hinweise zu den dominierenden Eingängen r_{01}, r_{02}, r_{91} und r_{92}.

Bild 2.63 zeigt eine BCD-Zähler-Realisation.

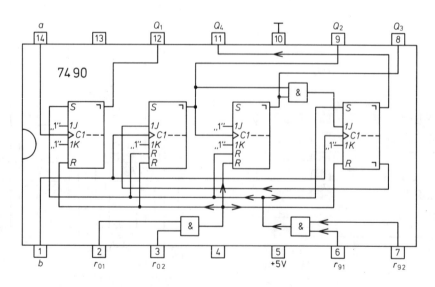

Bild 2.58: Innenschaltung des TTL-Bausteins 7490, der als BCD-Zähler wirkt, wenn der Anschluß b mit Q_1 verbunden ist. Die Funktion der Eingänge r_{01}, r_{02} sowie r_{91} und r_{92} wird bei der Betrachtung von *Bild 2.62* erläutert.

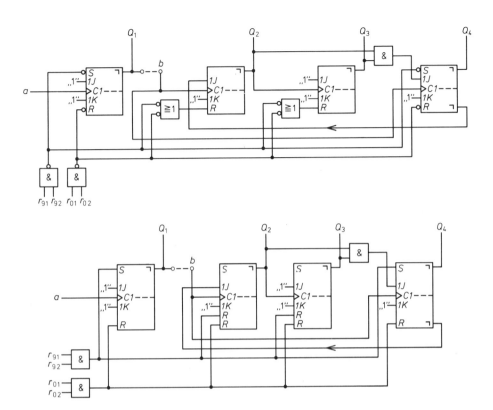

Bild 2.59: Zwei Darstellungsvarianten des BCD-Zähler-Bausteins 7490. Beachten Sie, daß sich zwei aufeinanderfolgende Negationen aufheben.

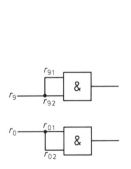

Bild 2.60: Vereinfachte Ansteuerung der Rückstelleingänge im TTL-Baustein 7490 (vgl. Bild 2.58).

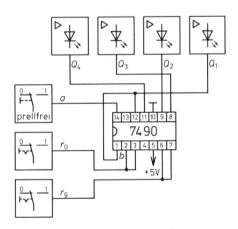

Bild 2.61: Experimentierschaltung zur Funktion eines BCD-Zähler-Bausteins vom Typ 7490.

dominierende Rückstell- und Setzeingänge				BCD-Zählerausgänge			
r_{01}	r_{02}	r_{91}	r_{92}	Q_4	Q_3	Q_2	Q_1
1	1	0	x	0	0	0	0
1	1	x	0	0	0	0	0
x	x	1	1	1	0	0	1
x	0	x	0				
0	x	0	x			Zählen	
0	x	x	0				
x	0	0	x				

Bild 2.62: Wertetabelle zur Funktion der dominierenden Rückstell-Eingänge des TTL-BCD-Zählers 7490. x: beliebiger Binärwert (0 oder 1). Dezimalzählbetrieb, wenn b mit Q_1 verbunden wird.

Übung 2.16

Notieren Sie die Werte-Kombinationen, die sich beim fortlaufenden Zählen bei einem BCD-Zähler nach *Bild 2.58* und *Bild 2.61* einstellen.

Zählerstände				Zählschritte
Q_4	Q_3	Q_2	Q_1	
0	0	0	0	0
				1
				2
				3
				4
				5
				6
				7
				8
				9
				10
				⋮

Zählfolge ↓

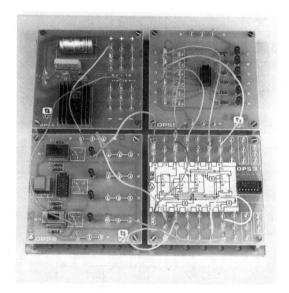

Bild 2.63: Mit dem DIGIPROB-System ausgeführte experimentelle Realisierung eines BCD-Zählers mit einem 7490-TTL-Baustein. Die Schaltung ist in *Bild 2.61* wiedergegeben.

Übung 2.17

Vervollständigen Sie das Zeitablaufdiagramm für den BCD-Zähler 7490 nach *Bild 2.58* und *2.61*. Schreiben Sie (dezimal) die Zahlenbedeutung der Ausgangswerte-Kombinationen über die Eingangsimpulse.

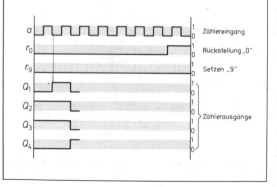

Die dezimale Anzeige des Zählerstandes

Auf Seite 60 haben wir bereits über die Notwendigkeit dezimaler Zähleranzeigen gesprochen und dabei zwei mögliche Verfahren genannt (*Bild 2.52*). An dieser Stelle wollen wir diesen Problemkreis wieder aufgreifen und konkrete Schaltungsausführungen vorstellen.

Anzeige mit einzelnen Leuchtdioden

Bild 2.64 zeigt das Blockschaltbild eines BCD-Zählers mit einer dezimalen Zählerstands-Anzeige mit Ziffernpunkten. Bei jedem Zählerstand des BCD-Zählers leuchtet einer der zehn Ziffernpunkte auf. Jedem der vorgesehenen zehn Anzeigepunkte ist eine bestimmte Zahl (von 0 bis 9) zugeordnet. Zu diesem Zweck liegt zwischen dem BCD-Zähler und den Anzeigepunkten eine entsprechende Zuordner-(Codierer-)Schaltung.

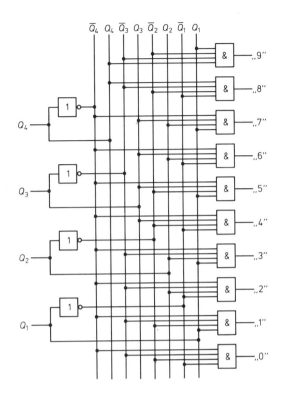

Bild 2.65: Codierer-Schaltung zum dezimalen Anzeigen der Zählerinhalte eines BCD-Zählers nach dem 1-aus-10-Code.

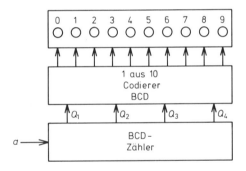

Bild 2.64: Blockschaltbild eines BCD-Zählers mit einer dezimalen Zählerstandsanzeige mit Ziffernpunkten.

Weil von den zehn Leuchtpunkten immer nur einer angesteuert werden darf, wird die benötigte Codierer-Schaltung gebräuchlicherweise *1-aus-10-Codierer* genannt. Diese Auswerte-Schaltung besteht aus 10 UND-Gliedern; für jeden möglichen Zählerstand eines (*Bild 2.65*).

Da bei UND-Gliedern der Ausgang nur dann den Wert 1 führt, wenn alle Eingänge gleichzeitig 1-Werte führen, werden zusätzliche Negationsglieder immer dann benötigt, wenn die negierten Zähler-Kippglied-Ausgänge nicht zur Verfügung stehen (beachten Sie hierzu bitte auch *Bild 2.33*).

Bild 2.66 zeigt ausführlich, wie man – vom Zählerinhalt ausgehend – über die Zählerausgangszustände auf die jeweilige Verknüpfungsschaltung kommt. (Über den Entwurf von Verknüpfungsschaltungen können Sie in *Band 1* nachlesen).

Eine integrierte Codierer-Schaltung zum Umsetzen der Werte-Kombinationen des BCD-Zählers in eine 1-aus-10-Anzeige ist im TTL-Baustein 7445 (*Bild 2.67*) realisiert. Die Codierer-Ausgänge sind als »offene Kollektorausgänge« (s. *Band 1*) mit den Grenzdaten 30 V, 80 mA ausgeführt. Es können also direkt kleine Lampen, Relais oder Leuchtdioden angeschlossen werden. In der Wertetabelle zu der integrierten Codierer-Schaltung 7445 (*Bild 2.68*) finden Sie eine Besonderheit. Nicht jeweils *ein* Wert aus zehn möglichen Werten ist 1, sondern umgekehrt: jeweils *ein* Wert aus zehn möglichen ist 0. Hierdurch ist es möglich, daß immer nur eine von zehn Leuchtdioden, die alle auf einer Seite fest mit +5 V verbunden sind, auf L-Potential gezogen wird und aufleuchtet.

Zähler-stand	Zähler-ausgangswerte $Q_4\ Q_3\ Q_2\ Q_1$	Verknüpfungs-Gleichung	Verknüpfungs-Schaltung
0	0 0 0 0	$y_0 = \bar{Q}_1 \wedge \bar{Q}_2 \wedge \bar{Q}_3 \wedge \bar{Q}_4$	
1	0 0 0 1	$y_1 = Q_1 \wedge \bar{Q}_2 \wedge \bar{Q}_3 \wedge \bar{Q}_4$	
2	0 0 1 0	$y_2 = \bar{Q}_1 \wedge Q_2 \wedge \bar{Q}_3 \wedge \bar{Q}_4$	
3	0 0 1 1	$y_3 = Q_1 \wedge Q_2 \wedge \bar{Q}_3 \wedge \bar{Q}_4$	
4	0 1 0 0	$y_4 = \bar{Q}_1 \wedge \bar{Q}_2 \wedge Q_3 \wedge \bar{Q}_4$	
5	0 1 0 1	$y_5 = Q_1 \wedge \bar{Q}_2 \wedge Q_3 \wedge \bar{Q}_4$	
6	0 1 1 0	$y_6 = \bar{Q}_1 \wedge Q_2 \wedge Q_3 \wedge \bar{Q}_4$	
7	0 1 1 1	$y_7 = Q_1 \wedge Q_2 \wedge Q_3 \wedge \bar{Q}_4$	
8	1 0 0 0	$y_8 = \bar{Q}_1 \wedge \bar{Q}_2 \wedge \bar{Q}_3 \wedge Q_4$	
9	1 0 0 1	$y_9 = Q_1 \wedge \bar{Q}_2 \wedge \bar{Q}_3 \wedge Q_4$	

Bild 2.66: Zusammenhänge zwischen Zählerständen, Zählerausgangswerten, Verknüpfungsgleichungen und Verknüpfungsschaltungen bei einem BCD-Zähler mit Ziffernpunkt-Anzeige.

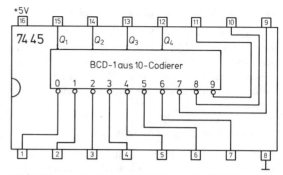

Bild 2.67: Anschlußplan des TTL-Bausteins 7445. Die Ausgänge sind als »offene Kollektorausgänge« mit den Grenzwerten 30 V/ 80 mA ausgeführt.

Wertetabelle der Codierer-Schaltung im TTL-Baustein 7445

Ausgänge des BCD-Zählers $Q_4\ Q_3\ Q_2\ Q_1$	Dezimal-Ausgänge 0 1 2 3 4 5 6 7 8 9
0 0 0 0	0 1 1 1 1 1 1 1 1 1
0 0 0 1	1 0 1 1 1 1 1 1 1 1
0 0 1 0	1 1 0 1 1 1 1 1 1 1
0 0 1 1	1 1 1 0 1 1 1 1 1 1
0 1 0 0	1 1 1 1 0 1 1 1 1 1
0 1 0 1	1 1 1 1 1 0 1 1 1 1
0 1 1 0	1 1 1 1 1 1 0 1 1 1
0 1 1 1	1 1 1 1 1 1 1 0 1 1
1 0 0 0	1 1 1 1 1 1 1 1 0 1
1 0 0 1	1 1 1 1 1 1 1 1 1 0

Bild 2.68: Wertetabelle des BCD-1-aus-10-Codierers, der im TTL-Baustein 7445 enthalten ist. Die Ansteuerung der Leuchtdioden erfolgt über 0-Werte (L-Potentiale); siehe *Bild 2.69.*

Bild 2.69 gibt Ihnen einen konkreten Schaltungsvorschlag eines BCD-Zählers mit dezimaler Leuchtpunkt-Anzeige mit Leuchtdioden; hier wird der TTL-Codierer-Baustein 7445 angewendet. Den entsprechenden Experimentier-Aufbau zeigt *Bild 2.70.* Reizvoll ist auch eine Ausführung in Form eines »Zähl-Turms« (*Bild 2.71*). So kann man auf optisch ansprechende Weise Runden-Zähler für eine Modell-Rennbahn o.ä. ausstatten.

Anzeige mit Ziffernfiguren

Das Blockschaltbild eines BCD-Zählers mit Ziffernfiguren-Anzeige in *Bild 2.72* entspricht in der Struktur dem Blockschaltbild nach *Bild 2.64.* Wieder sind drei Funktionseinheiten zu unterscheiden: die eigentliche Zähleinheit, ein Codierer und die Anzeige-Einheit. Bei näherer Betrachtung werden jedoch wesentliche Unterschiede deutlich.

Die einzelnen Ziffernfiguren 0 bis 9 werden aus einzelnen Leuchtbalken, auch Segmente genannt, zusammengesetzt. Wegen der (allgemein üblichen) Anzahl von sieben Leuchtbalken wird diese Anzeige-Einheit auch *Sieben-Segment-Anzeige* genannt. Wie die einzelnen Ziffernfiguren 0 bis 9 mit Hilfe der Segmente dargestellt werden, ist in *Bild 2.73* zusammengestellt. Die mit dem Zeichen x gekennzeichne-

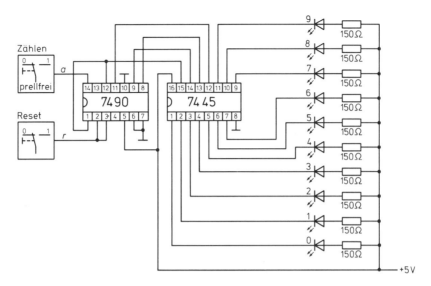

Bild 2.69: Anschlußplan eines BCD-Zählers mit dezimaler Leuchtpunkt-Anzeige mit Leuchtdioden. Wenn der Zähler die Werte 0 bis 9 durchläuft, leuchtet jeweils die Leuchtdiode mit der entsprechenden Nummer auf und zeigt so den Zählerstand an, vgl. *Bild 2.66*. Die Zählimpulse kommen auf der Leitung a an; zurückgestellt wird mit $r = 1$.

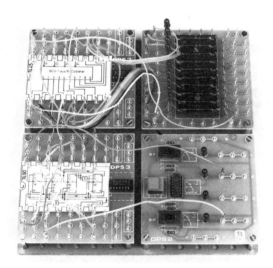

Bild 2.70: Experimentieraufbau mit dem DIGIPROB-System (DPS) zur Arbeitsweise eines BCD-Zählers mit dezimaler Anzeige mit 10 Ziffernpunkten (Leuchtdioden). Hier ohne Spannungsversorgung verdrahtet.

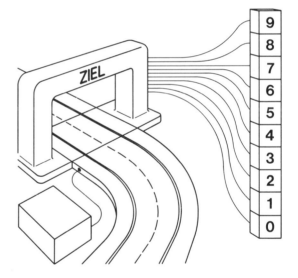

Bild 2.71: »Zähl-Turm«: Dezimalziffern-Anzeige für Spielzwecke.

ten Elemente werden elektronisch angesteuert und leuchten bei der darzustellenden Ziffer auf. Die anderen »Balken« bleiben dunkel.
Mit der Sieben-Segment-Anzeige können außer den zehn Ziffern auch einige Buchstaben und andere Zeichen dargestellt werden. Taschenrechner-Benutzer wissen das (geben Sie die zehn Ziffern in den Rechner ein und drehen Sie dann die Anzeige um!). In diesem Buch sollen aber nur die zehn Ziffernfiguren zur Zählerstands-Anzeige eines BCD-Zählers interessieren – mit Ausnahme der folgenden kleinen Übung.

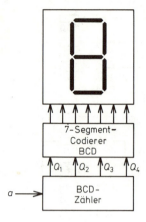

Bild 2.72: Blockschaltbild eines BCD-Zählers mit einer Ziffernfiguren-Anzeige.

Ziffernfiguren-Anzeigen können auch durch geeignete Lampenschaltungen und ein entsprechend ausgebildetes Gehäuse erstellt werden. Dies geschieht tatsächlich auch dann, wenn sehr große Ziffern darzustellen sind. Im allgemeinen bedient man sich aber fertiger Bausteine, die sogar in IC-Stecksockel passen. Ein solches Exemplar finden Sie in Bild 2.74.

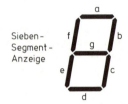

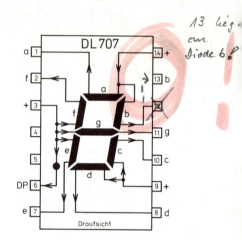

DP: Dezimalpunkt

Ziffern-figuren	Dezimale Zahlen-bedeutung	Anzeigende Segmente (x ≙ angesteuert)						
		a	b	c	d	e	f	g
◻	0	x	x	x	x	x	x	
˻	1		x	x				
⊂	2	x	x		x	x		x
⊃	3	x	x	x	x			x
˫	4		x	x			x	x
⌐	5	x		x	x		x	x
⌐	6			x	x	x	x	x
˥	7	x	x	x				
◻	8	x	x	x	x	x	x	x
⌐	9	x	x	x			x	x

Bild 2.73: Zur Organisation einer »Sieben-Segment-Anzeige« für die Darstellung der zehn Ziffern.

Übung 2.18

Welche Anzeige-Elemente einer Sieben-Segment-Anzeige-Einheit müssen jeweils aufleuchten, wenn die Buchstaben A bzw. L darzustellen sind?

Bild 2.74: Der Sieben-Segment-Anzeige-Baustein vom Typ DL 707.
Gemeinsamer Anschluß aller Leuchtdioden: Plus-Pol
Daten pro Segment:
max. Durchlaßstrom $I_{Fmax} = 30$ mA
max. Sperrspannung $U_{Rmax} = 3$ V
typische Durchlaßspannung $U_F = 1,7$ V
typischer Durchlaßstrom $I_F = 20$ mA
Ziffernhöhe ca. 8 mm
Standard-Dual-in-line-Gehäuse mit 14 Anschlüssen.

Wie in diesem Beispiel werden als Leuchtsegmente häufig entsprechend gekapselte Leuchtdioden verwendet, so daß im Anschlußplan die Stromrichtung (Pfeile) zu beachten ist. Zur Strombegrenzung sind externe Widerstände erforderlich.
Da es recht verschiedene technische Ausführungsformen von Sieben-Segment-Anzeigen gibt, sollten Sie in jedem Fall den entsprechenden Anschlußplan und die Angaben über die zugehörigen technischen Daten zu Rate ziehen.
Eine vollständige Beschaltung des in Bild 2.74 vorgestellten Anzeige-Bausteins finden Sie in der Experimentier-Schaltung in Bild 2.77.

Ein BCD-Sieben-Segment-Codierer

Zum Ansteuern der Sieben-Segment-Anzeige durch einen BCD-Zähler ist gemäß *Bild 2.72* eine entsprechende Codierer-Schaltung erforderlich. *Bild 2.75* zeigt die Zuordnung der Werte-Kombinationen. Man kann den Codierer aus einzelnen Verknüpfungsgliedern aufbauen. Da es heute jedoch solche zusammengesetzten Verknüpfungsschaltungen in integrierter Ausführung gibt, wollen wir sofort ohne Umweg den zu diesem Codier-Zweck geeigneten TTL-Baustein 7446 vorstellen.

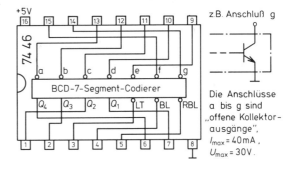

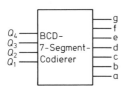

Dezimale Zahlen- bedeutung	Wertekombinationen des BCD-Zählers				Angesteuerte Segmente der 7-Segment-Anzeige						
	Q_4	Q_3	Q_2	Q_1	a	b	c	d	e	f	g
0	0	0	0	0	1	1	1	1	1	1	0
1	0	0	0	1	0	1	1	0	0	0	0
2	0	0	1	0	1	1	0	1	1	0	1
3	0	0	1	1	1	1	1	1	0	0	1
4	0	1	0	0	0	1	1	0	0	1	1
5	0	1	0	1	1	0	1	1	0	1	1
6	0	1	1	0	0	0	1	1	1	1	1
7	0	1	1	1	1	1	1	0	0	0	0
8	1	0	0	0	1	1	1	1	1	1	1
9	1	0	0	1	1	1	1	0	0	1	1

Bild 2.75: Die Zuordnung der Werte-Kombinationen eines BCD-Zählers zu den Segment-Kombinationen einer Sieben-Segment-Anzeige (vgl. auch *Bild 2.73*).

Wertetabelle

Dezimal- zahl	Ausgänge des BCD-Zählers				7-Segment-Ausgänge (0-Wert ≙ durchgesteuerter Ausgangstransistor)						
	Q_4	Q_3	Q_2	Q_1	a	b	c	d	e	f	g
0	0	0	0	0	0	0	0	0	0	0	1
1	0	0	0	1	1	0	0	1	1	1	1
2	0	0	1	0	0	0	1	0	0	1	0
3	0	0	1	1	0	0	0	0	1	1	0
4	0	1	0	0	1	0	0	1	1	0	0
5	0	1	0	1	0	1	0	0	1	0	0
6	0	1	1	0	1	1	0	0	0	0	0
7	0	1	1	1	0	0	0	1	1	1	1
8	1	0	0	0	0	0	0	0	0	0	0
9	1	0	0	1	0	0	0	1	1	0	0

Bild 2.76: Anschlußplan des BCD-Sieben-Segment-Codierer-Bausteins 7446.
Anschluß-Hinweise:
LT: Lampentest: wenn LT auf L (0-Wert) und BL auf H (1-Wert) liegen, so führen alle Ausgänge L (0-Wert), d.h. alle Segmente sind hell.
BL: Ausblendung: wenn BL auf L (0-Wert) liegt, dann sind alle Ausgänge auf H (1-Wert), d.h. alle Segmente sind dunkel.
RBL: Nullausblendung: wenn RBL auf L (0-Wert) liegt, dann wird die Ziffernfigur 0 nicht angezeigt.

Bild 2.76 zeigt den Anschlußplan dieses BCD-Sieben-Segment-Codierers, dessen Ausgänge mit »offenen Kollektoren« (s.o.) versehen sind. Weil hier die nachgeschalteten Leuchtdioden mit 0-Wert (L-Pegel) zum Aufleuchten gebracht werden, hat die Werte-Tabelle dieses integrierten Codierers eine negierte Struktur, verglichen mit der Wertetabelle in *Bild 2.75*, die das Codierer-*Prinzip* beschreibt.
Die Sonderanschlüsse LT, BL und RBL bleiben im unbeschalteten Zustand (H-Pegel) ohne Funktion. Bei entsprechender Beschaltung werden die in *Bild 2.76* beschriebenen Ergebnisse erzielt.

Bauen Sie die vollständige BCD-Zählerschaltung mit »Sieben-Segment-Ziffern-Anzeige« gemäß *Bild 2.77* auf. *Bild 2.78* gibt Ihnen dazu zusätzliche Hilfen.
Hat man solche Zähler-Anzeige-Einheiten geschickt auf einer Platine realisiert (*Bild 2.79*), so kann man durch Zusammenschalten mehrerer solcher Platinen auch vielstufige BCD-Zähler mit Ziffern-Anzeige zusammenstellen.

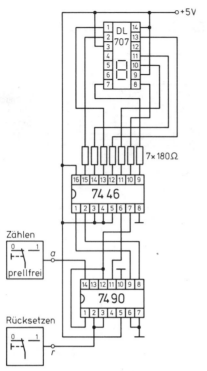

Bild 2.77: Anschlußplan für eine Experimentierschaltung eines BCD-Zählers mit Sieben-Segment-Ziffern-Anzeige. Verwendete Bausteine: 1 BCD-Zähler 7490, 1 BCD-7-Segment-Codierer 7446, 1 Sieben-Segment-Ziffernanzeige DL 707.

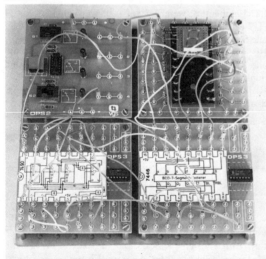

Bild 2.78: Experimentieraufbau eines BCD-Zählers mit 7-Segment-Ziffernanzeige nach *Bild 2.77*. Hier werden ebenfalls DPS-Baueinheiten verwendet (vgl. *Band 1, Kapitel 2*). Die Spannungsversorgung ist hier nicht verdrahtet.

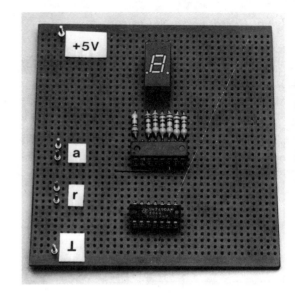

Bild 2.79: Platine mit BCD-Zähler und 7-Segment-Anzeige nach *Bild 2.77*.

Ein zweistelliger Dezimalzähler

Die dezimale Zählweise erfolgt nach einem Stellenbewertungs-System (siehe *Kapitel 1*). Man unterscheidet Einer-Stelle, Zehner-Stelle, Hunderter-Stelle, etc. Je nach Standort einer Ziffer ist sie jeweils mit einem anderen Faktor zu multiplizieren (1, 10, 100, . . .). Wenn Dezimalzähler aufgebaut werden sollen, die eine größere Zählkapazität als 9 haben, müssen mehrere Dezimalzähler-Einheiten zusammengefügt werden. Ein Zähler aus zwei entsprechend verkoppelten Zähleinheiten deckt die Einer- und die Zehner-Stelle ab. Seine Zählkapazität reicht also von 0 bis 99 (*Bild 2.80*).
Der Übertrag von der Einer- zur Zehner-Stelle erfolgt jeweils, wenn die Einer-Zähleinheit vom Zustand 9 mit dem folgenden zehnten Zählschritt in den Zustand 0 wechselt. In diesem Falle war die Zählkapazität der Einer-Stelle erschöpft, und die Zehner-Stelle zählt einen Schritt weiter. Insgesamt zeigt die Anzeige des zweistelligen Dezimalzählers nach dem Zustand 09 den neuen Zustand 10 an. Diese Zusammenhänge sind wohl allgemein geläufig und z. B. vom Kilometerzähler her auch bekannt. Aber wie erreicht man es schaltungstechnisch, daß sich ein zweistelliger elektronischer Dezimalzähler ebenso verhält?
Bild 2.81 zeigt den Weg. Nach dem Erreichen des Zählerstandes 8 führt der Einer-Zähler-Ausgang Q_4

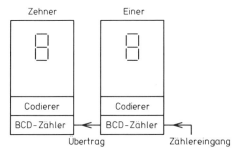

Bild 2.80: Zur Organisation eines zweistelligen Dezimalzählers mit 7-Segment-Ziffern-Anzeige.

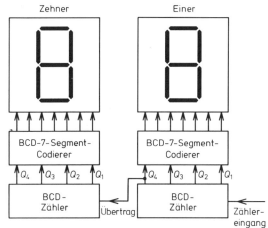

Bild 2.82: Blockschaltbild eines zweistelligen Dezimalzählers mit 7-Segment-Ziffern-Anzeige.

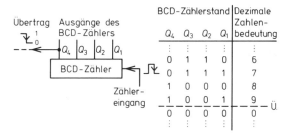

Bild 2.81: Zur Bildung des Übertrages von einer Dezimalzähler-Einheit auf die nächsthöhere Stelle.

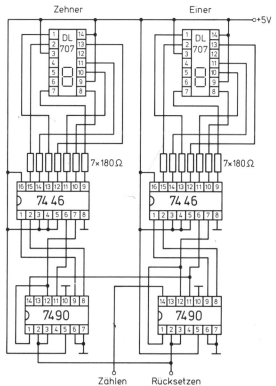

erstmals den Wert 1. (Die Zahl 8 lautet ja im Dualsystem 1000). Dieser 1-Wert bleibt auch während des neunten Zählimpulses erhalten. Mit dem zehnten Zählimpuls wird der Einer-Zähler auf den Grundzustand 0 zurückgesetzt. Dabei tritt an seinem Ausgang Q_4 ein 1-0-Wechsel auf, der den Übertrag auf den Eingang der Zehner-Zähler-Einheit bewirkt (*Bild 2.82*).

In dieser Weise lassen sich natürlich auch Dezimalzähler mit drei und mehr Stellen aufbauen. Das Übertragungsprinzip von einer Zählstelle auf die nächste ist immer gleich. Es wird jeweils der Q_4-Ausgang der wertmäßig niedrigeren Dezimalzähler-Einheit mit dem Zählereingang der nächsthöheren Dezimalzähler-Einheit verbunden.

Zwar werden Sie erst in *Band 3* nachlesen können, wie man digitalelektronische Zähler zur Lösung der unterschiedlichsten Probleme einsetzt. Aber einen konkreten Experimentier-Vorschlag zu einem zweistufigen Dezimal-Zähler mit Sieben-Segment-Anzeige wollen wir Ihnen doch nicht bis dahin vorenthalten. *Bild 2.83* zeigt den Schaltplan und *Bild 2.84* die

Bild 2.83: Anschlußplan des zweistelligen Dezimalzählers, mit TTL-Bausteinen realisiert: 2 BCD-Zähler 7490, 2 BCD-7-Segment-Codierer 7446, 2 LED-7-Segment-Anzeigen, Typ DL 707.

Platine des zweistufigen Dezimalzählers. Die Platine ist Bestandteil des Experimentiersystems DIGI-PROB, das zu dieser *Einführung in die Digitalelektronik* entwickelt wurde.

Bild 2.84: Zweistelliger Dezimalzähler mit 7-Segment-Ziffern-Anzeigen, zusammengestellt aus zwei Zähler-Einheiten auf einer Platine (DPS 10).

Vorwählbare Meldung eines Zählerstandes

Bei manchen Zähleranwendungen müssen bestimmte Dinge sehr schnell und exakt abgezählt werden. Man gibt dabei einen Sollwert vor. Hat der Zählerstand diesen Sollwert erreicht, so wird auf elektronischem Wege eine technisch geeignete Bestätigung abgegeben. Diese Problemstellung haben wir bereits auf Seite 50 angesprochen.

Zum Abschluß dieses Digital-Zähler-Abschnitts wollen wir Ihnen hierzu noch einen weiteren nützlichen Bauvorschlag unterbreiten, der von jedem Hobby-Elektroniker leicht und preiswert realisiert werden kann. Es handelt sich dabei um einen zweistelligen Dezimalzähler mit vorwählbarer Meldung eines bestimmten Zählerstandes und mit dezimaler *Leuchtpunkt-Anzeige*. Wie bereits die Schaltung des zweistelligen Dezimalzählers mit Sieben-Segment-Anzeigen läßt sich auch diese Zählerschaltung ohne Schwierigkeiten auf mehr als zwei Stellen erweitern. Bei beiden Schaltungen erfolgt die Zählerübertragung von Zählereinheit zu Zählereinheit in gleicher Weise. Die beiden zweistelligen Zählerschaltungen unterscheiden sich nur in der Art der Anzeige und in den verwendeten Codier-Schaltungen.

Bild 2.85 deutet das Ausführungsschema des vorgeschlagenen Zählers an. Die Vorwahl erfolgt über Steckerreihen. Wird der Sollwert erreicht, so kann dies akustisch oder optisch gemeldet werden. Im Beispiel nach *Bild 2.85* wird beim Zählerstand 53 ein Warnsignal ertönen.

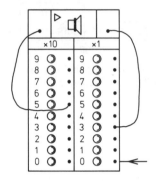

Bild 2.85: Ausführungsschema für einen zweistelligen Dezimalzähler mit Leuchtpunkt-Anzeige und Vorwahl der Zählerstandsmeldung mit Hilfe von Steckerreihen.

Bei der digitaltechnischen Organisation des Zählers *(Bild 2.86)* erkennen Sie Bekanntes wieder. Der bereits in *Bild 2.64* vorgestellte Dezimalzähler mit Leuchtpunkt-Anzeige ist hier zweimal vertreten. Hinzugekommen ist die Auswertelogik der Sollwertvorwahl (UND-Verknüpfung mit negierten Eingängen).

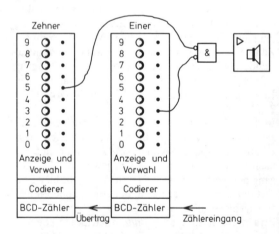

Bild 2.86: Digitaltechnische Organisation des zweistelligen Dezimalzählers mit Leuchtpunkt-Anzeige und Vorwahlmöglichkeit der Zählerstandsmeldung. Hier ist bei der UND-Verknüpfung schon durch die negierten Eingänge berücksichtigt, daß beim Erreichen des betreffenden Zählerstandes die beiden Leitungen 0-Wert führen.

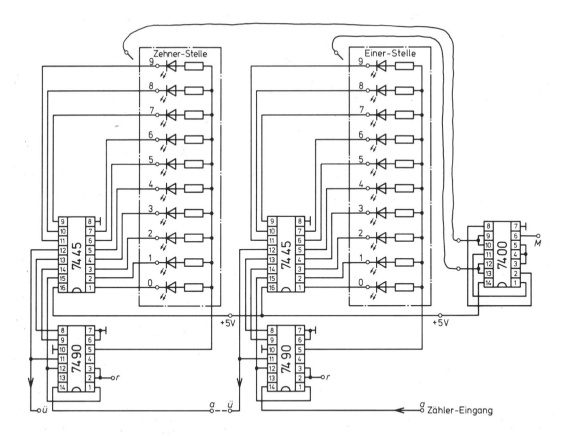

Bild 2.87: Anschlußplan des zweistelligen Dezimalzählers mit dezimaler Leuchtpunkt-Anzeige und Zählerstandsvorwahl. Die Vorwahl erfolgt, indem auf Steckerleisten die gewünschten Ziffern mit einer »Meldeschaltung« (hier mit dem IC 7400 realisiert) verbunden werden. Am Anschluß ü erfolgt der Übertrag zur nächsten Zählerstelle. Für einen zweistelligen Zähler muß also die hier gestrichelte Verbindung zwischen a und ü hergestellt werden. M ist der Meldeausgang (siehe Text).

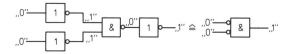

Bild 2.88: Hinweis zur Verschaltung des 7400-Bausteins in *Bild 2.87*. Die angegebenen Binärwerte gelten bei erreichtem Zählerstand: Die Steckerstifte führen dann jeweils 0-Wert auf die Eingänge der Auswertelogik-Schaltung.

In der ausgeführten Schaltung nach *Bild 2.87* erfolgt die Auswertung über einen 7400-TTL-Baustein. Es werden alle vier NAND-Glieder eingesetzt; drei von ihnen sind als NICHT-Glieder verschaltet. Je ein NICHT-Glied wird benötigt, *Bild 2.88*, weil der 1-aus-10-Codierer-Baustein 7445 die nachgeschalteten Leuchtdioden mit 0-Wert (L-Pegel) zum Leuchten bringt. Das dritte NICHT-Glied bewirkt, daß beim Erreichen des gewählten Zählerstandes ein 1-Wert am Ausgang M (*Bild 2.87*) abgegeben wird. Logische Verknüpfungsschaltungen werden in *Band 1* ausführlich behandelt.

Wie übersichtlich man einen zweistelligen Dezimalzähler mit Sollwertvorgabe in Platinentechnik ausführen kann, zeigt *Bild 2.89*.

Bild 2.89: Ausführung der Zählerschaltung nach *Bild 2.87*. Dies ist die Baueinheit DPS 11.

Schieberegister aus JK-Kippgliedern

Am Beispiel einer Laufschriftsteuerung haben wir bereits in *Band 1* dieser *Einführung in die Digitalelektronik* das Prinzip von Schieberegister-Schaltungen vorgestellt. Erinnern Sie sich noch? Während mit einer (auch aus bistabilen Kippgliedern bestehenden) *Register*-Schaltung eine bestimmte, bekrenzte Datenmenge für eine Zeitlang ausschließlich zwischengespeichert werden kann, können bei *Schieberegister*-Schaltungen die in den Speichergliedern des Registers stehenden Daten verschoben werden, und zwar mit jedem Schiebetakt-Impuls jeweils um eine Stelle, d. h. um ein Kippglied. Wir wollen hier nur die Schieberegister betrachten.

Obwohl die Schieberegister-Schaltungen in der Praxis der Digitalelektronik mindestens so bedeutsam wie die Zählerschaltungen sind, sind sie bei Hobby-Elektronikern meist wenig populär, oft überhaupt nicht bekannt. Vielleicht liegt das daran, daß man sich unter dem Begriff »Zähler« viel eher etwas vorstellen kann als unter dem Begriff »Schieberegister«. Vielleicht liegt es aber auch daran, daß Schieberegister meist Funktionsteile komplexerer Digitalelektronik-Schaltungen sind, die eben nur Fachleuten geläufig sind.

Tatsache ist nun einmal, daß mit Schieberegister-Schaltungen sehr interessante Problemlösungen möglich sind und die Bauelemente-Industrie eine ganze Reihe entsprechender ICs bereithält. Um Ihnen die Funktionen solcher komplexer Digital-ICs verständlicher machen zu können, wollen wir in diesem Band noch einmal auf den Aufbau von Schieberegister-Schaltungen eingehen – im Unterschied zu *Band 1* allerdings unter Anwendung von JK-Kippgliedern und von der Schaltungskonzeption her etwas umfassender.

Schieberegister mit Auffüll-Effekt

In *Band 1* haben wir zum Aufbau von Schieberegister-Schaltungen flankengesteuerte D-Kippglieder verwendet. Aber auch mit den universell einsetzbaren JK-Kippgliedern lassen sich solche Schieberegister-Schaltungen aufbauen. Dabei werden die Ausgänge eines jeden Kippgliedes mit den Vorbereitungseingängen J und K des nachfolgenden Kippgliedes verbunden (*Bild 2.91*). Alle Steuereingänge müssen gleichzeitig (synchron) angesteuert werden. Infolge der gewählten Eingangsbeschaltung der Vorbereitungseingänge des ersten Kippgliedes wird in dem in *Bild 2.91* dargestellten Beispiel das Schieberegister »aufgefüllt«. Das in *Bild 2.90* wiedergegebene Schema soll diese Betriebsart eines Schieberegisters verdeutlichen. Zu einem geeigneten Zeitpunkt wird das »aufgefüllte« Schieberegister durch einen zentralen Rückstellbefehl (0-Wert an *r*) wieder vollständig gelöscht.

Bauen Sie die Experimentierschaltung nach *Bild 2.92* auf und spielen Sie das Verhalten der Schieberegister-Schaltung unter Anleitung durch das Zeitablaufdiagramm (*Bild 2.91*) gründlich durch. Beachten Sie insbesondere die Beschaltung der Eingänge des ersten Kippgliedes ($J = 1$ und $K = 0$), die den Auffülleffekt bewirkt. Ein anderes Beispiel wird in der folgenden Übung behandelt.

	Q_1	Q_2	Q_3	Q_4
Vor dem 1. wirksamen Steuerimpuls	☐	☐	☐	☐
Nach dem 1. wirksamen Steuerimpuls	■	☐	☐	☐
Nach dem 2. wirksamen Steuerimpuls	■	■	☐	☐
Nach dem 3. wirksamen Steuerimpuls	■	■	■	☐
Nach dem 4. wirksamen Steuerimpuls	■	■	■	■
Nach der Rückstellung	☐	☐	☐	☐

Bild 2.90: Schema zur Verdeutlichung der Arbeitsweise des Schieberegisters nach *Bild 2.91*.

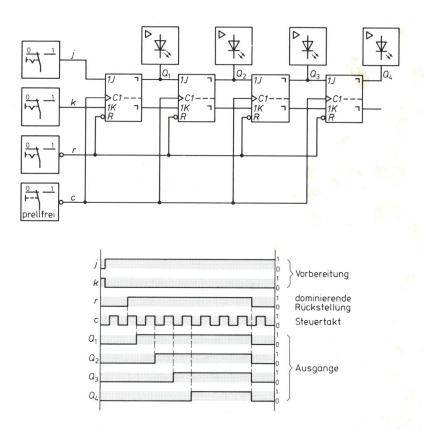

Bild 2.91: Ein Schieberegister aus 4 JK-Kippgliedern. Mit jedem Steuertakt werden die Signale (binäre Werte) von Kippglied zu Kippglied weitergeschoben. Die Negationskreise an den Blockschaltzeichen für die *r*- und *c*-Eingabe bedeuten: Bei Betätigung des Schalters (1-Wert) führt der Signalgeberausgang 0-Wert.

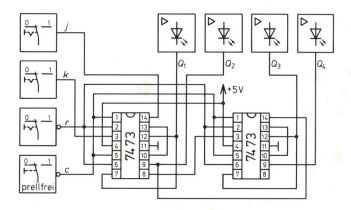

Bild 2.92: Experimentierschaltung zur Arbeitsweise eines vierstufigen Schieberegisters aus 4 JK-Kippgliedern. Je zwei JK-Kippglieder mit dominierendem Rücksetz-Eingang befinden sich in einem TTL-Baustein 7473.

Übung 2.19

Bei dem aus vier JK-Kippgliedern bestehenden Schieberegister sind die Vorbereitungseingänge des ersten Kippgliedes fest mit dem Wert 1 beschaltet, so daß dieses Kippglied als T-Kippglied arbeitet.

Vervollständigen Sie das Zeitablaufdiagramm und beschreiben Sie das Ergebnis.

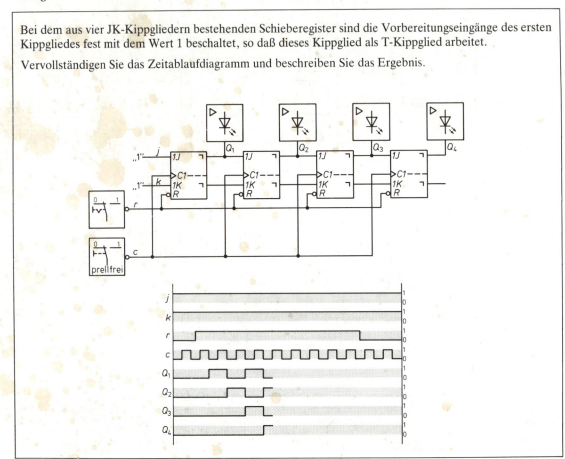

Schieberegister mit Auffüll- und Räumeffekt

Bei diesem aus vier JK-Kippgliedern mit Rücksetz-Eingängen bestehenden Schieberegister sind die Ausgänge Q_4 und $\overline{Q}_4$ des letzten Kippgliedes mit den Vorbereitungseingängen des ersten Kippgliedes überkreuz verbunden, d.h. Q_4 mit k und $\overline{Q}_4$ mit j. Dadurch ergibt sich ein abwechselndes Auffüllen und Räumen des Schieberegisters mit 1-Werten an den Q-Ausgängen (*Bild 2.93*).

Wie sich dieser Auffüll- und Räumeffekt optisch bei der Ansteuerung von Lampen (z.B. bei Leuchtflächen) ausmachen würde, verdeutlicht *Bild 2.94*. Das Auffüll- und Räum-Schieberegister läßt sich selbstverständlich um weitere Schaltstufen verlängern. So benötigt man z.B. für ein zwölfstufiges Schieberegister sechs TTL-Bausteine vom Typ 7473, die je zwei JK-Kippglieder enthalten. Damit lassen sich verschiedene, optisch sehr reizvolle »Leuchtreklamen« für den Hausgebrauch (z.B. für den Party-Keller) ansteuern, etwa nach dem Muster, wie in *Bild 2.95* vorgeschlagen.

Im Vorschlag nach *Bild 2.95c* werden zweckmäßigerweise jeweils zwei gegenüberliegende Leuchtpunkte paarig angesteuert, so daß für die vorgesehenen 24 Leuchtpunkte ein zwölfstufiges Register ausreicht. In diesem Sinne lassen sich noch viele andere Muster bilden, ohne daß das Schieberegister mehr Stufen enthalten müßte.

Eine vollständig ausgeführte Schaltung mit automatischem Taktgeber (vgl. dazu *Kapitel 6*) zeigt *Bild 2.96*, das Beispiel eines Musteraufbaues dazu *Bild 2.97*.

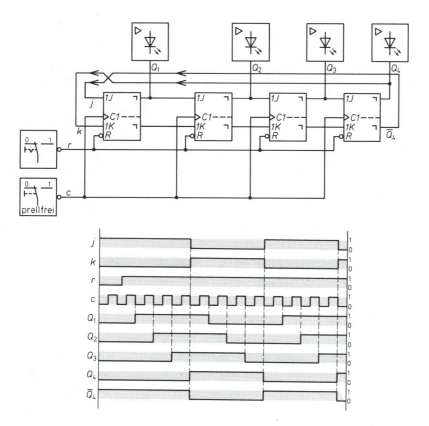

Bild 2.93: Schieberegister mit Auffüll- und Räumeffekt.

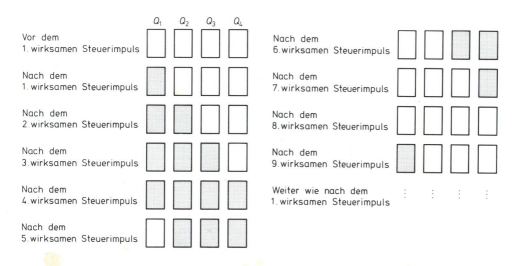

Bild 2.94: Schema zur Verdeutlichung der Arbeitsweise des Schieberegisters mit Auffüll- und Räumeffekt.

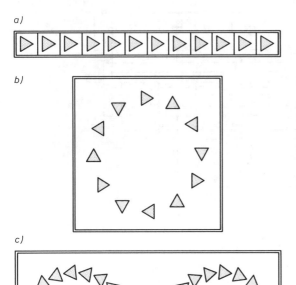

Bild 2.97: Musteraufbau der Ansteuerungs-Schaltung nach *Bild 2.96*, hier für die ersten sechs Leuchtpunkte, mit Taktgeber

Bild 2.95: Vorschläge zur Anordnung von Leuchtpunkten, die von einem zwölfstufigen Schieberegister mit Auffüll- und Räumeffekt angesteuert werden sollen. In Vorschlag c werden die Punkte paarig angesteuert.

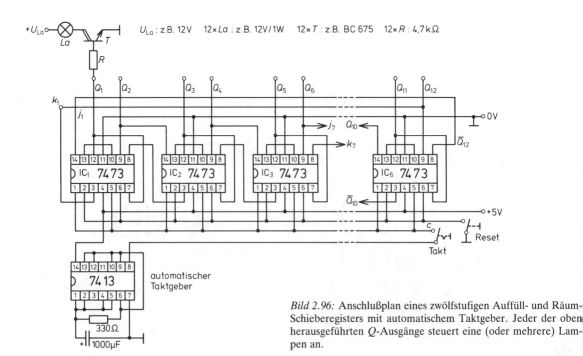

Bild 2.96: Anschlußplan eines zwölfstufigen Auffüll- und Räum-Schieberegisters mit automatischem Taktgeber. Jeder der oben herausgeführten Q-Ausgänge steuert eine (oder mehrere) Lampen an.

Schieberegister mit einem wandernden 1-Wert

Im Gegensatz zu der Registerschaltung nach *Bild 2.93*, bei der mit jedem eintreffenden Steuerimpuls immer ein weiterer Q-Ausgang zusätzlich auf den Wert 1 geschaltet wird, kann man mit der Schieberegister-Variante nach *Bild 2.98* erreichen, daß nur ein 1-Wert endlos von Kippglied zu Kippglied weitergereicht wird.

Für diese Arbeitsweise sind folgende Besonderheiten bei der Schaltungsorganisation verantwortlich:
- Die Ausgänge des letzten Kippgliedes sind (wie auch in *Bild 2.93*) mit den Vorbereitungseingängen des ersten überkreuz verbunden: Q_4 mit k und $\overline{Q}_4$ mit j.
- Die Vorbereitungseingänge des zweiten Kippgliedes sind mit den Ausgängen des Eingangs-Kippgliedes ebenfalls überkreuz verschaltet: j mit $\overline{Q}_1$ und k mit Q_1.
- Der negierte Ausgang $\overline{Q}_1$ des Eingangs-Kippgliedes ist als Registerausgang herausgeführt, im Gegensatz zu der Auswertung der Q-Ausgänge der übrigen Kippglieder. Hierdurch wird erreicht, daß nach einem Reset-Befehl (0-Wert) das erste Registerkippglied einen 1-Wert am benutzten Ausgang ($\overline{Q}_1$) führt, während bei Q_2, Q_3 etc. 0-Werte anliegen.

Im Zeitablaufdiagramm erkennen Sie, daß nach dem ersten Steuertaktimpuls das zweite Kippglied den 1-Wert des ersten übernimmt, während das erste Kippglied den 0-Wert des Schieberegisterausgangs annimmt, usw.

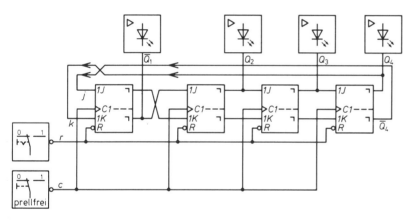

Änderung der Schieberichtung

Bei allen bisher besprochenen Schieberegister-Anwendungen wurden die binären Werte von links nach rechts weitergerückt. Man spricht in solchen Fällen von rechts- oder vorwärtsschiebenden Registern.

Mit einem Eingriff in die Schaltungsorganisation läßt sich die Schieberichtung umkehren. *Bild 2.99* zeigt das dazu benötigte Organisationsprinzip:

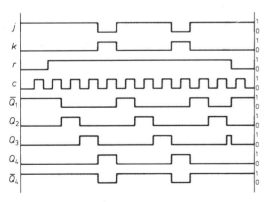

Bild 2.98: Schieberegister mit wanderndem 1-Wert.

- Bei einem *rechtsschiebenden* Register liegt der Eingang links, der Ausgang rechts. Mit jedem Schiebetakt werden die Binärwerte jeweils um eine Stelle nach rechts verschoben (*Bild 2.100a*). Von zwei nebeneinanderliegenden Kippgliedern bereitet dabei jeweils das linke Kippglied das rechte zur Informationsübernahme vor.
- Bei einem *linksschiebenden* Register sind die Verhältnisse umgekehrt. Der Eingang liegt rechts, der Ausgang links. Die Binärwerte werden nach links verschoben (*Bild 2.100b*). Hierzu bereitet von nebeneinander liegenden Kippgliedern jeweils das rechtsliegende das nächste links daneben liegende Kippglied zur Informationsübernahme vor.

Übung 2.20

Im vorbereiteten Schema soll die Arbeitsweise des Schieberegisters mit wanderndem 1-Wert (*Bild 2.98*) dargestellt werden. Schraffieren Sie die Flächen, die jeweils einem 1-Wert entsprechen.

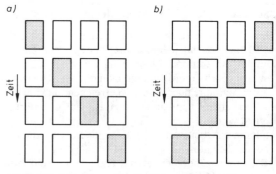

Bild 2.100: Schema zur Verdeutlichung der Arbeitsweise:
a) eines *rechts*schiebenden,
b) eines *links*schiebenden Registers.

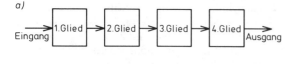

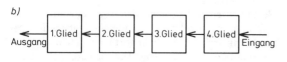

Bild 2.99: Aufbauprinzip eines *rechts*schiebenden Registers (a) mit dem eines *links*schiebenden Registers (b) im Vergleich.

Überträgt man diese Organisationsprinzipien auf ein mit JK-Kippgliedern aufgebautes Schieberegister, so ergibt sich die Schieberegister-Schaltung eines links- oder rückwärtsschiebenden Registers in *Bild 2.101b*. In der Praxis der Digitalelektronik werden linksschiebende Register sehr viel weniger benötigt als rechtsschiebende Register. Stark vertreten sind dagegen Schieberegister-Schaltungen, bei denen durch Umkehr der Schieberichtung beide Möglichkeiten wahlweise erlaubt sind.

Soll die Schieberichtung eines Registers verändert werden, so ändert sich an der synchronen Beschaltung der c-Eingänge der Kippglieder nichts. Anders allerdings bei der vorbereitenden Ansteuerung aller J- und K-Eingänge. Je nach gewünschter Schieberichtung müssen die J- und K-Eingänge jedes Kippgliedes mit unterschiedlichen Q- bzw. $\bar{Q}$-Ausgängen anderer Kippglieder verbunden werden (*Bild 2.101*). Deutlich überschaubarer werden die notwendigen Umschaltmaßnahmen, wenn man mit Hilfe von NICHT-Gliedern aus den verwendeten JK-Kippgliedern D-Kippglieder macht (*Bild 2.102*) oder gleich D-Kippglieder verwendet (siehe *Band 1*).

Soll ein Schieberegister in der Schieberichtung umgekehrt werden, so sind Umschaltungen vorzunehmen, wie sie in *Bild 2.103* mit Hilfe einfacher mechanischer Umschalter realisiert sind. Stehen alle Schalter auf R, so entsteht ein rechtsschiebendes Register mit dem Eingang E_R und dem Ausgang A_R. Werden alle Schalter auf L geschaltet, so ergibt sich ein linksschiebendes Register mit dem Eingang E_L und dem Ausgang A_L.

Wesentlich eleganter als mit mechanischen Schaltern lassen sich umkehrbare Schieberegister natürlich mit

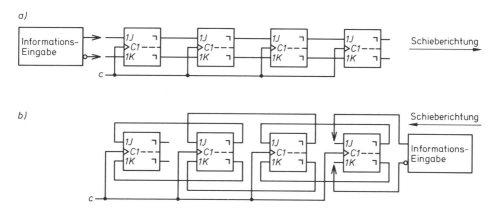

Bild 2.101: Schieberegister-Schaltungen mit JK-Kippgliedern im Vergleich: *a)* rechtsschiebendes, *b)* linksschiebendes Register.

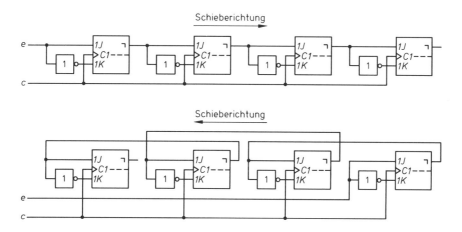

Bild 2.102: Schieberegister-Schaltungen mit als D-Kippglieder verschalteten JK-Kippgliedern. Mit der bei *e* eingegebenen Information legt man fest, ob das Schieberegister aufgefüllt ($e = 1$) oder geleert wird ($e = 0$).

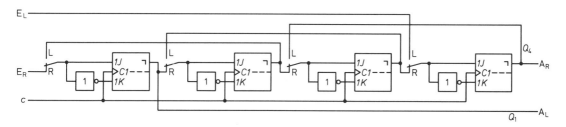

Bild 2.103: Registerschaltung mit umkehrbarer Schieberichtung; L = linksschiebend, R = rechtsschiebend; E und A sind die Ein- bzw. Ausgänge der Registerschaltung, mit den Indices L und R für die Schieberichtung.

digitalelektronischen Umschaltern aufbauen (*Bild 2.104*). Im Prinzip arbeitet diese Schaltung wie die in *Bild 2.103*. Die Vorwahl der Schieberichtung erfolgt durch einen Binärwert auf der Vorwahlleitung. Mit einem 0-Wert wird über die Steuerlogik die Kippgliedvorbereitung von links nach rechts erreicht. Es entsteht ein rechtsschiebendes Register. Mit einem 1-Wert auf der Wahlleitung erzwingt man linksschiebenden Betrieb (Kippgliedvorbereitungen über die Steuerlogik von rechts nach links).

Informations-Eingabe und -Ausgabe bei Schieberegistern

In digitalelektronischen Einrichtungen, wie z. B. in Rechnern oder in Paketsortier-Anlagen, sind Schieberegister-Schaltungen Teile der Informationsverarbeitungssysteme.
Die Informationen sind in binär-codierter Form aufbereitet und müssen bei Schieberegister-Einheiten sowohl ein- wie auch ausgegeben werden können. Dabei unterscheidet man folgende Betriebsfälle:

a) Serielle Ein- und Ausgabe

Ein Schieberegister mit serieller Informationseingabe empfängt die zu speichernden Binär-Werte am Serien-Eingang (*Bild 2.105*). Die einzelnen Binär-Werte der Information laufen hier seriell, also zeitlich nacheinander ein. Mit jedem Schiebetaktimpuls wird ein weiterer Binärwert übernommen, und die bereits übernommenen werden jeweils um eine Stelle weitergereicht.
Um eine Information vollständig seriell übernehmen zu können, bedarf es immer genauso vieler Schiebetaktimpulse, wie die Information an Binär-Stellen

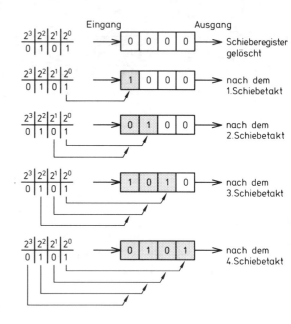

Bild 2.105: Schieberegister mit serieller Informationsein- und -ausgabe. Darstellung der seriellen Informationseingabe.

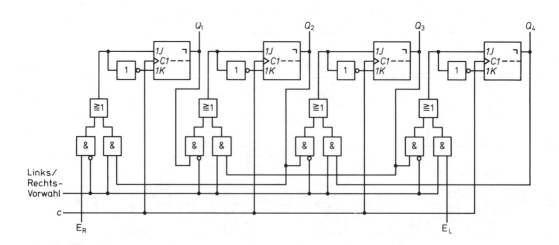

Bild 2.104: Schieberegister-Schaltung mit elektronischer Vorwahl der Schieberichtung.
0-Wert auf der Vorwahlleitung: *rechts*schiebend;
1-Wert auf der Vorwahlleitung: *links*schiebend.

(Bits) hat. In unserem Beispiel in *Bild 2.105* wird die im Dualsystem codierte Zahl 5 mit *vier* Schiebetakt-Impulsen seriell eingespeichert.

Das *Auslesen* der im Schieberegister gespeicherten Information erfolgt (wieder seriell) mit der gleichen Anzahl der Schiebetakt-Impulse wie das *Einlesen* (*Bild 2.106*).

In der praktischen Anwendung dieses Prinzips gibt es noch einige Spielarten. So kann die Informationseingabe z. B. mit einer anderen Taktfrequenz erfolgen als die Informationsausgabe. Es können evtl. zusätzliche Speicherglieder verwendet werden, etc. Am Prinzip ändern diese Varianten allerdings nichts.

b) *Serielle Eingabe und parallele Ausgabe (Bild 2.107)*

Bei der seriellen Informationseingabe sind die Verhältnisse genau so wie bereits in *Bild 2.105* beschrieben. Ist die Information vollständig eingelesen, dann steht sie in Form einer Binärwert-Kombination an den Ausgängen des Schieberegisters zur Weiterverarbeitung zur Verfügung. In einigen Anwendungsschaltungen bedarf es allerdings eines zusätzlichen Auslese-Befehls in Form eines Binärwerts, um die Schieberegisterausgänge auswerten zu können. Dies wird in der Darstellung in *Bild 2.107* angenommen. Nach dem Auslese-Befehl steht in der Regel die Information auch weiterhin so lange im Schieberegister an, bis auf seriellem Wege eine neue Information eingespeichert wird.

c) *Parallele Eingabe und serielle Ausgabe (Bild 2.108)*

Bei diesem Betriebsfall ist eine mehrstellige Information (in unserem Beispiel die Zahl 5) gleichzeitig, also parallel in das Schieberegister zu übernehmen, um sie später – bei Bedarf – seriell ausgeben zu können. Die Informationsausgabe verläuft wie in

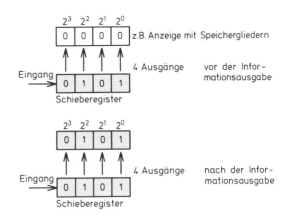

Bild 2.107: Schieberegister mit serieller Ein- und paralleler Ausgabe: Darstellung der parallelen Informationsausgabe.

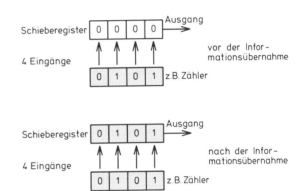

Bild 2.108: Schieberegister mit paralleler Ein- und serieller Ausgabe: Darstellung der parallelen Informationseingabe.

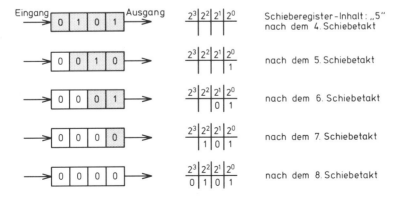

Bild 2.106: Schieberegister mit serieller Informationsein- und -ausgabe: Darstellung der seriellen Informationsausgabe.

Bild 2.106 beschrieben. Die Informationseingabe erfolgt mit Hilfe eines binären Übernahme-Impulses. Dies wird in einem Anwendungsbeispiel noch näher vorgestellt (s. *Seite 88*).

d) Parallele Ein- und Ausgabe

Hier werden die bereits beschriebenen Prinzipien der parallelen Eingabe und der parallelen Ausgabe miteinander kombiniert. Wird dieses Prinzip so angewandt, wie in *Bild 2.109* dargestellt, dann wird die eigentliche Funktion des Schieberegisters überhaupt nicht ausgenutzt. Das Schieberegister dient lediglich als Zwischenspeicher.

Wesentlich einleuchtender scheint eine Anwendungsschaltung zu sein, die nach dem Prinzip in *Bild 2.110* arbeitet. Hier dienen die ersten vier Schieberegister-Stellen zur Informationsübernahme, die weiteren vier als Zwischenspeicher. Sobald die Information parallel übernommen ist, kann sie in den Zwischenspeicherteil des Schieberegisters seriell übertragen werden, um dort zum »Auslesen« zur Verfügung zu stehen. Diese Schaltungsvariante hat u. a. den Vorteil, daß nach vier Schiebetakt-Impulsen bereits wieder eine neue Information übernommen werden kann, ohne daß die alte zerstört wird.

Anwendungsbeispiel: Datenübertragung

Wenn es um die Frage nach der Anwendung von Schieberegistern geht, müssen wir vor allem auf *Band 3* dieser *Einführung in die Digitalelektronik* verweisen, denn erst dort werden die komplexeren Anwendungsschaltungen besprochen.

Welche Probleme bei praktischen Anwendungsfällen zu lösen sind, können Sie aber bereits jetzt an dem folgenden Beispiel einer digitalen *Datenübertragung* ersehen. Es wurde hier gewählt, um das Verständnis für die Organisationsformen von höher integrierten Schieberegisterschaltungen vorzubereiten. Es soll also kein vollständiges Übertragungssystem nachbaufähig präsentiert werden. Allein bei der zeichnerischen Darstellung müßte dazu ein anderer Weg als bisher gewählt werden – mit anderen Bildzeichen, da man die zur Problemlösung notwendige Anhäufung von einzelnen Verknüpfungs- und Kippgliedern kaum noch sinnvoll bewältigen kann.

Die Problemstellung:

Es soll die Anzeige einer Tanksäule an die entfernt angeordnete Kasse übertragen werden. Die Tanksäule ist dabei als »Sender«, die Kasse als »Empfänger« anzusehen (*Bild 2.111*). Der Einfachheit halber seien die Rechnungsbeträge in Pfg und nicht in DM ausgedrückt, so daß das Komma entfällt. Weiter gehen wir davon aus, daß nur maximal vierstellige Beträge auftreten können.

In unserem Beispiel in *Bild 2.111* erscheint der Betrag von 3679 Pfennigen – im BCD-Code, siehe *Kapitel 1* – als Inhalt der Zählereinheit Z. Der Zähler hat ja in Abhängigkeit der getankten (und gemessenen) Treibstoffmenge einen bestimmten Zählerstand erreicht, der über eine Decodier-Einheit angezeigt wird.

Wollte man den Inhalt des Zählers *parallel* übertragen, so würden dazu so viele Verdrahtungsleitungen benötigt wie Zählerstellen vorhanden sind. In unserem Beispiel in *Bild 2.111* wären das 16, ohne die zusätzlich notwendigen Systemleitungen (Masse und Reset).

Erheblich weniger Aufwand an Leitungen wäre zu treiben, wenn Schieberegister eingesetzt würden (*Bild 2.112*). Im Prinzip werden zwei Schieberegister-Einheiten benötigt. In unserem Beispiel je eine 16stellige auf der Sender- und auf der Empfängerseite.

Das Sender-Schieberegister arbeitet mit paralleler Informationseingabe und serieller Informationsausgabe. Das Empfänger-Schieberegister nimmt die

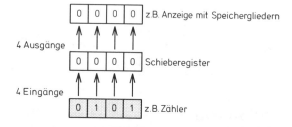

Bild 2.109: Schieberegister mit paralleler Informationsein- und -ausgabe: 1. Beispiel der Organisations-Struktur.

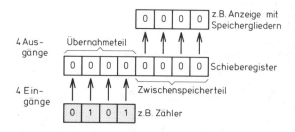

Bild 2.110: Schieberegister mit paralleler Informationsein- und -ausgabe: 2. Beispiel der Organisations-Struktur.

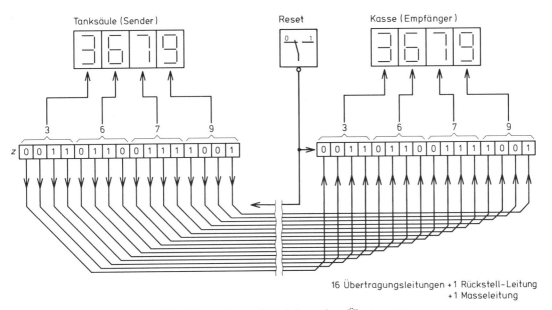

Bild 2.111: Datenfernübertragungs-Einrichtung mit paralleler Informations-Übertragung.

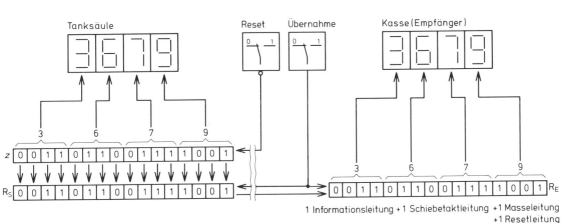

Bild 2.112: Datenfernübertragungs-Einrichtung mit serieller Informations-Übertragung. Im Gegensatz zur parallelen Übertragung mit 18 Leitungen (*Bild 2.111*) sind hier nur vier Leitungen nötig.

16stellige Information seriell auf und gibt sie parallel an die Anzeige-Einheit der Kasse aus. Beide Schieberegister arbeiten an einer gemeinsamen Schiebetaktleitung. Zum Übertragen der Information sind 16 Schiebetakte notwendig.

Wie die Organisationsstruktur des *Empfänger*-Schieberegisters aussieht, zeigt *Bild 2.113*. Dabei sind nur 4 der nötigen 16 Kippglieder dargestellt. Die Information wird seriell am D-Eingang des Eingangskippgliedes übernommen und steht nach vollständiger Speicherung an den Ausgängen der Kippglieder zur Auswertung zur Verfügung.

Komplizierter ist die Organisationsform des *Sender*-Schieberegisters. Der Vorgang der parallelen Übernahme der mehrstelligen Information aus dem Zähler muß eindeutig vom Schiebebetrieb getrennt werden (*Bild 2.114*). Hierzu ist eine Steuerlogik erforderlich (*Bild 2.115*). Hier sind nur 4 Registerstufen und nur ein 1stelliger Dezimalzähler dargestellt. Liegt auf der Einlese-Leitung e ein 0-Wert, so geben alle NAND-Glieder je einen 1-Wert an die dominierenden Schieberegister-Eingänge s und r ab. Da diese jedoch 0-Wert-gesteuert werden, sind sie unwirksam: Das Register kann im Schiebebetrieb arbeiten. Zum Einspeichern des Zählerinhalts in das Schieberegister wird der Einlese-Leitung e ein 1-Wert zugeführt. Hierdurch wird der Inhalt jedes Zählkippgliedes auf das zugeordnete Schieberegister-Kippglied übertragen. Durch die als NICHT-Glieder geschalteten NAND-Glieder wird gewährleistet, daß den Schieberegister-Kippgliedern nur eindeutige Setz- bzw. Rückstell-Befehle aufgezwungen werden.

Während des Einlesevorgangs ist wegen der Dominanz der s- und r-Eingänge der Schieberegister-Kippglieder kein Schiebebetrieb möglich.

Wenn Sie nun die Schieberegister-Schaltung nach *Bild 2.115* aufbauen wollen, dann benötigen Sie dazu folgende ICs: 2/2 7473; 2/2 7476 und 12/4 7400; dazu noch die geeigneten Taster für die diversen Schaltungseingänge.

Im Angebot des Elektronik-Handels gibt es eine Reihe Schieberegister-IC's, bei denen die Steuerlogik zur parallelen Informationseingabe gleich miteingebaut ist. Bei einigen ist zusätzlich noch eine Umschaltung von Vor- auf Rückwärts-Schiebebetrieb möglich, also eine Kombinaton der Organisationsstrukturen der Schaltungen nach *Bild 2.104* und *2.115*. Eine feine Sache. In *Band 3* gibt es Anleitungen, wie man solche schon komplexeren Bausteine anwendet.

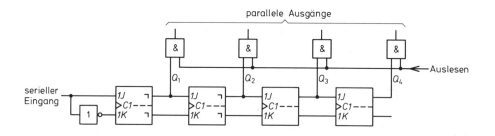

Bild 2.113: Struktur des *Empfänger*-Schieberegisters mit serieller Informations-Eingabe und paralleler Ausgabe. Zum Auslesen des Schieberegisters wird ein 1-Wert benötigt, der gegebenenfalls die UND-Glieder durchschaltet.

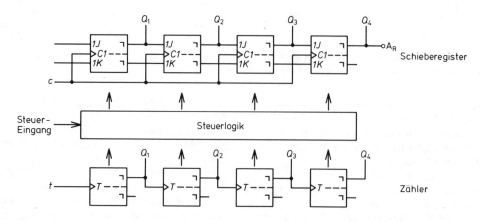

Bild 2.114: Struktur des *Sender*-Schieberegisters mit paralleler Informations-Eingabe und serieller Ausgabe.

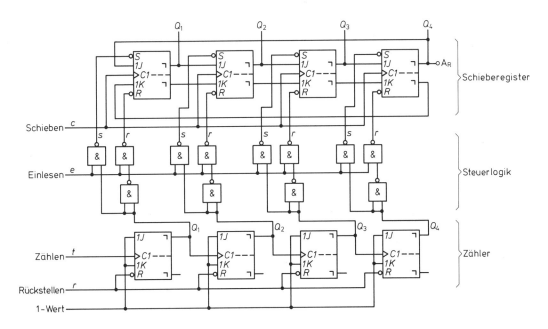

Bild 2.115: Sender-Schieberegister mit Steuerlogik und vorgeschalteter Zähler-Einheit. Das Schieberegister ist hier als Ringregister geschaltet, so daß die Information nach der seriellen Übertragung bis zur Übernahme eines neuen Zählerinhalts weiterhin bereitsteht.
0-Wert an *e*: Schiebebetrieb; 1-Wert an *e*: parallele Informationsübernahme.

3. Schmitt-Trigger-Glieder: die Schwellwertschalter der Digitalelektronik

In der technischen Praxis kommt es häufig vor, daß Signale, die von Binärschaltungen verarbeitet werden sollen, nicht die erforderliche *binäre Form* aufweisen, die allein eine eindeutige Weiterverarbeitung garantiert.

Beispiel: Ein Temperaturfühler liefert eine von der Temperatur abhängige Signalspannung U_ϑ an den Eingang eines binären Schaltgliedes: *Bild 3.1*. Aber weil die Temperaturänderungen und damit auch die analogen Signalspannungsänderungen in der Regel nur langsam und stetig erfolgen, ist nicht genau definiert, wie die Binärschaltung reagieren wird. Zur Beseitigung dieser Unsicherheit muß die langsame, stetige Signalspannungsänderung in einen von der Binärschaltung »verstehbaren« schnellen, schlagartigen Signalpegelwechsel »übersetzt« werden.

Eine Schwelle für Signale

Zur Umsetzung von nicht systemgerechten, stetigen Signalen in systemgerechte, binäre Signale gibt es besondere digitalelektronische Schaltglieder. Sie heißen *Schmitt-Trigger-Glieder* (»Schmitt« nach dem Erfinder; »Trigger«, engl. für »Auslöser«). Schmitt-Trigger oder *Trigger*, wie sie kurz bezeichnet werden, arbeiten als *Schwellwertschalter*. Wird z. B. zwischen den Temperaturfühler und die Binärschaltung nach *Bild 3.1* ein Schmitt-Trigger-Glied in den Signalfluß eingefügt, so wird folgendes bewirkt: Wenn die vom Temperaturfühler ausgehende Signalspannung am Trigger-Eingang bis zu einem bestimmten Wert angestiegen ist, erfolgt ein plötzlicher Signalpegelwechsel am Ausgang des Trigger-Gliedes, so daß nun die angeschlossene Binärschaltung ein einwandfreies binäres Signal (und auch einen schnellen L-H-Wechsel) erhält: *Bild 3.2*.

Der Schmitt-Trigger arbeitet also als Schwellwertschalter; er setzt das analoge Eingangssignal in ein binäres Ausgangssignal um.

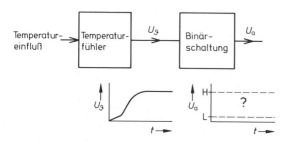

Bild 3.1: Binärschaltungen können Signale, die sich langsam und stetig verändern, nicht eindeutig verarbeiten.

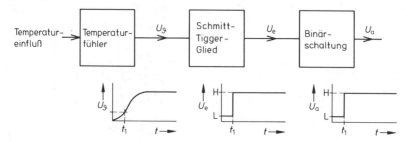

Bild 3.2: Mit einem Schmitt-Trigger-Glied, das als Schwellwert-Schalter wirkt, werden stetige Signale in binäre Signale umgesetzt.

Hysterese: Zwei verschiedene Schwellenwerte

Bei der genaueren Untersuchung des Schaltverhaltens von praktisch ausgeführten Schmitt-Triggern stößt man in aller Regel auf folgende Besonderheit im Schaltverhalten (*Bild 3.3*):

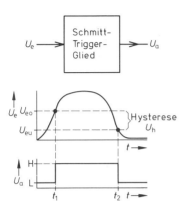

lenwert U_{eo} hinaus vergrößert (*Bild 3.4, oben links*) und anschließend wieder bis auf Null verkleinert wird (*Bild 3.4, oben rechts*).

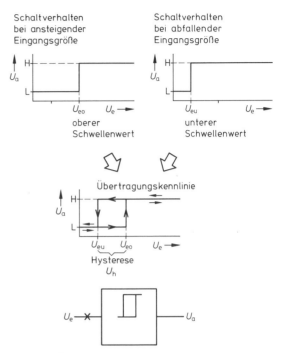

Bild 3.3: Schmitt-Trigger-Glieder schalten mit Hysterese, d.h., bei ansteigender Eingangssignalgröße erfolgt die Triggerung bei einem höheren Schwellenwert (U_{eo}) als bei abfallender Eingangssignalgröße (U_{eu}). Die Indices eo und eu stehen für Eingangsgröße (e), oberer Wert (o) bzw. unterer Wert (u). Der Index a bedeutet Ausgangsgröße, d.h. Wert am Ausgang des Trigger-Gliedes.

Wenn die Eingangssignalgröße ansteigt, muß ein höherer Schwellenwert überschritten werden (Zeitpunkt t_1), um einen Pegelwechsel am Trigger-Ausgang auszulösen, als bei abfallender Eingangsgröße (Zeitpunkt t_2). Diese Besonderheit des Schaltverhaltens wird als *Hysterese* (griechisch, für »Zurückbleiben«) bezeichnet. Die Größe der Hysterese, d.h. also der Unterschied zwischen U_{eo}, dem oberen und U_{eu}, dem unteren Schwellenwert der Eingangsgröße, hängt von der Auslegung der elektronischen Innenschaltung des Schmitt-Trigger-Gliedes ab. Die Hersteller von integrierten Schmitt-Triggern geben in den Datenblättern die eingestellten Schwellenwerte an.
Zur anschaulichen Darstellung des Schaltverhaltens eines Schmitt-Triggers wird in den Datenbüchern häufig die *Übertragungskennlinie* gezeichnet (*Bild 3.4, Mitte*). Sie zeigt – kurz gesagt – die Abhängigkeit der Ausgangssignalgröße U_a von der Eingangssignalgröße U_e, im Unterschied zu *Bild 3.3*, wo die Größen in Abhängigkeit von der *Zeit* dargestellt sind.
Die Übertragungskennlinie wird ermittelt, indem die Eingangsgröße zunächst bis über den oberen Schwel-

Bild 3.4: Übertragungskennlinie (Mitte) und genormtes Schaltzeichen (unten) eines Schmitt-Trigger-Gliedes. Das Kreuz kennzeichnet eine Leitung, die ein nichtbinäres Signal führt.

Es ist allgemein üblich, die Kennlinien für den Anstieg und das Abfallen der Eingangssignalgröße in ein gemeinsames Diagramm zu zeichnen (*Bild 3.4, Mitte*). Der Unterschied U_h zwischen dem oberen und dem unteren Schwellenwert der Eingangsgröße wird dadurch besonders deutlich. Um die beiden Kennlinienteile nach ihrem Zustandekommen durch das Vergrößern oder Verkleinern der Eingangsgröße besser zu unterscheiden, werden sie mit entsprechenden Richtungspfeilen versehen.
Die Übertragungskennlinie wird im genormten Schaltzeichen für Schmitt-Trigger-Glieder symbolisierend verwendet (*Bild 3.4, unten*). Man kann den Eingangsanschluß eines Schmitt-Trigger-Schaltzeichens außerdem noch mit dem Zeichen x versehen, mit dem nach der DIN-Norm 40700 alle Anschlüsse gekennzeichnet werden können, die nichtbinäre Signale führen. Aber diese besondere Kennzeichnung

ist für einen Trigger-Eingang nicht unbedingt erforderlich, denn das Trigger-Schaltzeichen selbst bringt hier schon die spezielle Funktion des Eingangs zum Ausdruck.

Übung 3.1

Während eines Versuchs änderte sich die Eingangsspannung U_e an einem Schmitt-Trigger-Glied im Laufe der Zeit wie im Diagramm dargestellt. Die obere Triggerspannungsschwelle U_{eo} beträgt 1,7 V, die untere (U_{eu}) ist 0,9 V.
Ergänzen Sie das Zeitablaufdiagramm für die Ausgangsspannung U_a.

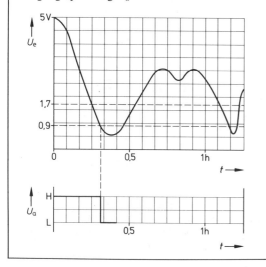

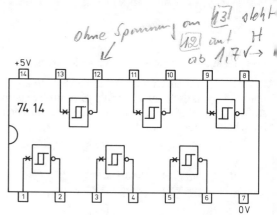

Bild 3.5: Der TTL-Baustein 7414 enthält 6 Schmitt-Trigger mit negierenden Standard-Ausgängen.

a)

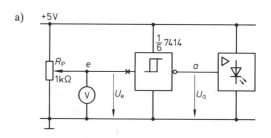

b)

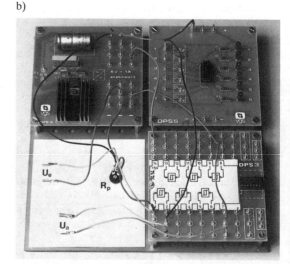

Bild 3.6: Experimentierschaltung zur Untersuchung der Funktion eines Schmitt-Trigger-Gliedes aus dem TTL-Baustein 7414.
a) Schaltplan,
b) Schaltungsaufbau mit dem DIGIPROB-System.
Das Potentiometer R_P dient zur Einstellung beliebiger Eingangssignalspannungen zwischen 0 V und +5 V, bezogen auf Masse.

Das Schmitt-Trigger-Glied im IC 7414

Zur TTL-74-Bausteinserie gehören mehrere ICs, die Schmitt-Trigger-Glieder enthalten. Hier soll zunächst ein Trigger-Glied näher untersucht werden, das sich in dem TTL-Baustein mit der Bezeichnung 7414 befindet. Aus dem Anschlußplan (*Bild 3.5*) geht hervor, daß sich in diesem IC sechs gleiche Schmitt-Trigger-Glieder befinden. Ihre Besonderheit: Sie alle besitzen *negierende Ausgänge*, d. h. sie führen an den Ausgängen stets dann H-Pegel, wenn die Eingangsspannung an den Eingängen unter der jeweiligen unteren Triggerschaltschwelle U_{eu} liegt. Wenn die Eingangsspannung über der oberen Schaltschwelle U_{eo} liegt, führen die Ausgänge dieser Trigger L-Pegel (vgl. auch *Bild 3.7*). Schaltungstechnisch gesehen handelt es sich bei den Ausgängen der 7414-

Trigger um die bekannten Standard-Ausgänge, die sich im digitalelektronischen TTL-Schaltkreissystem bewährt haben (vgl. *Band 1, Kapitel 7*).

Das Schaltverhalten eines Trigger-Gliedes im IC 7414 können Sie mit der einfachen Versuchsschaltung in *Bild 3.6* nachvollziehen.

An den Ausgang des Triggers wird eine Anzeigeeinheit (z. B. aus der Baueinheit DPS 5 des Experimentiersystems DIGIPROB) zur Feststellung des jeweiligen Pegelwertes angeschlossen. Dem Trigger-Eingang wird über ein Potentiometer eine stetig verstellbare Spannung im Bereich von 0 V bis +5 V, bezogen auf Masse, zugeführt. Die eingestellten Werte der Eingangsspannung werden mit einem hochohmigen Spannungsmesser gemessen. Das Verstellen der Eingangsspannung mit Hilfe des Potentiometers R_p beginnen Sie am besten bei 0 V und vergrößern stetig bis zu dem Schwellenwert, bei dem der Ausgangssignalpegel plötzlich von H auf L wechselt (negierender Ausgang!). Sie werden als Schwellenwert etwa 1,7 V messen – wegen der Fertigungstoleranzen vielleicht auch etwas mehr oder etwas weniger. Die Hersteller geben in den Datenblättern für den oberen Schwellenwert U_{eo} eines 7414-Schmitt-Triggers einen *Toleranzbereich* an, dessen Grenzen mit 1,5 V und 2,0 V festgelegt sind. Typisch ist jedoch der Wert 1,7 V.

Wenn Sie diese ersten Meßwerte des Versuchs in einem Diagramm darstellen, so erhalten Sie eine Kennlinie gemäß *Bild 3.7a*. Wenn Sie den Versuch fortführen und die Eingangsspannung wieder zu 0 V hin verringern, werden Sie das Umschalten des Ausgangspegels bei einem Eingangsspannungswert von etwa 0,9 V beobachten können. Für diesen unteren Schwellenwert U_{eu} geben die Hersteller einen Toleranzbereich an, dessen Grenzen mit 0,6 V und 1,1 V angegeben sind. Den Teil der Übertragungskennlinie, der sich für den Vorgang des *Herabsetzens* der Eingangsspannung ergibt, zeigt *Bild 3.7b*.

Wenn beide Kennlinienteile – wie üblich – in einem Diagramm zusammengefaßt werden, entsteht die komplette *Übertragungskennlinie* für einen der sechs Trigger des TTL-Bausteins 7414: *Bild 3.7c*. Aus dem Diagramm läßt sich für diesen Trigger-Typ eine Hysterese von

$$U_h = U_{eo} - U_{eu} = 1,7 \text{ V} - 0,9 \text{ V} = 0,8 \text{ V}$$

ablesen.

Die ermittelten Kenndaten gelten übrigens auch für die meisten anderen TTL-Schmitt-Trigger-Typen.

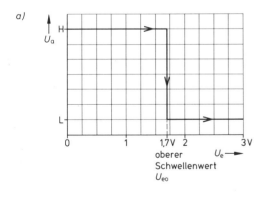

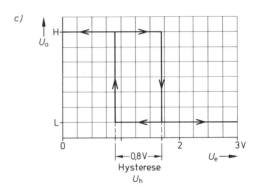

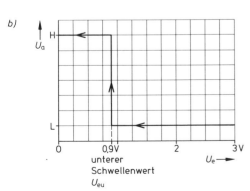

Bild 3.7: Diagramme zur Darstellung der Funktion eines negierenden Schmitt-Trigger-Gliedes aus dem IC 7414:

a) Bei *ansteigender* Eingangsspannung kippt die Ausgangsspannung von H auf L, wenn der Eingangsschwellenwert von ca. 1,7 V erreicht wird.

b) Bei *abfallender* Eingangsspannung kippt die Ausgangsspannung von L auf H, wenn der Eingangsschwellenwert von ca. 0,9 V unterschritten wird.

c) Zwischen dem oberen und dem unteren Schwellenwert der Trigger-Eingangsspannung besteht somit eine Differenz von ca. 0,8 V: die *Schalthysterese*.

Übung 3.2

Im Datenblatt für den TTL-Triggerbaustein 7414 ist angegeben, daß die *obere* Triggerspannungsschwelle, die typisch bei 1,7 V liegt, wegen der Fertigungstoleranzen in Wirklichkeit zwischen 1,5 V und 2,0 V liegen kann. Die *untere* Triggerspannungsschwelle, die mit typisch 0,9 V angegeben wird, kann in Wirklichkeit zwischen 0,6 V und 1,1 V liegen.
Zeichnen Sie die U_e-U_a-Kennlinien:
a) für die kleinstmögliche Hysterese,
b) für die größtmögliche Hysterese.

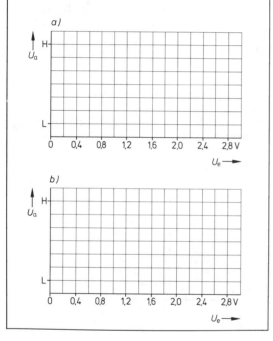

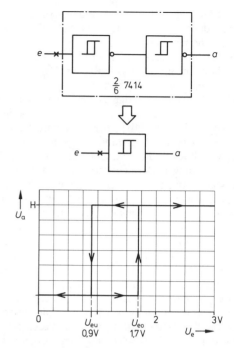

Bild 3.8: Aus zwei negierenden Schmitt-Trigger-Gliedern kann durch Reihenschaltung eine nichtnegierende Triggereinheit realisiert werden.

Da alle Schmitt-Trigger-Glieder der TTL-74-Bausteinserie aus technologischen Gründen negierende Ausgänge besitzen, muß eine nochmalige Signalumkehr erfolgen, falls Trigger-Glieder ohne Signalnegation benötigt werden. Die Signalumkehr kann mit jedem zur Verfügung stehenden TTL-kompatiblen NICHT-Glied vorgenommen werden, das an den negierenden Trigger-Ausgang angeschlossen wird. Schaltungstechnisch am naheliegendsten (im wörtlichen Sinne) ist die Verwendung eines negierenden Trigger-Gliedes aus demselben IC: *Bild 3.8.* Aus zwei negierenden Triggern wird so ein Schmitt-Trigger-Glied ohne Signalnegation.

NAND-Glieder mit Triggerverhalten

In der TTL-74-Bausteinserie gibt es auch Trigger-Glieder mit mehreren Eingängen. Die Eingänge sind jeweils UND-verknüpft, und die Ausgänge negieren, so daß diese Schaltglieder insgesamt als NAND-Glieder mit Triggerverhalten wirken. *Bild 3.9* zeigt den Anschlußplan des TTL-Bausteins 7413, der zwei NAND-Schmitt-Trigger mit je vier Eingängen und negierendem Ausgang enthält. Das Triggerverhalten gilt sowohl für jeden einzelnen Eingang als auch für mehrere zusammengefaßte Eingänge. Wenn beispielsweise alle Eingänge eines NAND-Trigger-Gliedes zusammengefaßt sind, arbeitet es wie ein gewöhnlicher Schmitt-Trigger mit nur einem Eingang: *Bild 3.10.*
Der Pegelwechsel am Ausgang erfolgt, wenn an den zusammengefaßten Eingängen die obere Triggerschwelle von 1,7 V überschritten oder die untere Triggerschwelle von 0,9 V unterschritten wird (vgl. dazu noch einmal *Bild 3.7*). Wie ein Vergleich der Angaben in den Datenblättern zeigt, gelten diese typischen Schwellenwerte für alle Eingänge der verschiedenen Trigger-Glieder in der TTL-74-Baustein-

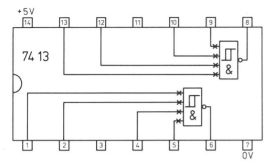

Bild 3.9: Der TTL-Baustein 7413 enthält zwei NAND-Schmitt-Trigger. Das Triggerverhalten gilt sowohl für jeden einzelnen Eingang als auch für mehrere zusammengefaßte Eingänge. Obere Schwellenspannung typisch 1,7 V, untere Schwellenspannung typisch 0,9 V.

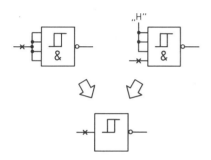

Bild 3.10: Ein NAND-Schmitt-Trigger-Glied aus einem 7413-Baustein kann bei entsprechender Zusammenfassung der Eingänge als Schmitt-Trigger mit nur einem Eingang und negierendem Ausgang eingesetzt werden.

serie, ob sie nun einzeln oder zusammengefaßt betrieben werden. Wenn also bei einem NAND-Trigger-Glied mit vier Eingängen z. B. drei davon fest mit H-Pegel beschaltet sind und nur noch ein Eingang zum Ansteuern zur Verfügung steht, dann arbeitet das NAND-Trigger-Glied wie ein gewöhnlicher Schmitt-Trigger (z. B. im IC 7414) mit nur einem Eingang. Auch bei nur einem verwendeten Eingang (*Bild 3.10, rechts oben*) erfolgt die Triggerung also bei den Schwellenwerten $U_{eo} = 1,7$ V und $U_{eu} = 0,9$ V.

Für die digitalelektronische Schaltungspraxis ist zu bedenken, daß ein aus mehreren Einzeleingängen zusammengefaßter Triggereingang einen entsprechend größeren Eingangslastfaktor (*fan-in*, siehe *Band 1, Seite 137*) besitzt. Soll also ein NAND-Schmitt-Trigger wie ein Trigger mit nur einem Eingang betrieben werden, so ist es am besten, die nicht benötigten Eingänge an den H-Pegel zu legen. Der Eingangslastfaktor des einzelnen Triggereingangs bleibt dann 1.

Weil die NAND-Schmitt-Trigger-Glieder des IC 7413 recht vielseitig einsetzbar sind, wird der Baustein 7413 oft nur als einziger Trigger-Baustein der TTL-74-Serie in den Sortimentslisten der Händler angeboten.

Übung 3.3

Verschalten Sie das NAND-Schmitt-Trigger-IC 7413 so, daß es in seiner Funktion dem angegebenen Schaltzeichen entspricht. Das Anschlußbild des ICs 7413 finden Sie in *Bild 3.9*.

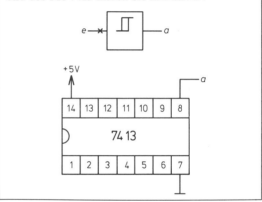

Ströme an einem Trigger-Eingang

Ideal wäre es, wenn über einen Schmitt-Trigger-Eingang überhaupt kein Strom fließen würde, der Eingangswiderstand des Triggers also unendlich groß wäre. Aber leider fließen bei allen Trigger-Gliedern der TTL-ICs Eingangsströme, die beim Beschalten der Trigger-Eingänge berücksichtigt werden müssen. Wenn z. B. der Eingang eines Trigger-Gliedes aus einem Baustein 7414 oder 7413 direkt an das Speisespannungspotential von +5 V angeschlossen wird, so fließt ein Strom von etwa 40 µA in den Eingang hinein: *Bild 3.11a*. Bei dem oberen Schwellenspannungswert von 1,7 V hingegen fließt ein Strom von etwa 0,45 mA nicht mehr in den Trigger-Eingang hinein, sondern aus ihm heraus: *Bild 3.11b*.

Wird die untere Eingangsschwellenspannung von 0,9 V eingestellt, so fließt ein Strom von etwa 0,55 mA heraus (*Bild 3.11c*); und wird der Triggereingang direkt mit Masse verbunden, so ist mit einem Strom von immerhin 1 bis 1,6 mA zu rechnen, der zur Masse abfließt: *Bild 3.11d*.

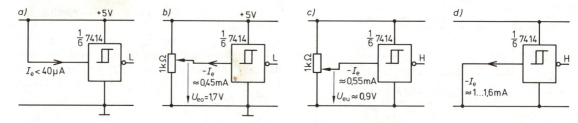

Bild 3.11: Stromverhältnisse am Eingang eines Schmitt-Trigger-Gliedes eines TTL-ICs 7414.
Ist die Eingangsspannung U_e größer als die obere Triggerschwellenspannung U_{eo}, so fließt nur ein geringer Strom in den Triggereingang *hinein*; ist die Eingangsspannung kleiner, so fließt ein größerer Strom aus dem Trigger-Eingang *heraus*. (Das Minuszeichen vor der Stromangabe ist das Kennzeichen für »herausfließenden« Strom).

Welchen Einfluß die Eingangsströme bei einem Trigger-Glied auf die Funktion einer Schaltung insgesamt haben können, soll an folgendem Anwendungsbeispiel gezeigt werden: Es sei angenommen, daß ein temperaturabhängiger Widerstand als Temperaturfühler an einen Schmitt-Trigger angeschlossen wird, um bei einer bestimmten Temperatur ein Gerät ein- bzw. auszuschalten.
Es soll ein Temperaturfühler zur Verfügung stehen, dessen Widerstand 10 kΩ bei 25 °C und 80 kΩ bei 30 °C beträgt. Man nennt einen solchen temperaturabhängigen Widerstand einen »Kaltleiter«, weil er bei niedriger Temperatur besser leitet als bei hoher.
In der in *Bild 3.12* gezeigten Schaltung bildet der Temperaturfühler-Widerstand zusammen mit einem Festwiderstand einen Spannungsteiler, an dem der Triggereingang angeschlossen ist.
Ist der Widerstand des Temperaturfühlers niedrig (10 kΩ bei 25 °C, *Bild 3.12a*), so entsteht am Festwiderstand von 6,8 kΩ ein Spannungsabfall von etwa 2 V. Dieser Wert liegt noch deutlich über der oberen Triggerschwelle von 1,7 V, so daß der negierende Triggerausgang L-Pegel führt.
Bei einer Temperaturerhöhung soll durch das Ansteigen des Temperaturfühler-Widerstandes (auf 80 kΩ bei 30 °C) der Spannungsabfall am Festwiderstand so weit vermindert werden, daß die untere Triggerspannungsschwelle von 0,9 V unterschritten und der Trigger umgeschaltet wird.
Wenn in diesem Fall kein Strom *aus* dem Triggereingang fließen würde, so würde am Festwiderstand tatsächlich nur noch eine Spannung von rund 0,4 V abfallen, allein verursacht durch den relativ geringen »Querstrom«, der von +5 V über den Temperaturfühler (nun 80 kΩ bei 30 °C) und den Festwiderstand (6,8 kΩ) zur Masse fließt. Die Spannung von 0,4 V liegt weit unter der unteren Triggerschwellenspannung von 0,9 V; der Trigger müßte also nach der Temperaturerhöhung am Meßfühler umgeschaltet haben. Aber wegen des Stromes, der im konkreten Fall zusätzlich aus dem Triggereingang über den Festwiderstand zur Masse fließt, ergibt sich dort ein höherer Spannungsabfall. Wenn z. B. ein Triggereingangsstrom von nur 0,2 mA zusammen mit dem Strom, der vom Temperaturfühler kommt, über den Festwiderstand von 6,8 kΩ fließt, entsteht an diesem ein Spannungsabfall von rund 1,7 V: *Bild 3.12b*. Deshalb wird die untere Triggerschwelle von 0,9 V *nicht* unterschritten, und der Trigger schaltet nicht um. Selbst wenn der Temperaturfühler noch viel hochohmiger würde, wäre bei den gegebenen Ein-

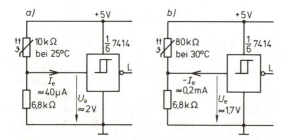

Bild 3.12: Strom- und Spannungsverhältnisse in einer Temperaturfühler-Schaltung mit einem 7414-Schmitt-Trigger-Glied:

a) bei *kleinem* Temperaturfühler-Widerstand (niedrigere Temperatur);
b) bei *großem* Temperaturfühler-Widerstand (höhere Temperatur), wobei durch einen relativ großen Trigger-Eingangsstrom eine unerwünscht hohe Eingangsspannung am Spannungsteiler erzeugt wird, so daß die untere Triggerspannungsschwelle (0,9 V) nicht unterschritten wird.
Ein Umschalten des Trigger-Gliedes kann also bei den hier vorliegenden Widerstandswerten des Temperaturfühlers *nicht* erreicht werden.

gangsverhältnissen die untere Schaltschwelle nicht unterschreitbar.

Die Temperaturfühler-Schaltung würde erst funktionsfähig, wenn statt des 7414-Trigger-Gliedes ein anderes verwendet würde, bei dem die Eingangsströme geringer wären, das also einen »hochohmigeren« Eingang hätte.

Es gibt tatsächlich TTL-Bausteine mit hochohmigeren Trigger-Gliedern; sie sind nur nicht in jeder Angebotsliste zu finden, vielleicht deshalb nicht, weil sie nicht so häufig verlangt werden wie andere ICs und weil sie nicht von allen Herstellern gleichermaßen hergestellt werden wie die Standard-ICs. Z.B. enthält der TTL-Baustein 49713 (Hersteller u.a. *Texas Instruments*; die Typ-Bezeichnung beginnt ausnahmsweise mit 49) zwei NAND-Schmitt-Trigger mit je drei Eingängen, von denen je einer hochohmiger ist als die anderen: *Bild 3.13*. Aus dem *hochohmigen* Eingang fließt im ungünstigsten Fall ein Strom von nur 50 µA heraus. Für den *hochohmigen* Trigger-Eingang werden Trigger-Spannungsschwellen von $U_{eo} = 1{,}9$ V und $U_{eu} = 1{,}1$ V angegeben. U_{eo} kann dabei zwischen 1,75 V und 2,25 V liegen und U_{eu} zwischen 0,6 V und 1,35 V. Für die anderen Trigger-Eingänge gelten die bekannten Werte (siehe *Seite 93*). Wird nun ein NAND-Schmitt-Trigger aus einem 49713-IC in der in *Bild 3.12* betrachteten Temperaturfühler-Schaltung anstelle des 7414-Triggers verwendet, so werden die Spannungsverhältnisse am Spannungsteiler vom geringeren Triggereingangsstrom viel weniger beeinflußt. Der Spannungsabfall am Festwiderstand des Spannungsteilers wird bei einer angenommenen Widerstandserhöhung des Temperaturfühlers auf 80 kΩ bei 30 °C ausreichend klein (ca. 0,73 V), so daß die untere typische Triggerschwelle von 0,9 V unterschritten wird und der Trigger nun umschaltet: *Bild 3.14*. Weicht die tatsächliche Trigger-Schwelle vom typischen Wert ab, so müssen die Spannungsteiler-Widerstände im Experiment angepaßt werden.

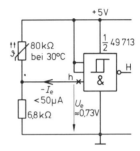

Bild 3.14: Strom- und Spannungsverhältnisse am hochohmigen Eingang eines 49713-NAND-Schmitt-Triggers, der an einen Spannungsteiler mit temperaturabhängigem Widerstand angeschlossen ist. Vergleichen Sie mit *Bild 3.12*: dort war (beim 7414-Trigger-Glied) der Eingang nicht hochohmig genug, um ein Umschalten zu erreichen.

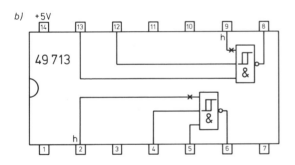

Bild 3.13: Der TTL-Baustein 49713 enthält zwei NAND-Schmitt-Trigger-Glieder mit 3 Eingängen, je einer davon ist *hochohmig* (Kennbuchstabe h).
a) Maximal aus dem hochohmigen Triggereingang herausfließender Strom ≤ 50 µA.
b) Anschlußbild des ICs 49713.
Üblicherweise wird nur der hochohmige Eingang (h) zum Triggern verwendet; er trägt deshalb das x zur Kennzeichnung nicht-binärer Eingänge. Die anderen Eingänge sind für die rein binäre Ansteuerung ausgelegt.

Wir haben die elektrischen Verhältnisse an den Schmitt-Trigger-Eingängen hier so ausführlich dargestellt, weil sie in verschiedenen Anwendungsfällen in diesem Buch berücksichtigt werden müssen (vgl. z.B. die Kapitel über die *Verzögerungsglieder*, die *astabilen Kippglieder* und die *Signaleingabe- und -ausgabe-Schaltungen*.

In *Bild 3.15* sind die bisher betrachteten Trigger-Glieder aus den verschiedenen TTL-ICs noch einmal zum Vergleich nebeneinandergestellt. Hier sind in allen Fällen die Trigger-Eingänge mit Masse über Widerstände verbunden, die so bemessen sind, daß

Übung 3.4

Der Eingang eines 7414-Schmitt-Trigger-Gliedes wurde über einen 470-Ω-Widerstand mit Masse verbunden. Es wurde ein aus dem Eingang heraus fließender Strom von 0,85 mA gemessen.
a) Welche Trigger-Eingangsspannung stellt sich ein?
b) Liegt dieser Spannungswert unter dem unteren Trigger-Schwellenwert?

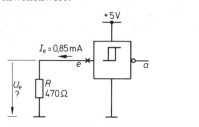

wenig beeinflußt werden soll. *Bild 3.16* zeigt z.B. eine Schaltung, bei der ein Transistor zur »Widerstandsanpassung« zwischen einen Temperaturfühler-Spannungsteiler und einen 7413-Schmitt-Trigger geschaltet ist. Der Transistor erhöht den Eingangswiderstand der Schaltung und erfüllt so die Aufgabe der Widerstandsanpassung, weil er selbst nur geringe Eingangsströme benötigt, um ausgangsseitig größere Strom- und Widerstandsänderungen zu bewirken. Der Transistoreingang (zwischen Basisanschluß und Masse) stellt für die vorgeschaltete Schaltstufe (den Temperaturfühler-Spannungsteiler) einen hochohmigen Widerstand dar. Wenn der Temperaturfühler-Widerstand klein ist (z.B. 10 kΩ bei 25 °C), ist der Transistor durchgesteuert; an dem zwischen Transistoremitter und Masse liegenden Widerstand (330 Ω) fällt deshalb eine relativ große Spannung ab, die über der oberen Triggerschwelle von 1,7 V des angeschlossenen Triggers liegt. Ist hingegen der Temperaturfühler-Widerstand hochohmig (z.B. 80 kΩ bei 30

jeweils von den aus den Eingängen herausfließenden typischen Strömen gleich große Spannungsabfälle von 0,6 V erzeugt werden. 0,6 V ist ein Spannungswert, der bei allen Triggern mit Sicherheit unter der unteren Triggerschwellenspannung von typisch 0,9 V liegt (zum Toleranzbereich vgl. *Übung 3.2*). Bei der Beschaltung der Trigger-Eingänge mit entsprechenden Vorstufen sollten die angegebenen Widerstandswerte nicht überschritten werden, damit die Trigger-Eingänge sicher unter die untere Trigger-Schwelle U_{eu} geschaltet werden können.

Aber auch durch eine entsprechend erweiterte äußere Beschaltung ist es möglich, einen relativ niederohmigen Triggereingang widerstandsmäßig besser an eine vorgegebene Schaltstufe anzupassen, wenn diese durch den Strom vom Triggereingang

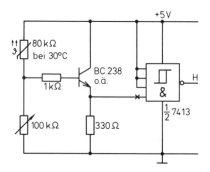

Bild 3.16: »Widerstandsanpassung« zwischen einem hochohmigen Temperaturfühler-Spannungsteiler und einem niederohmigen Trigger-Eingang (IC 7413) mit Hilfe eines Transistors.

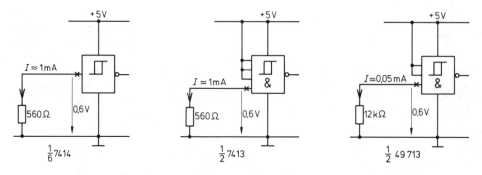

Bild 3.15: Elektrische Verhältnisse an den Eingängen von Schmitt-Trigger-Gliedern aus verschiedenen ICs im Vergleich.

°C), so ist der Transistor nicht mehr durchgesteuert; am Emitterwiderstand (330 Ω) fällt nur noch eine relativ kleine Spannung ab, die – wenn sie unter der unteren Triggerschwelle von 0,9 V liegt – den Trigger umschaltet. Der Triggerausgang wechselt dann von L auf H.

Mit dem Potentiometer kann in gewissen Grenzen der Temperaturwert vorgewählt werden, bei dem der Trigger ein- bzw. ausschalten soll.

Anwendungshinweise für Schmitt-Trigger

Wegen ihres Schwellwert-Schaltverhaltens werden Schmitt-Trigger vor allem an den »Schnittstellen« eingesetzt zwischen den peripheren (»umgebenden«) Einrichtungen (die nichtbinäre Signale aufnehmen) und den eigentlichen binären Schaltungen (die nur systemgerechte binäre Signale verarbeiten können). In den folgenden Kapiteln, hauptsächlich aber in *Kapitel 7* (Ein- und Ausgabe-Einheiten), finden Sie die verschiedensten Schaltungen, in denen Schmitt-Trigger-Glieder beim Auswerten von nichtbinären und nichtelektrischen Signalen eine Rolle spielen: Lichtschranken und Lochstreifenleser mit optischen Sensoren, Temperaturfühler, berührungslose Schalter mit Magnetfühlern, Geräuschmelder, Impulsformer für nichtbinäre elektrische Signale, Pegelumsetzer als Verbindungsglieder zwischen unterschiedlichen binären Schaltungssystemen. Aber auch in Schaltungen zur Verzögerung von Signalen und in Impulserzeugern werden Schmitt-Trigger eingesetzt.

4. Verzögerungsglieder – Signalverarbeitung mit geplanter Verspätung

Bei vielen praktischen Aufgabenstellungen der Steuerungs- und Automatisierungstechnik kommt es sehr darauf an, Signale in einer zeitlich genau abgestimmten Folge zu verarbeiten. Signale dürfen dabei z. B. nicht zu früh, nicht zu spät und manchmal nicht gleichzeitig auftreten. Daraus ergibt sich die Notwendigkeit, binäre Signale durch besondere Schaltglieder in ihrem zeitlichen Auftreten zu steuern.

Möglichkeiten der Schaltzeitbeeinflussung

Bei binär arbeitenden Schaltungen sind zwei prinzipielle Möglichkeiten der zeitlichen Beeinflussung von Signalen zu unterscheiden: Die *Einschaltverzögerung* und die *Ausschaltverzögerung*.
Dementsprechend werden in der schaltungstechnischen Praxis Verzögerungsglieder verwendet, die Einschaltverzögerung, Ausschaltverzögerung oder beides bewirken. In *Bild 4.1* finden Sie Beispiele für die Darstellung von verschiedenen Verzögerungsgliedern durch Schaltzeichen nach DIN 40700. Die Eintragungen in den Schaltzeichen lassen jeweils die Art der Verzögerung und meist auch ihre Dauer erkennen. Diese *gewollten* Verzögerungszeiten dürfen nicht mit den *unvermeidbaren* Signallaufzeiten verwechselt werden (vgl. *Band 1, Seite 141f.*). Zur weiteren Veranschaulichung sind in *Bild 4.1* unter den Schaltzeichen die jeweils für das Schaltverhalten der einzelnen Glieder zutreffenden Zeitablaufdiagramme abgebildet.

Übung 4.1

Vervollständigen Sie die Zeitablaufdiagramme für die dargestellten Verzögerungsglieder und notieren Sie jeweils die zutreffende Benennung, z. B. »Ausschaltverzögerung«, u. a. Geben Sie auch an, wie die Signaldauer verändert wird.
Beachten Sie: 1 Zeitraster-Einheit entspricht 1 Sekunde.

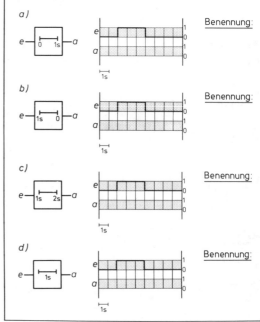

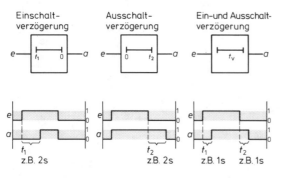

Bild 4.1: Übersicht über die prinzipiellen Möglichkeiten der zeitlichen Beeinflussung binärer Signale.

Realisierung von Verzögerungsgliedern mit TTL-ICs

In der Typenliste der TTL-74-Bausteinserie sucht man vergeblich nach einem speziellen IC, das Verzögerungsglieder für Verzögerungszeiten von z.B. Sekunden, Minuten oder gar beliebig langer Dauer ermöglicht. Warum werden in dieser IC-Serie keine kompletten Verzögerungsglieder für solche Verzögerungszeiten angeboten? Nun – in der Elektronik werden Schaltzeitbeeinflussungen meist mit Hilfe von Widerstands-Kondensator-Schaltungen, sogenannten *RC-Gliedern*, realisiert. Zum Erzielen größerer Verzögerungszeiten (von Sekunden oder Minuten) werden aber Kondensatoren mit so großen Kapazitäten benötigt, daß man sie wegen ihrer Abmessungen nicht in einem kleinen Dual-in-Line-Gehäuse unterbringen kann.

Digitalelektronische Verzögerungsglieder für TTL-Schaltungen werden deshalb durch das Kombinieren von »diskreten« Bauelementen (Kondensatoren und Widerständen) mit geeigneten integrierten Schaltgliedern gebildet. Es ergeben sich in der Praxis verschiedene Möglichkeiten für die Realisation von Verzögerungsschaltungen. Im folgenden werden dazu einige einfache Beispiele gegeben.

Eine Ausschaltverzögerung für eine Garagenbeleuchtung

Eine Garagenbeleuchtung soll nicht sofort bei Betätigung des Ausschalters verlöschen, sondern erst einige Zeit später, damit sich der Fahrer bequem bei Licht entfernen kann: *Bild 4.2a*.
Die *digitaltechnische* Lösung dieser Aufgabe ist denkbar einfach: Zwischen den eigentlichen Ausschalter und die Beleuchtungsanlage wird ein Verzögerungsglied zur Ausschaltverzögerung geschaltet: *Bild 4.2b*.
Die *elektronische* Ausführung dieser Ausschaltverzögerung kann z.B. so aussehen: Der Eingang eines Schmitt-Trigger-Gliedes wird so mit einem Widerstand und einem Kondensator (RC-Glied) beschaltet, wie es *Bild 4.3a* zeigt. Wenn der Schalter S auf H-Pegel geschaltet ist, liegt der Trigger-Eingang über dem Widerstand R ebenfalls auf H-Pegel, und der Kondensator C ist aufgeladen. Der Ausgang des nichtnegierenden Trigger-Gliedes führt, wie sein Eingang, H-Pegel: Eine angeschlossene Beleuchtungsanlage ist eingeschaltet.
Wird der Schalter nun auf L-Pegel umgeschaltet, so kann sich der Kondensator C über den Widerstand R entladen. Wenn – wie hier zunächst idealisierend angenommen wird – in den Triggereingang weder ein

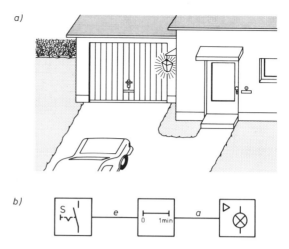

Bild 4.2: Anwendungsbeispiel für eine Ausschaltverzögerung:
a) Verzögertes Ausschalten einer Garagen- bzw. Hofbeleuchtung,
b) Digitaltechnisches Blockschaltbild der Beleuchtungsanlage mit Ausschaltverzögerung. Im Schaltzeichen ist eine Verzögerungszeit von 1 Minute angegeben.

Strom hinein- noch herausfließen kann, so hängt die Entladezeit für den Kondensator allein von dessen Kapazität (C) und von der Größe des Widerstandes (R) ab: Je größer die Kondensatorkapazität und je größer der Wert des Widerstandes sind, desto länger dauert die Entladung des Kondensators.
Wie die Kondensatorspannung U_c während des Entladevorgangs abnimmt, zeigt das Diagramm in *Bild 4.3b*. Der zuerst steile, dann immer flacher werdende Verlauf der Entladekurve ist typisch für alle Entladevorgänge bei RC-Gliedern. Wenn die Kondensatorspannung am Trigger-Eingang immer mehr absinkt, wird schließlich der untere Schwellenspannungswert U_{cs} erreicht, bei dem der Trigger aufgrund seiner Schwellwertschalter-Funktion an seinem Ausgang schlagartig von H-Pegel auf L-Pegel umschaltet. Bedingt durch den Entladevorgang des Kondensators wird also eine angeschlossene Beleuchtungseinrichtung verzögert abgeschaltet. Die Zeit, die von der Schalterbetätigung bis zum Umschalten des Triggers vergeht, nennt man die *Verzögerungszeit* t_v (siehe Diagramm in *Bild 4.3b*).
Mit der Schaltung in *Bild 4.3a* wird die Forderung nach einer reinen Ausschaltverzögerung allerdings noch nicht erfüllt. So wie die Schaltung zunächst beschaffen ist, bewirkt sie nämlich nicht nur eine Ausschaltverzögerung, sondern auch eine *Einschalt-*

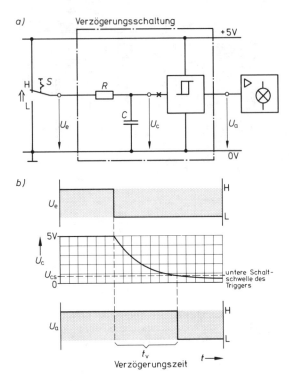

R zum Kondensator C hin, so daß der Kondensator *sofort* aufgeladen wird. Dagegen wird beim Ausschalten (Umschalten des Schalters S von H- auf L-Pegel) der Kondensator nur allmählich entladen, und zwar *über den Widerstand* zur Masse hin, weil die Diode in dieser Richtung den Stromfluß verhindert. Wenn man diese prinzipiell so einfache Schaltung zur Ausschaltverzögerung aufbaut (z. B. mit einem TTL-7414-Schmitt-Trigger) und damit experimentiert, treten leider technische Gegebenheiten zutage, die die ideale Funktion der Schaltung erheblich einschränken: So ließe sich zwar theoretisch die Verzögerungszeit beliebig ausdehnen, indem der Entla-

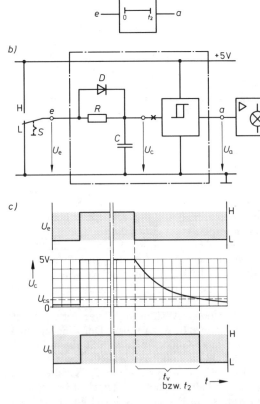

Bild 4.3: Ausführungsbeispiel für eine elektronische Verzögerungsschaltung:
a) Schaltplan mit integriertem Schmitt-Trigger-Glied und diskretem RC-Glied. Der Schalter S ist auf H-Pegel geschaltet (⇑ bedeutet: Schalter in Arbeitsstellung).
b) Zeitablaufdiagramm für den Ausschaltvorgang. Die am Kondensator anliegende Spannung U_c sinkt ab. Wenn sie die untere Schaltschwelle (U_{cs}) des Triggers erreicht hat, schaltet dieser seinen Ausgang um.

verzögerung, die aber bei der Garagenbeleuchtung unerwünscht ist; das Einschalten soll ja nicht verzögert werden. Die Einschaltverzögerung kommt so zustande: Wird der Schalter S von L- auf H-Pegel umgeschaltet, dann wird der Kondensator C über den Widerstand R aufgeladen, was ebenfalls (wie die Entladung) einige Zeit dauert. Der Trigger schaltet seinen Ausgang deshalb erst dann vom L- auf den H-Pegel um, wenn der Kondensator so weit aufgeladen ist, daß der *obere* Schwellenspannungswert am Triggereingang erreicht ist.
Die bei der vorliegenden Aufgabenstellung unerwünschte Einschaltverzögerung kann dadurch vermieden werden, daß eine Gleichrichterdiode D (*Bild 4.4*) zum Widerstand R hinzugeschaltet wird. Die Diode überbrückt beim Einschalten (Umschalten des Schalters S von L- auf H-Pegel) den Ladewiderstand

Bild 4.4: Ausführungsbeispiel für eine elektronische Ausschaltverzögerung:
a) Schaltzeichen für eine Ausschaltverzögerung.
b) Kompletter Schaltplan; die Diode überbrückt beim Einschalten (Schalter S auf H-Pegel) den Widerstand R, so daß der Kondensator C sofort aufgeladen wird. Beim Ausschalten (Schalter S auf L-Pegel) sperrt die Diode, und der Kondensator wird über den Widerstand entladen.
c) Zeitablaufdiagramm für den Ein- und Ausschaltvorgang.

dewiderstand am Kondensator entsprechend vergrößert würde, aber praktisch ist diese Möglichkeit sehr eingeschränkt, weil über den Eingang des 7414-Triggers ein nicht zu vernachlässigender Strom fließt (vgl. *Kapitel 3, Seite 95 f.*). Wenn der Triggereingang z.B. auf L-Pegel liegt, so kann aus ihm unter Umständen ein Strom von bis zu 1,6 mA herausfließen. Wenn dieser Strom über den Widerstand R (siehe *Bild 4.4*) fließt, so darf er an diesem nur einen Spannungsabfall erzeugen, der kleiner ist als die untere Triggerschwellenspannung von 0,9 V, damit der Trigger seinen Ausgang überhaupt umschaltet, wenn der Kondensator entladen wird. Der Widerstandswert darf also nicht sehr hoch sein. Wegen der Exemplarstreuungen bei den Bauelementen wird zum sicheren Umschalten des Triggers für den Widerstand der (relativ niedrige) Höchstwert 330 Ω empfohlen.

Sie können den Einfluß des Entladewiderstandes R auf die Funktion der Verzögerungsschaltung in einem Versuch, z.B. mit Einheiten des DIGIPROB-Experimentiersystems aufgebaut, überprüfen: *Bild 4.5*. Da der Baustein 7414 (ebenso wie die anderen TTL-Trigger-ICs) nur Trigger-Glieder mit negierenden Ausgängen enthält, müssen zwei Glieder in Reihe geschaltet werden, wenn die Funktion eines nicht negierenden Trigger benötigt wird. Beim Experimentieren wird statt eines Festwiderstandes ein Einstellwiderstand verwendet, mit dem sich die Verzögerungszeit in gewissen Grenzen variieren läßt. Mit einem hochohmigen Spannungsmesser, der zwischen Triggereingang und Masse zu schalten ist, können Sie auch die Spannungswerte messen, bei denen das verwendete Trigger-Exemplar tatsächlich umschaltet.

Bei Verwendung eines Elektrolytkondensators von 2200 μF/16V (Polung beachten!) und eines Einstellwiderstandes von 1 kΩ ergeben sich mit einem 7414- oder 7413-Trigger Ausschaltverzögerungen bis zu etwa 2 Sekunden. Mit größeren Kondensatorkapazitäten wären entsprechend größere Verzögerungszeiten zu erzielen. Aber dem sind, wegen der recht groß werdenden Abmessungen der Kondensatoren, praktische Grenzen gesetzt.

Mit etwas größeren Widerständen, als sie bei den 7414- und 7413-Schmitt-Triggern zulässig sind, kann gearbeitet werden, wenn Trigger-Glieder aus dem TTL-Baustein 49713 (mit hochohmigem Eingang) verwendet werden (vgl. *Bild 3.15*). Bei Verwendung eines solchen Trigger-Gliedes wäre ein Höchstwiderstand von gut 10 kΩ zwischen Triggereingang und Masse zulässig, wobei mit diesem Wert schon die ungünstigsten Verhältnisse (Exemplarstreuungen,

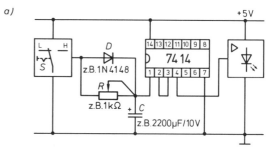

Bild 4.5: Experimentierschaltung für eine elektronische Ausschaltverzögerung:
a) Gesamt-Anschlußplan mit Signal-Eingabe und -ausgabe. Es sind zwei negierende Trigger (im IC 7414) in Reihe geschaltet.
b) Versuchsaufbau mit Einheiten des DIGIPROB-Experimentiersystems. Benötigt wird – abgesehen von der hier nicht gezeigten 5-V-Spannungsquelle – je eine Baueinheit DPS 2, DPS 3, DPS 4 und DPS 5 (Eingabe, IC-Halterung, Halterung für diskrete Bauelemente, 6fach-Ausgabe).

Temperatureinflüsse usw.) berücksichtigt werden. Im Einzelfall könnte eine Schaltung auch noch mit höheren Widerstandswerten richtig funktionieren. Welche längeren Verzögerungszeiten zu erreichen sind, können Sie mit einer Experimentierschaltung gemäß *Bild 4.5* ausprobieren. Beachten Sie bitte, daß bei der Verwendung eines IC 49713 anstelle eines IC 7414 andere Anschlußnummern zu beschalten sind; den Anschlußplan des ICs 49713 finden Sie in *Bild*

3.13. Mit einem NAND-Trigger-Glied aus dem IC 49713, einem Kondensator mit $C = 2200$ μF und einem Einstellwiderstand mit $R = 47$ kΩ können Sie durchaus eine Verzögerungszeit bis zu einer Minute erzielen, was für unsere Ausschaltverzögerung bei einer Garagenbeleuchtung ausreichen dürfte.

Mit etwas mehr Schaltungsaufwand lassen sich mit allen TTL-Triggern größere Verzögerungszeiten ohne größere Kondensatorkapazitäten erreichen, wenn der Entladewiderstand für den Kondensator entsprechend hochohmig gewählt werden kann; dies ist möglich mit einer sogenannten »Widerstandsanpassung« am Triggereingang (vgl. auch *Bild 3.16*).

Dazu wird zwischen den hochohmigen Entladewiderstand einerseits und den notwendigerweise niederohmigen Widerstand (330 Ω) am Triggereingang andererseits eine *Transistorstufe* geschaltet. *Bild 4.6* zeigt eine solche Schaltung, in der ein 7413-NAND-Schmitt-Trigger als Schwellwertschalter verwendet wird. Seine Eingänge dürfen wegen des auftretenden Eingangsstromes nur über einen niederohmigen Widerstand von maximal 330 Ω mit Masse verbunden werden, wenn die untere Triggerspannungsschwelle mit Gewißheit unterschritten werden soll. Der niederohmige Widerstand bildet mit dem Transistor einen Spannungsteiler. Ist der Transistor gesperrt, so ist der Spannungsabfall am 330-Ω-Widerstand klein; die untere Triggerschwelle wird unterschritten. Ist der Transistor durchlässig, so ist der Spannungsabfall am 330-Ω-Widerstand groß; die obere Triggerschwelle wird überschritten.

Das Auf- und Zusteuern des Transistors geschieht durch die Spannung am Kondensator, der über die Diode schnell geladen und über den Widerstand langsam entladen werden kann. Mit der abgebildeten Schaltung lassen sich Verzögerungszeiten von mehr als 5 Minuten erreichen. Wenn Sie nun noch statt des 7413-Triggers einen 49713-Trigger verwenden, den Widerstand am Eingang des Triggers entsprechend erhöhen und auch den Entladewiderstand am Kondensator vergrößern, müssen Sie schon etwas Geduld aufbringen, um den Ablauf der Verzögerungszeit bei dieser Ausschaltverzögerung abzuwarten; es kann eine halbe Stunde und länger dauern.

Wenn Sie die Zeit bis zum Umschalten des Triggers messen, dann werden Sie allerdings feststellen, daß die Verzögerungszeit bei wiederholten Versuchen nicht immer gleichlang ist. Das liegt vor allem an den Unzulänglichkeiten des Elektrolytkondensators, von dem man nicht mehr erwarten darf.

Die sehr genaue Bemessung längerer Schaltzeiten wird in der Digitalelektronik deshalb mit Zähler-Schaltungen und quarzgesteuerten Oszillatoren erreicht: Es wird eine bestimmte Anzahl der (exakt gleichlangen) Schaltzyklen vorgegeben, und beim Erreichen des Zählerstandes wird, z. B. über eine Logikschaltung, ein Signal abgegeben (vgl. hierzu *Kapitel 2*).

Die Ausschaltverzögerung wird zur Einschaltverzögerung

Wenn in der elektronischen Schaltung von *Bild 4.4* statt des nichtnegierenden Triggers ein negierender Trigger verwendet wird und außerdem der Schaltung eine Negation (ein negierender Trigger) vorgeschaltet wird, so ändert sich ihre Gesamtfunktion als Verzögerungsglied grundlegend: Aus der Ausschaltverzögerung wird eine *Einschaltverzögerung*: *Bild 4.7*.

Betrachten wir die Wirkungsabläufe in dieser Schaltung im einzelnen: Vor dem Einschalten, d. h. wenn der Schalter S auf L-Pegel liegt, führt der negierende Ausgang b des ersten Triggers H-Pegel; der Kondensator C ist (über die Diode D) aufgeladen worden, und der Ausgang a des zweiten Triggers führt L-Pegel. Die gesamte Verzögerungsschaltung befindet sich zunächst also im »Ruhezustand«.

Wenn eingeschaltet, d. h. der Schalter S von L auf H umgeschaltet wird, wechselt der Ausgang b des ersten Triggers auf L, so daß nun der Kondensator C über den Widerstand R entladen wird (siehe Zeitablaufdiagramm in *Bild 4.7c*). Wenn die Kondensatorspannung U_c bis auf den unteren Schwellenwert des zweiten Triggers abgesunken ist, schaltet dieser seinen negierenden Ausgang a von L auf H. Der Schaltungsausgang reagiert somit verzögert auf den Ein-

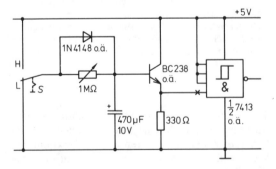

Bild 4.6: Schaltung zur Erzeugung einer Ausschaltverzögerung mit größerer Verzögerungszeit. Die Transistorstufe gewährleistet eine »Widerstandsanpassung« des hochohmigen Entladewiderstands (1 MΩ) an den niederohmigen Widerstand (330 Ω) am Triggereingang.

a) Einschaltverzögerung

b)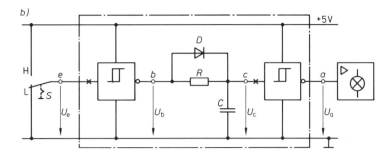

c)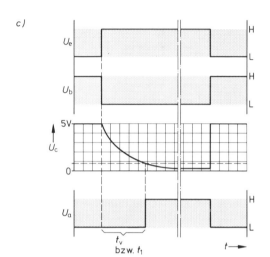

Bild 4.7: Ausführungsbeispiel für eine elektronische Einschaltverzögerung: a) Schaltzeichen, b) elektronische Gesamtschaltung (im Ruhezustand), c) Zeitablaufdiagramm.

schaltbefehl am Schaltungseingang. Die Schaltung funktioniert also als *Einschaltverzögerung* für eine angeschlossene Einrichtung, z. B. eine Lampe. Beim Ausschalten ergibt sich *keine* nennenswerte Verzögerung, weil die Diode hier den Widerstand überbrückt und der Kondensator sofort aufgeladen wird.

Das Einsetzen eines negierenden Trigger-Gliedes als Eingangsstufe in der Verzögerungsschaltung nach *Bild 4.7* bringt außer der angestrebten Funktionsänderung der Gesamtschaltung auch noch eine Verbesserung im Hinblick auf die elektronisch-schaltungstechnischen Bedingungen mit sich: Die Schaltung erhält dadurch einen Standardeingang, der problemlos an Standardausgänge von TTL-Schaltgliedern angeschlossen werden kann, ohne diese regelwidrig zu belasten. Denn wenn nämlich das RC-Glied der Verzögerungsschaltung direkt und gemeinsam mit anderen TTL-Schaltgliedern an einen TTL-Standardausgang angeschlossen würde, könnte es wegen des hohen Anfangsladestroms für den Kondensator C zu Störungen bei den anderen Schaltgliedern kommen.

Durch das vorgeschaltete Trigger-Glied erhält jedoch die Verzögerungsschaltung einen systemgerechten Eingang mit einem Eingangslastfaktor (fan-in) von 1.

Zur systemgerechten Anpassung einerseits und zur Herstellung bestimmter Verzögerungsfunktionen andererseits enthalten viele elektronische Schaltungen häufig noch mehr als zwei negierende Schmitt-Trigger-Glieder. Beachten Sie das Schaltungsbeispiel in *Übung 4.2*.

Bei allen hier vorgestellten Verzögerungsschaltungen kann die Dauer der Verzögerungszeit jeweils durch die Bemessung des RC-Gliedes, d. h. durch die Wahl der Werte von R und C, bestimmt werden.

Zur überschlägigen Berechnung der Verzögerungszeit t_v (z. B. für die Schaltung in *Bild 4.7*) können Sie mit der Faustformel $t_v = (1{,}5 \ldots 1{,}8) \cdot R \cdot C$ arbeiten. Bedenken Sie, daß die Bauelementetoleranzen (z. B. bei dem Schwellwert) eine genauere Festlegung nicht zulassen.

Wird im praktischen Falle ein ganz bestimmter t_v-Wert gewünscht, so kann er experimentell durch

Übung 4.2

a) Ergänzen Sie das Zeitablaufdiagramm für die vorliegende Verzögerungsschaltung. Eine eventuell auftretende Ein- oder Ausschaltverzögerungszeit beträgt 2 ms; dies sind auf der Zeitachse 2 Rastereinheiten.
b) Ergänzen Sie das Schaltzeichen für die vorliegende Schaltung.
c) Was für ein Verzögerungsglied verkörpert diese Schaltung, d. h. wie lautet die Benennung?

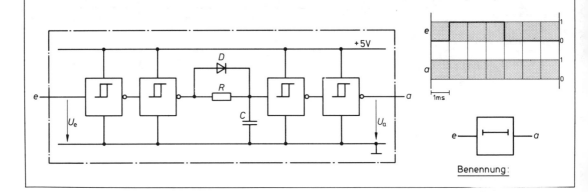

Benennung:

Korrekturen von R und C eingestellt werden. Dabei sind aber unbedingt die Grenzen für R zu beachten, die Voraussetzung für die einwandfreie Funktion der Schaltung sind (siehe *Kapitel 3*, sowie auch *Band 1, Kapitel 7*).

Werden z. B. bei der Einschaltverzögerungsschaltung nach *Bild 4.7* besonders lange Verzögerungszeiten gewünscht, so kann auch hier eine wegen der elektrischen Bedingungen erforderliche Widerstandsanpassung zwischen dem RC-Glied und dem nachgeschalteten Trigger mit einer Transistorstufe gemäß *Bild 4.6* vorgenommen werden.

Nicht immer aber werden Verzögerungszeiten von Sekunden oder noch längerer Dauer benötigt; manchmal geht es nur um einige Nanosekunden (1 ns = 10^{-9} s = 0,000 000 001 s), um das richtige Zusammenspiel von Schaltgliedern in einer TTL-Schaltung zu gewährleisten. In diesen Fällen können TTL-Glieder selbst als Verzögerungsglieder eingesetzt werden, weil jedes Signal zum Passieren eines Schaltgliedes eine bestimmte (wenn auch kurze) Signallaufzeit benötigt; siehe auch *Band 1, Seite 141f*. Die Signallaufzeiten bei TTL-Schaltgliedern liegen in der Größenordnung von 10 bis 20 ns. Ein Beispiel: Die sechs NICHT-Glieder des ICs 7404 wirken hintereinandergeschaltet als ein Verzögerungsglied mit einer Ein- und Ausschaltverzögerung von typisch 6·10 ns = 60 ns (*Bild 4.8*).

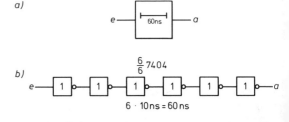
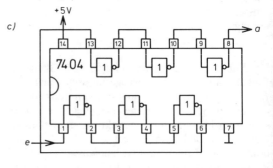

Bild 4.8: Beispiel für ein Verzögerungsglied, das durch das Hintereinanderschalten von mehreren TTL-NICHT-Gliedern gebildet wird.
a) Schaltzeichen für eine gleichlange Ein- und Ausschaltverzögerung von 60 ns.
b) Addition von Verzögerungszeiten durch Hintereinanderschalten von TTL-Gliedern.
c) IC 7404, als Verzögerungsglied geschaltet.

Übung 4.3

Ergänzen Sie die Eintragungen in den Schaltzeichen der Verzögerungsglieder gemäß den untenstehenden Zeitablaufdiagrammen. Beachten Sie: Eine Rastereinheit auf den Zeitachsen der Zeitablaufdiagramme soll hier jeweils 10 ms bedeuten.

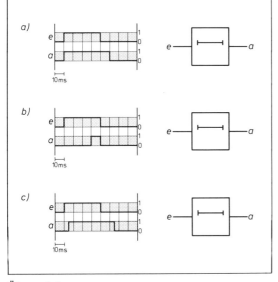

Übung 4.4

Bei der hier gezeigten Schaltung zu einer *Alarmanlage* tritt im Alarmfall am Schaltungseingang a der Wert 1 auf. Dieser beeinflußt die Betriebszustände einer Lampe l, einer Hupe h und eines Motors m, der z. B. ein Transportband antreibt.

a) Vervollständigen Sie das Zeitablaufdiagramm für die vorliegende Schaltung mit Verzögerungsgliedern. (1 Zeitrastereinheit $\triangleq$ 10 s).

b) Beschreiben Sie, was im Alarmfall geschieht.

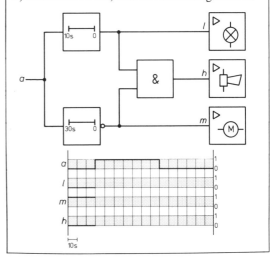

Übung 4.5

Ergänzen Sie das Zeitablaufdiagramm für die vorliegende Verzögerungsschaltung.

Das RC-Glied ist so ausgelegt, daß zur Aufladung des Kondensators bis zum Erreichen der oberen Triggerschwelle jeweils 120 ms vergehen; zur Entladung des Kondensators bis zum Erreichen der unteren Triggerschwelle dauert es jeweils 240 ms.

a) Ergänzen Sie das Zeitablaufdiagramm. Eine Rastereinheit auf der Zeitachse soll 100 ms bedeuten.
b) Ergänzen Sie das Schaltzeichen für die vorliegende Verzögerungsschaltung.
c) Was für ein Verzögerungsglied verkörpert diese Schaltung?
Ein Hinweis: Auch das *Aufladen* des entladenen Kondensators über den Widerstand geschieht zuerst schnell, dann immer langsamer (anfangs steiler, dann zunehmend flacher Anstieg von U_y).

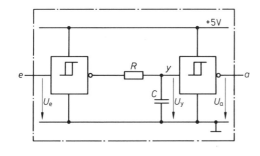
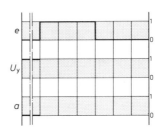

5. Monostabile Kippglieder – Schalten auf Zeit

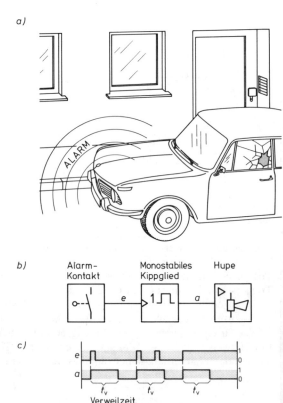

Die Diebstahlsicherungsanlage eines Kraftfahrzeuges soll zwar im Bedarfsfall unüberhörbaren Alarm geben (*Bild 5.1a*), aber der Alarm soll – um die Anwohner nicht unnötig lange zu belästigen – nach einer halben Minute abgeschaltet werden; das ist behördlich vorgeschrieben. Da der Besitzer des Kraftfahrzeuges meist nicht so schnell zur Stelle sein kann, muß die Alarmanlage nach der vorgeschriebenen Zeit *automatisch* abschalten.

In digitalelektronischen Schaltungen werden zur Lösung einer solchen und vieler ähnlicher Aufgaben spezielle Schaltglieder eingesetzt, die man nach DIN 40700 als *monostabile Kippglieder* bezeichnet. Durch die Bezeichnung »monostabil« wird ausgedrückt, daß diese Kippglieder nur einen (»mono«) stabilen Zustand haben, in den sie nach einer gewissen Zeit von selbst wieder zurückkehren – im Gegensatz zu den »bistabilen« Kippgliedern, bei denen zum Rücksetzen in den Grundzustand ein äußerer Befehl erforderlich ist; denn beide (»bi«) Zustände sind hier stabil. Statt der genormten, umständlich langen Bezeichnung »monostabiles Kippglied« verwenden die Praktiker nicht selten den kurzen, lautmalenden Ausdruck »Monoflop«.

Das Blockschaltbild der Alarmschaltung in *Bild 5.1b* enthält ein monostabiles Kippglied zur Schaltzeitbegrenzung. Am Ausgang eines monostabilen Kippgliedes erscheint für eine bestimmte Zeit (die sogenannte *Verweilzeit* t_v) der Wert 1, wenn am Eingang ein 0-1-Wertwechsel stattfindet. Nach Ablauf der Verweilzeit schaltet der Ausgang wieder auf den ursprünglichen Wert zurück, und zwar unabhängig davon, ob am Eingang noch der auslösende 1-Wert ansteht, ob nur ein kurzer Eingangsimpuls gegeben wurde oder ob innerhalb der Verweilzeit sogar mehrere Eingangsimpulse kurz hintereinander auftraten (siehe Zeitablaufdiagramm in *Bild 5.1c*).

Bild 5.1: Zur Funktion eines monostabilen Kippgliedes:
a) Für Kfz-Diebstahlsicherungsanlagen ist eine begrenzte Alarmzeit vorgeschrieben, um die Anwohner nicht unnötig lange zu stören.
b) Ein monostabiles Kippglied liefert am Signalausgang a ein zeitlich begrenztes Signal, unabhängig von der Dauer des auslösenden Eingangssignals e.
c) Zeitablaufdiagramm zum Schaltverhalten eines monostabilen Kippgliedes mit der Verweilzeit t_v.

Übung 5.1

Vervollständigen Sie das Zeitablaufdiagramm für das monostabile Kippglied ($t_v = 2s$). 1 Zeitraster-Einheit ≙ 1 s.

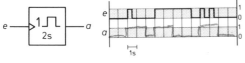

Monostabile Kippglieder in TTL-74-ICs

Monostabile Kippglieder werden als elektronische integrierte Schaltungen angeboten. Die die Verweilzeit bestimmenden Bauelemente (Kondensatoren und Widerstände) müssen aber wegen ihrer räumlichen Abmessungen extern angeschlossen werden. Der TTL-Baustein 74121 z. B. enthält ein monostabiles Kippglied, das erst durch externe Beschaltung mit einem Kondensator C und einem Widerstand R funktionsfähig wird. In *Bild 5.2* ist das IC 74121 so angeschlossen, daß es insgesamt ein monostabiles Kippglied darstellt, das durch einen *H-L-Pegelwechsel* am Steuereingang e in den vorübergehenden Arbeitszustand versetzt werden kann. Während eine Verweilzeit t_v abläuft, führt der Ausgang a dieses Kippgliedes H-Pegel. Die Dauer eines Einschaltimpulses oder die Wiederholung des Einschaltimpulses während der Verweilzeit bleiben ohne Einfluß auf die Verweilzeitdauer. Erst *nach* dem Ablauf einer Verweilzeit läßt sich dieses monostabile Kippglied erneut in den Arbeitszustand ($a = 1$) versetzen (siehe Zeitablaufdiagramm in *Bild 5.2c*).

Für ein erstes Experiment wurde der Baustein 74121 in *Bild 5.2a* so beschaltet, daß sich ein einfaches monostabiles Kippglied mit einem *negierenden Ein-*

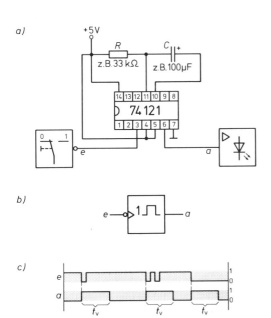

Bild 5.2: Der TTL-Baustein 74121, geschaltet als monostabiles Kippglied mit Ansteuerung durch 1-0-Wertwechsel:
a) Versuchsschaltung;
b) Schaltzeichen gemäß der vorliegenden Funktion (Ansteuerung durch 1-0-Wechsel);
c) Zeitablaufdiagramm.

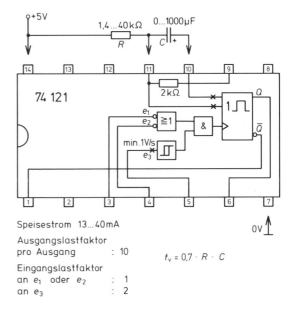

Bild 5.3: Anschlußplan und digitale Innenschaltung des TTL-Bausteins 74121. Das monostabile Kippglied besitzt zwei negierende und einen nicht negierenden Eingang. Es kann angesteuert werden durch H-L-Signalwechsel an den Eingängen e_1 oder e_2, wenn gleichzeitig am Eingang e_3 ein H-Signal anliegt. Wenn die Eingänge e_1 und e_2 einzeln oder beide auf L-Signal liegen, kann das monostabile Kippglied durch L-H-Signalwechsel am Eingang e_3 angesteuert werden, wobei auch noch relativ langsame Änderungen von 1 Volt pro Sekunde ausgewertet werden, da der Eingang e_3 als Schwellwertschalter wirkt.

Die Verweilzeit wird bestimmt durch die extern angeschlossenen Bauteile (R und C), die auf die beiden nichtbinären Eingänge des monostabilen Kippgliedes wirken.

gang ergibt. Ein Blick auf den ausführlichen digitaltechnischen Anschlußplan des ICs (*Bild 5.3*) zeigt aber, daß noch weitere Anschlußmöglichkeiten bestehen: So besitzt das monostabile Kippglied neben dem direkten Signalausgang Q noch einen negierten Ausgang $\overline{Q}$. Außerdem ist es über drei in ihrer Art verschiedene Eingänge ansteuerbar. Es kann immer durch einen L-H-Pegelwechsel am Ausgang des UND-Gliedes in den Arbeitszustand versetzt werden. Ein solcher Pegelwechsel tritt ein:
a) wenn die Eingänge e_1, e_2 und e_3 auf H-Pegel liegen und dann einer der Eingänge e_1 und e_2 auf L-Pegel wechselt, oder
b) wenn mindestens einer der beiden Eingänge e_1 und e_2 auf L-Pegel liegt und dann der Eingang e_3 von L- auf H-Pegel wechselt.
Auf H-Pegel liegen bei diesem IC alle Eingänge auch dann, wenn sie nicht von außen her beschaltet sind (TTL-Technologie).
Der Eingang e_3 hat die Eigenschaften eines Schmitt-Trigger-Eingangs; er kann noch mit Pegelwechseln von geringer Flankensteilheit (aber mindestens 1 V/s) sicher angesteuert werden.

Übung 5.2

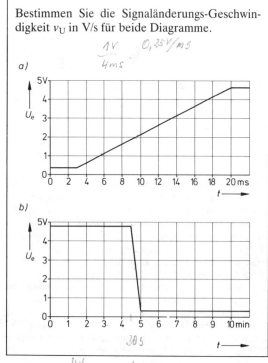

Bestimmen Sie die Signaländerungs-Geschwindigkeit v_U in V/s für beide Diagramme.

Die elektronische Konzeption der Innenschaltung des ICs 74121 erlaubt im Prinzip eine präzise Einstellung der Verweilzeitdauer t_v mit einem extern anzuschließenden RC-Glied. Es gilt:

$t_v = 0{,}7 \cdot C \cdot R$.

Ein Berechnungsbeispiel wird weiter unten gegeben. Die Genauigkeit der Verweilzeiteinstellung hängt in der Praxis allerdings von der Qualität der externen Bauelemente (C und R) ab. Bei der Verwendung relativ ungenauer Aluminium-Elektrolytkondensatoren z. B. wird auch die Verweilzeiteinstellung nicht besonders genau sein. Für die Wahl der externen zeitbestimmenden Bauelemente geben die Hersteller die folgenden Wertbereiche an:

$C = 0 \ldots 1000\ \mu\mathrm{F};\ R = 1{,}4 \ldots 40\ \mathrm{k}\Omega$

Ein Rechenbeispiel zur Verweilzeitfestlegung: Welche maximale Verweilzeit $t_{v,\max}$ läßt sich mit diesen C- und R-Werten bei dem monostabilen Kippglied des IC 74121 einstellen?

Lösung:

$t_{v,\max} = 0{,}7 \cdot C_{\max} \cdot R_{\max}$
$t_{v,\max} = 0{,}7 \cdot 1000\ \mu\mathrm{F} \cdot 40\ \mathrm{k}\Omega$
$t_{v,\max} = 0{,}7 \cdot 1000 \cdot 10^{-6}\ \mathrm{F} \cdot 40 \cdot 10^3\ \Omega$
$t_{v,\max} = 0{,}7 \cdot 0{,}001\ \mathrm{F} \cdot 40\,000\ \Omega$

Es gilt (wegen 1 F = 1 As/V und 1 Ω = 1 V/A) die Umrechnung: 1 s = 1 F · 1 Ω; damit folgt:

$t_{v,\max} = 28\ \mathrm{s}$

Das IC 74121 besitzt auch einen integrierten Festwiderstand von 2 kΩ (zwischen den Anschlüssen 11 und 9, siehe *Bild 5.3*), der gegebenenfalls zusammen mit einem externen Widerstand oder auch allein zur Verweilzeiteinstellung benutzt werden kann.

Nachtriggerbare monostabile Kippglieder

In einem anderen TTL-Baustein, dem IC 74123, sind zwei monostabile Kippglieder untergebracht, die ein etwas anderes Schaltverhalten als das monostabile Kippglied nach *Bild 5.2* aufweisen: Sie sind *nachtriggerbar*. Diese Besonderheit des Schaltverhaltens wird (nach DIN) im Schaltzeichen direkt vermerkt: *Bild 5.4a*. Die Funktionsweise läßt sich auch hier wieder am besten anhand von Zeitablaufdiagrammen beschreiben (*Bild 5.4b bis d*).

Wenn ein nachtriggerbares monostabiles Kippglied zunächst durch einen einzelnen 0-1-Wertwechsel am Eingang in den Arbeitszustand versetzt wird, so reagiert es wie jedes andere monostabile Kippglied: Es verharrt für die Dauer der Verweilzeit t_v im Arbeits-

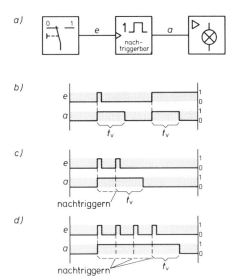

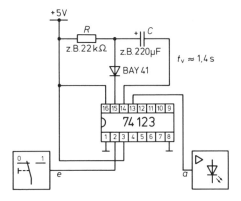

Bild 5.5: Schaltung zum Versuch mit einem nachtriggerbaren monostabilen Kippglied (1/2 74123). Anschlußplan: *Bild 5.6*. Die Schutzdiode (BAY 41 o. ä.) ist laut Datenbuch erforderlich, wenn für den Kondensator C ein Elektrolytkondensator verwendet wird.

Bild 5.4: Nachtriggerbares monostabiles Kippglied:
a) Blockschaltbild einer Versuchsschaltung;
b) bis *d)* Zeitablaufdiagramme zur Funktion eines nachtriggerbaren monostabilen Kippgliedes.

zustand ($a = 1$) und kippt danach in den stabilen Ruhezustand zurück (Zeitablaufdiagramm in *Bild 5.4b*). Tritt jedoch ein zweiter Triggerimpuls während einer gerade ablaufenden Verweilzeit auf, so wird dadurch beim nachtriggerbaren monostabilen Kippglied erneut eine komplette Verweilzeit gestartet (*Bild 5.4c*). Wird immer wieder kurz vor dem Ablauf der Verweilzeit t_v jeweils erneut ein Triggerimpuls gegeben, so bleibt das Kippglied sogar ununterbrochen im Arbeitszustand (*Bild 5.4d*).
Nach dem *zuletzt* eingegebenen 0-1-Wertwechsel vergeht noch eine vollständige Verweilzeit, bis das Kippglied in den Ruhezustand zurückschaltet. Vergleichen Sie mit dem *nicht* nachtriggerbaren monostabilen Kippglied in *Bild 5.1*, bei dem nur aus dem Ruhezustand eine Verweilzeit gestartet werden kann.
Sie können das Schaltverhalten eines nachtriggerbaren monostabilen Kippgliedes experimentell untersuchen, wenn Sie in IC 74123 gemäß der Schaltung von *Bild 5.5* anschließen. Die dort angegebenen Werte für die zeitbestimmenden externen Bauelemente ($C = 220\,\mu F$, $R = 22\,k\Omega$) ergeben eine Verweilzeit von etwa 1,4 s (vgl. die Zeitablaufdiagramme in *Bild 5.4*).

Übung 5.3

a) Vervollständigen Sie die Beschaltung des IC 74121 so, daß es als monostabiles Kippglied mit Trigger-Eingang gemäß dem abgebildeten Schaltzeichen arbeitet. (Den Anschlußplan des IC 74121 finden Sie in *Bild 5.3*).
b) Welcher Widerstand muß eingesetzt werden, wenn ein Kondensator von 22 µF zur Verfügung steht und eine Verweilzeit von 0,34 s eingestellt werden soll?

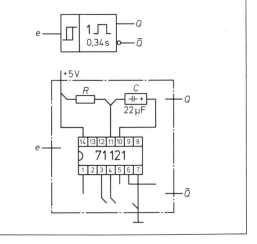

111

Übung 5.4

Vervollständigen Sie das Zeitablaufdiagramm für das nachtriggerbare monostabile Kippglied.

Übung 5.5

Vervollständigen Sie die Zeitablaufdiagramme für die beiden monostabilen Kippglieder.

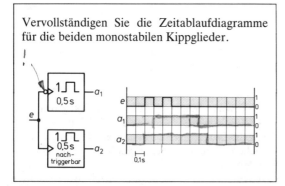

Bild 5.6 zeigt den detaillierten Anschlußplan des TTL-Bausteins 74123, der zwei gleiche, separate nachtriggerbare monostabile Kippglieder enthält. Jedes Schaltglied besitzt einen direkten und einen negierten Signalausgang. Dem 0-1-flanken-gesteuerten Eingang ist ein UND-Glied mit einem negierenden und einem nichtnegierenden Eingang vorgeschaltet, so daß mit L-H- oder mit H-L-Pegelwechseln angesteuert werden kann. Außerdem ist ein (dominierender) negierender Rücksetzeingang vorhanden; liegt er auf L-Pegel ($r = 0$), so wird das Kippglied im Ruhezustand gehalten, und eine Ansteuerung über den Steuereingang bleibt dann wirkungslos.

Zur Einstellung der Verweilzeit werden ein Widerstand und ein Kondensator extern angeschlossen. Falls Elektrolytkondensatoren verwendet werden, soll nach Herstellerempfehlungen eine Schutzdiode zwischen den gemeinsamen Anschlußpunkt von Kondensator und Widerstand und den Bausteinanschluß 15 (bzw. 7) geschaltet werden. Werden keine Elektrolytkondensatoren verwendet, so entfällt die Schutzdiode, und die Verbindung von Kondensator und Widerstand wird direkt an den Anschluß 15 (bzw. 7) geschaltet. Zur Berechnung der Verweilzeit geben die Hersteller zwei Gleichungen an; siehe die Bildunterschrift zu *Bild 5.6*.

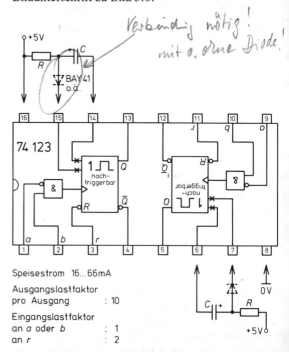

Bild 5.6: Anschlußplan des TTL-Bausteins 74123, der zwei nachtriggerbare monostabile Kippglieder mit Rücksetzeingang enthält.

Bei der Verwendung von Elkos oder wenn der R-Eingang zum Stillsetzen benutzt wird, muß die *Schutzdiode* eingesetzt werden; es gilt dann:
$t_V = 0{,}28 \cdot C \cdot (R + 700\,\Omega); R = 5 \ldots 30\,\text{k}\Omega$.

Werden keine Elkos verwendet, so entfällt die Schutzdiode, und es gilt:
$t_V = 0{,}32 \cdot C \cdot (R + 700\,\Omega); R = 5 \ldots 50\,\text{k}\Omega$.

Bedenken Sie, daß die Genauigkeit der Verweilzeiteinstellung vor allem von der Güte der externen Bauelemente abhängt; besonders bei Elektrolytkondensatoren mit großer Kapazität wird die Genauigkeit relativ gering sein.

Ein Bemessungsbeispiel: Mit einem Trimmerwiderstand ($0 \ldots 10\,\text{k}\Omega$) sollen Verweilzeiten von 0,6 bis

1,2 s eingestellt werden können. Wie groß muß der zeitbestimmende Kondensator gewählt werden?
Lösung:

$t_v = 0{,}28 \cdot C \cdot (R + 700 \, \Omega)$

$C = \dfrac{t_v}{0{,}28 \cdot (R + 700 \, \Omega)}$

$C = \dfrac{1{,}2 \text{ s}}{0{,}28 \cdot (10 \text{ k}\Omega + 700 \, \Omega)}$

$C = \dfrac{1{,}2 \text{ s}}{0{,}28 \cdot 10700 \, \Omega}$

$C = 400 \, \mu\text{F}$

Gewählt wird ein Elektrolytkondensator mit dem nächstliegenden handelsüblichen (größeren) Nennwert von 470 μF und einer Mindestnennspannung von 6 V.

Übung 5.6

a) Vervollständigen Sie die Beschaltung eines halben IC 74123 so, daß es als nachtriggerbares monostabiles Kippglied, dem dargestellten Schaltzeichen entsprechend, arbeitet.
Es wird ein Elektrolytkondensator verwendet. (Den Anschlußplan des IC 74123 finden Sie in *Bild 5.6*).
b) Wie groß muß der verweilzeitbestimmende Widerstand R sein, wenn eine Verweilzeit von 0,2 s gewünscht wird und die Kapazität des Kondensators 22 μF beträgt?

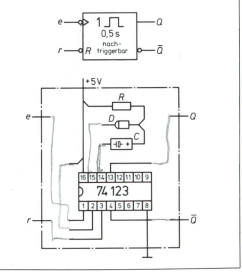

Der Zeitgeber »555« als monostabiles Kippglied

Ein von Elektronikern recht häufig als monostabiles Kippglied eingesetzter integrierter Baustein ist der sogenannte *Zeitgeber 555* (oder *Timer 555*): *Bild 5.7* zeigt seinen Anschlußplan im 8poligen Dual-in-Line-Gehäuse sowie die erforderliche externe Beschaltung mit den verweilzeitbestimmenden Gliedern R und C. Der Zeitgeber 555 ist beliebt, weil er in einem Betriebsbereich von 4,5 V bis 15 V einsetzbar ist, weil die Verweilzeiten in einem weiten Bereich relativ präzise einstellbar sind und weil der Ausgang mit Strömen bis zu 100 mA belastet werden kann. Der »555« ist außerdem preiswert; er wird von verschiedenen Herstellern produziert. Er läßt sich ohne weiteres in Digitalschaltungen zusammen mit allen ICs der 74-TTL-Serie verwenden.

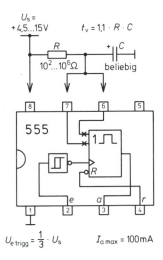

Bild 5.7: Anschlußplan des Zeitgebers 555, geschaltet als monostabiles Kippglied. Dieser Baustein mit nur 8 Anschlüssen ist bei den Elektronikern wegen seiner Vielseitigkeit und Preiswürdigkeit sehr beliebt.

Der als monostabiles Kippglied geschaltete Timer 555 kann mit beliebig langsamen H-L-Übergängen angesteuert werden; er besitzt einen (negierenden) Trigger-Eingang. Der Wert der Trigger-Schwellenspannung (vgl. *Kapitel 3*) ist hier immer ein Drittel der jeweils vorhandenen Speisespannung. Ist die Speisespannung z. B. 5 V, so ist der Trigger-Schwellenwert, bei dem das monostabile Kippglied in den vorübergehenden Arbeitszustand versetzt wird, $\tfrac{1}{3} \cdot 5 \text{ V} = 1{,}67 \text{ V}$.

Vorteilhaft für viele Anwendungen ist auch die Hochohmigkeit des Trigger-Eingangs (e). Im ungünstigsten Fall fließt nur ein Strom von 0,5 μA aus dem Triggereingang heraus, wenn dieser auf L-Pegel liegt. Das Kippglied besitzt außerdem einen negierenden Rücksetzeingang, mit dem der Ablauf einer Verweilzeit abgebrochen und der Ruhezustand auf Dauer eingestellt werden kann; d. h. das monostabile Kippglied reagiert nicht auf Trigger-Impulse, wenn der Rücksetzeingang (r) auf L-Pegel geschaltet ist. Bleibt der Rücksetzeingang (Stift 4) unbeschaltet, so wirkt er (über innere Verbindungen) wie auf H-Pegel geschaltet, und bei e eingehende Impulse können verarbeitet werden.

Die Verweilzeit t_v kann mit dem externen Widerstand R und dem externen Kondensator C in weiten Bereichen vorgewählt werden ($R = 10^2 \ldots 10^6$ Ω; C beliebig). Wenn für die externen Bauelemente präzise Werte vorliegen, läßt sich die Verweilzeit nach der Formel

$$t_v = 1{,}1 \cdot R \cdot C$$

berechnen. Wenn in der Praxis hiervon Abweichungen auftreten, so sind diese hauptsächlich in den Fertigungstoleranzen bei den externen Bauelementen begründet. Vor allem die unvermeidlichen Leckströme bei Elektrolytkondensatoren führen zu ungenauen Ergebnissen bei der Einstellung längerer Verweilzeiten.

Am leichtesten und einprägsamsten machen Sie sich mit der Wirkungsweise des IC 555 als monostabiles Kippglied vertraut, wenn Sie es in einer Experimentierschaltung gemäß *Bild 5.8* und *5.9* erproben. Zum Veranschaulichen der Trigger-Eigenschaften des Eingangs e wird das Kippglied am besten über ein Potentiometer angesteuert. Die jeweilige Eingangsspannung kann mit einem hochohmigen Spannungsmesser gemessen werden.

Da der Schaltgliedausgang einen Dauerstrom von 100 mA aushält, kann an ihn z. B. eine Leuchtdiode mit Vorwiderstand zur Anzeige des Schaltzustandes direkt angeschlossen werden. Dabei gibt es zwei Anschlußmöglichkeiten (*Bild 5.8c*): Liegt die Leuchtdiode (mit Vorwiderstand) zwischen Kippgliedausgang und *Masse*, so leuchtet sie, wenn der Ausgang den H-Pegel führt. Liegt die Leuchtdiode (mit Vorwiderstand) zwischen dem *Plus*potential der Versorgungsspannung und dem Kippgliedausgang, so leuchtet sie, wenn der Ausgang den L-Pegel führt.

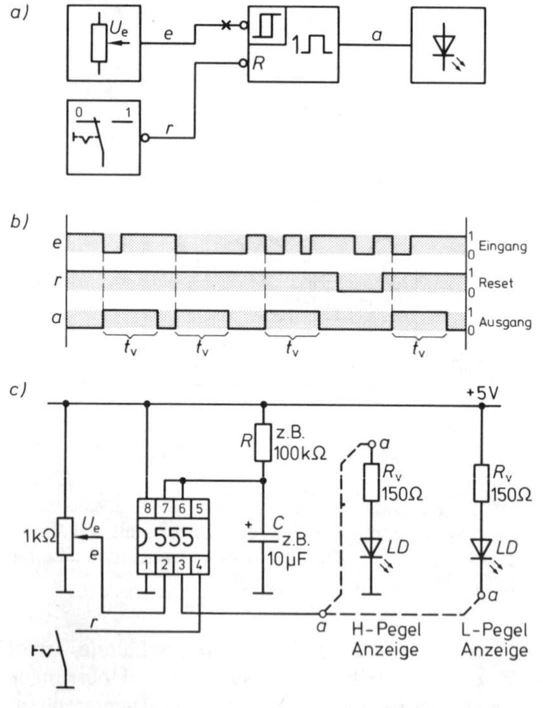

Bild 5.8: Experimentierschaltung zur Funktionsweise eines Zeitgebers 555, geschaltet als monostabiles Kippglied:
a) Blockschaltung;
b) Zeitablaufdiagramm zur Darstellung der Schaltfunktion;
c) Anschlußplan; Eingangsspannungs-Einstellung mit einem Potentiometer; Anzeige des Ausgangszustandes mit einer Leuchtdiode (zwei Beschaltungsmöglichkeiten, siehe Text).

Bild 5.9: Versuchsaufbau der Experimentierschaltung nach *Bild 5.8* mit dem DIGIPROB-System.

Übung 5.7

Zwischen welchen Werten läßt sich die Verweilzeit t_v dieser monostabilen Kippschaltung variieren, d.h. wie groß sind t_1 und t_2?

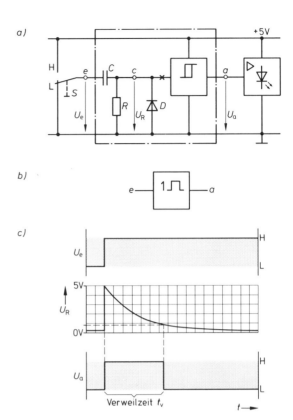

Bild 5.10: Monostabiles Kippglied, elektronisch realisiert mit einer RC-Kombination, einer Diode und einem Schmitt-Trigger-Glied:
a) elektronische Schaltung;
b) Schaltzeichen der monostabilen Kippschaltung;
c) Zeitablaufdiagramm.

Monostabile Kippschaltung mit Schmitt-Trigger und RC-Glied

Mit einem Schmitt-Trigger-Glied, einer RC-Kombination und einer Diode lassen sich nicht nur Aus- und Einschaltverzögerungen herstellen (vgl. *Kapitel 4, Bild 4.4 u. 4.7*), sondern auch eine Schaltung, die als monostabiles Kippglied funktioniert.
Bild 5.10 zeigt eine entsprechende Prinzipschaltung. Das monostabile Schaltverhalten resultiert hier daraus, daß der Kondensator zwischen dem Schaltungseingang und dem Eingang des Schmitt-Triggers liegt. Wenn der Schaltungseingang von L- auf H-Pegel geschaltet wird, so wird der Triggereingang c zunächst mit auf den H-Pegel gezogen. In dem Maße, wie der Kondensator C über den Widerstand R aufgeladen wird, sinkt der Spannungspegel am Trigger-Eingang ab, bis die untere Trigger-Schwelle erreicht ist. In diesem Moment ist die Verweilzeit t_v abgelaufen (siehe Zeitablaufdiagramm, *Bild 5.10c*). Damit beim Zurückschalten des Schaltungseingangs e auf L-Pegel der geladene Kondensator sich nicht nur langsam über den Widerstand R entlädt, ist parallel zum Widerstand die Diode D vorgesehen. Über diese Diode kann sich der Kondensator rasch entladen, so daß die monostabile Kippschaltung schnell wieder für ein eventuelles erneutes Starten einer Verweilzeit verfügbar ist.

Im Vergleich zu den anderen in diesem Kapitel vorgestellten monostabilen Kippgliedern zeigt dieses Kippglied die folgende Besonderheit im Schaltverhalten: Das Kippglied wird schon dann wieder in den Ruhezustand zurückversetzt, wenn während einer noch laufenden Verweilzeit der Eingang von H auf L zurückgeschaltet wird; mit anderen Worten: die Verweilzeit kann »abgebrochen« werden: vgl. auch *Bild 5.11*.

Bild 5.11 enthält eine monostabile Kippschaltung, die mit einem Trigger-Glied aus einem IC 7414 ausgeführt wurde. Der Widerstand R darf wegen des aus dem Triggereingang zur Masse fließenden Stromes nicht größer sein als 330 Ω (vgl. *Kapitel 4*), damit der

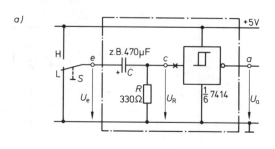

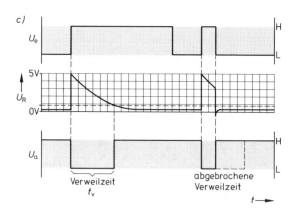

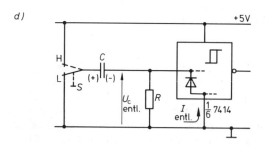

Bild 5.11: Monostabile Kippschaltung, realisiert mit einem Trigger-Glied eines IC 7414:
a) elektronische Schaltung;
b) Schaltzeichen mit negierendem Ausgang;
c) Zeitablaufdiagramm: Wenn das Signal (1-Wert am Eingang e) vor Ablauf der Verweilzeit zurückgenommen wird, so wird die monostabile Kippschaltung vorzeitig in den Ruhezustand zurückgeschaltet.
d) Der geladene Kondensator entlädt sich beim Umschalten des Schalters S auf Masse (L-Pegel) schnell über eine im Trigger-Glied integrierte Diode. Eine externe Diode (wie im Bild 5.10a) ist deshalb nicht erforderlich.

Trigger-Eingang im Ruhezustand des Kippgliedes unter den unteren Triggerschwellen-Spannungswert geschaltet werden kann. Da das Trigger-Glied einen negierenden Ausgang besitzt, ergibt sich insgesamt ein monostabiles Kippglied mit negierendem Ausgang (*Bild 5.11b*), d. h., das Kippglied führt im Ruhezustand an seinem Ausgang H-Pegel und im Arbeitszustand L-Pegel.

Wie das Zeitablaufdiagramm in *Bild 5.11c* zeigt, wird der Ablauf einer Verweilzeit abgebrochen, wenn das Eingangssignal (H-Pegel), das das Kippglied in den vorübergehenden Arbeitszustand versetzt hat, während der laufenden Verweilzeit zurückgenommen wird (auf L-Pegel).

Eine externe Diode braucht in dieser Schaltungsausführung nicht zur Entladung des Kondensators C parallel zum Widerstand R geschaltet zu werden, weil im Trigger-Glied (Typ 7414 u. a.) eine Schutzdiode zwischen Masse und Triggereingang integriert ist, die eine externe Diode überflüssig macht (*Bild 5.11d*).

Anwendungsbeispiele für monostabile Kippglieder

Monostabile Kippglieder ermöglichen in ihrer Eigenschaft als Kurzzeitgeber in digitaltechnischen Schaltungen reizvolle Schaltvorgänge, die »wie von selbst« ablaufen. Sie bringen gewissermaßen mehr »Leben« ins Zusammenspiel digitaler Schaltglieder. Die folgenden Beispiele zeigen einige Anwendungsmöglichkeiten.

Monostabile Kippglieder als »Kurzzeit-Schaltuhren«

Wenn Alarmeinrichtungen, Radios, Beleuchtungsanlagen, Ventilatoren, Heizungen u. a. für eine begrenzte Zeit eingeschaltet und nach Ablauf dieser vorgegebenen Zeitspanne automatisch abgeschaltet werden sollen, sind monostabile Kippglieder die geeigneten »Kurzzeit-Schaltuhren«, weil sie relativ wenig technischen Aufwand erfordern.

Mit den verschiedenen in diesem Kapitel schon vorgestellten elektronischen Ausführungen von monostabilen Kippgliedern und in Verbindung mit den in *Kapitel 7* behandelten Ausgabeschaltungen können Sie selbst jeweils die passende »Kurzzeit-Schaltung« für Ihre praktischen Erfordernisse zusammenstellen. Deshalb soll hier nur noch eine einfache Realisationsschaltung für eine Zeitbegrenzung – als stellvertretendes Beispiel für die vielen anderen Möglichkeiten – angeführt werden:

Eine *Alarmzeitbegrenzung* mit einem IC 555, das als monostabiles Kippglied geschaltet ist: *Bild 5.12*. Wenn der Alarmkontakt in dieser Schaltung auch nur einmal kurzzeitig unterbrochen wird, so wird ein Alarmgeber (z. B. eine Hupe) für ca. eine halbe Minute eingeschaltet (vgl. auch *Bild 5.2*). Die elektrische Anpassung zwischen dem Alarmgeber und dem IC erfolgt hier mit einem Relais. Da der Baustein 555 in einem Speisespannungsbereich von 4,5 V bis 15 V einsetzbar ist, kann die Schaltung z. B. unmittelbar am Bordnetz eines Kraftfahrzeuges (Akku-Nennspannung 12 V) betrieben werden. Ein Abstellschalter, der den Reset-Eingang auf L-Potential schalten kann, wird bei der praktischen Installation am besten an einer versteckten Stelle angebracht. In den *digitaltechnischen* Details ist das IC so beschaltet, wie es schon anhand von *Bild 5.9* erläutert wurde.

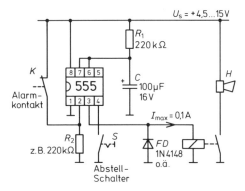

Bild 5.12: Realisationsbeispiel einer Alarmzeitbegrenzungs-Schaltung mit einem IC 555, das als monostabiles Kippglied geschaltet ist.

Übung 5.8

Diese Schaltung erfüllt insgesamt die Funktion eines monostabilen Kippgliedes.
a) Vervollständigen Sie das Zeitablaufdiagramm und beschreiben Sie die Funktion der Schaltung.
b) Welches der beiden Schaltzeichen entspricht der vorgegebenen monostabilen Kippschaltung?

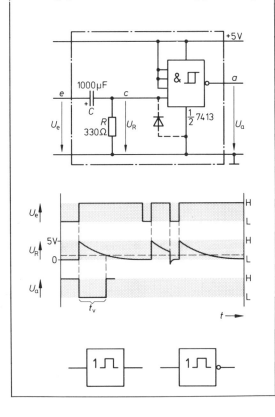

Stafettenlauf der Signale – Programmablauf-Steuerung mit monostabilen Kippgliedern

Wenn monostabile Kippglieder mit 1-0-Flankensteuerung wie die Glieder einer Kette hintereinandergeschaltet werden, so entsteht eine Schaltung, die den *automatischen Ablauf* von aufeinanderfolgenden Signalen ermöglicht, wenn nur das erste Glied durch einen Steuerimpuls »angestoßen« wird: *Bild 5.13*.
Jedes einzelne monostabile Kippglied in dieser Kette wird jeweils dann in den Arbeitszustand geschaltet, wenn das vorhergehende Glied aus dem Arbeits- in den Ruhezustand zurückkippt. Diese Schaltung wirkt also als »Programmablaufsteuerung«, mit der eine Aufeinanderfolge von Schaltvorgängen ausgelöst werden kann. Z. B. kann man damit »laufende« Leuchtanzeigen (vgl. *Bild 5.16*, »Lauflicht«) oder eine Folge von Tönen (vgl. *Kapitel 6, Bild 6.18*, »Melodiegeber«) steuern.
Programmablauf-Steuerungen kann man digitaltechnisch zwar auch mit ganz anderen Schaltungskonzeptionen realisieren (siehe hierzu *Band 3*), aber mit einer Kette von monostabilen Kippgliedern läßt sich mit relativ geringem Schaltungsaufwand die Dauer der einzelnen »Programmschritte« variieren, indem die Verweilzeiten unterschiedlich eingestellt werden. Auch die automatische Wiederholung des Programmablaufs ist leicht durch eine in *Bild 5.14* gezeigte Schaltungserweiterung zu ermöglichen: Das

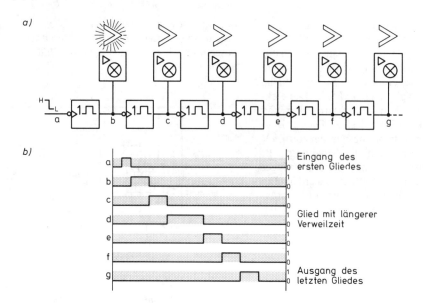

Bild 5.13: Programmablauf-Steuerung mit einer Kette von monostabilen Kippgliedern, die auf 1-0-Wechsel reagieren:
a) Schaltplan,
b) Zeitablaufdiagramm.

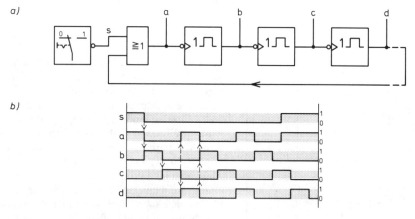

Bild 5.14: Programmablauf-Steuerung mit Wiederholungsmöglichkeit des Programms:
a) Schaltplan mit Ein-Aus-Schalter und Signal-Rückführungsleitung zur automatischen Programmwiederholung;
b) Zeitablaufdiagramm: Wenn der Schalter auf AUS ($s = 1$) geschaltet wird, läuft das Programm jeweils noch vollständig bis zum Ende ab.

Signal wird vom Ausgang des letzten »Kettenglieds« auf den Eingang des ersten zurückgeführt, so daß der Programmablauf erneut beginnen kann, wenn das letzte Glied aus dem Arbeits- in den Ruhezustand zurückkippt. Das ODER-Glied am Schaltungseingang dient dabei als »Tor-Schaltung« für die zurückgeführten Signale (1-0-Wechsel). Das Einschalten des Programmablaufs ist mit dem Schalter S möglich, der das Startsignal (1-0-Wechsel) liefert und das »Tor« für Signale (1-0-Wechsel) von der Rückführungsleitung her offen hält. Beachten Sie, daß ein Schalter verwendet wird, der im Einschaltzustand den Wert 0 abgibt und im Ausschaltzustand den Wert 1 führt.

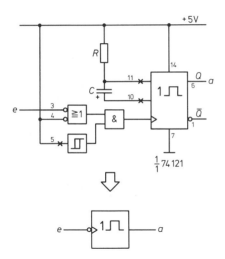

Bild 5.15: Der TTL-Baustein 74121, geschaltet als monostabiles Kippglied mit Ansteuerung durch 1-0-Wertwechsel, vorgesehen für den Einsatz als »Kettenglied« in einer Programmablauf-Steuerung gemäß *Bild 5.13* und *Bild 5.14*. Die Zahlen am Kippglied sind die Nummern der IC-Anschlüsse.

Wenn der Schalter während eines Programmablaufs auf AUS ($s = 1$) geschaltet wird, so erhält das erste Kippglied der Kette über das ODER-Glied auf Dauer 1-Wert ($a = 1$). Wertwechsel, die vom Ende der Kette über das ODER-Glied auf den ersten Kippglied-Eingang a geführt werden, bleiben deshalb wirkungslos. Ein gerade laufendes Programm wird jeweils bis zum Ende durchgeführt, aber nicht mehr neu gestartet.

Für die Ausführung der Programmablaufsteuerung können grundsätzlich alle in diesem Kapitel vorgestellten Typen von monostabilen Kippgliedern verwendet werden. In dem folgenden Realisierungsvorschlag werden monostabile Kippglieder vom IC-Typ 74121 eingesetzt. Die Eingänge bei den einzelnen ICs sind hier so beschaltet, daß sich insgesamt jeweils ein monostabiles Kippglied mit 1-0-Flanken-Steuerung ergibt: *Bild 5.15*.

Den Gesamtschaltplan einer Programmablauf-Steuerung für 6 Programmschritte zeigt *Bild 5.16*. Bei 6 Programmschritten reicht ein einziges IC 7406 als Ansteuerbaustein für die 6 Leuchtanzeigen aus,

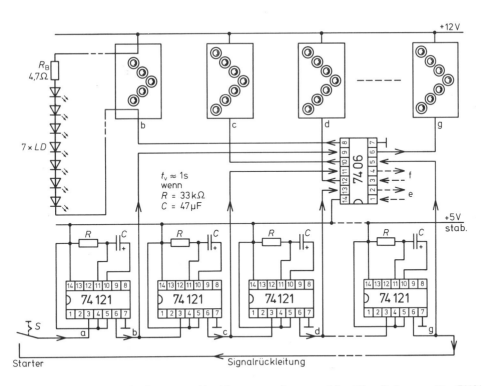

Bild 5.16: Ausführungsbeispiel für eine Programmablauf-Steuerung mit monostabilen Kippgliedern vom Typ 74121. Angeschlossen sind Leuchtdioden-Anzeigeeinheiten für ein »Lauflicht«. Es sind jeweils 7 Leuchtdioden in Reihe geschaltet; dies ist links oben für die erste Einheit gezeichnet.

da in diesem IC sechs (invertierende) Treiber mit offen-Kollektor-Ausgängen enthalten sind (siehe auch *Band 1, Kapitel 7*). Es könnten ohne weiteres auch mehr Programmschritte vorgesehen werden, wenn entsprechend mehr monostabile Kippglieder (IC 74121) und mehr Treiber aus weiteren IC 7406 hinzugeschaltet würden. Selbstverständlich könnten auch statt der integrierten Treiber z. B. Transistoren zum Ansteuern der Anzeigen verwendet werden.

Die Programmablauf-Steuerung muß wegen der verwendeten 74er-ICs an einer stabilisierten Speisespannung von 5 V betrieben werden; die Leuchtdioden hingegen werden in diesem Schaltungsbeispiel von einer 12-V-Gleichspannung versorgt, die nicht stabilisiert zu sein braucht. Es können jeweils mehrere Leuchtdioden mit einem Strombegrenzungswiderstand in Reihe geschaltet werden. Da die Treiber des Bausteins 7406 Spannungen bis 30 V und Ströme bis 40 mA schalten können, können die Anzeigen in diesem Rahmen frei bemessen werden. Im vorliegenden Beispiel wurden 7 Leuchtdioden pro Anzeige gewählt; sie können zu verschiedenen Leuchtfiguren angeordnet werden. Jede Figur leuchtet dann für eine bestimmte Zeit auf, und der ganze Vorgang wiederholt sich immer wieder.

Die Dauer der einzelnen Programmschritte läßt sich bei jedem einzelnen 74121-Kippglied mit der externen RC-Kombination einstellen; die Dauer der Verweilzeiten errechnet sich nach der Formel: $t_v = 0,7 \cdot R \cdot C$ (vgl. auch *Seite 109*).

Der Programmablauf wird durch das Schließen des Schalters S gestartet. Falls der Schalter geschlossen bleibt, wiederholt sich der Programmablauf immer wieder, weil das Signal zur Wiederholung über die Signalrückführungsleitung und den geschlossenen Schalter vom letzten zum ersten Glied gelangt. Das in der digitalen Prinzipschaltung (*Bild 5.14*) verwendete ODER-Glied ist in der praktischen Schaltung als besonderes Schaltglied nicht mehr vorhanden, weil die logischen Bedingungen zum Starten des Programmablaufes durch die elektrischen Schaltverhältnisse selbst gewährleistet werden: Wenn nämlich der Schalter S geschlossen wird, so wird der Eingang a des ersten Kippgliedes (der wie bei TTL-Bausteinen üblich, auf H-Pegel liegt, wenn er äußerlich nicht beschaltet ist) über die Rückführungsleitung mit dem L-Pegel führenden Ausgang g des letzten Kippgliedes verbunden, wodurch der zum Start erforderliche H-L-Wechsel an a erfolgt.

Bild 5.17 zeigt ein Ausführungsbeispiel einer Programmablaufsteuerung für ein »Lauflicht« gemäß der Schaltung von *Bild 5.16*.

Bild 5.17: Realisationsbeispiel einer Programmablauf-Steuerung für ein »Lauflicht« gemäß der Schaltung von *Bild 5.16*, hier nur für 4 Anzeigeeinheiten.

Ein monostabiles Kippglied als Impulsformer in einem Frequenz- oder Drehzahlmesser

Ein Drehspulmeßinstrument, das eigentlich nur in der Lage ist, Stromstärken anzuzeigen, kann auch als Frequenz- oder Drehzahlmesser eingesetzt werden (*Bild 5.18*), wenn man die folgende Gegebenheit ausnutzt:

Der Zeiger eines Drehspulinstruments zeigt wegen seiner Trägheit auch dann einen bestimmten, scheinbar konstanten Wert an, wenn das Instrument nicht mit konstantem Gleichstrom, sondern mit schnell aufeinander folgenden Stromimpulsen beschickt wird. Je mehr Stromimpulse pro Zeiteinheit eintreffen, desto größer ist der Zeigerausschlag. Damit aber hierbei der *Zeigerausschlag* proportional zur *Impulsfrequenz* ist, müssen alle auf das Instrument einwirkenden Gleichstromimpulse die gleiche Größe und Impulsdauer (man sagt auch Impulsbreite) besitzen; denn dann hängt der Zeigerausschlag nur von der Häufigkeit der Impulse pro Zeiteinheit, eben von der *Frequenz*, ab. Weil nun in der Praxis die von einer Meßstelle eintreffenden Impulse meist nicht bei allen Messungen die gleiche Form haben werden, müssen sie sowohl in der Größe (Spannungswert) als auch in der Dauer auf einen bestimmten Wert gebracht werden.

Der Frequenz- oder Drehzahlmesser mit einem Drehspulinstrument zur analogen Meßwertanzeige

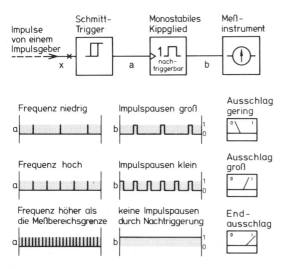

Bild 5.18: Prinzip eines einfachen Frequenz- oder Drehzahlmessers mit einem nachtriggerbaren monostabilen Kippglied und einer analogen Anzeige (Drehspulmeßinstrument).

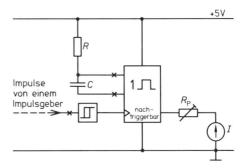

Bild 5.19: Digitale Grundschaltung eines einfachen Frequenz- oder Drehzahlmessers mit monostabilem Kippglied und analoger Anzeige.

muß also eine *Impulsformer-Einheit* besitzen, die digitaltechnisch aus einem Schmitt-Trigger zur *Impulsgrößen*formung und einem monostabilen Kippglied zur *Impulsdauer*formung gebildet wird: *Bild 5.19*. Das monostabile Kippglied sollte nachtriggerbar sein – und zwar aus folgendem Grund: Wenn die zu messende Frequenz ansteigt, werden die zeitlichen Zwischenräume zwischen den (gleichbleibend langen) Impulsen immer kleiner, bis sich die Impulse schließlich »überlappen« (siehe *Bild 5.18*). Ein nachtriggerbares monostabiles Kippglied wird unter diesen Umständen in den *andauernden* Arbeitszustand versetzt, und ein angeschlossenes Meßinstrument erhält Dauersignal: Der Zeiger wird den Höchstwert anzeigen. Ein *nicht* nachtriggerbares monostabiles Kippglied hingegen würde in diesem Fall unregelmäßig arbeiten; denn es würde nur von jenen Impulsen erneut getriggert, die gerade nach Ablauf einer Verweilzeit einträfen. Ein angeschlossenes Meßinstrument würde daher falsch (zu niedrig) anzeigen.
Die Höchstfrequenz, die vom Instrument angezeigt werden kann, wenn es ordnungsgemäß von einem nachtriggerbaren monostabilen Kippglied angesteuert wird, hängt ab von der eingestellten Impulsdauer der Einzelimpulse; die Impulsdauer läßt sich als Verweilzeit am Kippglied einstellen: Wäre z.B. eine Impulsdauer bzw. Verweilzeit von 0,1 s eingestellt, so würde das nachtriggerbare monostabile Kippglied in den Dauerarbeitszustand versetzt, wenn es 10mal und mehr pro Sekunde getriggert würde. Die anzuzeigende Frequenz müßte hier also kleiner als 10 Hz sein, damit sich die Impulse nicht überlappen.
Bild 5.20 enthält eine Schaltungsausführung, die für Drehzahlmessungen an rotierenden Teilen (z.B. im Kraftfahrzeug) verwendet werden kann. Mit den verweilzeitbestimmenden Gliedern R und C ist die Verweilzeit bzw. Einzelimpulsdauer im vorliegenden Beispiel so bemessen, daß das monostabile Kippglied bei etwa 10000 Impulsen pro Minute (!) auf Dauer im Arbeitszustand gehalten wird, was einer Drehzahl von 10000 Umdrehungen pro Minute entspricht. Damit ist in diesem Fall der Meßbereichshöchstwert festgelegt. Mit anderen Werten für R und C ließe sich ohne weiteres ein anderer Meßbereich wählen. Als Meßwertaufnehmer für berührungsloses Messen an rotierenden Teilen kann ein optischer Sensor dienen (siehe *Kapitel 7*). Das rotierende Teil muß so markiert oder gestaltet sein, daß pro Umdrehung ein Helligkeitswechsel auftritt, der vom Sensor über den Schmitt-Trigger als verwertbarer Steuerimpuls zum monostablen Kippglied weitergeleitet wird.
Die Schaltung kann zusammen mit dem optoelektronischen Sensor, dem Meßinstrument und einer Batterie in einem handlichen Gehäuse untergebracht werden. Wie *Bild 5.21* zeigt, könnte z.B. die Drehzahl eines Spielzeugmotors gemessen werden, indem je ein optischer Impuls pro Umdrehung mit Hilfe einer rotierenden Schlitzscheibe oder durch einen lichtreflektierenden Streifen erzeugt wird. Da die verwendeten ICs nur an einer stabilisierten Gleichspannung von 5 V richtig arbeiten, wurde in der

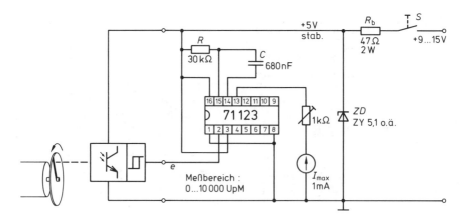

Bild 5.20: Elektronische Ausführung eines Drehzahlmessers mit Zeigerinstrument. Zum berührungslosen Messen der Drehzahl von rotierenden Teilen wird hier ein *optoelektronischer Sensor* vorgeschaltet (siehe *Kapitel 7*).

Bild 5.21: Ein selbstgebauter Drehzahlmesser mit optoelektronischem Sensor in Aktion. In dem Röhrchen sitzt, abgeschirmt gegen seitliches Streulicht, ein Fototransistor, der die Hell-Dunkel-Wechsel auf der rotierenden Pappscheibe als Steuerimpulse aufnimmt.

Schaltung von *Bild 5.20* eine Spannungsstabilisierung mit einer Z-Diode (ZD) und einem Widerstand (R_b) vorgesehen. Der optoelektronische Drehzahlmesser kann so aus einer kleinen 9-V-Batterie versorgt werden, die auch im handlichen Gehäuse Platz findet. Auch der Betrieb des Drehzahlmessers am Bordnetz eines Kraftfahrzeuges (Nennspannung 12 V) ist mit Hilfe der Stabilisierungsschaltung (Z-Diode!) möglich. Wenn die Schaltung zur Messung der Motordrehzahl im Kraftfahrzeug verwendet werden soll, entfällt der optoelektronische Sensor: Die Steuerimpulse können am Unterbrecherkontakt abgegriffen und über einen Pegelumsetzer (siehe *Kapitel 7*) zum Eingang des monostabilen Kippgliedes geführt werden.

Ein Hinweis zum Abgleich (zur Kalibrierung) des Anzeigeinstruments: Wenn für den Frequenzvergleich kein Frequenzmesser mit genauer Anzeige zur Verfügung steht, kann als genaue Einstell- und Vergleichsfrequenz die Netzfrequenz verwendet werden. Z.B. kann über einen Klingeltransformator eine niedrige Wechselspannung (ca. 3 V) abgegriffen und mit einem Brückengleichrichter zu einer mit 100 Hz (!) pulsierenden Gleichspannung umgeformt werden (jede Wechselspannungshalbwelle ergibt einen Impuls). 100 Hz bedeuten 100 Impulse pro Sekunde (6000 Impulse pro Minute). Mit dem 1-kΩ-Einstellwiderstand in der Meßwerkleitung (siehe *Bild 5.20*) kann der Zeiger des Meßinstruments bei dieser angelegten Vergleichsfrequenz auf die Marke 6000 UpM (= 6000 Umdrehungen pro Minute = 6000 · 1/min = 6000 min^{-1}) eingestellt werden. Die übrige Skaleneinteilung zwischen Null und diesem Wert sowie über diesen Wert hinaus kann linear (d. h. mit gleichmäßigen Unterteilungen) ergänzt werden. Auch Frequenzteiler (s. *Kapitel 2*) können Sie einsetzen, um niedrigere Frequenzen zum Einteilen der Skala zu erhalten.

Übung 5.9

Impulslückenmeldung
Die abgebildete Digitalschaltung gibt ein akustisches und ein optisches Warnsignal ab, wenn auf einem Transportband der gleichmäßige Fluß von Stückgütern (z. B. Flaschen) unterbrochen wird. Vervollständigen Sie das Zeitablaufdiagramm und beschreiben Sie die Vorgänge.

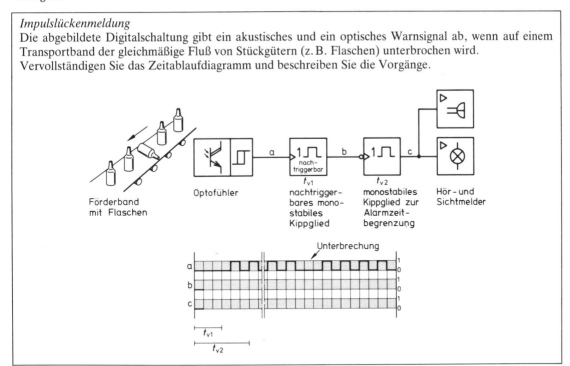

Übung 5.10

Wie reagiert diese Schaltung auf niedrige und auf hohe Impulsfrequenzen?
Ergänzen Sie das Zeitablaufdiagramm und beschreiben Sie die Funktion der Schaltung.

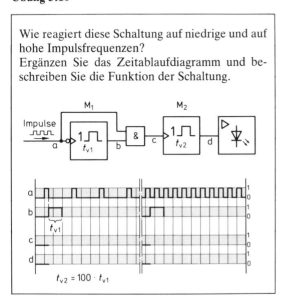

6. Astabile Kippglieder – die Taktgeber der Digitalelektronik

Astabile Kippglieder liefern an ihren Ausgängen automatisch periodische Signalwertwechsel; *astabil* (= nicht stabil) heißen sie, weil sie in keinem der beiden Zustände (0-Wert, 1-Wert) auf Dauer verharren, im Gegensatz zu den *mono*stabilen oder *bi*stabilen Kippgliedern (vgl. *Kapitel 4* bzw. *2*).

Im einfachsten Fall ist ein astabiles Kippglied eine Schaltungseinheit mit nur einem Ausgang. *Bild 6.1a* zeigt dafür das Schaltzeichen gemäß DIN 40700, Teil 14. Neben der genormten Bezeichnung »astabiles Kippglied« sind in der Praxis auch Bezeichnungen wie *Multivibrator, Impulsgeber, Oszillator* oder *Rechteckimpuls-Generator* (von der Impulsform abgeleitet) gebräuchlich. Häufig besitzen astabile Kippglieder einen *Steuereingang* zum Ein- und Ausschalten der Impulserzeugung (*Bild 6.1b*). Bei manchen läßt sich auch die Frequenz stetig in einem bestimmten Bereich steuern (*Bild 6.1c*).

Astabile Kippglieder finden in der digitaltechnischen Praxis als Impulsgeber vielfältige Anwendung (*Bild 6.2*). Man verwendet sie z.B. als Taktgeber in einfachen *Blinkschaltungen*, als Schwingungserzeuger für *Tonsignale*, als quarzgesteuerte genaue *Zeittaktgeber* in Uhren und als Taktgeber für den geordneten Ablauf von Millionen von Arbeitsschritten pro Sekunde in Mikrocomputern. Astabile Kippglieder können für den praktischen Einsatz ganz unterschiedlich konzipiert und realisiert werden, wie die Ausführungs- und Anwendungsbeispiele in diesem Kapitel zeigen. Im wesentlichen hängt die digitalelektronische Ausführung eines astabilen Kippgliedes vom geplanten Einsatz und von den technischen Möglichkeiten ab, die zur Verfügung stehen.

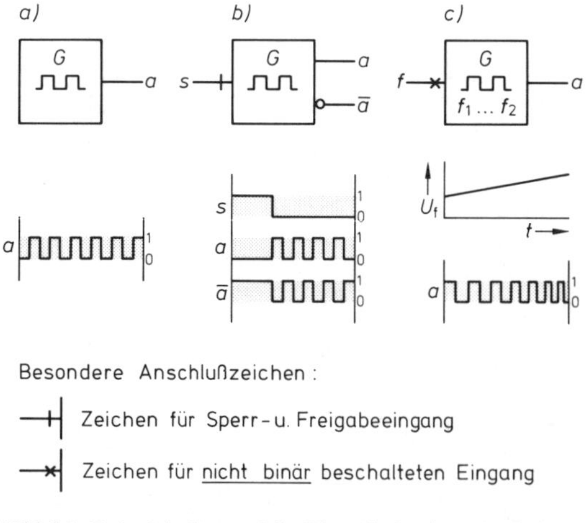

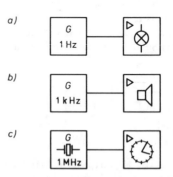

Bild 6.1: Beispiele für astabile Kippglieder (Blockschaltzeichen):
a) astabiles Kippglied, allgemein;
b) astabiles Kippglied mit je einem nicht negierenden und einem negierenden Ausgang und mit Sperreingang;
c) astabiles Kippglied mit der Möglichkeit der Impulsfrequenz-Einstellung durch eine Steuerspannung.

Bild 6.2: Anwendungsbeispiele für astabile Kippglieder:
a) Blinkschaltung;
b) Tonsignalgeber;
c) Zeittaktgeber (quarzgesteuert); der hier notwendige Frequenzteiler ist nicht gezeichnet.

Beispiele für den Aufbau von astabilen Kippschaltungen

Von den vielen Möglichkeiten der elektronischen Realisation astabiler Kippglieder kann im folgenden nur eine kleine Auswahl vorgestellt werden. In Digitalschaltungen werden *astabile Kippschaltungen* häufig mit Hilfe von Verzögerungsgliedern oder monostabilen Kippgliedern oder Schmitt-Triggern in Verbindung mit Verknüpfungsgliedern realisiert, wie die folgenden Beispiele zeigen. Die astabilen Kippschaltungen ändern von selbst periodisch ihren Schaltzustand (s. o.) und liefern »Rechteck-Impulse«. Dieser Ausdruck wird verständlich, wenn Sie die Zeitablaufdiagramme der folgenden Bilder betrachten.

Verzögerungsglied und Negationsglied als Impulsgenerator

Eine digitaltechnisch sehr einfache astabile Kippschaltung entsteht, wenn die Signale vom Ausgang eines Negationsgliedes verzögert auf seinen Eingang zurückgeführt werden: *Bild 6.3*. Und zwar läuft dann, sich fortwährend wiederholend, folgender Schaltvorgang ab:
Wenn am *Ausgang* des Negationsgliedes ein Wertwechsel stattfindet, so vergeht eine durch das Verzögerungsglied bestimmte Zeit, bis sich der Wertwechsel dem Negationsglied*eingang* mitteilt. Wenn dieser Wertwechsel am Negationsgliedeingang erfolgt, wird am Negationsgliedausgang praktisch sofort der gegenläufige Wertwechsel verursacht, der wiederum erst verzögert am Negationsgliedeingang ankommt, usw. Die Taktzeit wird bei dieser astabilen Kippschaltung von der Verzögerungszeit des Verzögerungsgliedes bestimmt. Wenn es sich bei dem Verzögerungsglied um eine Ein- und eine Ausschaltverzögerung handelt, bei der die Ein- und die Ausschaltverzögerungszeit *gleich* lang sind, so entstehen Impulse mit gleich langer Impuls- und Impulspausen-Dauer ($t_i = t_p$ = Verzögerungszeit des Verzögerungsgliedes). Wenn die Ein- und die Ausschaltverzögerungszeit beim Verzögerungsglied *unterschiedlich* groß sind, dann entstehen Impulse mit einem anderen Impuls-Impulspause-Verhältnis. Die Periodendauer eines Impulses setzt sich aber immer aus der Impulsdauer und der Impulspausen-Dauer zusammen: $T = t_i + t_p$. Außerdem gilt für die Impulsfrequenz: $f = \dfrac{1}{T}$.

Übung 6.1

Aus einem NICHT-Glied, einem Verzögerungsglied und einem UND-Glied ist ein astabiles Kippglied mit Sperr- und Freigabe-Eingang gebildet worden.
a) Vervollständigen Sie das Zeitablaufdiagramm.
b) Wie groß sind Periodendauer T und Frequenz f der Impulse?

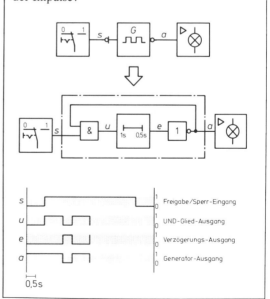

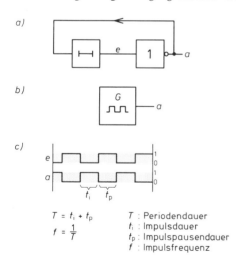

$T = t_i + t_p$
$f = \dfrac{1}{T}$

T : Periodendauer
t_i : Impulsdauer
t_p : Impulspausendauer
f : Impulsfrequenz

Bild 6.3: Astabile Kippschaltung, gebildet aus einem Verzögerungs- und einem Negations-Glied:
a) Digitalschaltung;
b) Blockschaltzeichen;
c) Zeitablaufdiagramm.

Zwei monostabile Kippglieder im »Schlagabtausch«

Eine astabile Kippschaltung entsteht auch, wenn zwei monostabile Kippglieder mit negierendem Ausgang in Reihe geschaltet werden und das Signal vom Ausgang des zweiten Kippgliedes auf den Eingang des ersten zurückgeführt wird.

In *Bild 6.4* ist eine solche astabile Kippschaltung mit einer zusätzlichen Sperr- bzw. Freigabeeinrichtung versehen: Das UND-Glied wirkt als »Tor-Schaltung« für die Signalrückführung. Wird der als Freigabeeingang wirkende Eingang S des UND-Gliedes auf 1-Wert geschaltet und kommt über die Rückführungsleitung ebenfalls ein 1-Wert auf den zweiten Eingang des UND-Gliedes, so wird der UND-Glied-Ausgang auf 1-Wert geschaltet. Dadurch wird das erste monostabile Kippglied (M_1) in den Arbeitszustand ($b = 0$) versetzt (siehe Zeitablaufdiagramm in *Bild 6.4c*). Da am negierenden Ausgang dieses Kippgliedes zunächst ein 1-0-Wechsel erzeugt wird, reagiert das zweite monostabile Kippglied (M_2) noch nicht, denn es spricht nur auf 0-1-Wechsel an. Erst wenn das erste Kippglied (M_1) wieder in den Ruhezustand ($b = 1$) fällt, entsteht an seinem Ausgang ein 0-1-Wechsel, der das zweite Kippglied (M) in den Arbeitszustand ($a = 0$) versetzt. Wenn dann bei diesem Kippglied die Verweilzeit abgelaufen ist, wird durch den 0-1-Wechsel an seinem negierenden Ausgang über die Rückführungsleitung und das »durchlässige« UND-Glied (Freigabeeingang S auf 1-Wert) das erste monostabile Kippglied wieder gesetzt ($b = 0$) usw.

Schmitt-Trigger mit RC-Glied als Impulsgenerator

Daß sich mit Schmitt-Trigger-Gliedern und RC-Gliedern verschiedene signalzeitbeeinflussende Schaltungen aufbauen lassen, zeigte sich schon bei der elektronischen Realisierung von Verzögerungsgliedern und monostabilen Kippgliedern (vgl. *Bild 4.3* und *5.10*). Ebenso ist es möglich, mit Schmitt-Triggern und RC-Gliedern auch astabile Kippschaltungen aufzubauen, Schaltungen also, die als Zeittaktgeber arbeiten.

Übung 6.2

a) Ergänzen Sie das Zeitablaufdiagramm für das aus zwei monostabilen Kippgliedern bestehende astabile Kippglied.

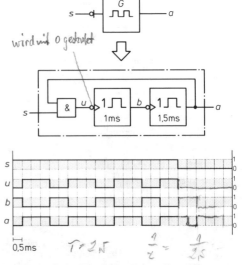

b) Wie groß sind Periodendauer T und Frequenz f der erzeugten Impulse?

c) Welches Impuls-Impulspause-Verhältnis liegt vor?

$t_i : t_p = \frac{3}{2} = 1,5$

Bild 6.4: Astabile Kippschaltung aus zwei monostabilen Kippgliedern:
a) Digitalschaltung mit Sperr- bzw. Freigabeeingang.
b) Blockschaltzeichen: Weil dieses astabile Kippglied im gesperrten Zustand (Ruhezustand) am Ausgang den Wert 1 führt, wird der Ausgang mit dem Negationszeichen dargestellt. Der Sperreingang wird mit einer Negation bezeichnet, weil die Sperrung mit einem 0-Wert erfolgt.
c) Zeitablaufdiagramm mit Darstellung des Startvorgangs.

Bild 6.5 zeigt die elektronische Gesamtschaltung eines astabilen Kippgliedes, das aus einem Schmitt-Trigger und einem RC-Glied zusammengesetzt ist. Im Grunde handelt es sich um eine Ein- und Ausschaltverzögerung, deren Eingang mit dem Schaltungsausgang verbunden ist. Für den astabilen Betrieb unerläßlich ist allerdings bei der Rückführung des Signals vom Ausgang auf den Eingang die *Signalnegation*; deswegen wird hier ein Trigger mit negierendem Ausgang verwendet.

Um den Impulsgenerator starten und stillsetzen zu können, ist der Schalter S vorgesehen. Wenn er geschlossen ist, liegt der Trigger-Eingang auf L-Pegel, und der Trigger-Ausgang führt dementsprechend H-Pegel. Wird der Schalter geöffnet, so kann sich der Kondensator C über den Widerstand R (und über den Trigger-Eingang, falls aus diesem ein Strom fließt) aufladen, bis die obere Eingangstriggerschwelle U_{so} erreicht ist. Bei diesem Schwellenwert schaltet der Trigger seinen Ausgang von H- auf L-Pegel um. Da der am Ausgang angeschlossene Widerstand nun

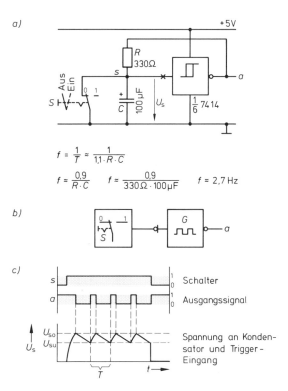

Bild 6.5: Impulsgenerator, ausgeführt mit einem Schmitt-Trigger-Glied und einer RC-Kombination:
a) Elektronische Schaltung. Der Schalter S dient zum Stillsetzen. R und C bestimmen zusammen mit der Schalthysterese des Triggers die Taktfrequenz f.
b) Blockdarstellung der astabilen Kippschaltung.
c) Zeitablaufdiagramm.

nicht mehr auf H-, sondern auf L-Pegel liegt, wird der Kondensator nicht weiter aufgeladen, sondern entladen. Die Kondensatorspannung sinkt nun wieder, bis die untere Triggerspannungsschwelle U_{su} erreicht wird, bei der der Trigger-Ausgang erneut von L auf H schaltet. Danach wird der Kondensator wieder über den Widerstand aufgeladen, usw.

Die Taktfrequenz wird bei dieser Schaltung von den Bauelementen R und C und von der Schalthysterese am Trigger-Eingang bestimmt. Je größer die Werte für R und C und je größer die Schalthysterese

Übung 6.3

Ein integrierter Digitalbaustein enthält zwei gleiche monostabile Kippglieder mit den hier dargestellten Eingangsvorstufen sowie mit negierenden und nicht negierenden Ausgängen.
a) Ergänzen Sie die fehlenden Verbindungen zwischen den Schaltgliedern so, daß eine astabile Kippschaltung entsteht, die gemäß dem abgebildeten Zeitablaufdiagramm funktioniert.
b) Zeichnen Sie das Blockschaltzeichen für diese astabile Kippschaltung (Sperreingang a, Kippgliedausgang h).

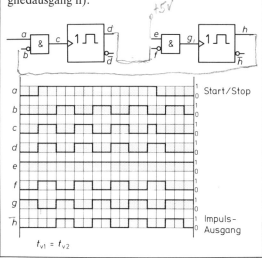

($U_h = U_{so} - U_{su}$) sind, desto niedriger ist die Taktfrequenz; denn dann dauert es jeweils länger, bis der Kondensator bis zu den Triggerschwellenwerten aufgeladen bzw. entladen wird.

Bei der Festlegung des Widerstandes R darf aber ein bestimmter Höchstwert nicht überschritten werden, weil sonst beim Entladen des Kondensators die untere Triggerschwelle (typisch 0,9 V) nicht unterschritten werden kann (vgl. *Kapitel 3*). Denn bei TTL-Gliedern fließt bekanntlich ein nicht zu vernachlässigender Strom aus den Eingängen heraus, wenn sie auf L-Pegel geschaltet werden. Und dieser Strom verursacht an einem angeschlossenen Widerstand einen Spannungsabfall, der kleiner als die untere Triggerschwellenspannung bleiben muß (vgl. *Bild 3.11* und *3.12*). In der astabilen Kippschaltung von *Bild 6.5* wird ein Triggerglied aus einem TTL-Baustein 7414 verwendet, bei dem der Widerstand zwischen Eingang und Masse nicht größer als 330 Ω sein soll. Mit der bei der Schaltung angegebenen Formel kann die Taktfrequenz f angenähert berechnet werden.

Wegen der verschiedenen Trigger-Eingangsströme, die neben den über den Widerstand R fließenden Strömen die Auf- und Entladung des Kondensators beeinflussen, ist die Impulsdauer (Dauer der 1-Werte an a) kürzer als die Impulspausendauer (Dauer der 0-Werte an a).

Beispiele für die Anwendung astabiler Kippglieder

Wir beschränken uns hier im wesentlichen auf grundlegende digitalelektronische Schaltungsvorschläge, die der Hobby-Elektroniker ohne allzu großen Aufwand mit TTL-Bausteinen und einigen diskreten Bauelementen nachvollziehen kann. Und wir haben nicht zuletzt Anwendungsbeispiele ausgesucht, die zum spielerischen Experimentieren anregen sollen, damit der Spaß an der Sache nicht zu kurz kommt.

Blinksignalgeber mit Leuchtdiode

Bild 6.6 zeigt eine astabile Kippschaltung mit Schmitt-Triggern, die so ausgelegt ist, daß eine angeschlossene Leuchtdiode mit einer Frequenz von ca. 1,2 Hz blinkt, wenn der Schalter S (ein Öffner) betätigt wird. Die Leuchtdiode ist nicht direkt an den Taktausgang a angeschlossen, weil dieser Ausgang schon mit dem Lade- und Entladestrom für den Kondensator C über den Widerstand R belastet ist. Es werden zwei weitere Trigger-Glieder (im IC 7474 stehen ja insgesamt 6 zur Verfügung) zur Ankopplung der Leuchtdiode benutzt: *zwei* deshalb, weil diese Trigger-Glieder negierende Ausgänge besitzen und durch die doppelte Negation vermieden wird, daß die Leuchtdiode auf Dauer leuchtet, wenn der Schalter S nicht betätigt wird (dann ist $a = 1$).

Bild 6.7 zeigt eine Schaltungsvariante des Blinksignalgebers, bei der das Ein- und Ausschalten des Generatorbetriebs nicht mit einem mechanischen Schalter von Hand, sondern durch die standardisierten H- bzw. L-Pegelwerte von einer TTL-Schaltung her erfolgen kann. Mit diesem Steuereingang s läßt sich der Blinksignalgeber problemlos an Standardausgänge von TTL-Gliedern anschließen, denn sein Eingangslastfaktor ist 1.

Die Diode D (Germanium-Typ mit *niedriger* Schleusenspannung von ca. 0,4 V) verhindert das Aufladen des Kondensators über das vorgeschaltete Trigger-Glied, wenn dessen Ausgang H-Pegel führt; sie überbrückt den Kondensator, wenn sie über das Trigger-Glied auf L-Pegel geschaltet ist; damit ist der Taktgeber stillgesetzt. Bei $s = 0$ führt der Ausgang des 2. Trigger-Gliedes L-Pegel und der Ausgang des 3. Trigger-Gliedes H-Pegel. Deshalb fließt vom Ausgang des 3. Trigger-Gliedes über den 330-Ω-Widerstand und die Diode ein Strom in den *Ausgang* des 2. Trigger-Gliedes. Dies führt jedoch nicht zu Schäden, weil der Strom durch R und D begrenzt wird. Die vor und hinter dem eigentlichen astabilen Kippglied liegenden Trigger-Paare dienen neben ihrer

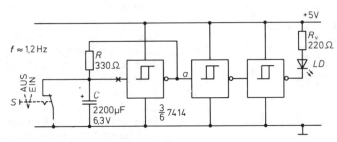

Bild 6.6: Astabile Kippschaltung als Blinksignalgeber, mit Ein-Aus-Schalter.

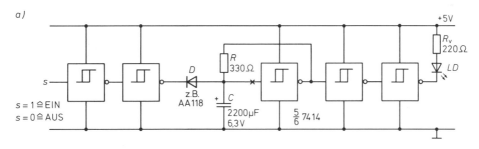

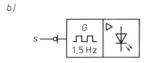

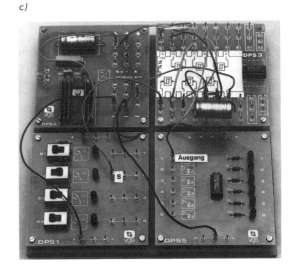

Bild 6.7: Astabile Kippschaltung als Blinksignalgeber mit Sperreingang zum Ansteuern durch H- bzw. L-Pegel-Werte (L ≙ Sperrung):
a) Schaltplan,
b) Blockschaltzeichen der Signalgeber-Schaltung,
c) Schaltungsaufbau mit dem DIGIPROB-System. Der Schaltungseingang s ist hier mit der Eingabeeinheit (DPS 1) verbunden und der Schaltungsausgang mit der Ausgabeeinheit (DPS 5).

Übung 6.4

Vervollständigen Sie den Anschlußplan gemäß der Blinksignalgeber-Schaltung von *Bild 6.7*.

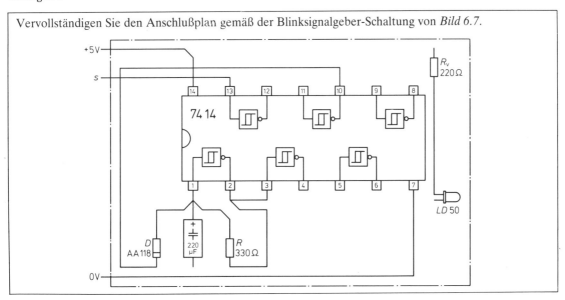

elektronischen Ankopplungsfunktion als Negationsglieder auch zur Signalumkehr: Das erste NICHT-Glied-Paar (links) soll gewährleisten, daß bei einem L-Pegel am Schaltungseingang s der Generator stillgesetzt ist. Das ausgangsseitige NICHT-Glied-Paar ist wie in *Bild 6.6* erforderlich, um das astabile Kippglied von der Leuchtdiode zu »entlasten« und um die Leuchtdiode ausgeschaltet zu lassen, wenn der Generator stillgesetzt ist.

Die Schaltung erscheint auf den ersten Blick relativ umfangreich, aber da sich die Trigger-Glieder alle in einem IC befinden, bleibt der technische Aufwand begrenzt, wie Sie in *Übung 6.4* sehen können.

Tonsignalgeber

Mit zwei NAND-Schmitt-Triggern, wie sie z. B. in einem IC 7413 enthalten sind, ist die astabile Kippschaltung in *Bild 6.8* auszuführen. Die frequenzbestimmenden Bauelemente R und C sind so bemessen, daß eine Impulsfrequenz von etwa 1,8 kHz erzeugt wird, die sich gut als Tonsignal nutzen läßt, wenn eine Lautsprecherstufe angeschlossen wird. Da aus einem Eingang der NAND-Trigger-Glieder ein relativ großer Strom (bis zu 1,6 mA) zum L-Pegel fließen kann, darf der Widerstand R, der zur periodischen Ladung und Entladung des Kondensators C dient, nicht größer als 330 Ω sein, damit noch das Umschalten des Triggers an der unteren Eingangstriggerschwelle gesichert ist. Die Einstellung niedrigerer Frequenzen wäre also nur durch den Einsatz größerer Kondensatorkapazitäten möglich.

Die NAND-Schmitt-Trigger bieten den Vorteil, daß einer ihrer Eingänge als Sperr- und Freigabe-Eingang genutzt werden kann. Dieser Sperr- und Freigabe-Eingang ist absolut TTL-kompatibel, d. h. problemlos an Standardausgänge von TTL-Bausteinen anschließbar. Der Impulsgenerator wird im Ruhezustand gehalten, wenn der Sperreingang s auf L-Pegel liegt; dann ist die UND-Bedingung für die Eingänge der NAND-Verknüpfung nicht erfüllt, ihr Ausgang führt also H-Pegel. Der zweite NAND-Schmitt-Trigger führt in diesem Fall an seinem Ausgang L-Pegel, so daß der angeschlossene npn-Transistor gesperrt ist und kein unnützer Ruhestrom durch den Lautsprecher fließt.

Bild 6.9 zeigt ein Ausführungsbeispiel mit Kleinlautsprecher. Wenn Sie Platine und Lautsprecher in einem kleinen Gehäuse unterbringen, steht Ihnen ein handlicher akustischer Signalgeber zum Einsatz beim Experimentieren mit TTL-Schaltungen zur Verfügung. Das Signal ertönt, wenn der Schaltungseingang s mit H-Pegel beschaltet wird oder offen liegt.

Bild 6.9: Ausführungsbeispiel eines Tonsignalgebers nach *Bild 6.8*.

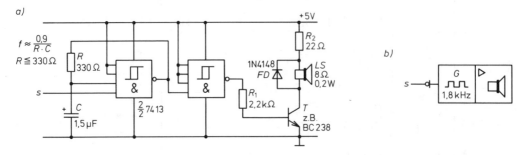

Bild 6.8: Astabile Kippschaltung als Tonsignalgeber, ausgeführt mit zwei NAND-Schmitt-Triggern aus einem IC 7413: *a)* Schaltplan;

b) Blockschaltzeichen der Signalgeber-Schaltung ($s = 1 \triangleq$ H $\triangleq$ Tonsignal EIN; $s = 0 \triangleq$ L $\triangleq$ Tonsignal AUS; $s =$ »offen« $\triangleq$ 1 $\triangleq$ Tonsignal EIN)

Tonsignalgeber mit periodisch unterbrochenem Ton: der »Pieper«

Ein periodisch unterbrochenes Signal wird besser wahrgenommen als ein gleichmäßiger Dauerton. Deshalb der folgende Vorschlag einer Schaltung, die »Pieptöne« erzeugt. Solche »Pieper«, wie man diese akustischen Signalgeber kurz nennt, sind z.B. in Weckuhren und elektronischen Spielzeugen anzutreffen.

Digitaltechnisch gesehen besteht die hier vorgestellte Schaltung zur »Piepton«-Erzeugung aus zwei astabilen Kippgliedern: *Bild 6.10*. Das eine Kippglied fungiert als *Tonsignalgenerator* und erzeugt eine Hörfrequenz, das andere arbeitet als *Taktgenerator* mit einer niedrigen Impulsfrequenz und schaltet den Tongenerator über einen Sperr- und Freigabeeingang periodisch ein und aus.

Im digitalelektronischen Schaltplan von *Bild 6.11* sind für den Aufbau der astabilen Kippglieder und der Kopplungsstufen NAND-Schmitt-Trigger vom Typ 7413 vorgesehen; nicht zuletzt deshalb, weil die Eingänge dieser Glieder ohne weiteres als Sperr- und Freigabeeingänge für die Impulsgeneratoren genutzt werden können. Außerdem sind diese Trigger-Baustein-Typen wohl am ehesten im Handel zu bekommen.

Die beiden astabilen Kippglieder sind schaltungstechnisch gleich, nur die taktzeitbestimmenden Bauelemente R und C sind unterschiedlich bemessen. Am Ausgang t des *Taktgebers* liegt der Sperr- und Freigabeeingang des *Tongebers*. Am Ausgang a des Tongebers ist die Lautsprecherstufe angeschlossen.

Bild 6.12 zeigt den vollständigen Anschlußplan des »Piepton«-Signalgebers. Auch diese Schaltung kann z.B. in der praktischen Ausführung zusammen mit einem Kleinlautsprecher in einem Gehäuse untergebracht und als handlicher »Hörmelder« an Experimentier- und Spielschaltungen angeschlossen werden.

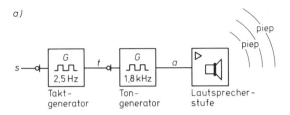
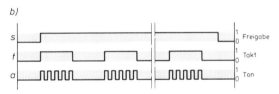

Bild 6.10: Prinzipieller Aufbau eines Tonsignalgebers (»Pieper«) mit periodisch unterbrochenem Ton und Freigabeeingang:
a) Blockschaltplan, b) Zeitablaufdiagramm (Signaldarstellung nicht maßstäblich).

Miniorgel mit astabilen Kippgliedern

Mit astabilen Kippgliedern läßt sich auch Musik machen: Wenn man eine Anzahl astabiler Kippglieder in ihren Frequenzen nach der Tonleiter abstimmt und die Frequenzen hörbar macht, hat man ein digitalelektronisches Musikinstrument.

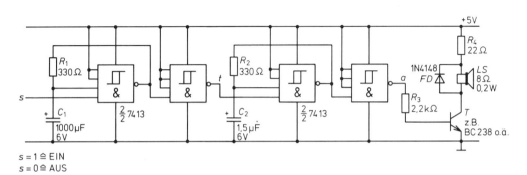

Bild 6.11: Gesamtschaltplan eines Tonsignalgebers (»Piepers«) mit rhythmisch unterbrochenem Ton, ausgeführt mit zwei Schmitt-Trigger-NAND-Bausteinen vom Typ 7413.

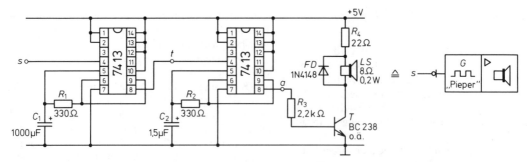

Bild 6.12: Anschlußplan der Tonsignalgeber-Schaltung mit rhythmisch unterbrochenem Ton (vgl. *Bild 6.11*).

Die *Miniorgel* in *Bild 6.13* besteht aus 12 gleichartigen astabilen Kippgliedern, die mit einzelnen Tastschaltern, die eine Tastatur bilden, ein- und ausgeschaltet werden können. Die erzeugten Impulsfrequenzen werden über eine ODER-Schaltung einer Lautsprecherstufe zugeführt. Da mehrere Generatoren gleichzeitig schwingen können, hat man ein Instrument, mit dem man auch Akkorde spielen kann.

Eine digitalelektronische Schaltungsausführung zeigt *Bild 6.14*. In diesem Schaltungsvorschlag werden die astabilen Kippglieder mit Schmitt-Triggern vom Typ 7414 gebildet. Weil die Frequenzen der einzelnen Tongeneratoren nach der Tonleiter aufeinander abgestimmt werden sollen, werden für die frequenzbestimmenden Widerstände Trimmpotentiometer verwendet. Als Schalter genügen einfache Schließer, die jeweils an die Rückkopplungsleitungen der Schmitt-Trigger geschaltet werden. Solange die Rückkopplungsleitungen unterbrochen sind, können die Tongeneratoren nicht schwingen. Im Ruhezustand führen die Trigger-Ausgänge, die gleichzeitig die Ausgänge der Tongeneratoren darstellen, L-Pegel. Wenn alle Tongenerator-Ausgänge L-Pegel führen, bleibt der Lautsprecher stromlos, denn die Darlington-Transistorstufe sperrt in diesem Fall. Schaltet aber einer der Tongeneratoren periodisch auf H-Pegel, so wird die Transistorstufe ebenfalls periodisch über die angeschlossene Diode und den Basisvorwiderstand (R_o) durchgeschaltet: Der Lautsprecher schwingt im Rhythmus der Tonfrequenz.

Die Dioden bilden zusammen mit dem Basisvorwiderstand der Transistorstufe eine ODER-Verknüpfung in »diskreter« Ausführung. Immer dann, wenn an einer oder an mehreren Dioden H-Pegel eingespeist wird, tritt am »Ausgang« der ODER-Schaltung, am Basisvorwiderstand, auch H-Pegel

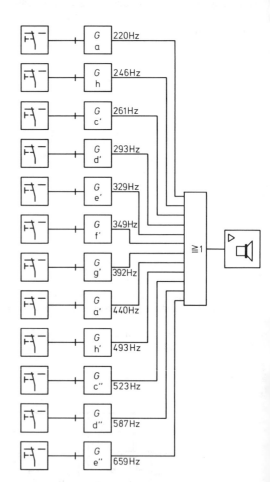

Bild 6.13: Organisationsschema einer digitalelektronischen Miniorgel. Die einzelnen Frequenzgeneratoren sind gemäß der Tonleiter abgestimmt. Sie werden durch Tastendruck eingeschaltet. Über eine ODER-Verknüpfung gelangen die Frequenzen zu einem Ausgangsverstärker mit Lautsprecher. Man kann die 12 Tongeneratoren natürlich auch so stimmen, daß alle 12 Halbtöne einer Oktave erzeugt werden.

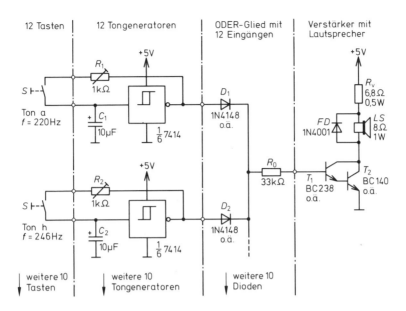

Bild 6.14: Schaltplan der Miniorgel mit astabilen Kippgliedern. Nur zwei der insgesamt 12 Tongeneratorstufen sind abgebildet; die übrigen sind wie diese aufgebaut. Mit den Trimmerwiderständen (1 kΩ) werden die Generator-Frequenzen nach der Tonleiter abgestimmt. Die ODER-Verknüpfung ist als diskrete Schaltung mit Dioden und einem Widerstand aufgebaut.

auf, der den angeschlossenen Transistor durchsteuert. Die Dioden verhindern, daß unerwünschte Ströme von Trigger-Ausgängen, die gerade H-Pegel führen, zu Trigger-Ausgängen, die L-Pegel führen, fließen können. *Bild 6.15* zeigt, wie die diskrete ODER-Schaltung funktioniert. Man spricht in diesem Fall gelegentlich von einer »passiven« Verknüpfungsschaltung, weil in ihr keine Signalverstärkung stattfindet. Man hätte die ODER-Verknüpfung auch mit integrierten ODER-Gliedern ausführen können, aber da es keine integrierten ODER-Glieder mit 12 Eingängen gibt, hätte man mehrere kleinere entsprechend zusammenschalten müssen. Der Schaltungsaufwand wäre dadurch größer gewesen als beim Einsatz von 12 Dioden. Für den Lautsprecher-Verstärker wird eine Darlington-Transistorstufe verwendet, weil sie nur einen geringen Steuerstrom benötigt. Sie kann deshalb direkt, d.h. ohne zwischengeschaltete Treiberstufen, an die astabilen Kippglieder angeschlossen werden, ohne daß diese zu stark belastet werden.

Den Gesamtanschlußplan der Miniorgel finden Sie in *Bild 6.16.* Der Schaltungsaufwand hält sich in Grenzen. Da in einem IC 7414 sechs Schmitt-Trigger enthalten sind, lassen sich die 12 Tongeneratoren mit nur zwei dieser ICs aufbauen. Neben der Lautsprecherstufe werden nur je 12 gleiche Tastschalter, Trimmerwiderstände, Elektrolytkondensatoren und Dioden benötigt. Das Ganze kann in einem Gehäuse im Format einer Zigarrenkiste Platz finden.

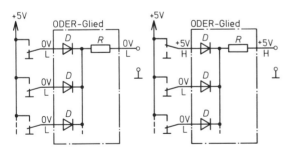

Bild 6.15: Zur Erläuterung der Arbeitsweise eines passiven ODER-Gliedes, diskret aufgebaut mit Gleichrichterdioden und einem Widerstand. Wenn einer oder mehrere Eingänge auf H-Pegel liegen, führt auch der Ausgang der Verknüpfungsschaltung H-Pegel.

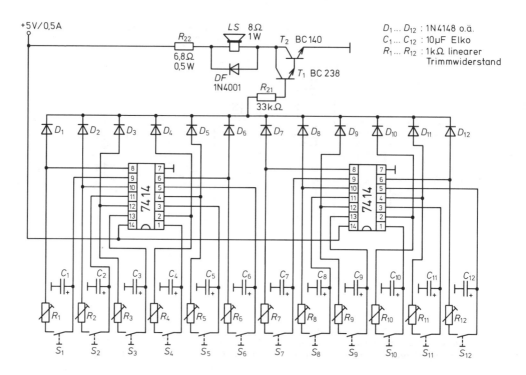

Bild 6.16: Gesamtanschlußplan der digitalelektronischen Miniorgel. Mit den beiden integrierten TTL-Bausteinen 7414 (je 6 Schmitt-Trigger) werden die 12 Tongeneratoren gebildet.

Astabile Kippglieder programmgesteuert – ein digitalelektronischer Melodiegeber

Eine weitere Digitalschaltung, in der »Musik drin ist«, erhält man, wenn man astabile Kippglieder als Tonfrequenzgeneratoren an eine Programmablauf-Steuerung aus monostabilen Kippgliedern anschließt: *Bild 6.18*. Mit dieser Schaltung lassen sich per Knopfdruck automatisch ablaufende, vorprogrammierte Tonfolgen erzeugen.

Der *Melodiegeber* bietet sich z.B. als Ersatz für einfache Türklingeln oder als Überraschung für Gäste an, die man mit einer passenden Melodie willkommenheißen will. Auch als »Applausgeber« in nicht allzu ernsten Diskussionsrunden kann er sich bewähren.

Das digitale Organisationsschema der Schaltung ist einfach: Für jeden Ton der gewünschten Melodie wird in der Programmablauf-Steuerung ein Programmschritt vorgesehen; mit jedem Programmschritt wird ein Tonfrequenzgenerator eingeschaltet.

Die Programmablauf-Steuerung wird aus einer Kette von *monostabilen* Kippgliedern gebildet, die sich nacheinander einschalten, wenn das erste Kippglied

Bild 6.17: Ausführungsbeispiel für die Schaltung der Miniorgel.

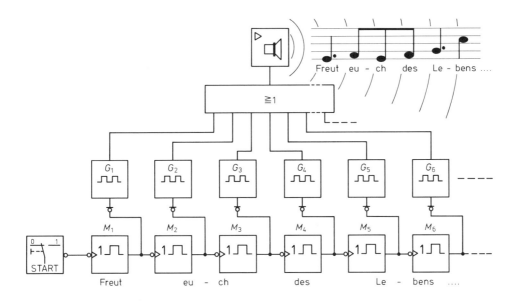

Bild 6.18: Organisationsschema eines *Melodiegebers* mit monostabilen und astabilen Kippgliedern. Die monostabilen Kippglieder bilden eine Programmablaufsteuerung, die nacheinander die abgestimmten Tonfrequenzen ansprechen läßt. Weitere Programmschrittstufen lassen sich anreihen.

den Startimpuls für den Programmablauf erhalten hat (vgl. auch *Bild 5.13ff*). Die Verwendung einer Programmablauf-Steuerung aus monostabilen Kippgliedern ist bei der vorliegenden Aufgabenstellung von besonderem Vorteil, weil sich mit der Möglichkeit der individuellen Einstellung der Verweilzeit der monostabilen Kippglieder ganz einfach die Dauer der einzelnen Töne der Melodie programmieren läßt. In ihren Frequenzen werden die einzelnen Töne an den RC-Gliedern der Tongeneratoren (astabile Kippglieder) abgestimmt. Über eine Verknüpfungsschaltung werden die Tonsignale von den astabilen Kippgliedern einer gemeinsamen Lautsprecherstufe zugeführt (vgl. *Bild 6.14* und *6.16*). Die Melodiegeber-Schaltung in *Bild 6.18* ist mit sechs Programmschritt-Stufen (je ein monostabiles und ein astabiles Kippglied) ausgestattet; die Kette kann beliebig erweitert werden.

Für die praktische Ausführung der Melodiegeber-Schaltung eignen sich prinzipiell alle ICs, mit denen sich monostabile bzw. astabile Kippglieder bilden lassen. Wir haben für die *Programmablauf-Steuerung* ICs vom Typ 74121 verwendet, die wir schon für die Lauflichtsteuerung auf *Seite 119* eingesetzt haben. Die ICs sind auch hier so beschaltet, daß sie als monostabile Kippglieder mit Ansteuerung durch H-L-Pegelwechsel arbeiten. *Bild 6.19* enthält den Anschlußplan der Programmablauf-Steuerung für drei

Schaltstufen; weitere sind in gleicher Ausführung hinzuzufügen. Aus Platzgründen sind in dieser Abbildung die an die Ausgänge der monostabilen Kippgliedstufen anzuschließenden Tongeneratoren (G_1, G_2,...) nur in Form von Blockschaltzeichen dargestellt (ihre detaillierte Schaltungsausführung wird noch anhand von *Bild 6.20* erläutert).

Die ICs der Programmablauf-Steuerung sind mit einstellbaren Widerständen beschaltet; damit läßt sich die Dauer jedes Tones unabhängig von den anderen verändern.

Im Ruhezustand führen alle monostabilen Kippstufen an ihren Ausgängen L-Pegel. Durch ein kurzes Antippen des Schalters S wird der Ablauf einer Tonfolge ausgelöst, weil dann am Eingang des ersten Kippgliedes ein H-L-Pegelwechsel stattfindet (bei unbetätigtem Schalter liegt der Eingang offen, also über eine interne Verbindung im IC auf H-Pegel, da ein TTL-IC vorliegt). Während des Ablaufs der Verweilzeit beim *ersten* monostabilen Kippglied führt dessen Ausgang H-Pegel, und der *erste* Tongenerator wird zur Tonerzeugung freigegeben. Fällt das erste Kippglied in den Ruhezustand zurück, so wird durch den Pegelwechsel von H auf L an seinem Ausgang der erste Tongenerator wieder ausgeschaltet und die angeschlossene zweite monostabile Kippschaltung in den Arbeitszustand versetzt. Der zweite Tongenerator wird nun freigegeben, und so fort.

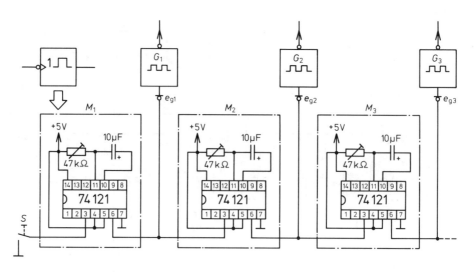

Bild 6.19: Schaltungsauszug der *Programmablauf-Steuerung* für den Melodiegeber (vgl. *Bild 6.18*). Die einzelnen monostabilen Kippglieder werden mit ICs vom Typ 74121 gebildet. Hier sind die ersten drei monostabilen Kippglieder M_1 bis M_3 ausgeführt, die die ersten drei Tongeneratoren G_1 bis G_3 ansteuern.

Übung 6.5

Bei der Programmablaufsteuerung des Melodiegebers nach *Bild 6.18* ist es möglich, erneut einen Programmablauf auszulösen, ehe eine schon vorher ausgelöste Tonfolge verklungen ist. Wenn diese Möglichkeit unerwünscht ist, muß eine *Verriegelungsschaltung* vorgesehen werden, die das erneute Auslösen während eines laufenden Programms verhindert.
a) Verschalten Sie die angegebenen Schaltglieder am Eingang der Programmablaufsteuerung entsprechend.
b) Wie verhält sich die Schaltung, wenn der Schalter S dauernd 1-Wert abgibt?
Hier wird eine Schaltung mit nur vier Programmschritten betrachtet. Das RS-Kippglied besitzt einen dominierenden Rücksetz-Eingang.

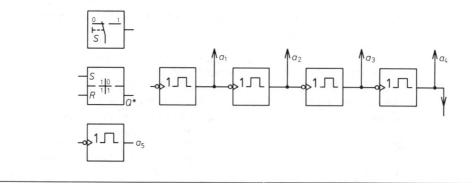

Bild 6.20 zeigt die Schaltungsausführung der *Tongeneratoren* sowie deren Ankopplung an die gemeinsame Lautsprecherstufe. Die Tongeneratoren bestehen jeweils aus einer Kombination eines Schmitt-Triggers (IC-Typ 7414) mit einem RC-Glied. Eine derartige astabile Kippschaltung wurde im einzelnen schon anhand von *Bild 6.5* in diesem Kapitel erläutert.
Zum Sperren des Generatorbetriebs sind den astabilen Kippschaltungen Treiberstufen mit »Offen-Kol-

lektor-Ausgängen« (Baustein-Typ 7407, siehe *Band 1, Kapitel 7*) zugeordnet. Jede dieser Treiberstufen erfüllt hier die gleiche Funktion wie der Schalter S in der Prinzipschaltung von *Bild 6.5*. Wenn die Treiberstufe durchgeschaltet (d. h. niederohmig) ist, überbrückt sie den Kondensator C in der astabilen Kippschaltung, so daß diese im Ruhezustand gehalten wird. Ist jedoch die Treiberstufe gesperrt (d. h. hochohmig), so kann der Kondensator C über den Widerstand R periodisch aufgeladen und entladen werden, d. h. die astabile Kippschaltung oszilliert.

Digitaltechnisch können die einzelnen Tongeneratorschaltungen zusammen mit den Treiberstufen als astabile Kippglieder mit negierenden Sperr- bzw. Freigabeeingängen und negierenden Ausgängen aufgefaßt werden (siehe z. B. das Blockschaltzeichen G_1 in *Bild 6.20*). Ein astabiles Kippglied dieser Art ist stillgesetzt, wenn an seinem Sperreingang L-Pegel anliegt; es oszilliert, wenn der Sperreingang (z. B. von der Programmsteuerung her) H-Pegel bekommt. Der Ausgang eines solchen astabilen Kippgliedes führt im stillgesetzten Zustand H-Pegel; im Arbeits-

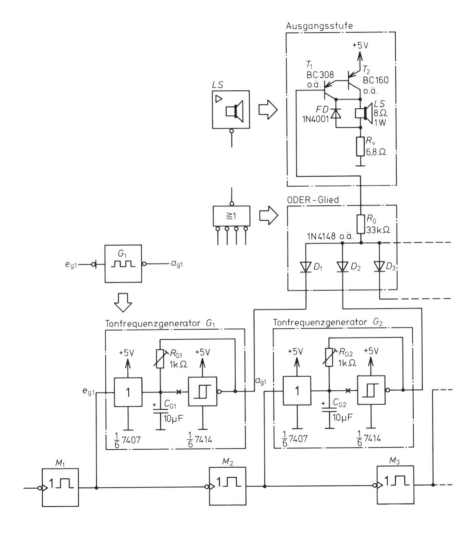

Bild 6.20: Schaltung der *Tonfrequenzgeneratoren* (hier nur für G_1 und G_2 gezeigt) des Melodiegebers. Die astabilen Kippglieder werden aus Schmitt-Triggern des Typs 7414 und RC-Gliedern gebildet. Treiber vom Typ 7407 (mit offenem Kollektor) dienen zur Ankopplung an die monostabilen Kippglieder (Programmstufen). Die Tonfrequenzgeneratoren werden über eine diskrete ODER-Schaltung mit der Lautsprecher-Ausgangsstufe verbunden.

zustand schaltet es fortwährend von H auf L und wieder zurück, liefert also Rechteck-Impulse (in diesem Falle im Bereich der Tonfrequenzen).
Die Lautsprecherstufe und das aus Dioden bestehende ODER-Glied sind so konzipiert, daß im Ruhezustand aller astabilen Kippglieder (wenn deren Ausgänge alle H-Pegel führen) kein Strom durch den Lautsprecher fließt. Der Lautsprecher wird nur dann von einem Strom durchflossen, wenn ein astabiles Kippglied beim Schwingen immer wieder auf L schaltet. Um diese Art der Ansteuerung für den Lautsprecher zu erreichen, sind hier pnp-Transistoren in der Ausgangsstufe eingesetzt worden. Die Dioden im ODER-Glied verhindern (wie auch bei der Miniorgel, vgl. *Bild 6.14*), daß Ströme von einem Generator-Ausgang zu einem anderen fließen können. Für die ODER-Verknüpfung wurde eine diskrete Ausführung mit Dioden gewählt, weil sie sich bei Bedarf durch Hinzuschalten weiterer Dioden ganz einfach erweitern läßt. Eine entsprechende Verknüpfungsschaltung mit ICs wäre hier technisch aufwendiger.
Weil im Ruhezustand des Melodiegebers sowohl die Eingänge als auch der Ausgang der Diodenschaltung auf H-Pegel liegen, kann diese Verknüpfungsschaltung zusammenfassend als ODER-Glied mit negierenden Eingängen und mit negierendem Ausgang dargestellt werden (siehe Blockschaltzeichen in *Bild 6.20*). Das Blockschaltzeichen für die Lautsprecherstufe (LS) wird ebenfalls mit einem negierenden Eingang gezeichnet.
Bild 6.21 zeigt den Anschlußplan mit sechs Tongeneratoren, der ODER-Koppelschaltung und der Lautsprecherstufe. Die sechs Steuereingänge der Tongeneratoren ($e_{g1} \ldots e_{g6}$) müssen mit den Ausgängen der Programmablauf-Steuerung von *Bild 6.19* verbunden werden.

Übung 6.6

Realisieren Sie die ODER-Verknüpfung mit 6 negierenden Eingängen und negierendem Ausgang, die in Bild 6.20 Anwendung findet, ausschließlich mit NAND-Gliedern mit je drei Eingängen (z. B. enthalten im TTL-IC 7410).

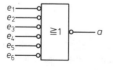

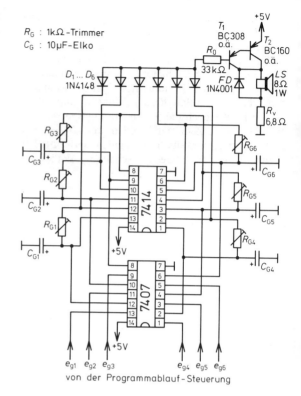

Bild 6.21: Anschlußplan für sechs Tongeneratoren, die ODER-Koppelschaltung und die Lautsprecherstufe des Melodiegebers nach *Bild 6.18*.

Da in einem IC 7414 sechs Schmitt-Trigger-Glieder und in einem IC 7407 sechs Treiberstufen enthalten sind, sind für den Aufbau von sechs *Tongeneratoren* nur zwei ICs erforderlich. Die sechs monostabilen Kippglieder der *Programmablauf-Steuerung* erfordern je ein IC 74121. Insgesamt sind für eine Melodiegeber-Schaltung für sechs Töne also acht TTL-74-ICs erforderlich (1 IC 7414, 1 IC 7407, 6 IC 74121). Das *ODER-Glied* besteht aus sechs Dioden mit nachgeschaltetem Widerstand.
Wenn z. B. eine *zwölfschrittige* Tonfolge gewünscht wird, so müssen – abgesehen von der Lautsprecherstufe – alle Schalteinheiten doppelt so oft vorhanden sein.
Damit eine Melodie bequem »einprogrammiert« werden kann, ist es zweckmäßig, die Verbindungen zwischen der Programmablauf-Steuerung und den Tongeneratoren auftrennbar auszuführen, so daß die Tongeneratoren einzeln angesteuert werden können.

Man kann dann zuerst die gewünschten Töne einer Tonfolge der Reihe nach einzeln einstellen (mit Hilfe der Trimmwiderstände an den astabilen Kippgliedern). Danach werden die Verbindungen zwischen der Programmablauf-Steuerung und den Tongeneratoren geschlossen. Bei einigen Probeläufen werden nun auch die Verweilzeiten der Töne eingestellt, und zwar mit den Trimmwiderständen an den monostabilen Kippgliedern der Programmablauf-Steuerung.

Astabile Kippglieder im Zusammenspiel - ein »akustisches Mobile«

Wenn mehrere astabile Kippglieder als Tonfrequenzerzeuger bzw. als Taktgeber über eine Verknüpfungsschaltung auf eine Lautsprecherstufe einwirken, erhält man die verschiedensten wechselnden Klangkombinationen und Tonfolgen – wir nennen diese Schaltung ein »akustisches Mobile«: *Bild 6.22*. Der besondere Reiz dieser Schaltung liegt in der Vielfalt der scheinbar zufällig entstehenden Töne und Tonfolgen sowie in der Möglichkeit, durch die Wahl verschiedener Verknüpfungen von Tonfrequenzen und Taktzyklen mit der Schaltung zu »spielen«, um immer neue Klangergebnisse zu erhalten.

Im Grunde genommen kann man die Schaltung auch als einen einfachen digitalen »Synthesizer« ansehen, mit dem sich »elektronischer Sound« produzieren läßt.

Wir haben für die Schaltung acht astabile Kippglieder verwendet (es könnten auch mehr oder weniger sein), die sich nach ihrer Funktion in zwei Gruppen einteilen lassen: in *Tongeber* (G_6 bis G_8) und in *Taktgeber* (G_1 bis G_5): *Bild 6.23*. Die Tongeber arbeiten mit Impulsfrequenzen, die über den Lautsprecher als hörbare Töne abgestrahlt werden. Die Taktgeber arbeiten mit niedrigen Frequenzen; sie sollen die Tonfrequenzen in den unterschiedlichsten Zeitintervallen ein- und ausschalten.

Das Ein- und Ausschalten der Tonfrequenzen geschieht über UND-Glieder, an deren Eingänge die Tongeber und die Taktgeber angeschlossen sind. Nur wenn jeweils *alle* Eingänge eines UND-Gliedes 1-Wert erhalten, gibt der UND-Glied-Ausgang einen 1-Wert ab. Die UND-Glieder wirken also in der Schaltung des »akustischen Mobile« als »Tonfrequenz-Tore«, die von den Taktgebern geöffnet und geschlossen werden. Bei diesem Zusammenspiel der Ton- und Taktgeber gibt es vielfältige Überlagerungen, die zu immer neuen Klangeindrücken führen.

Durch umsteckbare Verbindungsleitungen zwischen den Ton- und Taktgebern einerseits und den Verknüpfungsgliedern andererseits lassen sich leicht Änderungen der Klangkombinationen vornehmen. *Bild 6.23* zeigt nur eine von vielen Verknüpfungsmöglichkeiten. Zur Erläuterung der Schaltvorgänge in der »Mobile«-Schaltung seien im folgenden zwei einfache Verknüpfungsbeispiele näher betrachtet.

Beispiel I:
In *Bild 6.24* sind ein Tongeber ($f \approx 3$ kHz) und ein Taktgeber ($f \approx 1,7$ Hz) über ein UND-Glied miteinander verknüpft. Dies bewirkt, daß der Lautsprecher einen periodisch unterbrochenen Ton, einen »Piep-Ton«, abstrahlt. Denn nur wenn vom Taktgeber ein 1-Wert zum UND-Glied geliefert wird, können die Tonfrequenzimpulse das UND-Glied passieren. Das in *Bild 6.24* gezeichnete ODER-Glied zwischen dem UND-Glied und der Lautsprecherstufe ist im gewählten Verknüpfungsbeispiel eigentlich nicht erforderlich. Es wird aber abgebildet, weil es in der Gesamtschaltung (*Bild 6.23*) benötigt wird, wenn mehrere, über verschiedene UND-Glieder verknüpfte, Tonfrequenzen gemeinsam auf die Lautsprecherstufe geführt werden sollen.

Beispiel II:
In der Schaltung von *Bild 6.25* wirken drei Impulsgeneratoren über eine gemeinsame UND-Verknüpfung auf die Lautsprecherstufe. Die Tonfrequenz des Tongebers ($f \approx 1,5$ kHz) wird mit einer relativ schnellen Taktfrequenz ($f \approx 15$ Hz) unterbrochen, so daß der Klangeindruck eines »Trillers« entsteht. Der Trillerton wiederum ertönt in kurzen, periodischen Stößen, weil er von einem weiteren Taktgeber ($f \approx 0,33$ Hz) fortwährend über das UND-Glied (die »Tor-Schaltung«) ein- und ausgeschaltet wird. Mit etwas Phantasie hört sich das wie das Trillern eines Vogels oder das Zirpen einer Grille an.

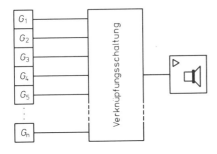

Bild 6.22: Prinzip eines digitaltechnischen »Akustischen Mobile«. Mehrere Tonfrequenz- und Taktgeneratoren wirken über eine Verknüpfungsschaltung auf einen Lautsprecher, so daß verschiedene wechselnde Klangkombinationen und Tonfolgen entstehen.

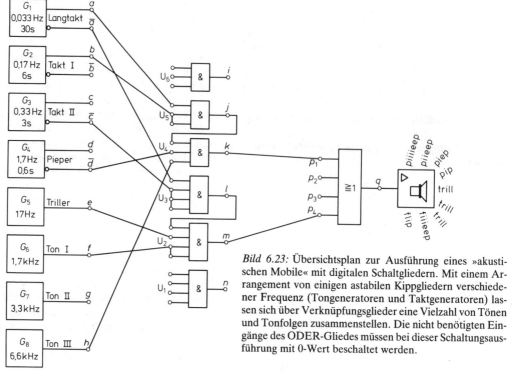

Bild 6.23: Übersichtsplan zur Ausführung eines »akustischen Mobile« mit digitalen Schaltgliedern. Mit einem Arrangement von einigen astabilen Kippgliedern verschiedener Frequenz (Tongeneratoren und Taktgeneratoren) lassen sich über Verknüpfungsglieder eine Vielzahl von Tönen und Tonfolgen zusammenstellen. Die nicht benötigten Eingänge des ODER-Gliedes müssen bei dieser Schaltungsausführung mit 0-Wert beschaltet werden.

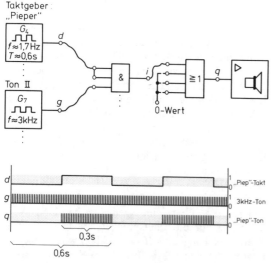

Bild 6.24: Beispiel I für die Erzeugung eines Tones mit dem »akustischen Mobile«: Ein Taktgeber G_4 gibt in regelmäßigen Zeitabständen über eine »Torschaltung« (UND-Glied) ein Tonsignal (erzeugt von G_7) frei. Bei den gewählten Frequenzen entsteht ein »Piep-Ton«. Die Signaldarstellung ist nicht maßstäblich.

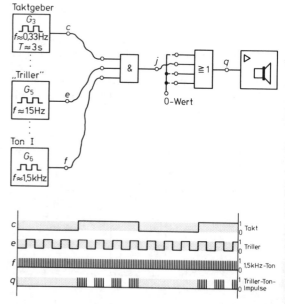

Bild 6.25: Beispiel II für die Erzeugung eines Tones mit dem »akustischen Mobile«: Es entstehen Tonimpulse, die an das Trillern eines Vogels oder an das Zirpen einer Grille erinnern. Die Signaldarstellung ist nicht maßstäblich.

Übung 6.7

Durch das Überlagern unterschiedlicher Taktfrequenzen entstehen scheinbar unregelmäßige Taktzeitänderungen.
Zeichnen Sie die Taktfolge, die sich durch das Überlagern der beiden angegebenen Taktfrequenzen ergibt, in das Zeitablaufdiagramm ein und geben Sie die Dauer der Impulse und Impulspausen an, die während der im Zeitablaufdiagramm dargestellten Zeitspanne am Anschluß k entstehen.

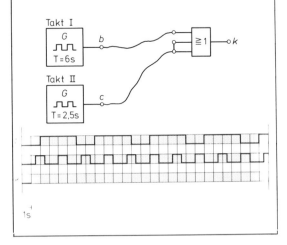

Nun zur *digitalelektronischen Realisation* des »akustischen Mobile«: Die Ton- und Taktgeber könnten technisch grundsätzlich in allen möglichen Schaltungsvarianten ausgeführt werden, die es für astabile Kippglieder gibt. Wir haben hier die Grundschaltung mit *Trigger- und RC-Glied* verwendet, die schon in *Bild 6.5* vorgestellt wurde und auch in der Melodiegeber-Schaltung verwendet wurde. Für die vorliegende Aufgabenstellung haben wir NAND-Schmitt-Trigger vom Typ 49713 ausgesucht, weil sie einen relativ hochohmigen Triggereingang besitzen (siehe auch *Bild 3.15, Kapitel 3*). An den hochohmigen Eingang dieses Triggertyps lassen sich, im Gegensatz zu den Triggern vom Typ 7413 oder 7414, noch relativ hochohmige taktzeitbestimmende Widerstände (bis 12 kΩ) anschließen, so daß dafür die taktzeitbestimmenden Kapazitäten entsprechend kleiner gewählt werden können. Für den Langzeit-Taktgeber der »Mobile«-Schaltung z. B., bei dem eine Taktperiode etwa eine halbe Minute dauern soll, wäre sonst ein »riesiger« Elektrolytkondensator von mehr als 10 000 μF erforderlich. Da in einem IC 49713 zwei gleiche NAND-Schmitt-Trigger enthalten sind, benötigen wir für die acht Takt- bzw. Tongeneratoren insgesamt vier dieser ICs.

Bild 6.26a zeigt die Grundschaltung, nach der die *Tonfrequenz*generatoren (G_6 .... G_8) aufgebaut sind. Es ist eine »frei laufende« astabile Kippschaltung, denn sie besitzt keinen Sperreingang.

Bild 6.26b zeigt die Grundschaltung für die *Takt*generatoren (G_1 ... G_5), bei der mit einem NICHT-Glied (aus einem IC 7404) ein zusätzlicher, *negierender Ausgang* des Generators erzeugt wird. Damit werden die Möglichkeiten zur Erzeugung von Klangkombinationen noch umfangreicher: z.B. können mit dem *negierenden* und dem *nichtnegierenden* Ausgang dieses einen Taktgebers zwei Tongeneratoren im Wechsel ein- und ausgeschaltet werden.

In der Tabelle von *Bild 6.26c* finden Sie Bemessungsvorschläge für die taktzeitbestimmenden Kondensatoren und Widerstände zum Erzeugen der verschiedenen Ton- und Taktfrequenzen. Die Werte sind zugeschnitten auf die hochohmigen Eingänge des NAND-Schmitt-Triggers aus dem TTL-IC 49713. Damit die Tonfrequenzen harmonisch aufeinander abgestimmt werden können, sind bei den Tongeneratoren Trimmerwiderstände vorgesehen. Bei den Taktgeneratoren genügen Festwiderstände. *Bild 6.27* zeigt den Anschlußplan der Takt- und Tongenerator-Schaltung für das »akustische Mobile«.

Bei der praktischen Ausführung der Schaltung stattet man die Ton- und Taktgeber-Ausgänge zweckmäßigerweise mit Mehrfachsteckbuchsen aus, damit an jedem Ausgang nach Bedarf mehrere Verbindungsleitungen zur Verknüpfungsschaltung hin angeschlossen werden können und die Verknüpfung auch leicht zu ändern ist, wenn andere Klangfolgen gewünscht werden. Beachten Sie bitte die Vorschrift, daß TTL-Schaltgliedausgänge nicht unmittelbar miteinander verbunden werden dürfen (siehe auch *Band 1, Kapitel 7*). Die einzelnen Generatorausgänge können mit bis zu 10 TTL-Standard-Eingängen belastet werden.

Die *Verknüpfungsschaltung* des »akustischen Mobile« besteht prinzipiell aus mehreren UND-Gliedern und einem ODER-Glied mit jeweils mehreren Eingängen. Die in *Bild 6.23* gezeigte Zusammenstellung der Verknüpfungsglieder ist als ein »Angebot« aufzufassen, mit dem sich eine ganze Anzahl von Verknüpfungsmöglichkeiten ausführen läßt; man kann selbstverständlich aber auch mit einer anderen Zusammenstellung von Verknüpfungsgliedern arbeiten.

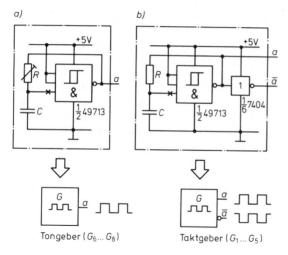

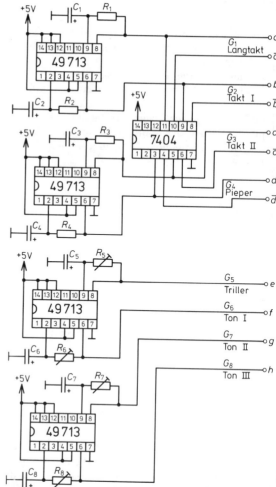

Generator-typ	Frequenz f	Perioden-dauer T	Impuls-dauer t_i	Wider-stand R	Konden-sator C
G_1 Langtakt	≈0,033 Hz	≈30 s	≈15 s	12 kΩ fest	2200 µF
G_2 Takt I	≈0,17 Hz	≈6 s	≈3 s	12 kΩ fest	470 µF
G_3 Takt II	≈0,33 Hz	≈3 s	≈1,5 s	12 kΩ fest	220 µF
G_4 Pieper	≈1,7 Hz	≈0,6 s	≈0,3 s	12 kΩ fest	47 µF
G_5 Triller	≈17 Hz	≈60 ms	≈30 ms	10 kΩ trim.	10 µF
G_6 Ton I	≈1,7 kHz	≈0,6 ms	≈0,3 ms	10 kΩ trim.	0,1 µF
G_7 Ton II	≈3,3 kHz	≈0,3 ms	≈0,15 ms	10 kΩ trim.	47 nF
G_8 Ton III	≈6,6 kHz	≈0,15 ms	≈0,08 ms	10 kΩ trim.	22 nF

Bild 6.26: Zur digitalelektronischen Ausführung der astabilen Kippglieder (Ton- und Taktgeber) für das »akustische Mobile«:
a) astabile Kippschaltung für die *Tongeber*,
b) astabile Kippschaltung für die *Taktgeber* mit nichtnegierendem und negierendem Ausgang,
c) Tabelle mit Vorschlägen für die Werte der frequenzbestimmenden Schaltglieder R und C, die an die hochohmigen Eingänge der 49713-NAND-Schmitt-Trigger angeschlossen sind.

Bild 6.27: Anschlußplan der Takt- und Tongenerator-Schaltung des »akustischen Mobile« (vgl. *Bild 6.23*). Realisationsbeispiel mit NAND-Schmitt-Trigger-ICs vom Typ 49713. Die Signale der Taktgeber G_1 bis G_4 werden mit Hilfe des IC 7404 zusätzlich negiert. Die Tonfrequenzen lassen sich mit Trimmwiderständen aufeinander abstimmen.

Man kann mit einer Schaltung, die nur aus NAND-Gliedern besteht, das gleiche »logische« Resultat erzielen wie mit der UND-ODER-Schaltung nach *Bild 6.23*. *Bild 6.28* enthält ein Beispiel für die Möglichkeit der Umsetzung einer UND-ODER-Schaltung in eine funktionsgleiche NAND-Schaltung nach den »De Morgan'schen Regeln« (vgl. *Bd. 1, Kap. 8*).

Im praktischen Betrieb ist zu berücksichtigen, daß die Eingänge der TTL-NAND-Glieder intern auf H-Pegel liegen, wenn sie nicht äußerlich beschaltet sind. Die einzelnen NAND-Glieder führen also an ihren Ausgängen L-Pegel, wenn ihre Eingänge »offen liegen«. Sobald nur ein Eingang eines NAND-Gliedes an einen Ton- oder Taktgenerator-Ausgang angeschlossen und von diesem periodisch von H auf L geschaltet wird, schaltet der NAND-Glied-Aus-

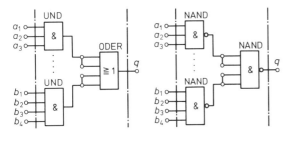

$$(a_1 \wedge a_2 \wedge a_3) \vee (b_1 \wedge b_2 \wedge b_3 \wedge b_4) = \overline{\overline{(a_1 \wedge a_2 \wedge a_3)} \wedge \overline{(b_1 \wedge b_2 \wedge b_3 \wedge b_4)}}$$

Bild 6.28: Eine Verknüpfungsschaltung aus UND- und ODER-Gliedern kann z. B. ausschließlich mit handelsüblichen, leicht erhältlichen NAND-Gliedern ausgeführt werden.

gang im entsprechenden Wechsel. Ein NAND-Glied kann (hier für Tonfrequenzen) *gesperrt* werden, wenn mindestens ein Eingang auf L-Pegel gelegt wird. Der Ausgang führt dann H-Pegel.

Bild 6.29 enthält den Anschlußplan der Verknüpfungsschaltung für das »akustische Mobile« gemäß der Prinzipschaltung von *Bild 6.23*. Falls Sie andere TTL-Bausteine mit Verknüpfungsgliedern zur Hand haben, als die hier vorgesehenen, dann können Sie damit eventuell eine ähnliche Verknüpfungsschaltung herstellen, die auch ihren Zweck erfüllt (vgl. dazu auch *Band 1, Seite 61ff*).

Vom Ausgang der Verknüpfungsschaltung werden die Signalimpulse über eine *Transistor-Verstärkerstufe* einem Lautsprecher zur akustischen Abstrahlung zugeführt. Die Transistorschaltung (*Bild 6.30*) besitzt an ihrem Steuereingang einen Kondensator, der nur die Tonfrequenzsignale passieren lassen soll. Er verhindert also, daß der Lautsprecher von einem Dauerstrom durchflossen wird, falls von der Verknüpfungsschaltung her beim Experimentieren ein Dauer-H-Pegel auf den Eingang der Verstärkerstufe gelangt. Ein Potentiometer ermöglicht in einem gewissen Rahmen eine Lautstärkeeinstellung.

In der praktischen Ausführung der Schaltung auf einer Platine werden die UND- und die ODER-Eingänge am besten mit flexiblen Leitungen versehen, um damit die Verbindungen zu den Ausgängen der Takt- und Tongeberschaltung (*Bild 6.27*) stecken zu können. Vielleicht fangen Sie zum Ausprobieren erst einmal mit nur einigen Verknüpfungen an, um den Überblick zu behalten und die grundlegenden Möglichkeiten zu testen. In *Bild 6.31* sehen Sie eine von einem Bastler verdrahtete Platinen-Ausführung des »akustischen Mobile«.

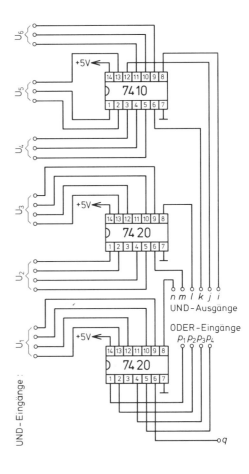

Bild 6.29: Aufbau der Verknüpfungsschaltung des »akustischen Mobile«. Die beiden TTL-ICs 7420 enthalten je 2 NAND-Glieder mit je 4 Eingängen; im TTL-IC 7410 befinden sich 3 NAND-Glieder mit je 3 Eingängen. Die in *Bild 6.23* dargestellte Verknüpfung wird hier nur mit NAND-Gliedern aufgebaut (das Prinzip zeigt *Bild 6.28*). Die in *Bild 6.23* mit U_1 bis U_6 bezeichneten Verknüpfungsglieder haben die Ausgänge i, j, ... m und n (»UND«-Ausgänge). Die »ODER«-Ausgänge sind p_1, p_2, p_3 und p_4. Durch entsprechendes Verschalten der Ein- und Ausgänge kann mit der hier abgebildeten Schaltung die in *Bild 6.23* dargestellte Verknüpfung realisiert werden – oder irgendeine andere, die ebenso reizvolle Überraschungen bieten kann. Der Schaltungsausgang q wird an die Lautsprecherstufe (*Bild 6.30*) angeschlossen.

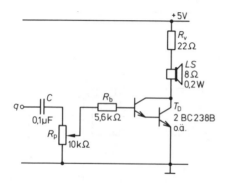

Bild 6.30: Die Lautsprecherstufe für das »akustische Mobile« (Transistoren in Darlington-Schaltung).

folgenden vorgestellt. Als elektronische »Kernstücke« werden auch in diesen Schaltbeispielen Bausteine der TTL-74-Serie verwendet.

Nadelimpuls-Generator mit einem monostabilen Kippglied des Typs 74123

Wenn man ein monostabiles Kippglied aus dem TTL-Baustein 74123 (Anschlußplan siehe *Bild 5.6*) mit einem Widerstand und einem Kondensator gemäß *Bild 6.32* beschaltet und den a-Ausgang rückkoppelt, erhält man eine *astabile* Kippschaltung, denn sie wechselt periodisch ihren Signalzustand. Digital-

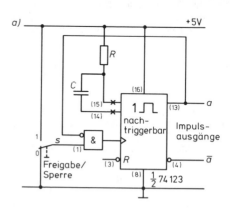

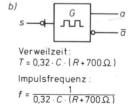

Verweilzeit:
$T = 0{,}32 \cdot C \cdot (R + 700\,\Omega)$

Impulsfrequenz:
$f = \dfrac{1}{0{,}32 \cdot C \cdot (R + 700\,\Omega)}$

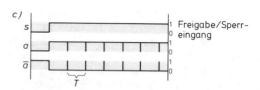

Bild 6.31: Ein komplett aufgebautes »akustisches Mobile«. Die Platine enthält insgesamt 8 integrierte Schaltungen. Die verschiedenen Gruppen von Kontaktstiften sind die Ein- bzw. Ausgänge von Verknüpfungsgliedern bzw. astabilen Kippgliedern; durch entsprechendes Verbinden mit Hilfe von steckbaren Leitungen läßt sich das »Programm« für das »akustische Mobile« eingeben.

Impulsgeneratoren aus monostabilen Kippgliedern

Wie schon anhand einer digitaltechnischen Prinzipschaltung gezeigt wurde (*Bild 6.4*), ergibt sich z. B. durch gegenseitiges Ansteuern von zwei monostabilen Kippgliedern eine astabile Kippschaltung. Aber auch mit einem Verzögerungsglied und einem monostabilen Kippglied läßt sich ein Impulsgenerator aufbauen (*Bild 6.33*). Digitalelektronische Ausführungs- und Anwendungsbeispiele hierzu werden im

Bild 6.32: Ein Nadelimpuls-Generator, realisiert mit einem monostabilen Kippglied aus einem TTL-74123-Baustein. Die Verweilzeit ist T.
a) Schaltung mit dem externen frequenzbestimmenden Gliedern R und C. Die Zahlen in Klammern sind die Nummern der IC-Anschlüsse.
b) Blockschaltzeichen mit Sperr/Freigabe-Eingang und negierendem und nicht negierendem Ausgang (zur Formel siehe auch *Bild 5.6*).
c) Zeitablaufdiagramm.

technisch kann man diese Schaltung als ein astabiles Kippglied mit Sperreingang und komplementären Ausgängen ansehen (ein Ausgang ist negiert, der andere nicht).
Das Zeitablaufdiagramm in *Bild 6.32 c* läßt erkennen, daß die Ausgänge der Schaltung während des Betriebs periodisch *nur ganz kurz in den Ruhezustand* schalten und dann wieder für längere Zeit in den Arbeitszustand zurückkippen. In der Zeichnung ergeben sich dabei »nadelförmige« Impulse, so daß man die Schaltung als *Nadelimpuls-Generator* bezeichnet.
Das besondere Schaltverhalten entsteht dadurch, daß sich das monostabile Kippglied jeweils selbst sofort wieder triggert, wenn seine Verweilzeit abgelaufen ist: Wenn der Pegel am Ausgang a von H auf L zurückkehrt, führt dieser Wechsel über den negierenden Eingang des UND-Gliedes zum erneuten Triggern des monostabilen Kippgliedes. Die nadelförmigen Impulse entstehen also beim Zurückkehren des monostabilen Kippgliedes in den Ruhezustand ($a = 0$); es wird aber sofort wieder getriggert; nach ganz kurzer Zeit ist also wieder $a = 1$.
Die *Taktfrequenz* der astabilen Schaltung wird daher hauptsächlich von der am monostabilen Kippglied eingestellten Verweilzeit T bestimmt. Im Niederfrequenzbereich (unter 100 kHz) kann die kurze Dauer der Nadelimpulse (s. u.) gegenüber der Impulspausendauer praktisch vernachlässigt werden, so daß man die Verweilzeit des monostabilen Kippgliedes annähernd als Periodendauer ansehen kann. Aus dieser Annahme resultiert die in *Bild 6.32* eingetragene Formel zur Berechnung der *Impulsfrequenz f* für die vorliegende astabile Schaltung.
Die astabile Arbeitsweise des monostabilen Kippgliedes durch rückkoppelnde Eigentriggerung ist – digitaltechnisch gesehen – eigentlich nur möglich, wenn in der Rückkoppelungsleitung zwischen dem Ausgang und dem Eingang nicht nur eine Negation, sondern auch eine Verzögerung des Signals stattfindet (vgl. *Bild 6.3*). Diese Verzögerung ist in der Schaltung in *Bild 6.32* tatsächlich gegeben, denn die im Signalrückführungsweg liegende Negation und das UND-Glied bilden die erforderliche, wenn auch kurze Laufzeitverzögerung. In der erweiterten digitaltechnischen *Prinzipdarstellung* der Rückkopplungsschaltung in *Bild 6.33* wird diese Gegebenheit durch ein UND-Schaltzeichen mit angeschlossener Verzögerung zeichnerisch ausgedrückt.
In der praktischen Schaltung wird also die kurze *Dauer der Nadelimpulse* durch die kurze Laufzeit der Signale im Rückkopplungsweg bestimmt. Diese Laufzeit muß übrigens länger sein als die sogenannte

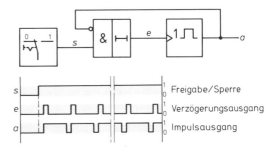

Bild 6.33: Digitale Prinzipschaltung zur Erläuterung der Wirkungsweise des Nadelimpuls-Generators. Zur Verdeutlichung sind die Nadel-Impulse sehr breit gezeichnet (vgl. *Bild 6.32c*).

»Erholzeit« des monostabilen Kippgliedes. Dies ist bei dem vorliegenden monostabilen Kippglied vom TTL-Typ 74123 der Fall.
Von Bedeutung ist hierbei außerdem, daß dieses Kippglied nachtriggerbar ist; denn nachtriggerbare monostabile Kippglieder sind intern so organisiert, daß sie praktisch keine »Erholzeit« haben, d. h., es kann eine laufende Verweilzeit abgebrochen und sofort eine neue gestartet werden. Nicht jedes technisch realisierte monostabile Kippglied eignet sich also für einen solchen astabilen Betrieb durch rückkoppelnde Eigentriggerung. Nicht geeignet dafür ist z. B. der Kippgliedtyp 74121. Für die externe Beschaltung des Kippgliedes vom Typ 74123 gelten bei astabilem Betrieb im Prinzip die gleichen Regeln wie bei monostabilem Betrieb, d. h. der zeitbestimmende Widerstand R darf in den Grenzen von 5 kΩ bis 50 kΩ gewählt werden, und für die Kapazität des Kondensators besteht keine Beschränkung. Es ist aber eine Schutzdiode erforderlich, wenn ein *Elektrolyt*kondensator eingesetzt wird oder wenn der R-Anschluß zum Stillsetzen der Schaltung verwendet wird (vgl. *Bild 5.6, Kapitel 5*).
Praktisch läßt sich der in *Bild 6.32* beschriebene Nadelimpuls-Generator zur Erzeugung von Frequenzen zwischen etwa 0,5 Hz und 5 MHz einsetzen.

Impulsgenerator mit Frequenz- und Impulsdauereinstellung

Bei dem aus einem 74123-Kippglied hergestellten Nadelimpuls-Generator läßt sich der zeitliche Abstand T der Impulse, und damit die Frequenz f, in einem weiten Bereich leicht stufenlos verändern, wenn als verweilzeitbestimmender Widerstand statt eines Festwiderstandes ein Einstellwiderstand ein-

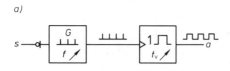
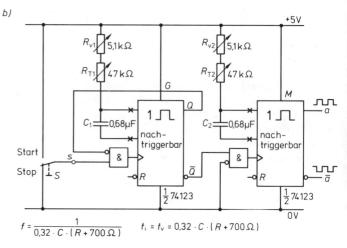

Bild 6.34: Rechteckimpuls-Generator mit getrennter Frequenz- und Impulsdauer-Einstellung:
a) Blockschaltbild mit Nadelimpuls-Generator G und nachgeschaltetem monostabilem Kippglied M zur Impulsdauer-Einstellung.
b) Anschlußplan mit den Kippgliedern aus einem IC 74123. Die Verweilzeit t_v des nachgeschalteten monostabilen Kippgliedes M ergibt die Dauer t_i der am Ausgang a auftretenden Impulse.

gesetzt wird. Und falls keine Nadelimpulse, sondern *Rechteckimpulse* mit einer bestimmten Impulsdauer benötigt werden, so läßt sich eine solche Impulsverbreiterung mit Hilfe eines nachgeschalteten monostabilen Kippgliedes durchführen: *Bild 6.34*.

Da das IC 74123 zwei gleiche Kippglieder enthält, läßt sich mit einem IC ein Impulsgenerator aufbauen, bei dem die Frequenz $f = 1/T$ und die Impulsdauer t_i unabhängig voneinander einzustellen sind. Das bedeutet, daß das Verhältnis von Impulsdauer und Impuls*pausen*dauer fast beliebig (s. Übung 6.8) verändert werden kann, ohne daß die dabei konstant gehaltene Impulsfrequenz davon beeinflußt wird. Umgekehrt kann auch durch Ändern von R_{T1} die Impulsfrequenz bei gleichbleibender Impulsdauer variiert werden.

Bild 6.34b zeigt eine Schaltungsbemessung, mit der Impulsfrequenzen von etwa 90 bis 790 Hz und Impulsdauern von ca. 1,26 ms bis 11 ms eingestellt werden können. Mit dem Schalter S läßt sich der Impulsgenerator stillsetzen, so daß die R-Eingänge an den Kippgliedern nicht benötigt werden; sie können offen bleiben oder an H-Pegel geschaltet werden.

Übung 6.8

> Was für ein Signal gibt der Ausgang a in der Rechteckimpulsgenerator-Schaltung von *Bild 6.34ab*, wenn der zeitliche Abstand zwischen zwei Nadelimpulsen kürzer ist als die am nachtriggerbaren monostabilen Kippglied M eingestellte Verweilzeit t_v?

Stufenlose Helligkeitseinstellung für Lampen oder Leuchtdioden durch Impulsdauer-Veränderung

Die Impulsgenerator-Schaltung mit verstellbarer Impulsdauer läßt sich gut für eine stufenlose Helligkeitssteuerung bei gleichstrombetriebenen Lampen oder LED-Anzeigen einsetzen.

Prinzipiell funktioniert das folgendermaßen (*Bild 6.35*): Wenn man eine Lampe nicht andauernd, sondern mit mehr oder weniger großen Unterbrechungen an die vorhandene Versorgungsspannung anschaltet, so kann man damit den durchschnittlich fließenden Strom variieren. Sind die Unterbrechungen lang (große Impulspausen), so ist die durchschnittliche Stromstärke gering, die Lampenhelligkeit folglich klein. Sind die Unterbrechungen nur kurz (kleine Impulspausen), so leuchtet die Lampe entsprechend hell. Die Impulsfrequenz bleibt dabei fest eingestellt; sie sollte mindestens so hoch gewählt werden, daß das Auge kein Flimmern wahrnimmt (größer als 25 Hz).

Gegenüber einer einfachen Helligkeitssteuerung mit einem veränderbaren Vorwiderstand oder einem *analog* angesteuerten Transistor hat das Prinzip der *Impulssteuerung* einen entscheidenden Vorteil: Es entsteht keine nennenswerte Verlustleistung – weder in einem Vorwiderstand noch in einem Transistor. Denn bei der impulsweisen Ansteuerung wird der Transistor nicht analog angesteuert, sondern er nimmt abwechselnd nur zwei entgegengesetzte Sch altzustände ein, bei denen keine nennenswerte Verlustleistung entsteht: Der Transistor ist in diesen Fällen entweder »durchlässig« oder »gesperrt«. Wenn er *sperrt*, fließt kein Strom, der eine Verlustleistung hervorrufen könnte; und wenn er *durchlässig*

a)

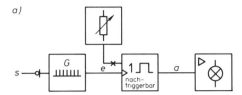

Bild 6.35: Zum Prinzip einer stufenlosen, verlustarmen Helligkeitssteuerung durch Stromimpulse mit variabler Impulsdauer:
a) Blockschaltung mit Impulsfrequenz-Generator, monostabilem Kippglied (zur Impulsdauer-Variation durch ein Widerstands-Stellglied) sowie einem Schaltverstärker für den Lampenstrom.

b)

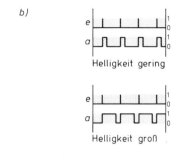

b) Zeitablaufdiagramme für zwei angenommene Betriebsfälle. Die Impulsfrequenz ist dabei konstant, die Nadelimpulse haben also in beiden Fällen denselben Abstand.

ist, tritt an ihm (fast) kein Spannungsabfall auf, der eine Verlustleistung erzeugen könnte. Deswegen benötigt der *Schalt*transistor normalerweise auch keinen besonderen Kühlkörper. Er muß aber für den höchsten Lampenstrom bemessen sein. Dabei ist zu beachten, daß die Einschaltstromstärke bei einer Lampe bis zu 10mal größer sein kann als die aufgedruckte Nennstromstärke, weil der Glühfaden im *kalten* Zustand einen wesentlich *geringeren* Widerstand besitzt, als wenn er bei leuchtender Lampe glüht.

Bild 6.36 zeigt die komplette Schaltung einer Helligkeitssteuerung durch Stromimpulse von variabler Impulsdauer. Von einem IC 74123, das bekanntlich zwei monostabile, nachtriggerbare Kippglieder enthält, wird das eine Kippglied zum Aufbau eines mit konstanter Frequenz (ca. 100 Hz) arbeitenden Nadelimpuls-Generators verwendet, das andere monostabile Kippglied dient zur Impulsdauer-Einstellung (die Schaltung entspricht der in *Bild 6.34*, nur war dort die Taktfrequenz des Nadelimpulsgenerators G variabel). Die Impulsdauer – und damit die Lampenhelligkeit – wird von Hand durch Ändern des Widerstandes R_{T2} variiert. Die kürzeste Dauer eines Rechteckimpulses (hier ca. 0,1 ms) wird durch R_{V2} bestimmt, der nach dem Datenblatt für den Baustein 74123 nicht kleiner als 5 kΩ sein soll. Wir haben für R_{V2} und R_{T2} jeweils die nächstliegenden handelsüblichen Werte gewählt. Mit diesen Widerstandswerten läßt sich am monostabilen Kippglied eine größte

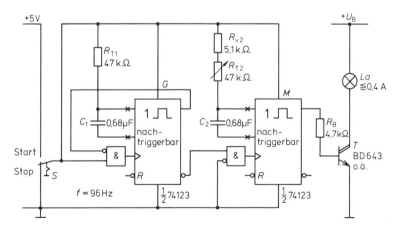

Bild 6.36: Gesamtschaltung der stufenlosen, verlustarmen *Helligkeitssteuerung* einer Lampe an Gleichspannung durch Stromimpulse mit variabler Impulsdauer.

Impulsdauer (Verweilzeitdauer) von ca. 100 ms einstellen, die etwas *länger* ist als eine Periodendauer ($T = \frac{1}{96}$ s) der vom Generator erzeugten Triggerfrequenz von 96 Hz. Im vorliegenden Fall ist dies wünschenswert, weil so der nächste Triggerimpuls am monostabilen Kippglied jeweils schon eintrifft, *ehe* die Verweilzeit abgelaufen ist. So bleibt das (*nachtriggerbare!*) Kippglied dauernd im Arbeitszustand, d.h., die Lampe wird bei dieser Einstellung nicht mehr impulsweise, sondern auf Dauer eingeschaltet und leuchtet mit der größtmöglichen Helligkeit.

Der Anschlußplan (*Bild 6.37*) und das Foto von einem Realisationsbeispiel (*Bild 6.38*) lassen erkennen, daß sich der Schaltungsaufwand für diese digitale Helligkeitssteuerung mit Gleichstromimpulsen in Grenzen hält; nur ein einziger integrierter Baustein und wenige diskrete Bauelemente sind erforderlich.

Als Einstellwiderstand kann zweckmäßigerweise ein Drehpotentiometer mit Ein/Aus-Schalter verwendet werden. So erhält man eine »Einknopf-Bedienung« für das Ein- und Ausschalten der Schaltung und die Helligkeitssteuerung. Die Lampe kann an eine separate (auch unstabilisierte) Gleichspannungsquelle mit $U_B \leqq 12$ V angeschlossen werden.

Im übrigen können Sie an die Impulssteuerung nicht nur Lampen, sondern z.B. auch Gleichstrom-Kleinmotoren anschließen und deren Leistungsabgabe damit stufenlos verstellen. Beim Betreiben von Motoren ist aber zu berücksichtigen, daß es sich um induktive Lasten handelt, die selbst Spannungen abgeben, und zwar stets, wenn sie abgeschaltet werden – also nach jedem einzelnen Steuerimpuls. Deswegen sind entsprechende Schutzmaßnahmen für die Schalttransistoren zu treffen, z.B. das Parallelschalten einer Freilaufdiode zum Motor (vgl. *Band 1, Kapitel 7*).

Bild 6.38: Die Platine für die stufenlose, energiesparende *Helligkeitssteuerung* durch Stromimpulse enthält nur eine Handvoll Bauelemente. Es wird zweckmäßigerweise ein Stellwiderstand mit Ein-Aus-Schalter verwendet.

Automatische Stromimpuls-Helligkeitssteuerung

Mit einem lichtempfindlichen Widerstand läßt sich die Stromimpuls-Helligkeitssteuerung von *Bild 6.35ff.* so umgestalten, daß sie nicht mehr von Hand eingestellt zu werden braucht, sondern automatisch auf Helligkeitsänderungen der Umgebung reagiert. Eine automatische Helligkeitssteuerung ist z.B. in folgenden Fällen wünschenswert:

Fall I
Eine künstliche Beleuchtung soll Tageslichtschwankungen automatisch ausgleichen. Die Lampe soll jeweils heller werden, wenn das Tageslicht abnimmt, und sie soll schwächer leuchten, wenn das Tageslicht zunimmt.

Fall II
Eine selbstleuchtende Ziffernanzeige (z.B. eine LED-7-Segment-Anzeige) soll sowohl bei großer wie bei geringer Umgebungshelligkeit gut ablesbar sein. Daher muß die Leuchtanzeige bei großer Umge-

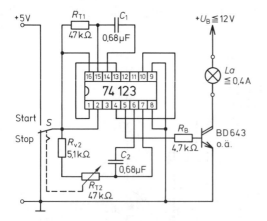

Bild 6.37: Anschlußplan der *Helligkeitssteuerung* durch Stromimpulse. Der integrierte Baustein 74123 enthält die Kippglieder sowohl für den Taktgenerator als auch für die Impulslängeneinstellung. Die Helligkeit der Lampe wird von Hand mit dem Stellwiderstand R_{T2} beeinflußt, mit dem auch der Ein-Aus-Schalter mechanisch verbunden ist.

bungshelligkeit stärker, bei Dunkelheit aber schwächer leuchten, damit Überstrahlungen vermieden werden.
Um eine Schaltung entsprechend *Fall I* aufzubauen, wird nur zu dem von Hand einstellbaren Widerstand (R_{T2}) in der Schaltung von *Bild 6.36* ein Fotowiderstand (R_F) in Reihe geschaltet: *Bild 6.39*.

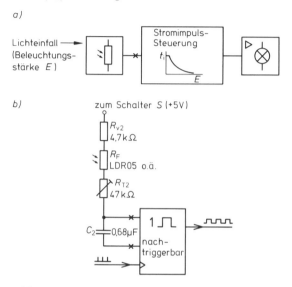

Bild 6.39: Automatische Stromimpuls-Helligkeitssteuerung für *Fall I*:
Wenn der Lichteinfall am Fotowiderstand zunimmt, werden die Stromimpulse zur Ansteuerung der Lampe kürzer, und die Lampenhelligkeit nimmt ab.
a) Blockschaltbild.
b) Detail zur Abänderung der Schaltung von *Bild 6.36*.

Ein Fotowiderstand besitzt bei Dunkelheit einen hohen Widerstand ($> 100\ \text{k}\Omega$); bei auftreffendem Licht ist sein Widerstand kleiner (ca. 300 Ω bis 800 Ω bei einer Beleuchtungsstärke von 1000 lx). Der Fotowiderstand übernimmt in der automatischen Helligkeits-Steuerschaltung nun die Funktion des Stellwiderstandes zum Einstellen der Verweilzeit des monostabilen Kippgliedes. Damit wird die Dauer der Lampenstromimpulse bestimmt:
Ist der Fotowiderstand bei *geringem Lichteinfall* hochohmig, so ist die Verweilzeitdauer groß eingestellt, d.h. die einzelnen Stromimpulse zur Ansteuerung der Beleuchtungslampe dauern entsprechend lange, die Lampe leuchtet hell. Bei *starkem Lichteinfall* ist der Fotowiderstand niederohmig; die einzelnen Stromimpulse sind entsprechend kurz; der durchschnittliche Stromfluß durch die Lampe ist gering, und sie leuchtet nur schwach. Mit dem in Reihe zum Fotowiderstand verbliebenen Einstellwiderstand R_{T2} am monostabilen Kippglied kann die Ansprechbarkeit der Helligkeitssteuerung auf Lichtänderungen eingestellt werden.
Wenn die Stromimpuls-Helligkeitssteuerung im Sinne des *Falles II* arbeiten soll, muß bei zunehmendem Lichteinfall am Fotowiderstand eine Impulsverlän-

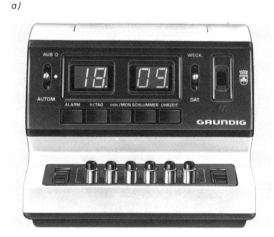

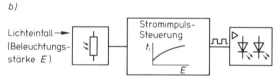

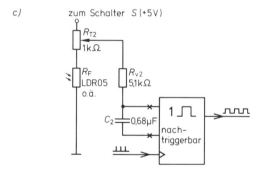

Bild 6.40: Automatische Stromimpuls-Helligkeitssteuerung für *Fall II*:
Wenn der Lichteinfall am Fotowiderstand zunimmt, werden die Stromimpulse zur Ansteuerung der LED-Anzeige länger und die Anzeige leuchtet heller.
a) Beispiel einer helligkeitsgesteuerten LED-Ziffern-Anzeige bei einer Digitaluhr. Rechts im Bild das Fenster mit dem Fotowiderstand, darunter der Einstellknopf zur Anpassung an die Beleuchtungsverhältnisse.
b) Blockschaltbild.
c) Detail zur Abänderung der Schaltung von *Bild 6.36*.

gerung der Laststromimpulse verursacht werden, damit die Helligkeit der Leuchtanzeige wunschgemäß zunimmt. Dazu wird der Fotowiderstand in einen *Spannungsteiler* eingebaut, wie *Bild 6.40* zeigt.

Bei *geringem Lichteinfall* ist der Fotowiderstand hochohmig, so daß der Potentiometerabgriff mit dem für das monostabile Kippglied verweilzeitbestimmenden Widerstand R_{V2} auf relativ hohem positiven Potential liegt. In diesem Fall ist eine kurze Verweilzeit eingestellt: Die Laststromimpulse sind kurz, die Anzeige leuchtet gemäß der Aufgabenstellung nur relativ schwach. Fällt aber *viel Licht* auf den Fotowiderstand, so wird er niederohmig. Die Spannungsverhältnisse im Spannungsteiler ändern sich damit so, daß der Potentiometerabgriff nun auf einem niedrigeren Potential liegt, was wie eine Widerstandsvergrößerung von R_{V2} wirkt. Denn wegen des geringen Spannungspotentials fließt ein geringerer Ladestrom über R_{V2} zum Kondensator C_2. Es dauert deshalb jeweils länger, bis der Kondensator aufgeladen ist. Dadurch ist am monostabilen Kippglied eine längere Verweilzeit eingestellt: Die Laststromimpulse werden entsprechend länger, und die Anzeige leuchtet bei der größeren Umgebungshelligkeit wunschgemäß heller.

Der verstellbare Potentiometerabgriff bietet die Möglichkeit der Einstellung eines Helligkeitsbasiswertes für die Leuchtanzeige.

»Sunrise-Sunset-Dimmer« – Automatische, stufenlose Hell- und Dunkel-Steuerung durch Stromimpulse

Für die Augen angenehmer ist es, wenn eine Beleuchtung nicht abrupt ein- oder ausgeschaltet, sondern (wie im Kino) *allmählich* heller oder dunkler wird. Eine Schaltung, die einen solchen »Sonnenaufgangs- bzw. Sonnenuntergangs-Effekt« (engl. sunrise – sunset) erzeugt, ist ein weiteres Anwendungsbeispiel für astabile und monostabile Kippglieder.

Dabei handelt es sich eigentlich nur um eine Schaltungserweiterung der schon bekannten Stromimpuls-Helligkeitssteuerung (vgl. *Bild 6.35 ff.*). Rein äußerlich ist die Einrichtung ganz einfach: Ein Kästchen mit zwei Tipp-Tasten, das zwischen Spannungsquelle und Lampe geschaltet wird: *Bild 6.41a*. Durch ein kurzes Antippen des Tasters mit der Bezeichnung HELL wird das automatische stufenlose Hellsteuern der Lampe eingeleitet; durch einen kurzen Druck auf den anderen Taster mit der Bezeichnung DUNKEL wird das Dunkelsteuern ausgelöst.

Digitaltechnisch wird die besondere Funktion dieser automatischen Stromimpuls-Helligkeitssteuerung durch folgende Schaltungsergänzung erreicht (*Bild 6.41*): Zum einen werden die kurzen Tast-Befehle HELL oder DUNKEL mit einem *RS-Kippglied* gespeichert. Zum anderen wird zur allmählichen Verstellung der Impulsdauer der Lampenstromimpulse ein »analog arbeitendes« RC-Glied (s. u.) eingesetzt. Kernstücke der gesamten Schaltung sind nach wie vor ein Nadelimpuls-Generator G, der eine konstante Taktfrequenz liefert, und ein nachtriggerbares monostabiles Kippglied M, das vom Taktgenerator G immer wieder getriggert wird. Durch das Verstellen der Verweilzeit beim monostabilen Kippglied können – wie schon beschrieben – einer Lampe mehr oder weniger lange Stromimpulse mit konstanter Frequenz zugeführt werden, wodurch die Helligkeit der Lampe gesteuert wird.

Die Helligkeitssteuerung *von Hand* erfolgte in den bisherigen Beispielen mit einem Einstellwiderstand am monostabilen Kippglied M. Bei der *Automatisierung* der Verweilzeiteinstellung geht es nun darum, die Verweilzeitverstellung auf einen kurzen Schaltbefehl hin selbständig ablaufen zu lassen. Wie dies im einzelnen bei der vorliegenden Schaltung realisiert wird, soll anhand der Schaltskizzen in *Bild 6.42* verdeutlicht werden.

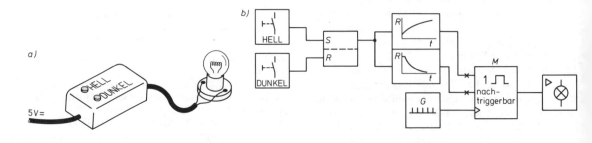

Bild 6.41: Automatische, stufenlose Beleuchtungs-Auf- und Abblendung per Tastbefehl.
a) Ausführungsmodell, *b)* Blockschaltbild der Steuerschaltung.

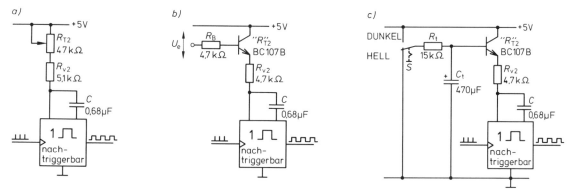

Bild 6.42: Drei Möglichkeiten der Verweilzeitverstellung bei einem monostabilen Kippglied:
a) Impulsdauer-Einstellung durch manuelle Verstellung des verweilzeitbestimmenden Widerstandes R_v.
b) Impulsdauer-Einstellung mit einem Transistor, der als spannungsgesteuerter Vorwiderstand verwendet wird.
c) Zeitabhängige Verstellung des Transistor-Widerstandes über ein RC-Glied: der Transistor wird allmählich auf- bzw. zugesteuert.

Schaltskizze a) Hier wird noch einmal gezeigt, wie die Helligkeitsverstellung von Hand mit Hilfe eines Einstellwiderstandes (R_{V1}) vorgenommen werden kann. Wenn der Widerstand verändert wird, wird die Verweilzeit des monostabilen Kippgliedes und damit die Dauer der Stromimpulse für die Lampe verändert.

Schaltskizze b) Der Einstellwiderstand kann durch einen Transistor ersetzt werden, der als spannungsgesteuerter Widerstand fungiert. Der Transistor ist hochohmig, wenn die Steuerspannung (U_e) an seiner Basis niedrig ist; er wird umso niederohmiger, je positiver die Steuerspannung (bezogen auf Masse) wird.

Schaltskizze c) Wenn das Umschalten der Steuerspannung für den Transistor sprunghaft von 0 V auf +5 V oder umgekehrt erfolgt, reagiert der Transistor natürlich ebenfalls sprunghaft. Wird aber zwischen den (binären) Umschalter S und die Transistorbasis ein RC-Glied geschaltet, so verläuft das Öffnen und Schließen des Transistors allmählich, weil der Kondensator jeweils über den Widerstand aufgeladen oder entladen werden muß. Von der Bemessung des RC-Gliedes an der Transistorbasis hängt es ab, wie lange der Umsteuervorgang beim Transistor dauert. In der Gesamtschaltung der automatischen Hell-Dunkel-Steuerung (*Bild 6.43*) wird statt eines mechanischen Umschalters ein RS-Speicherglied eingesetzt, damit ein Umsteuervorgang nach einem kurzen Tastendruck selbständig weiter ablaufen kann. Außerdem wird nicht ein einzelner Transistor, sondern eine Darlington-Stufe verwendet, um die RC-Schaltung weniger zu belasten, als dies mit einem einzelnen Transistor der Fall wäre. Dadurch wird die Verwendung eines höheren Ladewiderstandes und eines kleineren (und billigeren) Kondensators für das RC-Glied ermöglicht (vgl. mit *Bild 6.42c*).

Zur Beschreibung eines Umsteuervorgangs anhand der Gesamtschaltung (*Bild 6.43*) sei zunächst einmal angenommen, daß der Tastschalter S_{HELL} irgendwann schon betätigt wurde, so daß die Lampe hell leuchtet. Das RS-Kippglied führt in diesem Fall am Q-Ausgang L-Pegel, und die Darlington-Transistorstufe ist gesperrt. Für das monostabile Kippglied ist damit eine sehr lange Verweilzeit eingestellt; es gibt praktisch auf Dauer 1-Wert an seinen Ausgang ab, weil der Taktgenerator G es in diesem Fall dauernd nachtriggert. Der Schalttransistor für die Lampe ist deshalb auf Dauer durchgesteuert, und die Lampe leuchtet mit größter Helligkeit.

Wird der Taster S_{DUNKEL} angetippt, so springt der Ausgang Q des RS-Kippgliedes von L- auf H-Pegel. Es beginnt nun die Auflading des Kondensators C_t über den Vorwiderstand R_t und somit das Durchsteuern der Transistorstufe: Sie wird niederohmig. Dadurch wird eine Verweilzeitverkürzung am monostabilen Kippglied und eine Verkürzung der Stromimpulse für die Lampe verursacht: Die Lampenhelligkeit nimmt ab.

Aus dem Anschlußplan in *Bild 6.44* ist ersichtlich, daß zur Realisierung des RS-Speichergliedes ein Baustein vom Typ 7400 verwendet wird, der vier NAND-Glieder enthält. Aus zwei NAND-Gliedern

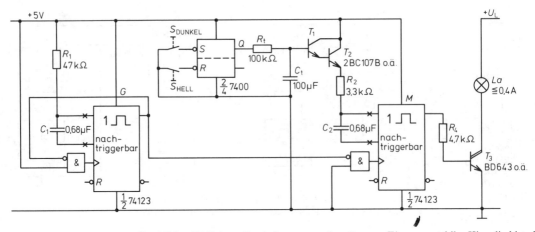

Bild 6.43: Gesamtschaltung zur allmählichen Hell- bzw. Dunkelsteuerung einer Lampe. Ein monostabiles Kippglied ist als Taktgenerator G (astabiles Kippglied) geschaltet; das andere arbeitet als monostabiles Kippglied M mit automatisch veränderbarer Verweilzeiteinstellung. Das bistabile RS-Kippglied speichert den jeweils gegebenen Schaltbefehl HELL oder DUNKEL.

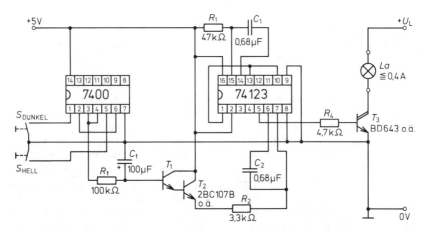

Bild 6.44: Anschlußplan der Schaltung zur allmählichen Hell- bzw. Dunkelsteuerung einer Beleuchtung, ausgelöst durch kurzen Tastendruck. Der TTL-Baustein 7400 ist als bistabiles Kippglied zur Speicherung der Schaltbefehle geschaltet. Der TTL-Baustein 74123 wird als Impulsgenerator mit fester Frequenz und variabler Impulsdauer eingesetzt. Von der Impulsdauer ist die Lampenhelligkeit abhängig.

wird hier ein RS-Kippglied mit 0-Wert-Ansteuerung gebildet (siehe hierzu auch *Band 1, Seite 82 ff.*).

Während die Helligkeits-Steuerschaltung wegen der TTL-74-ICs an einer stabilisierten Gleichspannung von 5 V betrieben werden muß, kann die Lampe unter Berücksichtigung ihrer Nennwerte an einer anderen, auch unstabilisierten Gleichspannung betrieben werden. Wenn dies geschieht, müssen beide Versorgungskreise aber eine gemeinsame Masseverbindung haben.

Astabiles Kippglied mit getrennt einstellbarer Impuls- und Impulspausendauer

Eine astabile Kippschaltung kann man bekanntlich auch aus zwei monostabilen Kippgliedern mit negierenden Ein- oder Ausgängen bilden, indem jeweils der Ausgang des einen Kippgliedes mit dem Eingang des anderen verbunden wird (vgl. auch *Bild 6.4*). Die beiden monostabilen Kippglieder triggern sich dabei abwechselnd; das eine bestimmt die *Impuls*dauer t_i, das andere die Impuls*pausen*dauer t_p.

Da sich die Verweilzeiten der monostabilen Kippglieder in ICs in der Regel mit externen Einstellwiderständen verändern lassen, bietet sich bei einer solchen astabilen Kippschaltung auf einfache Weise die Möglichkeit, die Impulsdauer t_i und die Impulspausendauer t_p der Impulsperioden getrennt einzustellen: *Bild 6.45*. Selbstverständlich wird bei jeder Änderung der Impuls- oder Impulspausendauer auch die Periodendauer T bzw. die Frequenz f der Impulse verändert (es gilt ja: $T = t_i + t_p = 1/f$).

Zur Berechnung der Zeiten t_i und t_p gelten die Formeln für die Verweilzeiten (vgl. *Bild 5.6*). Im vorliegenden Bemessungsbeispiel mit dem IC 74123 werden die kürzesten Verweilzeiten durch die Vorwiderstände von 5,1 kΩ bestimmt. Nach den Datenblättern sollen die externen verweilzeitbestimmenden Widerstände beim verwendeten IC nicht kleiner als 5 kΩ sein. Die kürzesten Verweilzeiten sind in unserem Fall, da Folienkondensatoren von 1 µF verwendet werden:

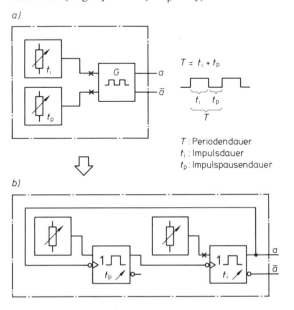

Bild 6.45: Astabiles Kippglied mit getrennt einstellbarer Impuls- und Impulspausendauer.
a) Allgemeines Schaltzeichen eines astabilen Kippgliedes mit Stelleingängen für die Impulsdauer t_i und die Impulspausendauer t_p.
b) Digitaler Blockschaltplan einer astabilen Kippschaltung aus zwei monostabilen Kippgliedern mit einstellbarer Verweilzeit.

Die digitalelektronische Realisierung der astabilen Kippschaltung ist mit den verschiedenen bekannten monostabilen Kippgliedern möglich. *Bild 6.46* zeigt eine Schaltungsausführung mit zwei monostabilen Kippgliedern in dem Baustein 74123 (vgl. *Bild 5.6*). Daß sie nachtriggerbar sind, spielt in diesem Anwendungsfall keine Rolle. Ausschlaggebend für ihre Wahl war, daß sie sich in einem einzigen IC befinden. Eine prinzipiell genauso funktionierende Schaltung könnte z. B. auch mit zwei ICs 74121 (s. *Bild 5.3*) zusammengestellt werden; man hätte dann eben eine Ausführung mit zwei ICs.

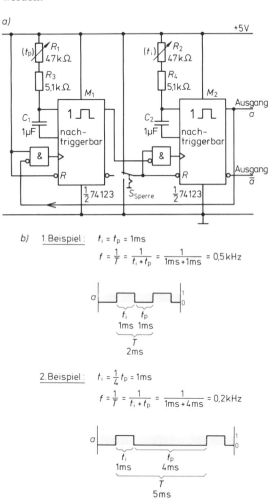

Bild 6.46a: Astabile Kippschaltung aus zwei monostabilen Kippgliedern, die in einem integrierten TTL-Baustein vom Typ 74123 enthalten sind. Die Dauer der Impulse t_i und der Impulspausen t_p ist mit den beiden Stellwiderständen R_1 und R_2 getrennt einstellbar.
b) Zwei Beispiele für die unterschiedliche Einstellung von t_p bzw. t_i. Hier ist deutlich die sich ergebende Änderung der Periodendauer T bzw. der Frequenz f zu erkennen.

$$t_{v,min} = 0{,}32 \cdot C \cdot (R + 700\ \Omega)$$
$$= 0{,}32 \cdot 1\ \mu F \cdot (5{,}1\ k\Omega + 700\ \Omega)$$
$$= 1{,}86\ ms.$$

Der laut Datenblatt zulässige Maximalwert für die zeitbestimmenden Widerstände ist 50 kΩ. Als längste Verweilzeit wäre also im vorliegenden Beispiel die folgende möglich:

$$t_{v,max} = 0{,}32 \cdot C \cdot (R + 700\ \Omega)$$
$$= 0{,}32 \cdot 1\ \mu F \cdot (50\ k\Omega + 700\ \Omega)$$
$$= 16{,}22\ ms.$$

Wenn man den in der Schaltung vorgesehenen Einstellwiderstand mit dem Standardwert von 47 kΩ voll ausnutzt, ergibt sich zusammen mit dem Widerstand von 5,1 kΩ ein Wert von 52,1 kΩ. Der laut Datenblatt zulässige Höchstwert ist damit überschritten. Wir haben die 47 kΩ-Einstellwiderstände aber gewählt, weil sie handelsüblich sind. Ein Überschreiten der 50-kΩ-Grenze bei den zeitbestimmenden Widerständen am IC 74123 kann zur Folge haben, daß die monostabilen Kippglieder im Arbeitszustand verbleiben; die astabile Kippschaltung würde nicht mehr oszillieren.

Mit den für das Schaltungsbeispiel errechneten Verweilzeiten läßt sich leicht die höchste und die niedrigste einstellbare Impulsfrequenz f ermitteln.

Die höchste Frequenz ist:

$$f_o = \frac{1}{T_{min}} = \frac{1}{t_{i,\,min} + t_{p,\,min}}$$
$$= \frac{1}{1{,}86\ ms + 1{,}86\ ms}$$
$$= 269\ Hz$$

Die niedrigste Frequenz ist:

$$f_u = \frac{1}{T_{max}} = \frac{1}{t_{i,max} + t_{p,\,max}}$$
$$= \frac{1}{16{,}22\ ms + 16{,}22\ ms}$$
$$= 31\ Hz$$

In der Schaltung von *Bild 6.46* ist ein Schalter S vorgesehen, mit dem das Stillsetzen der astabilen Schaltung möglich ist, und zwar indem der Schalter auf Masse geschaltet wird. Der Schalter dient auch zum Starten des astabilen Betriebs für den Fall, daß die Schaltung nicht schon beim Einschalten der Versorgungsspannung von selbst anläuft; er wird dann einmal kurz auf Masse und zurück geschaltet.

Bild 6.47 zeigt den Anschlußplan der astabilen Kippschaltung mit getrennt einstellbarer Impuls- und Impulspausendauer, ausgeführt mit einem IC 74123.

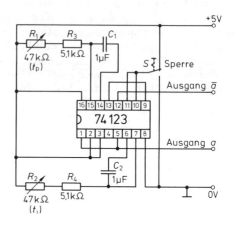

Bild 6.47: Anschlußplan der astabilen Kippschaltung mit getrennt einstellbarer Impuls- und Impulspausen-Dauer, ausgeführt mit einem IC 74123.

Eine »Jaul«-Sirene mit einem spannungsgesteuerten Impulsgenerator

Wenn man die manuell einstellbaren zeitbestimmenden Widerstände in der astabilen Kippschaltung von *Bild 6.46* durch Transistoren ersetzt, kann man die Impulszeiten bzw. die Impulsfrequenz mit Hilfe einer *Steuerspannung* U_{st} beeinflussen. Die astabile Kippschaltung wird zum *spannungsgesteuerten Impulsgenerator* (gebräuchliche Abkürzung: *VCO*, aus dem Englischen *Voltage Controlled Oszillator*). *Bild 6.48* zeigt die Ansteuerschaltung mit zwei Transistoren. Zur einfacheren Darstellung wird hier für den aus zwei monostabilen Kippgliedern bestehenden Impulsgenerator (s. *Bild 6.46*) zunächst nur das allgemeine Schaltzeichen für astabile Kippglieder gezeichnet.

Der eine Transistor dient als »spannungsgesteuerter Einstellwiderstand« zum Verstellen der *Impuls*dauer, der andere zum Verstellen der Im*pulspausen*dauer. Man könnte zwar beide Transistoren mit getrennten Spannungen ansteuern und hätte dann die Möglichkeit, Impulsdauer und Impulspausendauer getrennt einzustellen. In der Schaltung in *Bild 6.48* sind aber die Basisanschlüsse beider Transistoren (über gleiche Vorwiderstände) zusammengefaßt, so daß die Impulszeiten mit nur einer Steuerspannung (U_{st}) gleichzeitig verstellt werden können. Dadurch bleibt beim Ändern von U_{st} das Impuls-

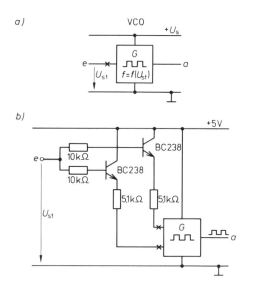

Bild 6.48: Spannungsgesteuerter Impulsgenerator (VCO):
a) Blockschaltzeichen,
b) Ansteuerschaltung: abhängig von der angelegten Steuerspannung U_{st} ändert sich die Impulsfrequenz f.

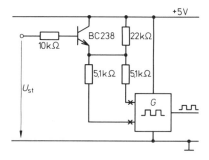

Bild 6.49: Schaltungsvariante zur Ansteuerschaltung für einen spannungsgesteuerten Impulsgenerator.

dauer-Impulspausen-*Verhältnis* gleich, und nur die Frequenz wird geändert.
Wenn die Steuerspannung U_{st}, bezogen auf Masse, relativ klein eingestellt ist, sind die Transistoren hochohmig, d.h., die Impulszeiten in der astabilen Kippschaltung sind lang eingestellt; die Impulsfrequenz ist daher niedrig. Wird die Steuerspannung positiver, so werden die Transistoren mehr durchgesteuert; die Impulszeiten werden dadurch kürzer, und die Frequenz steigt an. Der Einstellbereich reicht allerdings nicht linear von 0 bis +5 V. Denn die Impulserzeugung bricht schon ab, wenn die Kollektor-Emitter-Strecken der Transistoren auf Widerstandswerte von etwa 45 kΩ zugesteuert werden. Um eine lineare Abhängigkeit der Impulsfrequenz von der angelegten Steuerspannung zu erzielen, müßte man eine aufwendigere Ansteuerschaltung aufbauen. Da wir hier den spannungsgesteuerten Impulsgenerator aber nur in einer Sirenen-Schaltung einsetzen wollen, genügt die nichtlineare Ansteuerschaltung. Sie kann sogar noch weiter vereinfacht werden, so daß man mit nur einem Transistor auskommt.
Bild 6.49 zeigt die Schaltung mit nur einem Ansteuertransistor. Er ist einem Widerstand von 22 kΩ parallelgeschaltet, der gemeinsam mit dem Transistor zur Impulszeitfestlegung am Impulsgenerator dient.

Liegt z.B. über einen Schalter eine Steuerspannung U_{st} = +5 V an, so wird der Transistor durchgesteuert. Er überbrückt den 22-kΩ-Widerstand und schließt somit die 5,1-kΩ-Widerstände direkt an das +5 V-Potential an. Damit sind für den Impulsgenerator die kleinstmöglichen Impulslängen eingestellt; die Impulsfrequenz ist dann am höchsten. Beträgt hingegen die Steuerspannung 0 V, so ist der Transistor gesperrt, und der 22-kΩ-Widerstand ist als zusätzlicher impulszeitbestimmender Widerstand voll wirksam. Die Impulsfrequenz ist folglich am niedrigsten.
Bild 6.50 zeigt nun die Ansteuerschaltung für den spannungsgesteuerten Impulsgenerator mit einer Schaltungsergänzung: Parallel zum Transistor ist ein RC-Glied von 100 Ω und 100 μF geschaltet. Wenn der Transistor durchgesteuert ist, liegen die beiden 5,1-kΩ-Widerstände an der höchsten Betriebsspannung von +5 V, denn das RC-Glied und der 22-kΩ-Widerstand sind durch den Transistor überbrückt. Der Impulsgenerator schwingt in diesem Fall mit der höchsten Frequenz. Wenn der Transistor plötzlich gesperrt wird (Schalter S auf L-Pegel), lädt sich der Kondensator über den 100-Ω-Widerstand und die 5,1-kΩ-Widerstände auf, bis die Ladespannung erreicht ist, die durch den Spannungsabfall am 22-kΩ-Widerstand bestimmt wird. Nach der Aufladung des Kondensators ist also der 22-kΩ-Widerstand für die Impulszeiteinstellung am Generator voll wirksam. Die Impulszeiten werden also nach dem Betätigen des Schalters S (von H-Pegel auf L-Pegel) allmählich länger, die Impulsfrequenz wird niedriger. Wird der Transistor erneut durchgesteuert, so liegen die beiden 5,1-kΩ-Widerstände sofort wieder auf +5 V, das RC-Glied und der 22-kΩ-Widerstand sind durch den Transistor wieder überbrückt. Der Kondensator hat sich über den zur Entladestrombegrenzung dienen-

den 100-Ω-Widerstand schnell entladen. Die Frequenz des Impulsgenerators wechselt deshalb *sofort* auf den höchsten Wert.

Wenn der Generator auf Frequenzen im Hörbereich eingestellt ist und eine Lautsprecherstufe angeschlossen wird, kann man einen »Jaul«-Ton erzeugen, indem man den Transistor z. B. mit einem Umschalter von Hand immer wieder durchsteuert und sperrt.

Bild 6.51 zeigt die Gesamtschaltung der »Jaul«-Sirene. Der Impulsgenerator ist hier aus zwei monostabilen Kippgliedern zusammengesetzt, die sich in einem TTL-Baustein 74123 befinden. Aber auch andere monostabile Kippglieder (z. B. vom Typ 74121) können verwendet werden. Zur Erzeugung des »Jaul«-Effekts, d. h. zum Verstellen der Frequenz, ist die Ansteuerschaltung von *Bild 6.50* eingesetzt worden. Als Schalter zum Auslösen des »Jaul«-Effekts kann statt des Wechslers (der von +5 V auf 0 V umschaltet) auch ein einfacher Schließer (z. B. ein Klingeltaster) eingesetzt werden. Denn der Transistor sperrt hier nicht nur, wenn seine Basis mit 0 V verbunden wird, sondern es genügt das Unterbrechen des Basisstroms. Bei der angegebenen Bemessung der Bauelemente erzeugt die Sirene Tonfrequenzen in einem Bereich von ca. 0,3 kHz bis 1,6 kHz. Die automatische Änderung vom hohen auf den tiefen Ton vollzieht sich ungefähr in einer Drittelsekunde. Soll es langsamer gehen, so muß die Kapazität des Kondensators in der Ansteuerschaltung größer als 10 μF sein.

Die Lautsprecher-Ausgangsstufe ist mit einem pnp-Darlington-Transistor ausgeführt. Er ist an den negierenden Ausgang des einen Kippgliedes angeschlossen, weil die nichtnegierenden Ausgänge schon mit den Rückführungsleitungen beschaltet sind und nicht noch mehr belastet werden sollen. Die astabile Kippschaltung befindet sich im Ruhezustand, wenn der Schalter S_{Sperre} auf L-Pegel liegt. In diesem Fall führt der negierende Ausgang, an dem der pnp-Transistor angeschlossen ist, H-Pegel, d. h. der Transistor wird gesperrt. Wäre ein npn-Transistor verwendet worden, so würde im Ruhezustand der astabilen Kippschaltung ein unnötiger Dauerstrom durch den Lautsprecher fließen, denn ein npn-Transistor wäre bei Ansteuerung mit H-Pegel durchgeschaltet.

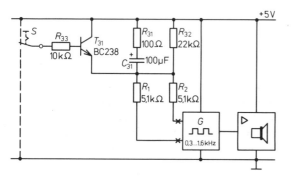

Bild 6.50: Impulsgenerator mit automatisch veränderlicher Impulsfrequenz:
Wenn der Transistor von »Durchlaß« auf »Sperrung« umgeschaltet wird (Schalter S auf Masse), dann sinkt die Impulsfrequenz automatisch von einem hohen auf einen niedrigen Wert. Hörbar gemacht, entsteht ein »Jaul«-Effekt.

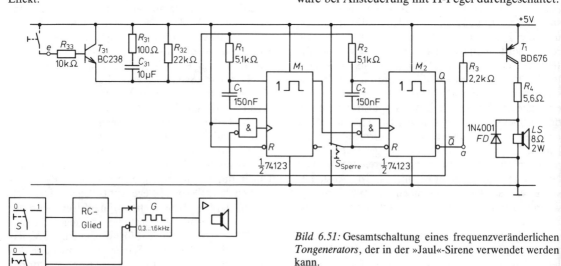

Bild 6.51: Gesamtschaltung eines frequenzveränderlichen *Tongenerators*, der in der »Jaul«-Sirene verwendet werden kann.
Links der Blockschaltplan.

Wenn das immer wieder erneute Starten des »Jaul«-Effekts (der Frequenzänderung) nicht von Hand, sondern vollautomatisch ausgeführt werden soll, muß statt des mechanischen Schalters (vgl. *Bild 6.51*) ein elektronischer *Taktgeber* an die Sirenenschaltung angeschlossen werden: *Bild 6.52*. Dieser Taktgeber schaltet die Ansteuerspannung (U_{St}) periodisch von H- auf L-Pegel und zurück.

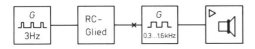

Bild 6.52: Blockschaltplan der »Jaul«-Sirene mit automatischem Taktgeber, der eine Taktfrequenz von ca. 3 Hz liefert.

Bild 6.53 zeigt eine geeignete elektronische Ausführung. Sie ist prinzipiell wie die Tongeberschaltung aufgebaut: Zwei monostabile Kippglieder aus einem IC 74123 triggern sich im Wechsel und bilden somit eine astabile Kippschaltung. Die externen Bauelemente sind bei dieser Schaltung so bemessen, daß etwa drei Takte pro Sekunde abgegeben werden. Die Impulszeiten (Impulsdauer und Impulspausendauer) sind absichtlich recht unterschiedlich lang gewählt: Der Taktgeber schaltet jeweils nur für eine kurze Zeit (30 ms) auf H-Pegel: Dann sind am Tongenerator (vgl. *Bild 6.51*) nur die frequenzbestimmenden Mindestwiderstände von 5,1 kΩ wirksam, und es wird die höchste Tonfrequenz erzeugt. Die kurze H-Phase reicht nämlich aus, um den 10-μF-Kondensator in der Ansteuerschaltung zu entladen. Wenn der Taktgeber danach in die längere L-Phase (300 ms) umschaltet, lädt sich der Kondensator in der Ansteuerschaltung wieder auf, die Frequenz des Tongebers sinkt dadurch ab, und der »Jaul«-Effekt wird hörbar. Mit der nächsten H-Phase des Taktgebers wird sofort wieder auf die Höchstfrequenz geschaltet usw. Da in der Taktgeberschaltung wegen der längeren Impulszeiten Elektrolytkondensatoren verwendet werden, sind die monostabilen Kippglieder vom Typ 74123 mit Dioden beschaltet (vgl. auch *Kapitel 5, Bild 5.6*).

Bild 6.54 zeigt den gesamten Anschlußplan der »Jaul«-Sirenen-Schaltung, ausgeführt mit zwei TTL-74123-Bausteinen. Statt der abgebildeten Lautsprecherstufe mit dem pnp-Darlington-Transistor kann selbstverständlich jede andere Lautsprecherschaltung angeschlossen werden, soweit sie den Tongeber-Ausgang nicht stärker belastet und auch einen Lautsprecher-Dauerstrom verhindert. Über den Freigabe-Sperr-Eingang kann die Sirenen-Schaltung von einer anderen TTL-Schaltung her eingeschaltet und stillgesetzt werden.

Eine funktionsfähige Platinenausführung der »Jaul«-Sirene zeigt *Bild 6.55*. Zusammen mit einem Lautsprecher in ein passendes Gehäuse eingebaut, kann sie z.B. in fröhlicher Runde als »Applaus- oder Tusch-Maschine« verwendet werden, oder um sich zum Reden Gehör zu verschaffen. Sie kann auch an elektronische Spiele als Gewinn- oder Treffermelder angeschlossen werden oder als auffälliger Alarmgeber fungieren.

Der Zeitgeber »555« als astabiles Kippglied

Zu den bisher schon vorgestellten digitalelektronischen Ausführungsbeispielen für astabile Kippglieder soll hier nun noch das IC 555 hinzugenommen werden, weil es nicht nur als monostabiles Kippglied (vgl. *Seite 113*), sondern auch als astabiles Kippglied recht universell einsetzbar ist.

Bild 6.56 zeigt den Anschlußplan des IC 555, beschaltet und dargestellt als astabiles Kippglied. Zur Impulszeitbestimmung werden zwei Widerstände (R_i, R_p) und ein Kondensator C extern angeschlossen; ihre Werte sind in einem großen Bereich wählbar, so daß sich Impulsfrequenzen zwischen 10^{-3} Hz und 10^6 Hz erzeugen lassen.

Wie die Gleichungen zur Berechnung der Impulszeiten in *Bild 6.56* zeigen, wird die Impulsdauer t_i von den beiden externen Widerständen R_i und R_p mitbestimmt, während für die Impulspausendauer t_p nur der Widerstand R_p wirksam ist. Daraus ergibt sich für den Normalbetrieb dieses astabilen Kippgliedes, daß die Impulsdauer t_i länger ist als die Impulspausendauer t_p.

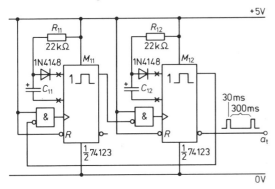

Bild 6.53: Gesamtschaltung des *Taktgebers* zur »Jaul«-Sirene.

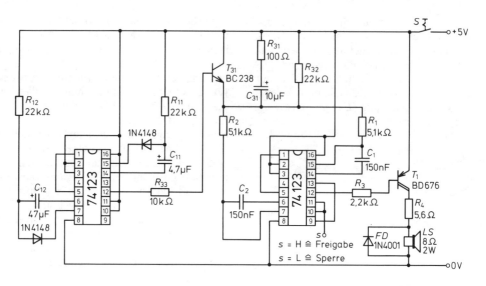

Bild 6.54: Der vollständige Anschlußplan der »Jaul«-Sirene, ausgeführt mit zwei TTL-Bausteinen vom Typ 74123. Mit dem linken IC wird der Taktgeber realisiert, mit dem rechten der »Jaul«-Tongeber.

Bild 6.55: Betriebsfähige Platine der »Jaul«-Sirene.

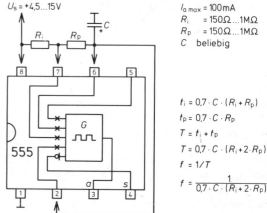

Bild 6.56: Anschlußbild des IC 555 in der Verwendung als astabiles Kippglied.

An den Impulsausgang a des IC 555 lassen sich (da eine Dauerstromstärke von 100 mA zulässig ist) kleine Lasten, z..B. Leuchtdioden, Kleinlautsprecher, Kleinrelais, ohne zusätzliche Schaltverstärker direkt anschließen. Liegt der Ausgang auf H-Pegel, so besteht (indirekt) eine interne Verbindung von ihm zum positiven Potential der Versorgungsspannung. Liegt der Ausgang auf L-Pegel, so besteht eine interne Verbindung (über einen durchgeschalteten Transistor) zur Masse. Das astabile Kippglied besitzt einen negierenden Sperreingang (s). Liegt er an H-Pegel oder »offen«, so kann das astabile Kippglied oszillieren; ist der Sperreingang auf L-Pegel geschaltet, so ist der Impulsgenerator stillgesetzt, und der Ausgang a verharrt auf L-Pegel.

Bild 6.57 zeigt ein Anwendungsbeispiel für das IC 555 als astabiles Kippglied. Die externe Beschaltung ist so bemessen, daß eine niedrige Impulsfrequenz erzeugt wird; so kann die Schaltung insgesamt mit der angeschlossenen Leuchtdiode als Blinksignalgeber verwendet werden. Wenn der Schalter S offen ist, ist der Oszillatorbetrieb freigegeben. Bei geschlosse-

nem Schalter S ist der Oszillator stillgesetzt. Durch das Parallelschalten einer Diode (D) zum impulszeitbestimmenden Widerstand R_p kann erreicht werden, daß die Impulsdauer t_i und die Impulspausendauer t_p gleich lang sind. Denn der Widerstand R_p wird nun während der Aufladung des Kondensators überbrückt und ist nur während der Entladung wirksam. Dies wird auch in der Formel zur Frequenzberechnung berücksichtigt (vgl. *Bild 6.56*).
In *Bild 6.58* ist das IC 555 als astabiles Kippglied zur Erzeugung einer Tonfrequenz geschaltet. Auch hier ist die Last, ein Kleinlautsprecher, über einen strombegrenzenden Widerstand direkt an den Impulsgeberausgang angeschlossen. Über den Sperreingang s kann der Oszillator stillgesetzt werden. Außerdem ist bei dieser Schaltung eine Verstellmöglichkeit für die Impulsfrequenz durch ein Trimmpotentiometer (R_T) vorgesehen. Wird das Potential am Anschluß v positiver eingestellt, so wird die Impulsfrequenz niedriger, bei entgegengesetzter Potentialverstellung wird sie höher.

Übung 6.9

Ein IC 555 soll als »Langzeit-Taktgeber« eingesetzt werden. An seinem Signalausgang soll nur alle 50 Sekunden ein Wertwechsel stattfinden.
a) Wie groß ist dabei die Periodendauer T?
b) Wie groß ist dabei die Taktfrequenz f?
c) Vervollständigen Sie den Anschlußplan des Langzeit-Taktgebers unter Berücksichtigung der Schaltung von *Bild 6.57*.
d) Welche Widerstandswerte (R_i und R_p) sind für die oben angegebenen Zeiten erforderlich, wenn ein Kondensator von 220 µF verwendet wird?

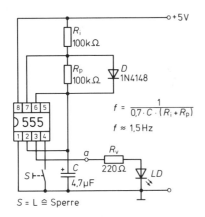

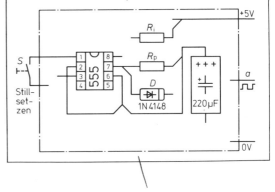

Bild 6.57: Das IC 555, geschaltet als astabiles Kippglied für eine niedrige Frequenz (Blinksignalgeber). Wegen der Diode ist $t_i = t_p$, im Gegensatz zum Wert in *Bild 6.56*.

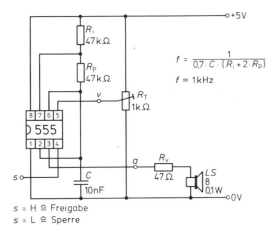

Bild 6.58: Das IC 555, geschaltet als astabiles Kippglied zur Erzeugung einer Tonfrequenz. Mit dem Poti R_T läßt sich die Frequenz in einem gewissen Bereich ändern.

Ein astabiles Kippglied aus NAND-Gliedern?

Nicht selten findet man in digitalelektronischen Schaltungsvorschlägen, in denen zur Steuerung von Wirkungsabläufen ein Impulsgenerator benötigt wird, eine astabile Kippschaltung vor, die aus zwei mit RC-Gliedern beschalteten NAND-Gliedern eines 7400-Bausteins besteht: *Bild 6.59*. Diese astabile Kippschaltung zum Erzeugen von Rechteckimpulsen wird vermutlich deshalb so häufig verwendet, weil das IC 7400 überall am ehesten verfügbar und die mit ihm erstellte astabile Schaltung insgesamt wenig aufwendig ist.
Die NAND-Glieder, deren Eingänge zusammangefaßt sind, arbeiten in dieser Schaltung eigentlich nur als NICHT-Glieder bzw. elektronisch gesehen als invertierende Signalverstärker, ähnlich wie Transi-

159

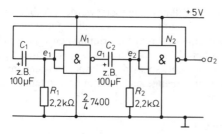

Bild 6.59: Grundschaltung eines astabilen Kippgliedes aus zwei 7400-NAND-Gliedern und zwei RC-Gliedern.

storen. Durch die Beschaltung mit relativ hochohmigen Widerständen (z. B. 2,2 kΩ) an den Eingängen wird der »Arbeitspunkt« der TTL-Schaltglieder so eingestellt, daß bei aufgetrennter Rückkopplungsleitung die Eingänge und die Ausgänge weder ganz auf H- noch auf L-Pegel, sondern dazwischen liegen (vgl. auch »Übertragungskennlinie« eines TTL-NAND-Gliedes: *Band 1, Seite 133*). Denn aus TTL-Schaltglied-Eingängen fließen bekanntlich Ströme, wenn die Eingänge direkt oder über Widerstände mit der Masse verbunden werden. Deshalb werden sich z. B. bei der angenommenen Eingangsbeschaltung mit Widerständen von 2,2 kΩ (*Bild 6.59*) und bei einer angenommenen typischen Eingangsstromstärke von 0,7 mA Eingangsspannungen von ungefähr 1,5 V einstellen, die zwischen den definierten H- und L-Bereichen liegen.

In der vorliegenden astabilen Kippschaltung ist jeweils der Ausgang eines Schaltgliedes über einen Kondensator mit dem Eingang des anderen Schaltgliedes verkoppelt. Diese Verkopplung bewirkt, daß schon beim Anlegen der Versorgungsspannung ein *Schwingungsvorgang* einsetzt und abwechselnd das eine Schaltglied durch das andere auf- oder zugesteuert wird.

Zur Erklärung des Schwingungsvorgangs sei zunächst einmal angenommen, daß der Ausgang a_1 des Gliedes N_1 gerade von L auf H wechselt. In diesem Fall wird der Kondensator C_2 ebenfalls von L auf H geschaltet, so daß er (da er sich nun entsprechend auflädt), den Eingang e_2 des Gliedes N_2 zunächst auf H-Pegel mitzieht. Deswegen schaltet der Ausgang a_2 des Gliedes N_2 auf L. Dadurch wird aber der Kondensator C_1 eindeutig auf L geschaltet und auch der Eingang e_1 des ersten Gliedes N_1 eindeutig auf L herabgezogen. Der Ausgang a_1 bleibt somit auf H-Pegel, wo die Auflladung des Kondensators C_2 fortschreitet. In dem Maße, wie C_2 aufgeladen wird, sinkt das Potential an e_2 ab, und in Abhängigkeit davon steigt der Pegel am Ausgang a_2 von L auf H. Dadurch wird wieder der Kondensator C_1 und mit ihm der Eingang e_2 von L auf H geschaltet; der Ausgang a_1 des Schaltgliedes N_1 wechselt von H auf L. Dieser Zustand bleibt so lange, bis sich der Kondensator C_1 so weit aufgeladen hat, daß das Schaltglied N_1 wieder von L auf H zurückschaltet. Nun lädt sich C_2 erneut auf und so fort.

Das Umschalten der beiden Schaltglieder von H auf L und umgekehrt vollzieht sich immer recht rasch (als Kippvorgang); dazwischen liegen jeweils die Phasen der Aufladung der beiden Kondensatoren, so daß an beiden Ausgängen praktisch Rechteckimpulsspannungen abgegriffen werden können. Die Frequenz der Schwingung hängt von der Bemessung der beiden RC-Kombinationen ab.

Überschlagsmäßig kann die Frequenz mit der Formel

$$f \approx \frac{1}{2 \cdot R \cdot C}$$

berechnet werden. Allerdings dürfen die Widerstände wegen der erforderlichen Arbeitspunkteinstellung nur in einem recht engen Bereich von 1 kΩ bis 2,5 kΩ gewählt werden. Bei der Wahl der Kondensatorkapazitäten hat man einen größeren Spielraum (ca. 1 nF bis 100 μF).

Bild 6.60 zeigt ein Ausführungsbeispiel der astabilen Kippschaltung; sie ist hier für eine niedrige Frequenz ausgelegt, so daß sie z. B. als Taktgeber für eine blinkende Leuchtdiode verwendet werden kann. Für die eigentliche astabile Kippschaltung sind nur zwei NAND-Glieder des IC 7400 erforderlich. Ein drittes NAND-Glied dient zur Ankopplung der Last, hier also der Leuchtdiode. Gleichzeitig fungiert es als »Tor« für die Impulse vom Taktgeber. Wird nämlich der eine Eingang des NAND-Gliedes auf L-Pegel geschaltet, so führt sein Ausgang auf Dauer H-Pegel, gleichgültig, ob am anderen Eingang Impulse aufgeschaltet werden oder nicht. Das NAND-Glied sperrt also den Durchlauf der Impulse: Die angeschlossene Leuchtdiode leuchtet in diesem Fall nicht.

Ein quarzgesteuerter Taktgenerator

Wenn Taktgeneratoren mit hoher Frequenzkonstanz benötigt werden, verwendet man *quarzgesteuerte* astabile Kippschaltungen. Allgemein bekannt ist ihr Einsatz z. B. bei Digitaluhren. Quarzgesteuerte Oszillatorschaltungen enthalten als Kernstück einen sogenannten *Schwingquarz*. Das ist ein besonders geschliffenes Quarzkristallstück, das mit zwei Kontakt-Elektroden versehen und zum Schutz gegen Umwelteinflüsse in einem Gehäuse untergebracht ist (siehe *Bild 6.62b*).

Wir wollen hier nicht näher auf die Grundlagen der Schwingquarztechnik eingehen. Nur soviel sei ge-

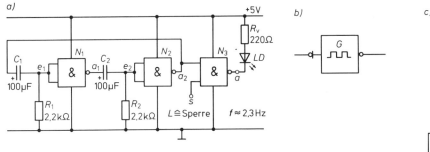 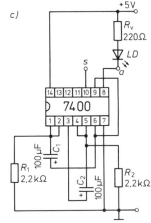

Bild 6.60: Ausführungsbeispiel für ein astabiles Kippglied mit zwei NAND-Gliedern eines 7400-TTL-Bausteins:
a) Gesamtschaltung mit einem weiteren NAND-Glied als »Tor« und Auskopplungsglied mit angeschlossener Leuchtdiode. *b)* Blockschaltzeichen des astabilen Kippgliedes mit Sperreingang. *c)* Anschlußplan mit dem IC 7400.

sagt: Elektronisch wirkt ein Schwingquarz hauptsächlich wie eine Reihenschaltung einer Kapazität, einer Induktivität und eines Wirkwiderstandes – wie ein Reihenschwingkreis also. Außerdem muß man sich dieser Reihenschaltung noch einen Kondensator parallelgeschaltet denken, so daß sich insgesamt ein *Ersatzschaltbild* gemäß *Bild 6.61b* für einen praktisch einsetzbaren Schwingquarz ergibt.
Ein Reihenschwingkreis besitzt bei einer anliegenden Wechselspannung von einer ganz bestimmten Frequenz (der *Resonanzfrequenz*) einen recht kleinen Scheinwiderstand. Bei allen anderen Frequenzen ist sein Scheinwiderstand erheblich größer. Wenn man nun einen solchen Schwingquarz z.B. in die von *Bild 6.59* her bekannte astabile Kippschaltung an Stelle eines Koppelkondensators (C_1) einbaut, ergibt sich folgende Wirkungsweise (*Bild 6.61c*): Nur bei der vom Schwingquarz bevorzugten Resonanzfrequenz schwingt die Schaltung, weil dann der Scheinwiderstand des Schwingquarzes am geringsten ist und die Rückkopplung von einem Schaltglied zum anderen am besten funktioniert.
Wenn der Schwingquarz z.B. bei seiner Herstellung genau auf 1 MHz abgeglichen wurde, so schwingt auch die astabile Kippschaltung, in die er eingesetzt wird, auf dieser Frequenz. Eine gewisse Frequenzkorrektur kann, falls erforderlich, mit Hilfe eines kleinen Trimmkondensators (C_T) vorgenommen werden, der in Reihe zum Schwingkreis zu schalten ist. Der Kondensator C_3 soll in der vorliegenden Schaltung Oberschwingungen verhindern, die eventuell neben der eigentlichen Resonanzfrequenz entstehen könnten.

Die Genauigkeit von Schwingquarzen liegt in der Größenordnung von $\pm 10^{-6}$; das bedeutet, daß z.B. ein Schwingquarz, dessen Resonanzfrequenz 1 MHz beträgt, pro Sekunde bis zu *einer* Schwingung *mehr* oder *weniger* ausführen kann. Eine von einem solchen Schwingquarz gesteuerte Digitaluhr würde in einem Jahr bis zu etwa 31 Sekunden vor- oder nachgehen. Übrigens lassen sich Schwingquarze für höhere Frequenzen kleiner, genauer und billiger fertigen als für niedrige Frequenzen. Für einen Taktgeber, der z.B. Sekundentakte geben soll, verwendet man deshalb meist einen hochfrequenten quarzgesteuerten Oszillator (z.B. $f = 1$ MHz) und setzt die hohe Frequenz durch *Frequenzteiler* herunter, was beim heutigen Stand der Mikroelektronik sowohl technisch als auch preislich kein Problem ist (siehe auch *Kapitel 2*).
Bei der astabilen Kippschaltung nach *Bild 6.61c* werden die Impulse durch die zwei weiteren im Baustein 7400 enthaltenen NAND-Glieder rechteckig geformt und ausgekoppelt, wobei das eine NAND-Glied in bekannter Weise zusätzlich die Funktion eines »Signal-Tors« hat. Wird an den Sperreingang der L-Pegel geschaltet, so wird die Abgabe von Impulsen unterbunden.
In *Bild 6.61d* ist das *Blockschaltzeichen* für die quarzgesteuerte astabile Kippschaltung dargestellt. *Bild 6.62* enthält den Anschlußplan der Schaltung mit dem IC 7400 sowie ein Foto von einer Platinenausführung.

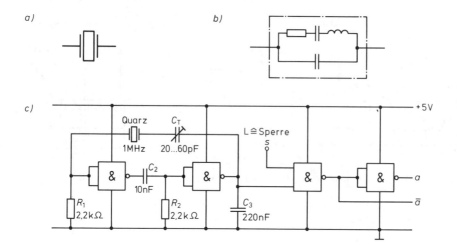

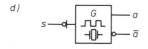

Bild 6.61: Quarzgesteuerter Impulsgenerator:
a) Schaltzeichen für einen Schwingquarz.
b) Elektronische Ersatzschaltung für einen Schwingquarz.
c) Schaltung des quarzgesteuerten Oszillators, ausgeführt mit den NAND-Gliedern eines TTL-7400-Bausteins.
d) Blockschaltzeichen für die Oszillator-Schaltung mit Sperreingang und nicht negierendem und negierendem Ausgang.

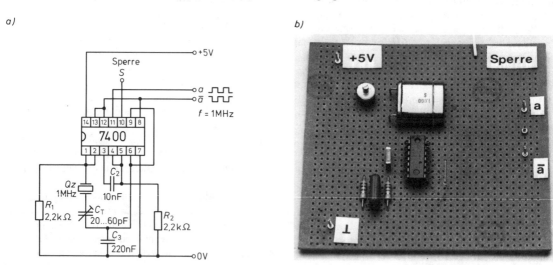

Bild 6.62: Realisation eines quarzgesteuerten Impuls-Generators mit einem 7400-TTL-Baustein: a) Anschlußplan, b) bestückte Platine.

Übung 6.10

Der Schwingquarz in der Oszillatorschaltung einer Digitaluhr schwingt mit einer Frequenz von 4,194304 MHz.
Wie viele Binärteiler-Stufen sind erforderlich, um die Oszillatorfrequenz auf Sekunden-Takte zu unterteilen?

7. Beispiele für Informations- Ein- und Ausgabeeinheiten bei TTL-Schaltungen

Reine Digitalschaltungen nützen, für sich allein genommen, zur praktischen Informationsverarbeitung noch nicht viel, wenn sie nicht mit entsprechenden »Sinnes- und Ausführungsorganen«, d. h. mit *Eingabe- und Ausgabeeinheiten*, für die zu verarbeitenden Informationen, ausgestattet sind. Erst die Kombination digitaler Zentraleinheiten mit Sensoren zur Informationsaufnahme einerseits und mit Einrichtungen zur technisch-praktischen Ausführung der getroffenen logischen Entscheidungen andererseits machen digitale Systeme zur »Robotern«, die mehr oder weniger selbständig arbeitend eingesetzt werden können.

Auch die heutzutage viel zitierten Mikroprozessoren – die nichts anderes sind als hochintegrierte, miniaturisierte digitalelektronische Schaltungen – machen da keine Ausnahme. Auch sie benötigen für den jeweiligen praktischen Einsatz geeignete *periphere Einrichtungen* (peripher = am Rande gelegen, im Umfeld). Je komplexer die Aufgaben sind, die von digitalelektronischen »Automaten« erfüllt werden sollen, desto vielfältiger müssen ihre mit der Umwelt korrespondierenden »Organe« sein. Die technische Entwicklung ist auf diesem Gebiet in vollem Gange; die Experten der Digitaltechnik sehen sich vor eine große Zahl von Entwicklungsaufgaben gestellt, die sicherlich nicht von heute auf morgen bewältigt werden können.

Nachdem schon im *Band 1* dieser *Einführung in die Digitalelektronik* verschiedene einfache Ein- und Ausgabeeinrichtungen für Signale bei digitalelektronischen TTL-Schaltungen beschrieben wurden, sollen nun im folgenden weitere Beispiele vorgestellt werden. Die Schaltungsvorschläge sind auch hier nicht so kompliziert und aufwendig, daß damit z. B. gleich ein automatischer Roboter als »Mädchen für alles« im Haushalt konstruiert werden könnte. Aber der eine oder andere automatische Wirkungsablauf läßt sich damit schon erzielen. Alle Schaltungsvorschläge sind auf eine Kombination mit TTL-74-Schaltungen zugeschnitten, weil wir in dem Werk *Experimente: Einführung in die Digitalelektronik* schwerpunktmäßig und beispielhaft die TTL-74-ICs als Bausteine zur Realisierung digitalelektronischer Schaltungen gewählt haben.

Sensoren für nichtelektrische Größen

Sensoren für elektronische Binärschaltungen sollen meist nichtelektronische, nichtbinäre Signale in systemgerechte binäre elektrische Signale umsetzen. Deshalb werden im folgenden hauptsächlich solche Sensorschaltungen vorgestellt, mit denen die Werte von nichtelektrischen Größen wie *Beleuchtungsstärke, Temperatur, Lautstärke* oder *Magnetflußdichte* umgesetzt werden in Spannungspegelwerte, die von TTL-74-Schaltungen als Informationen verwertet werden können. Um einwandfreie binäre Signale an die nachgeschalteten TTL-»Zentraleinheiten« zu liefern, sind fast alle der hier vorgeschlagenen Sensorschaltungen ausgangsseitig mit Schmitt-Trigger-Gliedern versehen (vgl. *Kapitel 3*).

Sensoren für Helligkeitsunterschiede – Dämmerungsschalter

Eine sehr einfache *Lichtsensor-Schaltung* läßt sich mit einem Fotowiderstand, einem Potentiometer und einem Schmitt-Trigger-Glied aufbauen: *Bild 7.1*. Fotowiderstände ändern abhängig von der auftreffenden Beleuchtungsstärke ihren Widerstandswert. Bei Dunkelheit haben sie einen hohen Widerstand (je nach Typ mehrere Megaohm); bei Helligkeit ist ihr Widerstand dagegen gering (wenige hundert Ohm). In der Sensorschaltung nach *Bild 7.1* bildet der Fotowiderstand eine Reihenschaltung mit dem Potentiometer R_p. Das Potentiometer hat hier zwei Aufgaben: Zum einen dient es als Strombegrenzungs-Widerstand, wenn der Fotowiderstand niederohmig ist; denn in dem vorliegenden Fotowiderstandstyp *LDR 05* darf die Verlustleistung nicht über 50 mW ansteigen. Zum anderen soll mit dem Potentiometer die Helligkeitsschwelle eingestellt werden können, bei der das Trigger-Glied umschaltet. Bei der Bemessung des Potentiometers ist zu bedenken, daß aus dem Trigger-Eingang ein Ausgangsstrom von fast 1 mA herausfließt, wenn die untere Trigger-Schwellenspannung ($U_{eu} \approx 0{,}9$ V) erreicht ist. Dieser Strom verursacht am Potentiometer einen Spannungsabfall, auch wenn (bei Dunkelheit) praktisch kein Strom durch den Fotowiderstand fließt. Der eingestellte Potentiometerwiderstand darf also nicht zu groß sein, damit die untere Trigger-Schaltschwelle überhaupt unterschritten werden kann (vgl. hierzu auch *Bild 3.12ff.*).

Kondensator C soll verhindern, daß die Schaltung bei kurzzeitigen (Stör-)Lichtimpulsen anspricht. Bei Helligkeit führt auch hier – wie in *Bild 7.1* – der Trigger-Ausgang L-Pegel. (Zur Ansteuerungsart der Lampe vgl. auch *Bild 7.39* in *Band 1*).

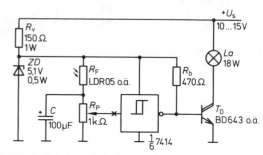

Bild 7.2: Schaltungsbeispiel für einen Dämmerungsschalter. Die Betriebsspannung für das IC wird mit Hilfe einer Z-Diode auf den erforderlichen Wert von 5 V stabilisiert, so daß die Schaltung als Parklichtschalter an der 12-V-Batterie eines Automobils betrieben werden kann.

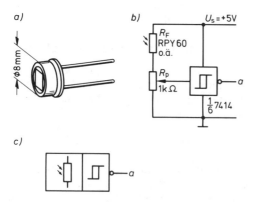

Bild 7.1: Lichtsensor mit Fotowiderstand R_F und Schmitt-Trigger:
a) Ausführungsform des Fotowiderstands RPY 60,
b) Schaltung des Lichtsensors,
c) Blockschaltzeichen des Lichtsensors. Bei Helligkeit führt der Signalausgang a L-Pegel.

Der Helligkeitssensor kann z. B. als *Dämmerungsschalter* zum Einschalten einer Beleuchtung verwendet werden. *Bild 7.2* zeigt eine komplette Anwendungsschaltung, die für den Betrieb an einer 12-V-Autobatterie konzipiert ist und z. B. zum automatischen Einschalten des Parklichts bei einem Kraftfahrzeug dienen kann. In dieser Schaltung wird die erforderliche stabilisierte Speisespannung von 5 V für den TTL-Trigger-Baustein mit Hilfe einer Z-Diode erzeugt. Als »kräftige« Ausgangsstufe zum Schalten des Parklichts ist ein Darlington-Transistor T_D vorgesehen. Er besitzt eine Mindeststromverstärkung von $B = 750$ und hält kurzzeitige Stromstöße bis 12 A aus (Dauerstrom $I = 8$ A). Der

Bei den bisher vorgestellten Lichtsensor-Beispielen ist der Fotowiderstand mit dem Potentiometer jeweils direkt an den Eingang eines Triggers angeschlossen, so daß sich die relativ große *Schalthysterese* der Standard-Trigger (U_h typisch 0,8 V) recht spürbar auf das Betriebsverhalten des Sensors auswirkt (siehe *Kapitel 3*). Es besteht also ein deutlicher Unterschied zwischen den Helligkeitswerten, bei denen ein- bzw. ausgeschaltet wird.

Falls gewünscht, kann die Schalthysterese bezüglich der Helligkeitsschaltschwellen z. B. dadurch verkleinert werden, daß ein *Transistor* als Spannungsverstärker zwischen den aus dem Fotowiderstand und dem Potentiometer bestehenden Spannungsteiler und den Schmitt-Trigger geschaltet wird: *Bild 7.3*. Beim Transistor bewirkt schon eine kleine Spannungsänderung zwischen der Basis und dem auf Masse geschalteten Emitter eine große Spannungsänderung zwischen Kollektor und Masse. Bereits eine geringe Helligkeitsänderung am Fotowiderstand (die nur eine kleine Widerstands- bzw. Spannungsänderung verursacht) reicht nun aus, um die obere oder untere Schaltschwelle des Triggers zu überwinden. Mit dem Potentiometer kann auch in dieser Schaltung die Helligkeitsschwelle voreingestellt werden. Der Widerstand R_v dient zur Begrenzung des Transistorbasisstromes für den Fall, daß der Fotowiderstand sehr niederohmig wird und gleichzeitig der Schleifer des Potentiometers ganz nach oben gestellt ist. In *Bild 7.3* ist außer der Schaltung auch das Blockschaltzeichen der Sensoreinheit mit Transistor abgebildet. Es enthält das dreieckige Verstärkersymbol, um auf die Verstärkerfunktion des Transistors hinzuweisen.

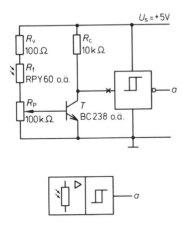

Bild 7.3: Lichtsensor-Einheit mit einem Transistor zur Verstärkung von Spannungsänderungen. Resultat: Verringerung der Schalthysterese und Verbesserung der Empfindlichkeitseinstellung.
Unten ist das Blockschaltzeichen abgebildet. Bei Helligkeit am Fotowiderstand führt hier der Trigger-Ausgang H-Pegel.

Die Funktion dieser Schaltung: Bei Lichteinfall wird der Fotowiderstand niederohmig, so daß der Transistor durchgesteuert wird, d.h. sein Widerstand zwischen Kollektor und Emitter wird klein und der Eingang des Triggers wird dadurch auf L-Pegel geschaltet. Der negierende Trigger-Ausgang führt folglich H-Pegel. Insgesamt heißt das für diese Sensor-Einheit: Helligkeit ≙ H-Pegel; das Blockschaltzeichen führt deshalb am Ausgang *kein* Negationszeichen.
Außer Fotowiderständen gibt es noch *Fototransistoren*, *Fotodioden* und *Fotoelemente* als lichtempfindliche elektronische Bauelemente. Im Vergleich zu Fotowiderständen, die nach dem Ende einer Bestrahlung eventuell bis zu einigen Sekunden Zeit benötigen, um wieder ihren höchsten Dunkelwiderstand zu erreichen, besitzen Fotodioden und Fototransistoren ein viel schnelleres »Reaktionsvermögen« auf Helligkeitswechsel. Fototransistoren weisen zudem den Vorteil der Signalverstärkung auf, so daß sie in optoelektronischen Schaltungen bevorzugt verwendet werden.

Bild 7.4 zeigt eine Sensorschaltung, in der anstelle eines Fotowiderstandes (vgl. *Bild 7.3*) ein *Fototransistor* eingesetzt ist. Die Kollektor-Emitter-Strecke des Fototransistors wird niederohmig, wenn durch das Fenster im Transistorgehäuse Licht auf die Transistorbasisschicht fällt. Der in *Bild 7.4* verwendete Fototransistortyp besitzt keinen nach außen geführten Basisanschluß. Er kann also schaltungstechnisch als zweipoliges Bauelement ähnlich wie ein Fotowiderstand oder eine Fotodiode eingesetzt werden. Er bietet den Vorteil, daß er – wie schon erwähnt – selbst eine Verstärkerfunktion besitzt: schon auf geringe Helligkeitsänderungen reagiert er mit großen Widerstandsänderungen in der Kollektor-Emitter-Strecke.

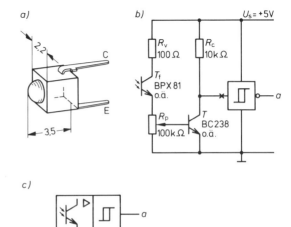

Bild 7.4: Lichtsensor-Einheit mit einem Fototransistor:
a) Ausführungsbeispiel eines Fototransistors (Typ BPX 81; Maße in mm).
b) Schaltung der Sensor-Einheit.
c) Blockschaltzeichen der Sensor-Einheit.
Bei Helligkeit führt der Schaltungsausgang H-Pegel (vgl. *Bild 7.3*).

Lichtschranken

Lichtschranken sind optoelektronische Sensoren, die – ganz allgemein – dort benutzt werden, wo an bestimmten Stellen Positionsänderungen von Dingen oder Personen registriert werden sollen. Lichtschranken bestehen prinzipiell aus einem Licht*sender* und einem Licht*empfänger*. In der Regel erfolgt eine Meldung, wenn der zwischen Sender und Empfänger bestehende Lichtstrahl unterbrochen wird. Je nach Anordnung des Sensors und des Empfängers zueinander unterscheidet man *direkte* Strahlschranken und *Reflexions*-Strahlschranken, *Bild 7.5*.

Bei Direkt-Strahlschranken stehen sich Sender und Empfänger gegenüber. Bei Reflexions-Strahlschranken liegen Sender und Empfänger an einem gemeinsamen Ort so beieinander, daß der vom Sender ausgehende Strahl von einem Reflektor auf den Empfänger zurückgeworfen wird.

Je nach dem Anwendungszweck gibt es bei Lichtschranken – sowohl hinsichtlich der optisch-konstruktiven als auch der elektronisch-schaltungstechnischen Ausführung – große Unterschiede, weil z. B. die Fremdlichteinflüsse, der Abstand zwischen Sender und Empfänger, die Beschaffenheit des unterbrechenden bzw. reflektierenden Materials, die Ansprechgeschwindigkeit oder die Ansprechsicherheit für die Ausführung von bestimmendem Einfluß sind.

eine Leuchtdiode; als Empfänger wird ein Fototransistor verwendet, der ein TTL-Trigger-Glied ansteuert. Die (Sender-)Leuchtdiode ist über einen Strombegrenzungswiderstand mit an die stabilisierte 5-V-Spannung der TTL-Empfängerschaltung angeschlossen. Fällt von der Leuchtdiode ein Lichtstrahl auf den Fototransistor, so ist dieser niederohmig, und der negierende Ausgang des angeschlossenen Schmitt-Triggers führt H-Pegel. Wird der Lichtstrahl durch ein Objekt unterbrochen, so wechselt das Ausgangssignal bei dieser Lichtschrankenschaltung auf L-Pegel.

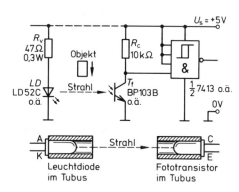

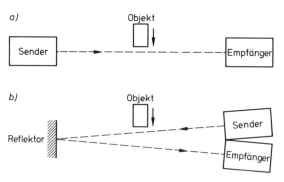

Bild 7.5: Prinzipielle Anordnung von Lichtschranken:
a) Direkt-Strahlschranke,
b) Reflexions-Strahlschranke.

Bild 7.6: Einfache Strahlschranke für kurze Abstände mit sichtbarem Lichtstrahl (rotleuchtende Leuchtdiode). Bei Unterbrechung des Lichtstrahls schaltet der Trigger-Ausgang auf L-Pegel.

Lichtschranken für geringe Schrankenweiten mit sichtbarem Lichtstrahl

Mit geringem Aufwand lassen sich Lichtschranken aufbauen, wenn zwischen dem Lichtsender und dem Lichtempfänger nur ein geringer Abstand (Millimeter bis Zentimeter) erforderlich ist. Dies gilt zum Beispiel für Kleinlichtschranken zur Bandriß- oder Bandende-Kontrolle bei Tonbändern, zum Abtasten (Lesen) von Lochkarten oder Lochstreifen, zum Aufnehmen der Drehzahl rotierender Scheiben oder zur Meldung einer bestimmten Zeigerstellung bei Meßgeräten. Damit Fremdlicht möglichst nicht stört, soll der Strahlsender relativ stark, der Strahlempfänger aber nicht allzu empfindlich sein.

Dieser Anforderung genügt z. B. die einfache Lichtschrankenschaltung für sichtbares Licht und kurze Schrankenweiten in *Bild 7.6*. Als Sender fungiert

Bei der praktischen Ausführung der Lichtschranke sollte darauf geachtet werden, daß der Empfänger-Transistor keiner direkten Fremdlichtbestrahlung ausgesetzt ist. Günstig ist es, den Fototransistor in einen mattschwarzen Tubus einzubauen, damit er vor seitlichem Fremdlicht abgeschirmt wird. Die Umgebung der Leuchtdiode sollte ebenfalls nichtreflektierend sein, damit in ihrer Nähe kein Fremdlicht in Richtung zum Empfänger abgelenkt werden kann. Handelsübliche Leuchtdioden und Fototransistoren sind so ausgeführt, daß die Strahlung gebündelt abgegeben bzw. aufgenommen wird. Mit Rücksicht auf diese Richtwirkung sollten Leuchtdiode und Fototransistor auf eine gemeinsame optische Achse einjustiert werden.

Statt einer Leuchtdiode kann bei der Kleinlichtschranke als Sender auch ein Glühlämpchen (mit Sammellinse zur Strahlbündelung) eingesetzt werden: *Bild 7.7*. Mit einem solchen »kräftigen« Lichtsender lassen sich unter Umständen noch

Schrankenweiten von mehreren Zentimetern sicher überbrücken, ohne daß sich Fremdlicht störend auswirken könnte. Wie weit man den Abstand zwischen Sender und Empfänger im praktischen Betrieb tatsächlich ausdehnen kann, sollte man am besten an Ort und Stelle und unter den ungünstigsten zu erwartenden Umständen ausprobieren, damit die Lichtschranke bei normalen Bedingungen zuverlässig arbeitet.

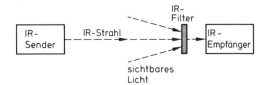

Bild 7.8: Prinzip einer Infrarot-Strahlschranke. Sender und Empfänger (mit Filter) sind auf infrarote Strahlung von bestimmter Wellenlänge abgestimmt. Sichtbares Licht wird nicht zum Empfänger durchgelassen.

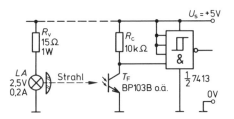

Bild 7.7: Strahlschranke für sichtbares Licht mit Linsenlämpchen als »starkem« Lichtsender. Erreichbarer Abstand: ca. 150 mm.

Infrarot-Strahlschranken

Die Gefahr von Störungen durch Fremdlicht bei Strahlschranken kann merklich gemindert werden, wenn mit einer Strahlung gearbeitet wird, die sich von der Fremdstrahlung unterscheidet. Der Strahlsender soll möglichst nur eine Strahlung von bestimmter Wellenlänge aussenden, und der Strahlempfänger soll am besten nur auf diese Strahlung ansprechen.

Als Licht*sender*, die eine bestimmte – vor allem vom sichtbaren Licht unterscheidbare – Strahlung aussenden, haben sich für kleinere Strahlenschranken *Infrarot-Dioden* bewährt. Sie strahlen hauptsächlich mit einer bestimmten Wellenlänge, meist 950 nm (1 nm = 1 Nanometer = 10^{-9} m).

Für die *Empfänger*seite gibt es allerdings keine einfachen, preiswerten optoelektronischen Bauelemente, die ausschließlich auf eine bestimmte Wellenlänge, z.B. nur auf die Wellenlänge 950 nm reagieren. Meist werden als Empfänger Fototransistoren eingesetzt, die zwar auch auf sichtbares Licht ansprechen, die aber für infrarote Strahlung besonders empfindlich sind. Um den Fremdlichteinfluß durch sichtbares Licht auszuschalten, werden diesen Fototransistoren *Filter* vorgesetzt, die nur infrarote Strahlung durchlassen: *Bild 7.8*.

Was ist eigentlich infrarote Strahlung? Zur infraroten Strahlung wird elektromagnetische Strahlung mit Wellenlängen ab 750 nm bis etwa 10^6 nm (1 mm) gerechnet. Infrarote Strahlung ist also niederfrequenter als das Spektrum des sichtbaren Lichts mit Wellenlängen von ca. 380 nm (violett) bis 750 nm (rot).

Filter, die IR-Strahlung passieren lassen, aber sichtbares Licht sperren, werden von der optischen Industrie hergestellt (z.B. IR-Filter *RG 830* der Fa. Schott, Mainz). Ein Tip für Praktiker: Da IR-Filter-Gläser und -Folien im Einzelhandel nur schwer zu bekommen sind, behelfen sich Kenner ersatzweise mit geschwärztem Diafilm oder mit rußgeschwärztem Glas als IR-Filtermaterial. Wie so oft, auch hier: am besten ausprobieren!

Bild 7.9 zeigt eine einfache Schaltung für eine Infrarot-Strahlschranke. Der Sender ist eine IR-Diode, deren Betriebsstromstärke – wie bei anderen Leuchtdioden auch – durch einen Vorwiderstand festgelegt wird. Beachten Sie: Auch wenn die IR-Diode richtig betrieben wird, bleibt sie für das Auge dunkel. Ob sie eine Strahlung aussendet, kann man nur mit Hilfe des IR-Empfängers feststellen. Die Empfängerschaltung

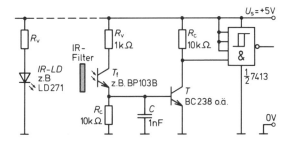

Bild 7.9: Schaltung einer einfachen Infrarot-Strahlschranke. Die IR-Diode gibt eine IR-Strahlung mit einer Wellenlänge von 950 nm ab. Der Fototransistor ist verkapselt und mit einem passenden IR-Filter versehen.
Bei Unterbrechung des IR-Strahls schaltet der Trigger-Ausgang auf L-Pegel um.

enthält einen Fototransistor, der beim praktischen Aufbau der Strahlschranke am besten mit einer lichtundurchlässigen Verkapselung versehen wird, die nur ein mit einem IR-Filter ausgestattetes Fenster besitzt.

Zur Signalverstärkung dient hier ein zusätzlicher Transistor T; ein Trigger-Glied fungiert als Schwellwertschalter. Der Kondensator am Basisanschluß des Transistors T soll eventuelle kurzzeitige Störimpulse auffangen. Der Widerstand R_v begrenzt den Strom über den Fototransistor und die Basis des nachgeschalteten Transistors T, falls der Fototransistor T_F sehr großen Beleuchtungsstärken ausgesetzt wird. Fällt genügend Strahlung auf den Fototransistor, so ist er niederohmig; der nachgeschaltete Transistor T ist dann durchgeschaltet, und der Trigger mit negierendem Ausgang führt H-Pegel. Wird der IR-Strahl unterbrochen, so wechselt der Pegel am Schaltungsausgang von H auf L.

Da infrarote Strahlung den gleichen optischen Gesetzen unterliegt wie sichtbares Licht, können auch IR-Strahlen mit Linsen oder Parabolspiegeln gebündelt werden. Werden solche optischen Bauteile eingesetzt, kann der Abstand zwischen Sender und Empfänger der Strahlschranke gegebenenfalls beträchtlich vergrößert werden. Aber auch ohne diese Hilfsmittel ist eine Schrankenweite von mehreren Zentimetern bis Dezimetern möglich, wovon Sie sich selbst durch Versuche überzeugen können. Es hängt sehr viel von den optischen Gegebenheiten der Umgebung ab. So ist u. a. zu berücksichtigen, daß auch trotz der weitgehenden Abschirmung des Fototransistors gegen sichtbares Licht (mit dem IR-Filter) nicht alle störenden Einflüsse ausgeschlossen werden können. Häufig tritt nämlich neben der infraroten Nutzstrahlung von der Senderdiode auch infrarote Fremdstrahlung auf, die Störungen verursachen kann. Gewöhnliche Lichtquellen, z. B. Glühlampen, können recht spürbar als »Störsender« in Erscheinung treten, weil sie neben dem sichtbaren Licht einen beträchtlichen Teil unsichtbarer, infraroter Strahlung abgeben.

Die in *Bild 7.9* gezeigte Schaltung kann ohne weiteres für eine Reflexionslichtschranke verwendet werden. Wenn hierfür eine Anordnung nach *Bild 7.5b* gewählt wird, können Sender und Empfänger in einem gemeinsamen Gehäuse untergebracht werden. Das bietet Vorteile für die Montage der Anlage: Vor allem braucht keine elektrische Leitung zu einem gegenüberliegenden Sender gelegt zu werden. Zu bedenken ist aber, daß im Vergleich zu einer direkten Strahlschranke bei der Reflexionsschranke der Weg der Strahlung vom Sender bis zum Empfänger für dieselbe Schrankenweite doppelt so groß ist (vgl. *Bild 7.5*). Auf dem längeren Weg entstehen entsprechend größere Streuverluste und am Reflektor zusätzlich Reflexionsverluste. Die maximal erreichbare Schrankenweite (Abstand Sender – Empfänger bzw. Sender – Reflektor) wird also geringer sein, wenn die IR-Strahlschranken-Schaltung von *Bild 7.9* in der Reflexionsanordnung betrieben wird.

Als Reflektoren können z. B. Metall- oder Glasspiegel verwendet werden. Die optimale Ausrichtung von Sender, Reflektor und Empfänger zueinander ist aber bei ebenen, glatten Reflektorflächen nicht ganz einfach; es kommt gegebenenfalls auf Bruchteile von Winkelgraden an. Das Justieren wird leichter, wenn als Reflektoren Prismenflächen verwendet werden, wie sie z. B. an Warndreiecken von Kraftfahrzeugen oder an Rückstrahlern von Fahrrädern zu finden sind. Die Prismenflächen reflektieren die Strahlung, wenn sie nicht zu schräg auf den Reflektor auftrifft, jeweils genau in die Richtung zurück, aus der sie kommt. Ein Prismenreflektor braucht im Gegensatz zu einem glatten Reflektor also nicht auf Bruchteile von Winkelgraden genau ausgerichtet zu werden.

Bei der in *Bild 7.9* beschriebenen Lichtschranken-Anordnung wird eine Meldung ausgelöst, wenn ein Objekt den Strahlenzugang unterbricht (zwischen Sender-Empfänger-Einrichtung und fest montiertem Reflektor, wenn eine Reflexions-Lichtschranke vorliegt). Man kann aber eine Reflexionslichtschranke auch so gestalten, daß ein Objekt selbst als Reflektor fungiert und die vom Sender abgegebene Strahlung auf den Empfänger lenkt: *Bild 7.10*. Reflexionsschranken dieser Art werden z. B. als »berührungslose Näherungsschalter« eingesetzt. Sie melden die Annäherung von Objekten oder auch von Personen. Automatische Türöffnungsanlagen und manche Einbruch-Alarmanlagen sind mit solchen Reflexionsschranken ausgestattet. Bei welchem Objektabstand die Auslösung einer solchen Reflexionsschranke erfolgt, ist von der Justierung von Sender und Empfänger, von der Intensität und Bündelung der Strahlung, von den Reflexionseigenschaften des auslösenden Objekts und von der eventuell aus der Umgebung kommenden Störstrahlung abhängig. Experimente zeigen am besten, was sich im konkreten Fall aus der beschriebenen einfachen IR-Strahlschrankenschaltung in Reflexionsanordnung »herausholen« läßt. Normalerweise dürften sich Auslöseabstände bis zu einigen Dezimetern erzielen lassen, wenn z. B. mit einer Hand als reflektierendem »Objekt« experimentiert wird.

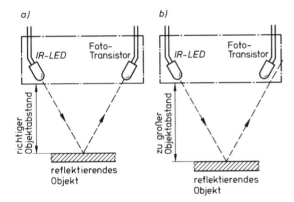

wird zwischen den »Gabelzinken« hindurchgeführt. Da Strahlsender und -empfänger nur einen geringen Abstand voneinander haben, braucht meist keine besondere Abschirmung gegen Fremdlicht vorgesehen zu werden. In dieser Hinsicht sind Gabellichtschranken problemloser einzusetzen als Reflexionsköpfe.

Sowohl Gabellichtschranken als auch Reflexionsköpfe haben vier Anschlüsse: je zwei für die Diode und für den Fototransistor. Sie müssen an einer geeigneten Schaltung betrieben werden, z.B. an einer solchen wie in *Bild 7.9*.

Bild 7.10: Beispiel für die Anordnung einer IR-Leuchtdiode und eines Fototransistors in einer Reflexionslichtschranke zur Meldung von sich nähernden Objekten.
a) Auslöseabstand;
b) Objektabstand zu groß: Der IR-Strahl erreicht den Empfänger nicht.

Für den industriellen Einsatz gibt es sogenannte *Reflexionsköpfe* für Kleinlichtschranken schon montagefertig in kompakter Ausführung: *Bild 7.11a*. In einem gemeinsamen Gehäuse befinden sich eine IR-Diode und ein Fototransistor; sie sind fest auf einen bestimmten Objektabstand eingestellt. Der von der Diode abgegebene Strahl muß von einem Objekt reflektiert werden, um auf den Fototransistor zu treffen. Meist beträgt der Objektabstand, bei dem dies geschieht, nur wenige Millimeter. Die präzise arbeitenden Reflexionsköpfe werden vorwiegend zum Abtasten von reflektierenden Markierungen auf nicht reflektierenden Bändern, Karten oder Scheiben sowie als berührungslose Näherungsschalter für kleine Abstände verwendet. Wenn der Kontrast zwischen reflektierenden und nicht reflektierenden Oberflächen groß und die Streuung gering ist und wenn der voreingestellte Objektabstand exakt eingehalten wird, können mit den Reflexionsköpfen auch noch relativ eng nebeneinander liegende Markierungen im Millimeterabstand sicher unterschieden werden. Die vorgefertigten Reflexionsköpfe sind natürlich teurer als ein »Eigenbau«, den man sich mit einer IR-Diode und einem Fototransistor selbst herstellen kann.

Montagefertig angeboten werden auch sogenannte *Gabellichtschranken* (*Bild 7.11b*), die vor allem zum Abtasten von Bändern und Scheiben nach Kerben, Schlitzen oder Löchern verwendet werden. Eine IR-Diode und ein Fotowiderstand sind hier gegenüberliegend fest eingebaut. Das abzutastende Objekt

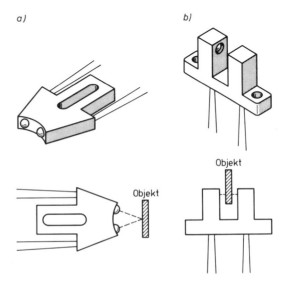

Bild 7.11: Ausführungsbeispiele für industriell gefertigte Kleinlichtschranken:
a) Kopf einer Reflexionslichtschranke,
b) Gabellichtschranke.

Optoelektronische Lochstreifen- und Lochkartenleser

In der industriellen Datenverarbeitung haben sich u.a. *Lochstreifen-* und *Lochkarten* als Datenträger bewährt. Die Daten werden darauf *binär* in Form von zeilenweise angeordneten Löchern gespeichert. Eine Lochzeile besteht aus mehreren »Plätzen« (Bits, Spuren, Kanälen), die gelocht werden oder ungelocht bleiben. Ein *Loch* bedeutet meist einen binären 1-Wert, *kein* Loch einen binären 0-Wert (selten umgekehrt). Von der Anzahl der Plätze (Bits) in einer Zeile hängt es ab, wie viele verschiedene Wertekombinationen auf einer Zeile eines Lochstreifens oder einer Lochkarte unterschieden werden können. Wenn z. B. auf einem Lochstreifen 5 Informationsspuren eingerichtet sind, so ergeben sich Zeilen mit fünf Lochplätzen (Bits). In diesem Fall können Informationen in einem 5-Bit-Code verarbeitet werden, der insgesamt $2^5 = 32$ verschiedene Wertekombinationen bietet (siehe *Kapitel 1*).

Bild 7.12 zeigt das Beispiel eines 8-Kanal-Lochstreifens. Er hat 9 Spuren; 8 davon werden als Informationsspuren verwendet, und eine ist als Markierungs- und Transportspur (mit kleineren Löchern) eingerichtet, damit die einzelnen Zeilen von einer Leseeinrichtung nacheinander sicher unterschieden und richtig ausgewertet werden können. Lochstreifen mit 8 Informationsspuren werden bevorzugt für industrielle Steuerungen verwendet. Je nach Aufgabenstellung verwendet man verschiedene genormte 8-Bit-Codes, mit denen sich $2^8 = 256$ verschiedene Wertekombinationen bilden lassen (siehe *Kapitel 1 und 8*). Lochstreifen für Fernschreiber der Post enthalten z. B. nur 5 Informationsspuren (und natürlich auch eine Markierungsspur).

Die Binärwert-Kombinationen auf den Lochstreifen oder Lochkarten werden heute meist berührungslos mit Hilfe optoelektronischer Einrichtungen »gelesen«. Diese Leseeinrichtungen bestehen prinzipiell aus einer Reihe nebeneinanderliegender Kleinlichtschranken; für jede Lochspur ist eine erforderlich. Die industriell gefertigten Lochstreifen- und Lochkartenleser sowie die Stanzeinrichtungen für die Lochkombinationen sind präzise ausgeführte und nicht gerade billige elektromechanische Konstruktionen. Die kommerziellen Lochstreifenstanzer ähneln Schreibmaschinen, bei denen über eine Tastatur Buchstaben, Ziffern und andere Zeichen eingetippt und in einem angeschlossenen Gerät direkt als Lochkombinationen in den Datenträger eingestanzt werden. Außerdem gibt es auch Stanzgeräte ohne Tastatur; hier werden die Binärwerte direkt über entsprechende Datenleitungen eingegeben.

Die Anschaffung dieser teuren Geräte kommt für den Hobby-Digitalelektroniker zum Experimentieren nicht infrage. Aber mit einigem handwerklichen Geschick und etwas Improvisation können Sie sich selbst eine Lochstreifen- oder Lochkarten-Leseeinrichtung aufbauen und die dazu passenden »Datenträger« herstellen, die prinzipiell den in der Industrie verwendeten entsprechen. Sie schaffen sich damit eine für Experimentierzwecke vielseitig einsetzbare Dateneingabe-Einrichtung, die man z. B. für ein optoelektronisch ausgeführtes Code-Schloß (vgl. dazu *Band 1, Seite 71ff.*) oder zur Eingabe eines kleinen Programms für eine Maschinensteuerung verwenden kann. Beim Code-Schloß wird das Betätigen bestimmter Tasten durch das digitalelektronische Auswerten der »Code-Karte« ersetzt.

Die praktisch-konstruktive Gestaltung einer optoelektronischen Leseeinrichtung und eines dazu passenden Datenträgers wird sich vor allem nach der Aufgabenstellung im konkreten Anwendungsfall richten. Beispielsweise wird als »Schlüssel« für ein Code-Schloß eine Lochkarte aus Pappe, Kunststoff oder Metall besser geeignet sein als ein Stück dünner Lochstreifen. Dagegen wird zur Eingabe eines Programms zur Steuerung einer Spielzeug-Maschine sicherlich ein Lochstreifen günstiger sein – vor allem, wenn viele Programmschritte auszuführen sind.

Eine Lochkarten-Leseeinrichtung nach *Bild 7.12* für Experimentierzwecke kann z. B. ohne allzu großen mechanisch-technischen Aufwand folgendermaßen gestaltet werden: Eine Zeile mit Infrarot-Leuchtdioden und eine entsprechende Zeile mit Fototransistoren gleicher Bauform werden auf Lochrasterplatten einander gegenüber montiert. Dazwischen muß noch eine vielleicht nur aus Pappe geklebte

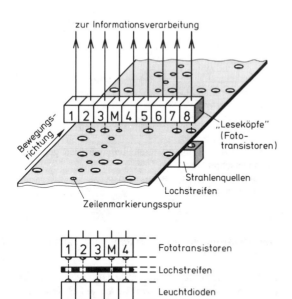

Bild 7.12: Beispiel eines 9spurigen Lochstreifens mit 8 Informationsspuren (1–8) und 1 Markierungsspur (M); dazu die optoelektronische Leseeinrichtung mit 9 Kleinlichtschranken.
Unten ist ein Querschnitt gezeigt mit einem Teil der Lochstreifenspuren (in Bewegungsrichtung gesehen).

Führung für die Lochkarte angebracht werden. Das Ganze sollte außerdem mit einer lichtundurchlässigen Hülle zur Abschirmung gegen Fremdstrahlung umgeben werden, nur ein Einführungsschlitz für die Lochkarte bleibt offen. Ein solcher »Lesekopf« funktioniert relativ sicher, wenn man die Lochspuren nicht zu eng anordnet (z. B. 10 mm Abstand) und die Lochdurchmesser in der Karte nicht zu groß wählt (z. B. 2 mm), um »Überstrahlungen« von einem Kanal zum nächsten zu vermeiden.

Die Löcher kann man mit einem Locheisen oder einer Lochzange stanzen, wenn man eine Papplochkarte verwendet. Bei Metallblech- oder Kunststoffkarten werden die Löcher am besten mit einem Bohrer hergestellt. Ein aufgeklebtes Rasterpapier, auf dem man vorher die geplanten Lochanordnungen markiert hat, kann hierbei ganz gut als »Lochungsschablone« dienen. Vor dem Ausführen der Lochungen, das einige Sorgfalt erfordert, sollte man prüfen, ob das Lochkartenmaterial (die Pappe oder der Kunststoff) auch ausreichend undurchlässig ist für die infrarote Strahlung. Denn mancher lichtundurchlässig erscheinende Pappkarton oder Kunststoff läßt IR-Strahlung noch recht gut passieren. Auch für Lochstreifenmaterial ist eine solche Prüfung wichtig, zumal es dünner sein wird, um aufgewickelt werden zu können. Streifen aus schwarzem Fotokarton haben sich zum Experimentieren als geeignet erwiesen.

Weißer Zeichenkarton kann für IR-Strahlung undurchlässig gemacht werden, indem er mit schwarzer Zeichentusche intensiv eingefärbt wird; gewöhnliche Tinte reicht dafür nicht aus. Auch kommerziell verwendete Papierlochstreifen sind manchmal einseitig mit einer schwarzen Schicht belegt.

Ein 8-Kanal-Lochstreifenleser zum Experimentieren

Wenn man auf einem Lochstreifen die Lochspuren aus Platzgründen enger anordnet als auf einer Lochkarte, so muß man berücksichtigen, daß beim Ausführen der Lochungen eine größere Präzision erforderlich wird. Denn je enger die Lochabstände sind, desto eher kann es zu Lesefehlern durch Überstrahlungen kommen.

Die in industriellen Steuerungen verwendeten, maschinell gelochten Lochstreifen haben Lochabstände von 2,54 mm ($\triangleq$ $1/10$ Zoll). Auch die in *Bild 7.13* gezeigte Lochstreifen-Leseeinrichtung, die für Experimentierzwecke (z. B. mit dem DIGIPROB-System) gedacht ist und aus vorgefertigten Teilen besteht (DPS 7), besitzt einen Lesekopf für Spurabstände von 2,54 mm. Dieser Spurabstand ergibt sich hier ganz einfach daraus, daß die Fototransistoren und IR-Leuchtdioden jeweils nebeneinander auf vorgefertigte Lochrasterplatten montiert werden, bei

a)

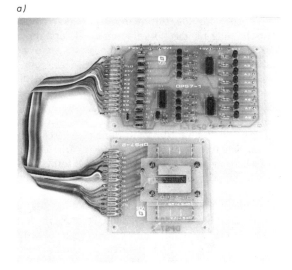

b)

Bild 7.13: Ausführungsbeispiel eines Lochstreifenlesers für Experimentierzwecke. Er ist Bestandteil des DIGPROB-Systems: DPS 7.
a) »Lesekopf« und »Auswerte-Elektronik«.
b) Lesekopf aufgeklappt: unten die Führungsplatte mit Fototransistorzeile und Lochstreifen; oben die Deckplatte mit IR-Leuchtdiodenzeile.

denen das international genormte Lochrastermaß ebenfalls 2,54 mm beträgt. Für dieses Lochrastermaß gibt es speziell geformte Fototransistoren und IR-Leuchtdioden in Miniaturausführung, die sich problemlos zu Zeilen aneinanderreihen lassen.

Der *Lesekopf* der gezeigten Einrichtung enthält 9 Kleinlichtschranken (also 9 Transistor-Dioden-Paare), wobei 8 für die Informationsspuren und eine für die Markierungsspur vorgesehen sind. Die »Lese-Elektronik« ist separat auf einer anderen Platine untergebracht und über eine Vielfachleitung mit dem Lesekopf gekoppelt, so daß man den Lesekopf im praktischen Einsatz leichter an einer gewünschten Stelle unterbringen kann. Die Lochstreifenführung im Lesekopf ist beim abgebildeten Ausführungsbeispiel für eine Lochstreifenbreite von 35 mm (Kleinbildfilmbreite) eingerichtet.

Bei der manuellen Lochung von Lochstreifen für diese Experimentier-Leseeinrichtung haben sich handelsübliche Lochrasterplatten als »Schablonen« bewährt: Man legt den zu lochenden Streifen zwischen zwei Lochrasterplatten und befestigt diese so, daß sie genau Loch gegen Loch aufeinanderliegen. Als Lochstanzer kann ein zylindrischer, unten scharfkantig abgeschliffener Stahlstift verwendet werden, der gut durch die Platinenlöcher paßt. Damit werden die Löcher in den Lochstreifen gestoßen. Falls eine kleine Platinenbohrmaschine zur Verfügung steht, können die Löcher auch gut mit einem passenden Bohrer angefertigt werden. Ob der Lochstreifen auch als Fotokopie hergestellt werden kann, hängt davon ab, inwieweit die geschwärzten Flächen auf dem Streifen die infrarote Strahlung ausreichend zurückhalten.

Die elektronische *Schaltung* für den in *Bild 7.13* gezeigten Lochstreifenleser für Experimentierzwecke ist folgendermaßen konzipiert (*Bild 7.14*): Die 9 als Strahlungsquellen für die Lichtschranken eingesetzten Infrarot-Leuchtdioden sind in Reihe geschaltet und über einen einstellbaren Strombegrenzungswiderstand an eine Versorgungsspannung von 12 V angeschlossen, so daß sich die Helligkeit aller Dioden gleichzeitig verändern läßt. Dies kann gegebenenfalls im praktischen Betrieb erforderlich sein, um die Gefahr von Überstrahlungen zwischen benachbarten Kanälen zu mindern oder aber um gegen eine einfallende Fremdstrahlung anzugehen. Gegen Fremdstrahlungseinflüsse sollte der Lesekopf allerdings auch mit einem IR-lichtundurchlässigen Gehäuse versehen werden, das nur die Ein- und Ausführungsöffnungen für den Lochstreifen offen läßt.

Die 9 Fototransistoren im Lesekopf zum Abtasten der Lochspuren wirken in der elektronischen Auswertschaltung als strahlungsabhängige Widerstände, deren Widerstandsänderungen durch 9 gleiche Transistorschaltstufen in H- bzw. L-Spannungspegelwerte umgesetzt werden. Zwischen diesen Transistorschaltstufen und den eigentlichen Ausgängen (A_1 bis A_8) der Lochstreifen-Leseeinrichtung liegt eine aus 8 UND-Gliedern bestehende Torschaltung. Diese Torschaltung bewirkt, daß nur dann H-Signalwerte ($\triangleq$ Löcher im Lochstreifen) an den betreffenden Signalausgängen (A_1 bis A_8) erscheinen, wenn der Markierungskanal einen H-Wert meldet. Ohne diese Schaltungsmaßnahme würden die H-Werte (Löcher) einer Lochzeile, die gerade unter den Lesekopf wandert, aller Wahrscheinlichkeit nach nicht genau gleichzeitig, sondern sicherlich in nicht vorhersehbarer Reihenfolge ganz kurz *nacheinander* an die Ausgänge der Leseeinrichtung gemeldet. Das würde zu Falschmeldungen führen, da zwischenzeitlich Werte-Kombinationen angezeigt würden, die auf dem Lochstreifen gar nicht vorhanden sind.

Damit nun die Informationskanäle erst dann in der Torschaltung durchgeschaltet werden, wenn eine Lochzeile richtig unter dem Lesekopf liegt und alle vorhandenen Löcher einer Zeile mit Sicherheit die betreffenden Lichtschranken ausgelöst haben, werden die Löcher für die *Markierungsspur* auf dem Lochstreifen in der Regel etwas *kleiner* ausgeführt als die Löcher für die Informationsspuren. Weil die Torschaltung für die Informationskanäle erst durch ein solches Loch in der Markierungsspur auf »Freigabe« gesteuert wird, braucht nur im Markierungskanal eine *Trigger-Einheit* vorhanden zu sein, die einen systemgerechten plötzlichen L-H-Wertwechsel als Freigabesignal für alle Informationskanäle erzeugt. Die übrigen Kanäle haben ja – wie gesagt – bis dahin geschaltet, und das kann allmählich geschehen. In der Schaltung von *Bild 7.14* sind zur Bildung der Torschaltung alle 8 UND-Glieder der Informationskanäle mit je einem Eingang an den Trigger-Ausgang des Markierungskanals angeschlossen. Diese Trigger-Einheit wird im vorliegenden Schaltungsbeispiel nur deshalb aus zwei negierenden Trigger-Gliedern eines IC 7414 gebildet, weil weitere Trigger-Glieder aus diesen ICs als Treiberstufen für die Anzeige-Leuchtdioden genutzt werden können. Die Leuchtdioden (siehe auch das Montagebeispiel in *Bild 7.13a*). sollen zur Kontrolle des Lesevorgangs dienen und die auf dem Lochstreifen gelesenen H-Werte an den Ausgängen der Lese-Einrichtung anzeigen.

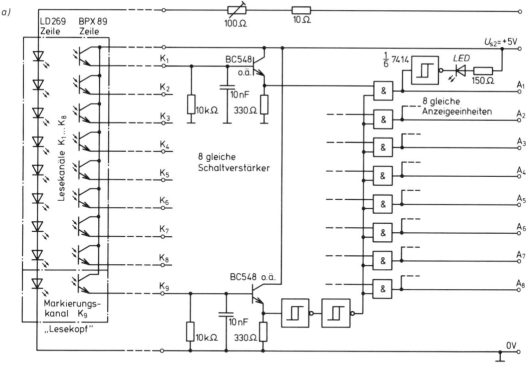

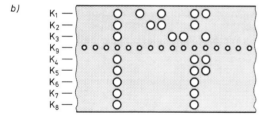

Bild 7.14: Der optoelektronische Lochstreifenleser:
a) Die Schaltung für 8 Lesekanäle und 1 Zeilenmarkierungskanal; gezeichnet ist jeweils nur eine der 9 Schaltverstärker- und Lese-Einheiten.
b) Ein Beispiel für die Lochung eines passenden Lochstreifens. Die Markierungsspur liegt hier im Gegensatz zum Beispiel in *Bild 7.15* nicht am Rande des Streifens.

Ein Reflexions-Lesekopf

An die in *Bild 7.14a* gezeigte Lese-Schaltung läßt sich ohne schaltungstechnische Änderungen über die Anschlüsse K_1 bis K_9 statt des Lochstreifenlesekopfs auch ein *Reflexionskopf* anschließen, mit dem nicht gelochte, sondern entsprechend markierte Streifen oder Karten gelesen werden können. Allerdings ist eine solche Leseeinrichtung im allgemeinen störanfälliger, weil hier Fremdlichteinflüsse, Justierungsprobleme und die Reflexionseigenschaften des verwendeten Datenträgers eine große Rolle spielen.
Bild 7.15 zeigt eine sehr einfache Ausführung eines Reflexionskopfes, die zur experimentellen Untersuchung des Funktionsprinzips gedacht ist. Auf einer

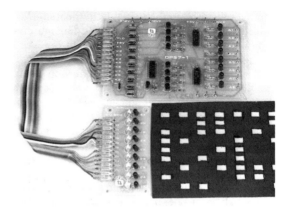

Bild 7.15: Ausführungsbeispiel eines Reflexionslesekopfs mit 9 Kanälen für Experimentierzwecke (DPS 7).

Platine, die auch zum DIGIPROB-System gehört, sind hier ganz einfach eine Reihe von 9 IR-Leuchtdioden und ebenso eine Reihe von 9 Fototransistoren in einem bestimmten Neigungswinkel zueinander festgelötet. Die Schaltung der Dioden und Transistoren entspricht genau der des Lesekopfs in *Bild 7.14a*. Der Datenträger, z. B. eine schwarze Karte mit reflektierenden Markierungen, muß in einem festgelegten Abstand am Lesekopf vorbeigeführt werden, damit die von den IR-Dioden ausgesandten Strahlen nach der Reflexion auf die Fototransistoren treffen. Deshalb ist für den Datenträger eine exakte Führung erforderlich, die das Einhalten des justierten Abstands zwischen Reflexionskopf und Karte sowie das »Spurhalten« gewährleistet. Auch ein das Fremdlicht abhaltendes Gehäuse sollte vorgesehen werden. Im Ausführungsbeispiel von *Bild 7.15* wurde der Spurabstand mit 10 mm relativ weit gewählt. Bei einem engeren Abstand würde die Gefahr der Überstrahlung von Spur zu Spur entsprechend größer.

Als Datenträgermaterial zum Erproben der Kartenleseeinrichtung können Sie z. B. mattschwarze Pappe verwenden, auf die die Markierungen mit gut reflektierender weißer Farbe (z. B. Tippfehler-Korrekturfarbe) aufgebracht werden. Die Markierungspunkte sollen einerseits wegen der sonst möglichen Überstrahlungen nicht zu groß sein, andererseits aber auch nicht zu klein, um eine ausreichende Ansprechsicherheit zu gewährleisten. Markierungen mit Bleistift auf weißem Material eignen sich nicht besonders, weil der Reflexionskontrast zwischen markierter und nicht markierter Oberfläche zu gering ist.

Alles in allem stellt der Lesekopf für Code-Karten – den Sie auch auf Lochrasterplatten improvisieren können – mehr eine Gelegenheit zum Erproben des Funktionsprinzips als eine »professionell« einsetzbare, absolut fehlerfrei arbeitende Einrichtung dar. Höheren Anforderungen könnte man nur mit entsprechend höherem technisch-konstruktiven Aufwand genügen.

Und nicht nur *vorgestanzte* Codeworte von Lochstreifen oder Lochkarten können optoelektronisch »gelesen«, d. h. abgetastet und ausgewertet werden. Es gibt heute für die kommerzielle Datenverarbeitung hochentwickelte (und entsprechend teure) optoelektronische *Klarschriftleser*, mit denen Druckschrift oder sogar handschriftlich eingetragene Ziffern und Buchstaben »direkt vom Blatt« gelesen werden können, z. B. beim elektronischen Erfassen von Bankbelegen oder bei der Erfassung von Preisen an manchen Supermarkt-Kassen.

Wechsellichtschranken für größere Schrankenweiten

Sogenannte *Gleichlichtschranken* – bei denen die Lichtquelle mit konstantem Gleichstrom betrieben wird – funktionieren nur dann ausreichend zuverlässig, wenn die vom Sender auf den Empfänger auftreffende Strahlung deutlich stärker ist als die Umfeldstrahlung (Fremdstrahlung), die sonst Störungen verursachen könnte.

Um die Einflüsse der Umfeldstrahlung von vornherein gering zu halten, werden Gleichlichtschranken nur für kleine Schrankenweiten eingesetzt. Sollen größere Abstände zwischen Sender und Empfänger überbrückt werden (z. B. mehrere Meter), so werden *Wechsellichtschranken* verwendet, die prinzipiell folgendermaßen konzipiert sind:

Der Lichtschranken*sender* gibt Lichtimpulse mit einer bestimmten Frequenz ab. Der Lichtschranken*empfänger* reagiert nur auf Lichtimpulse dieser Frequenz. Auf Gleichlicht und andere Impulsfrequenzen spricht der Empfänger nicht an: *Bild 7.16*. Für die schaltungstechnische Ausführung von Sender und Empfänger bei Wechsellichtschranken gibt es in den Details viele verschiedene Möglichkeiten. Wir beschreiben hier ein typisches Beispiel.

Wechsellichtsender

Im Grunde genommen ist eigentlich jede Glühlampe, die an das Wechselstromnetz angeschlossen ist, ein Wechsellichtsender; denn der Glühfaden wird

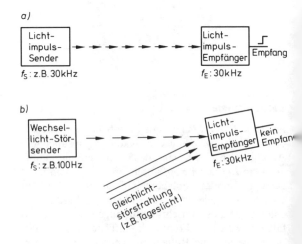

Bild 7.16: Das Prinzip einer Wechsellichtschranke: Der Empfänger reagiert nur auf Lichtimpulse einer bestimmten Frequenz (*a*). Auf Gleichlicht und Wechsellicht abweichender Frequenz spricht der Empfänger nicht an (*b*).

100mal in einer Sekunde periodisch von den Halbwellen des Wechselstroms aufgeheizt (100mal, weil jede der pro Sekunde vorliegenden 50 Perioden *zwei* Halbwellen hat: eine in positiver und eine in negativer Richtung). Man kann also eine wechselstrombetriebene Glühlampe durchaus als Wechsellichtsender in einer Wechsellichtschranke einsetzen, wenn sich der Schrankenstrahl nur auf diese Weise von der Umfeldstrahlung, z.B. von gleichmäßigem Tageslicht, unterscheiden soll. Der Lichtschrankenempfänger muß in diesem Fall auf die 100-Hz-Lichtimpulse abgestimmt sein (zur Empfängerabstimmung s.u.). Allerdings wird eine solche Wechsellichtschranke in der Praxis nicht besonders störungssicher sein, denn häufig werden gerade Glühlampen und Leuchtstoffröhren in der Nähe sein, die sich als »Störsender« nicht ausschließen lassen, weil sie auch mit 100 Hz arbeiten. Besser ist es, für eine Wechsellichtschranke eine Impulsfrequenz zu wählen, die am Einsatzort *nicht* als Störfrequenz zu erwarten ist, sondern sich deutlich von allen eventuell auftretenden Störfrequenzen unterscheidet.

Wir haben für die hier beschriebene Wechsellichtschranke eine *Lichtimpulsfrequenz* von 30 kHz festgelegt, auf die Sender und Empfänger abgestimmt sind.

Als Strahlungsquelle des Senders wird eine Infrarot-Diode eingesetzt: *Bild 7.17*. Sie ist in der Lage, die schnellen Ein- und Ausschaltwechsel durchzuführen, zu denen sie von einem 30-kHz-Impulsgenerator gezwungen wird. Der Glühfaden einer Lampe wäre dafür viel zu träge. Die in der Schaltung von *Bild 7.17* eingesetzte IR-Diode vom Typ LD 242 verträgt laut Datenblatt einen maximalen Dauerstrom von 300 mA. Wenn die Diode aber impulsweise betrieben wird, ihr dabei also Pausen »zum Ausruhen« (d.h. ausreichend lange Phasen zum Abgeben von Verlustwärme) zugestanden werden, dann können die Impulse eine größere Stromstärke haben als 300 mA. Die IR-Leuchtdiode kann also dementsprechend energiereichere (unsichtbare) »Strahlungsblitze« abgeben, und es wird eine größere Reichweite zwischen Sender und Empfänger möglich.

Die größte zulässige Stoßstromstärke ist vom sogenannten *Tastverhältnis* v_t, d.h. vom Verhältnis der *Impuls*dauer t_i zur *Perioden*dauer T abhängig ($v_t = \dfrac{t_i}{T}$). Wenn z.B. bei einer Frequenz von 30 kHz ($T = 33{,}33\ \mu s$) eine Impulsdauer $t_i = 10\ \mu s$ eingestellt ist, so ist das Tastverhältnis $v_t = \dfrac{10\ \mu s}{33{,}33\ \mu s} = 0{,}3$.

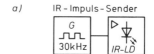

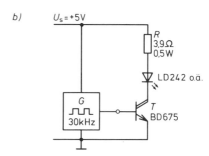

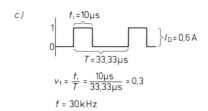

Bild 7.17: Beispiel zur Bemessung eines Infrarot-Impulssenders für eine Wechsellichtschranke.
a) Blockschaltbild,
b) Schaltung für eine IR-Diode,
c) Bemessung der Impuls- und Periodendauer und der Stromstärke.

Die IR-Diode LD 242 kann bei diesen Verhältnissen (laut Datenblatt) mit einer Stoßstromstärke von rund 600 mA belastet werden. Da die Impulspausen doppelt so lang wie die Impulse sind, ergibt sich eine durchschnittliche Betriebsstromstärke von nur 200 mA.

Als Impulsgeneratorschaltungen für den Impulssender kommen grundsätzlich alle astabilen Kippschaltungen infrage, die in diesem Band vorgestellt wurden. Wir verwenden eine astabile Kippschaltung (*Bild 7.18*), deren Wirkungsweise im einzelnen schon in *Kapitel 6 (Seite 145 f.)* beschrieben wurde. Bei dieser Schaltung läßt sich die Periodendauer T bzw. die Impulsfrequenz f mit Hilfe eines Einstellwiderstands (R_{vf}) verändern, ohne daß dadurch die für die Höchstbelastung der IR-Diode wichtige Impulsdauer t_i verändert wird. Eine Frequenzkorrektur kann nämlich in einem gewissen Ausmaß notwendig werden, um den Sender genau auf die Empfangsfrequenz des Empfängers einzustellen. In der Schaltung von

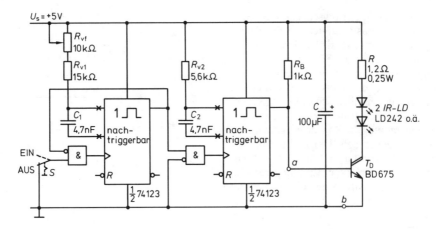

Bild 7.18: Gesamtschaltung eines Infrarot-Impulssenders. Mit dem Widerstand R_{vf} läßt sich die Impulsfrequenz (30 kHz) genau einstellen. Zur Erhöhung der Strahlungsleistung lassen sich bei der zur Verfügung stehenden Versorgungsspannung von 5 V zwei IR-Dioden in Reihenschaltung betreiben.

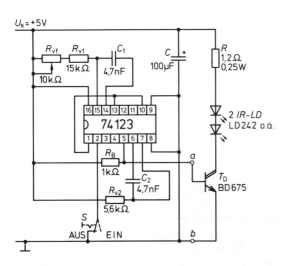

Bild 7.19: Anschlußplan des IR-Impulssenders, nach *Bild 7.18*, aufgebaut mit einem IC 74123.

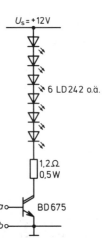

Bild 7.20: Vergrößerung der Sender-Strahlungsleistung durch Reihenbetrieb von 6 IR-Dioden an einer 12-V-Spannung. Dieser Schaltungsteil ersetzt den rechten Teil der Schaltung in *Bild 7.19* und wird über die Anschlußpunkte a und b mit der restlichen Schaltung verbunden.

Bild 7.18 sind im Gegensatz zur Prinzipschaltung von *Bild 7.17* statt nur einer *zwei* in Reihe geschaltete IR-Dioden eingesetzt. Dadurch wird die Strahlungsleistung des Senders auf das Doppelte erhöht. Der Strombegrenzungswiderstand ist im Vergleich zu *Bild 7.17* entsprechend verkleinert worden. *Bild 7.19* zeigt den Anschlußplan der IR-Sender-Schaltung, ausgeführt mit einem 74123-IC, das zwei nachtriggerbare monostabile Kippglieder enthält.

Soll die Strahlungsleistung des IR-Impulssenders durch eine Reihenschaltung von noch mehr IR-Dioden weiter vergrößert werden, so ist eine höhere Versorgungsspannung als 5 V für den Diodenstromkreis erforderlich. An einer Spannung von 12 V können z. B. maximal 6 IR-Dioden in Reihenschaltung betrieben werden: *Bild 7.20*. Es ist nämlich zu berücksichtigen, daß bei einer Stromstärke von 0,6 A an jeder IR-Diode ein Spannungsabfall von ca.

1,75 V entsteht und auch am durchgeschalteten Darlingtontransistor ein Spannungsabfall von ca. 0,8 V auftritt, die sogenannte Kollektor-Emitter-Sättigungsspannung.

Ein Lichtimpulssender mit der IR-Diodenschaltung nach *Bild 7.20* benötigt also zwei verschiedene Versorgungsgleichspannungen: 12 V für den Senderdiodenkreis und die stabilisierte 5-V-Spannung für die Impulsgeneratorschaltung gemäß *Bild 7.18*.

Infrarot-Impulsempfänger

Den Lichtschrankenempfänger, der nur auf die 30-kHz-IR-Impulse des Lichtschrankensenders ansprechen soll, haben wir folgendermaßen konzipiert (*Bild 7.21*): Als »Auge« für den Empfänger haben wir eine Fotodiode (FD) eingesetzt (es kann auch ein Fototransistor genommen werden). Ankommende IR-Impulse werden von der Empfangsdiode FD in Widerstands- bzw. Spannungsschwankungen umgewandelt, wobei der angeschlossene Wechselspannungs-Selektiv-Verstärker die Impulsfrequenz von 30 kHz bevorzugt verstärkt. Die verstärkten 30-kHz-Spannungsschwankungen werden einer weiteren Verstärkerstufe zugeführt, bei der die Ansprechschwelle eingestellt werden kann und in der die Signale zu Gleichspannungsimpulsen geformt werden. Durch diese Impulse wird ein monostabiles nachtriggerbares Kippglied im Arbeitszustand gehalten, solange sie lückenlos eintreffen. Über eine passende Treiberstufe kann eine angeschlossene Last geschaltet werden.

Bild 7.21: Das Blockschaltbild eines IR-Impulsempfängers.

Die Gesamtschaltung des IR-Impulsempfängers zeigt *Bild 7.22*: Die Fotodiode (FD) arbeitet als strahlungsabhängiger Widerstand. Da sie nur auf IR-Strahlung ansprechen soll, normalerweise aber auch auf sichtbares Licht reagiert, wird sie am besten in ein lichtundurchlässiges Gehäuse mit einem IR-Filter als Fenster eingesetzt. Denn wenn außer der IR-Strahlung des Senders z. B. auch noch Tageslicht auf die Fotodiode fällt, wird ihr Widerstand verkleinert, und damit werden die Arbeitsverhältnisse ungünstiger: Letztlich würde die Empfindlichkeit des Empfängers geringer. Als Filtermaterial kann ein Stück geschwärzter Diafilm (z. B. Agfa CT 18) verwendet werden.

Der Selektiv-Frequenz-Verstärker:
Die Fotodiode ist in Reihe geschaltet mit einem sogenannten Parallelschwingkreis, der aus der Spule L_s und dem Kondensator C_s gebildet wird. Dieser Schwingkreis wirkt als frequenzabhängiger Wider-

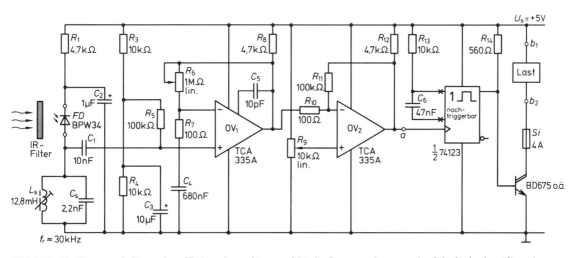

Bild 7.22: Die Gesamtschaltung eines IR-Impulsempfängers. f_r ist die Resonanzfrequenz des Schwingkreises (Berechnung siehe Text). Zum Anschlußpunkt a vgl. *Bild 7.33*.

177

stand. Er ist so ausgelegt, daß er bei einer Frequenz von 30 kHz einen hohen Widerstand darstellt, während er für niedrigere und höhere Frequenzen niederohmig ist. Dadurch wird erreicht, daß nur die durch die ankommenden 30-kHz-IR-Impulse in der Fotodiode verursachten Widerstandsschwankungen zu ausgeprägten Spannungsschwankungen am Schaltungseingang führen. Die 30-kHz-Spannungsschwankungen werden über den Kondensator C_1 und den Widerstand R_5 dem Operationsverstärker OV_1 übermittelt.

Operationsverstärker sind preiswerte integrierte Bauelemente, bei denen sich mit geringem äußeren Schaltungsaufwand sehr gute Verstärkereigenschaften erzielen lassen (siehe auch *Experimente: Elektronik*, im gleichen Verlag erschienen wie dieses Buch). Der Operationsverstärker OV_1 ist in der vorliegenden IR-Impulsempfängerschaltung als Wechselspannungsverstärker geschaltet. Der verwendete Verstärker-Typ TCA 335 A arbeitet schon bei Betriebsspannungen von ±2 V; er ist also ohne weiteres im 5-V-TTL-System einsetzbar. Mit den Widerständen R_3, R_4 und R_5 wird für den Operationsverstärker OV_1 der Arbeitspunkt eingestellt. Der Kondensator C_3 dient zur Vermeidung von Störungen durch Impulse, die von der Spannungsversorgung her einwirken könnten; auch der Widerstand R_1 und der Kondensator C_2 im Strompfad der Fotodiode dienen diesem Zweck.

Mit den Widerständen R_6 und R_7 wird der Verstärkungsgrad für die Wechselspannungssignale eingestellt. Mit den vorgesehenen Widerstandswerten (100 Ω zu 1 000 000 Ω) kann eine maximale Verstärkung von 1 : 10000 eingestellt werden. Damit läßt sich im praktischen Betrieb aber nicht immer zuverlässig arbeiten, weil der Verstärker trotz aller Gegenmaßnahmen auf kleine Störsignale ebenso empfindlich reagiert wie auf schwache Nutzsignale. Es kann durch unerwünschte Rückkopplungen zu »wilden« Schwingungen kommen; Ergebnis: Der Empfänger signalisiert auch dann einen Empfang, wenn gar keine Sendeimpulse ankommen. Deshalb ist es besser, den Sender ausreichend stark zu machen, so daß sich die empfangenen Nutzsignale bei der Weiterverarbeitung in der Empfängerschaltung deutlich von eventuell vorhandenen schwachen elektrischen Störsignalen unterscheiden. Es muß dann nicht mit der (problematischen) maximal einstellbaren Verstärkung gearbeitet werden.

Der Kondensator C_4 läßt nur die Verstärkung von Wechselspannungen, nicht aber von Gleichspannungen, zu. Der Kondensator C_5 dient zur Frequenzkompensation; d. h., er unterdrückt die Verstärkung höherer Störfrequenzen und wirkt einer eventuellen Schwingungsneigung der Verstärkerschaltung entgegen. R_8 ist der Arbeitswiderstand am Ausgang des Operationsverstärkers OV_1. Daran ist über den Widerstand R_{10} der nachfolgende Operationsverstärker OV_2 angeschlossen, dessen Verstärkung durch das Widerstandsverhältnis $R_{10}:R_{11}$ = 1:1000 bestimmt wird. Für den Ruhezustand, d. h. für den Fall, in dem keine empfangenen Signale verarbeitet werden, wird der OV_2 mit dem Potentiometer R_9 so eingestellt, daß er an seinem Ausgang ein niedriges Potential (L-Pegel) führt. Bei einer Messung würde sich herausstellen, daß in diesem Fall das Potential am »Minus«-Eingang des OV_2 um einige Millivolt höher ist als das Potential am »Plus«-Eingang, der am Potentiometer R_9 anliegt.

Wenn dann während des Empfangsbetriebs vom OV_1 Spannungsänderungen auf den »Minus«-Eingang des OV_2 gelangen, die ihn in Relation zum »Plus«-Eingang auf ein niedrigeres Potential bringen, wechselt der Operationsverstärkerausgang auf ein hohes Potential. Im ganzen wirkt der OV_2 somit als einstellbarer Schwellwertschalter und Impulsformer, der die Triggerimpulse für das nachgeschaltete monostabile Kippglied liefert. Weil dieses nachtriggerbar und seine Verweilzeit größer als die Periodendauer der 30-kHz-Impulse (33,33 μs) eingestellt ist, bleibt es im Arbeitszustand, solange Impulse eintreffen, d. h., solange der Strahl der Lichtschranke nicht unterbrochen wird.

Bild 7.23 zeigt den *Anschlußplan* des IR-Impulsempfängers. An den Treibertransistor können unter Beachtung der für ihn geltenden Anschlußregeln verschiedene Lasten angeschlossen werden. Für die Lasten können auch separate Spannungsversorgungen (mit gemeinsamer Masse) verwendet werden.

Die Operationsverstärker sind im Anschlußplan in der DIL-Ausführung (Typ-Bezeichnung TCA 335 A, Plastikgehäuse) dargestellt, was bei der Anschlußnummerierung zu beachten ist. Es gibt diese Operationsverstärker nämlich noch in anderen Gehäuseformen mit abweichenden Anschlußbezeichnungen. Die Fotodiode soll, wie schon erwähnt, gegen sichtbares Licht durch eine Abkapselung und durch ein IR-Filter abgeschirmt sein. Wenn die Diode in einigem Abstand von der Schaltplatine angebracht werden soll, ist eine abgeschirmte Verbindungsleitung zu empfehlen, um das Einwirken elektrischer Störungen zu vermeiden.

Die erforderliche Induktivität (L) der Schwingkreisspule kann man für eine vorgegebene Schwingkreis-

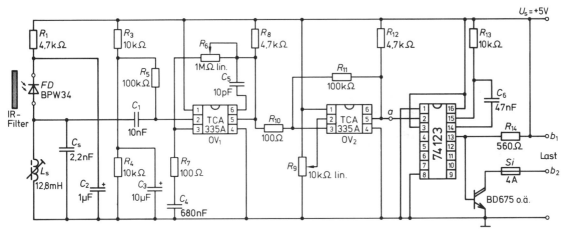

Bild 7.23: Anschlußplan des IR-Impulsempfängers nach *Bild 7.22*.

kapazität (C) und die gewünschte Resonanz- oder Sperrfrequenz (f_r) nach der folgenden Gleichung berechnen:

$$L = \frac{1}{4 \cdot \pi^2 f_r^2 \cdot C}.$$

Wenn bei einer Kondensatorkapazität von $C = 2{,}2$ nF die Resonanzfrequenz des Schwingkreises $f_r = 30$ kHz betragen soll, muß die Schwingkreisspule die folgende Induktivität besitzen:

$$L = \frac{1}{4 \cdot \pi^2 \cdot (30 \text{ kHz})^2 \cdot 2{,}2 \text{ nF}},$$

$L = 12{,}8$ mH (mH = Milli-Henry).

Die Schwingkreisspule kann man selbst wickeln, wenn man einen vorgefertigten Spulenkernsatz verwendet, wie er im Fachhandel angeboten wird.

Ein Beispiel: Zur Anfertigung einer Schwingkreisspule mit der Induktivität $L = 12{,}8$ mH steht ein Schalenkernsatz aus Ferritmaterial mit den äußeren Abmessungen 18 mm Durchmesser und 14 mm Länge zur Verfügung. Der komplette Schalenkernsatz besteht aus zwei Ferrit-Halbschalen, einem Spulenkörper zum Aufnehmen der Wicklung, einer Halterung zum Einlöten des fertigen Satzes auf einer Platine und einem Schraubkern zum Abgleichen des Induktivitätswertes. Auf den Schalenkernen ist neben anderen Angaben eine Zahl, in unserem Beispiel 160, aufgedruckt, die eine wichtige Spulenkonstante darstellt. Diese Zahl, mit der hinzuzufügenden Einheit nH (Nano-Henry; 1 nH = 10^{-9} H), ist die sogenannte A_L-Wert der Spule. Die A_L-Werte für Spulensätze werden von den Herstellerfirmen angegeben, damit man die Windungszahl für eine gewünschte Induktivität leicht selbst berechnen kann. Die Berechnungsformel lautet:

$$N = \sqrt{\frac{L}{A_L}}$$

(N: Windungszahl, L: Induktivität, A_L: Spulenkonstante).

Wenn $L = 12{,}8$ mH sein soll und $A_L = 160$ nH ist, so sind $N = \sqrt{\dfrac{12{,}8 \text{ mH}}{160 \text{ nH}}} = \sqrt{\dfrac{12800 \text{ nH}}{160 \text{ nH}}} = 283$

Windungen erforderlich. Diese Windungszahl paßt noch auf den Spulenkörper des vorgegebenen Schalenkernsatzes, wenn mit Kupferlackdraht von 0,2 mm Durchmesser gewickelt wird. Dünnerer Draht könnte auch genommen werden, aber dann ist die Reißgefahr beim Wickeln von Hand größer. Der Schalenkernsatz besitzt einen kleinen Schraubkern, mit dem sich die Induktivität in einem gewissen Bereich variieren läßt, so daß man den Impulsempfänger genau auf die Senderfrequenz abstimmen kann.

Bild 7.24 zeigt Platinenausführungen des Infrarot-Impulsempfängers und des Infrarot-Impulssenders für eine Wechsellichtschranke.

In *Bild 7.25* sind noch einmal die beiden grundsätzlichen Möglichkeiten der räumlichen Anordnung von Sender und Empfänger veranschaulicht. *Bild 7.25a* zeigt die Anordnung für eine direkte Strahlschranke. Die Schranke wird ausgelöst, wenn der Strahl durch

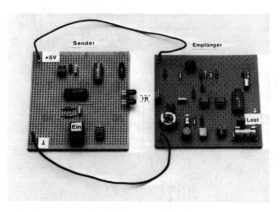

Bild 7.24: Bestückte Platinen von Sender und Empfänger der IR-Wechsellichtschranke.

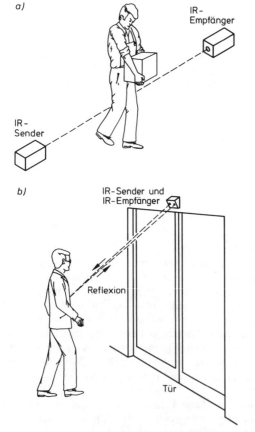

Bild 7.25: Einsatzbeispiele für die IR-Wechsellichtschranke:
a) Direkte Strahlschranke; Auslösung durch Strahlunterbrechung;
b) Reflexions-Strahlschranke; Auslösung durch Strahlreflexion an einer sich nähernden Person.

eine Person oder einen Gegenstand unterbrochen wird. *Bild 7.25b* zeigt eine Reflexionslichtschranken-Anordnung, bei der eine sich nähernde Person oder ein Gegenstand als auslösender »Reflektor« wirkt, um bei Annäherung z. B. eine Tür zu öffnen oder Alarm auszulösen. Der Vorteil bei dieser Anordnung besteht in der Installation von Sender und Empfänger an einem Ort und eventuell in einem Gehäuse.

Fernauslösung von Schaltvorgängen durch Infrarot-Impulse

Die Funktionselemente einer Lichtschranke, also Strahlungs*sender* und Strahlungs*empfänger*, können auch gut zur optoelektronischen Fernauslösung von Schaltvorgängen eingesetzt werden, wenn man den Strahlungssender transportabel macht, d. h. mit einer Batterie betreibt und in einem kleinen, handlichen Gehäuse unterbringt. Viele Fernsehapparate sind heute mit Infrarot-Fernbedienungseinrichtungen ausgestattet, und auch manches Garagentor wird bequem vom Wagen aus durch Infrarot-Impulse geöffnet (*Bild 7.26*).

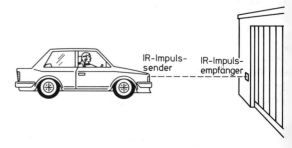

Bild 7.26: Beispiel für die Fernauslösung eines Schaltvorgangs durch Infrarot-Impulse: Garagentoröffnung.

Die optoelektronische Übermittlung von Steuerbefehlen über Entfernungen bis zu einigen Metern hat sich als unproblematischer erwiesen als die Fernauslösung mit Funksignalen oder mit Ultraschall. Die kommerziell gefertigten IR-Fernsteuerungen sind meist aufwendig als »mehrkanalige« Systeme konzipiert, mit denen sich mehrere verschiedene Befehle geben lassen. Unsere von der Infrarot-Wechsellichtschranke abgeleitete *Fernauslöse-Einrichtung* ist nur eine »einkanalige« Anlage; mit ihr läßt sich nur ein Ein-Aus-Schaltbefehl übermitteln. Der Infrarot-Sender soll auch beim Einsatz in der Fernauslöse-Einrichtung 30-kHz-Impulse aussenden, die von einem darauf abgestimmten Empfänger aufgenommen und verarbeitet werden sollen.

Weil der Sender aber von einer kleinen, handlichen 9-V-Batterie (Typ IEC 6F22; äußere Abmessungen ca. 49 mm · 27 mm · 18 mm) versorgt werden soll, haben wir eine andere als die bei der Lichtschranke verwendete Senderschaltung wählen müssen, um folgende Probleme zu bewältigen: Zum einen soll die Schaltung an 9 V und auch noch bei absinkender Spannung arbeiten können. Zum anderen sollen die IR-Sendedioden Stromstöße bis zu 1 Ampere erhalten können, obwohl die kleine 9-V-Batterie dazu eigentlich gar nicht in der Lage ist, jedenfalls nicht auf Dauer.

Die Problemlösung: Eine Impulsgeneratorschaltung, die bei 9 V und auch bei absinkender Spannung (bis etwa 4,5 V) gut arbeitet, läßt sich mit dem IC 555 aufbauen (vgl. auch *Kapitel 6, Seite 157*). Und die geforderten starken Stromstöße lassen sich, zumindest für kurze Zeitabschnitte, mit der kleinen 9-V-Batterie erzeugen, wenn man folgenden »Trick« anwendet (*Bild 7.27*): Ein Kondensator mit relativ großer Kapazität wird von der Batterie aufgeladen, d.h. in ihm wird Energie gespeichert, die dann schnell abgegeben werden kann. Wenn also die Impulssenderschaltung angeschlossen wird, steht diese Energie spontan zur Verfügung und reicht aus, um

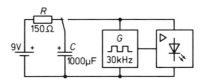

Bild 7.27: Prinzipschaltung eines transportablen Infrarot-Impulssenders für Batteriebetrieb. Der Kondensator speichert die Energie, die zur Ausstrahlung eines »Impulspakets« benötigt wird.

ein »kräftiges Impulspaket« über die Sendedioden abzustrahlen. Die Ausstrahlung bricht nach ein paar Millisekunden ab, wenn die Kondensatorspannung entsprechend abgesunken ist. Das erzeugte »Impulspaket« muß nur so lang sein, um den auf 30-kHz-Impulse abgestimmten Empfänger ansprechen zu lassen und somit einen Schaltvorgang auszulösen. Der nächste Schaltbefehl kann vom Sender wieder abgegeben werden, wenn der Kondensator (nach etwa einer Sekunde) erneut aufgeladen ist.

Bild 7.28 zeigt den vollständigen Anschlußplan der Senderschaltung. Die Impuls*form* und die Impuls*frequenz* werden durch die Widerstände R_{A1}, R_{A2}, R_B

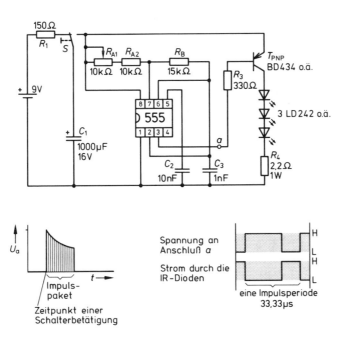

Bild 7.28: Gesamtschaltplan eines IR-Impulssenders für Batteriebetrieb zur Erzeugung kurzer »Impulspakete« zur Fernauslösung von Schaltvorgängen.

und den Kondensator C_3 am IC 555 bestimmt, wobei mit dem Stellwiderstand R_{A1} ein Frequenzabgleich möglich ist. Da bei der vorliegenden Impulsgeneratorschaltung der Signalausgang a (Anschlußstift 3) bei jeder Impulsperiode länger auf H-Potential (Arbeitszustand) als auf L-Potential verweilt, die IR-Sendedioden aber jeweils während einer Periodendauer nur für die kürzere Zeit eingeschaltet sein sollen, wird als Schalt- und Treibertransistor ein pnp-Typ verwendet. Dieser ist durchgeschaltet, wenn der Ausgang des Taktgeber-ICs L-Pegel führt.

Es werden drei in Reihe geschaltete IR-Dioden betrieben. Die kräftigsten Impulse werden jeweils zu Beginn eines Impulspakets abgegeben, wenn die Kondensatorspannung noch am höchsten ist. Im ganzen ist der Impulspaket-Betrieb recht sparsam; mit einer Batterie lassen sich sehr viele Schaltbefehle ausführen. *Bild 7.29* zeigt ein Realisationsbeispiel des batteriebetriebenen IR-Impulssenders.

Der Empfänger der Fernauslöseeinrichtung ist ähnlich organisiert wie der Empfänger der Lichtschrankenschaltung. *Bild 7.30* zeigt das Blockschema und *Bild 7.31* die digitalelektronische Gesamtschaltung. Um jedoch das Ansprechen auf sehr kurze Störimpulse auszuschließen, die zufällig auch eine Frequenz von 30 kHz haben könnten, ist in die Empfängerschaltung ein *Integrierglied* eingefügt. Das Integrierglied besteht, elektronisch gesehen, aus einer RC-Kombination und einer Gleichrichterdiode. Jedesmal, wenn der Ausgang des Operationsverstärkers OV_2 auf positives Potential schaltet (und das geschieht, wenn ein Impulspaket vom Sender eintrifft), wird der Kondensator C_6 über R_{12} und die Diode D »portionsweise« mit einer Frequenz von 30 kHz immer weiter aufgeladen (und über R_{13} teilweise entladen), solange OV_2 impulsierend arbeitet, bis schließlich die Kondensatorspannung so hoch ist, daß der nachgeschaltete Transistor durchsteuert und das angeschlossene Schmitt-Trigger-Glied triggert. Neben anderen Faktoren ist vor allem die Kapazität des Kondensators C_6 ausschlaggebend dafür, nach wieviel »Ladeportionen« ein Signal am Triggerausgang abgegeben wird. Der gesamte Ladevorgang muß auf alle Fälle kürzer eingestellt sein als die Dauer eines vom Sender abgegebenen Impulspakets, damit der Empfänger ein Signal abgibt.

Da das Signal auch bei richtiger Abstimmung auf den Sender nur sehr kurz sein wird, muß es in einem *Befehlsspeicher* festgehalten werden. Organisatorisch bieten sich dafür zwei Möglichkeiten (*Bild 7.32*): Zum einen die Speicherung mit einem *RS-Kippglied*, das durch das empfangene Signal gesetzt und durch ein anderes Signal (z. B. von Hand) zurückgesetzt wird. Zum anderen kann ein *T-Kippglied* eingesetzt werden, das mit dem ersten empfangenen Signal gesetzt, mit dem nächsten zurückgesetzt wird, und so fort. Die erste Möglichkeit ist z. B. bei einer Garagentorsteuerung zweckmäßig, die zweite bei der Fernsteuerung eines Gerätes von einem entfernten Platz aus.

Bild 7.29: Realisationsbeispiel für einen batteriebetriebenen IR-Impulssender.

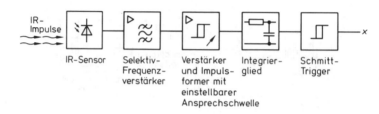

Bild 7.30: Blockschaltbild eines Infrarot-Impulsempfängers für eine Fernauslösung von Schaltvorgängen durch Infrarot-Impulse.

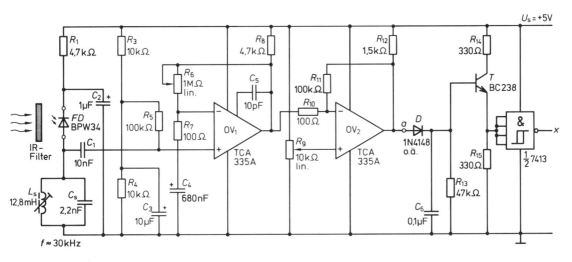

Bild 7.31: Gesamtschaltung des IR-Impulsempfängers für die Fernauslösung.

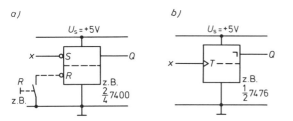

Bild 7.32: Möglichkeiten für die Befehlsspeicherung bei der IR-Fernauslöseeinrichtung.
a) RS-Kippglied: Setzen durch einen vom Sender eintreffenden Befehl; Rücksetzen von Hand oder durch ein anderes Rücksetzsignal.
b) T-Kippglied: Umschalten mit jedem vom Sender eintreffenden Befehl, also abwechselnd EIN und AUS.

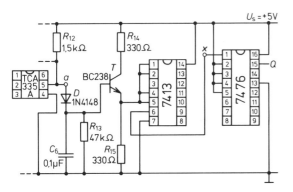

Bild 7.33 zeigt einen Teil des Anschlußplanes für die Fernauslöse-Empfangsschaltung, und zwar die *Ausgangsstufen:* Integrier-Glied, Schmitt-Trigger-Glied und Speicher-Glied, wobei hier als Speicher ein T-Kippglied (vgl. *Bild 7.32b*) eingesetzt ist. Das T-Kippglied wird hier aus einem JK-Kippglied eines 7476-IC gebildet.

Ein akustischer Sensor

Akustische Sensoren reagieren auf Schall. Sie werden z. B. zum Ein- und Ausschalten von Geräten durch Schallsignale (Klatschschalter) oder zum Melden von Geräuschen und Erschütterungen (Einbruchalarmanlagen) eingesetzt.
Ein elektroakustischer Sensor besteht im wesentlichen aus einem *Mikrofon*, das Schallsignale in elektrische Spannungsänderungen umsetzt, einem *Wechselspannungsverstärker* zum Verstärken der ankommenden schwachen Signale und einem *Schwellwertschalter*, mit dem sich die Ansprechschwelle einstellen läßt. Denn beispielsweise beim

Bild 7.33: Anschlußplan für die *Ausgangsstufen* (Integrier-Glied, Schmitt-Trigger-Glied, Speicher-Glied) der Fernauslöse-Empfangsschaltung. Es ist die Speichervariante von Beispiel *b* in *Bild 7.32* ausgeführt.
Der Anschlußplan für die *Eingangsstufen* der Empfängerschaltung (bis zum Anschlußpunkt a) entspricht dem Plan in *Bild 7.23*, abgesehen vom anderen Wert für R_{12}.

Einsatz des Sensors als »Klatschschalter« sollen nicht die gewöhnlichen Raumgeräusche, sondern nur die lauteren, durch Händeklatschen erzeugten Schallstöße zum Ansprechen des Sensors führen. *Bild 7.34* zeigt die Blockdarstellung einer elektro-akustischen Sensorschaltung; angeschlossen ist zusätzlich ein Speicherglied (T-Kippglied), damit die nur kurzzeitig auftretenden Schaltbefehle fortdauernd auf ein zu schaltendes Gerät einwirken können.

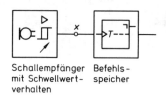

Schallempfänger mit Schwellwertverhalten   Befehlsspeicher

Bild 7.34: Blockschaltbild des akustischen Sensors.

Bild 7.35 zeigt die elektronische Gesamtschaltung des Sensors. Zum Empfang der Schallsignale kann ein billiges kleines Kristallmikrofon oder ein einfaches elektrodynamisches Mikrofon angeschlossen werden. Beide Mikrofonarten erzeugen in Abhängigkeit von den auftreffenden Schallschwingungen elektrische Wechselspannungen. Diese werden mit einem als Wechselspannungsverstärker geschalteten Operationsverstärker verstärkt. Eine weitere Verstärkung, eine Impulsformung sowie die Einstellung der Ansprechschwelle wird mit der zweiten Operationsverstärker-Stufe durchgeführt. Mit dem Potentiometer R_7 kann die Ansprechschwelle von Hand eingestellt werden. Außerdem ist die Ansprechempfindlichkeit auch vom Verstärkungsgrad des ersten Operationsverstärkers abhängig, der mit dem Einstellwiderstand R_5 verändert werden kann. Die am Ausgang des Operationsverstärkers OV_2 auftretenden Spannungsimpulse werden in einem nachfolgenden RC-Glied *integriert* (vgl. *Bild 7.30* und *7.31*). D. h., erst wenn eine gewisse Anzahl von Impulsen aufgetreten ist, ist der Kondensator C_5 (in *Bild 7.35*) so weit aufgeladen, daß über die Transistorstufe (T) der Schwellwertschalter (Trigger, TG) anspricht und das Speicherglied (SG) setzt bzw. zurückstellt. Je größer die Kapazität des Kondensators C_5 gewählt wird, desto mehr oder längere Schallstöße müssen ankommen, damit ein Ausgangssignal erzeugt wird. Mit dem Kondensator läßt sich die Ansprechschwelle also ebenfalls beeinflussen.
Wie Sie sehen, hat die Akustik-Sensorschaltung – bis auf die andere Eingangsstufe – große Ähnlichkeit mit der in *Bild 7.31* gezeigten Schaltung eines IR-Impulsempfängers.
Bild 7.36 zeigt den Anschlußplan und *Bild 7.37* ein Ausführungsmodell des elektroakustischen Sensors mit einem T-Kippglied zur Speicherung der Schaltbefehle. Das T-Kippglied wird aus einem JK-Kippglied (in einem 7476-IC) gebildet. Die Signalspeicherung könnte auch z. B. mit einem Relais in Selbsthalteschaltung realisiert werden. Wenn Sie Versuche bezüglich der Ansprechempfindlichkeit der Sensorschaltung machen wollen, ist es zweckmäßig, an den Ausgang (x) des Schmitt-Trigger-Gliedes eine optische Anzeige, z. B. eine Leuchtdiode mit Vorwiderstand, anzuschließen. Die Schaltung wird damit auch zum »Schallpegelmelder« mit optischer Anzeige. Der Ansprechpegel ist mit den Potentiometern R_5 und R_7 einzustellen.

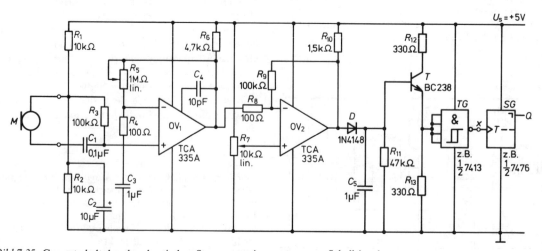

Bild 7.35: Gesamtschaltplan des akustischen Sensors zur Auswertung von Schallsignalen.

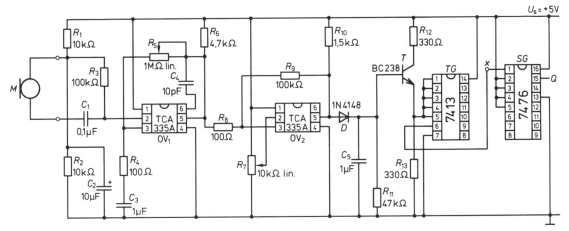

Bild 7.36: Anschlußplan des akustischen Sensors nach *Bild 7.35*.

Bild 7.37: Ein Ausführungsmodell des akustischen Sensors.

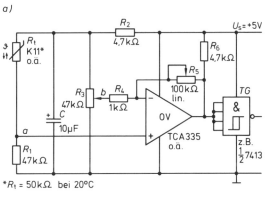

Bild 7.38: Ein Temperatursensor mit separater Einstellmöglichkeit des Ansprechwertes und der Schalthysterese:
a) Gesamtschaltung,
b) Blockschaltbild.

Ein Temperatursensor

Einfache Temperatursensor-Schaltungen wurden schon in *Kapitel 3* dieses Bandes angeführt, um daran die Probleme bei der Eingangsbeschaltung von TTL-Schmitt-Triggern zu erläutern. In *Bild 7.38* wird nun eine weitere Temperatursensor-Schaltung gezeigt, die prinzipiell ebenso funktioniert wie diese anderen: Bei Erreichen eines bestimmten Temperaturwertes wird am Schaltungsausgang ein für TTL-Schaltungen systemgerechtes Signal (H-L-Pegelwechsel) abgegeben. Die Besonderheiten dieser Schaltung: Es wird ein Operationsverstärker verwendet, der separate Einstellmöglichkeiten für den *Ansprechwert* (Potentiometer R_3) und für die *Schalthysterese* (Einstellwiderstand R_5) bietet.

Der Operationsverstärker ist hier als Differenzverstärker geschaltet, d. h., er verstärkt die Spannungsdifferenz zwischen den Potentialpunkten a und b (in *Bild 7.38a*). Ist z.B. das Potential an b positiver eingestellt als an a, so ist das Potential am Verstärkerausgang niedrig (L-Pegel). Wird das Potential an

Punkt a höher als an Punkt b, z. B. weil durch Wärmeeinwirkung der temperaturabhängige Widerstand R_t (ein Heißleiter) niederohmiger wird, so wechselt das Potential am Verstärkerausgang auf einen positiven Wert (H-Pegel). Das nachgeschaltete Schmitt-Trigger-Glied als Schwellwertschalter setzt die langsamen Potentialänderungen am Verstärkerausgang in abrupte Pegelwechsel um, die zum Ansteuern weiterer TTL-Einheiten erforderlich sind. Mit dem Potentiometer R_3 läßt sich der Temperaturwert einstellen, bei dem eine Meldung erfolgen soll. Mit dem Einstellwiderstand R_5 läßt sich der Verstärkungsfaktor des Operationsverstärkers variieren, wodurch die Schalthysterese der Sensorschaltung beeinflußt wird. Ist der Verstärkungsfaktor klein (R_5 klein eingestellt), so muß sich die Spannungsdifferenz zwischen den Potentialpunkten a und b an den Operationsverstärkereingängen relativ stark verändern, um eine entsprechend große Potentialänderung am Verstärkerausgang zu erzeugen. Die Eingangs- (Differenz-) Spannungsänderung muß also relativ groß sein, um das Schmitt-Trigger-Glied von »EIN« auf »AUS« oder umgekehrt zu schalten. Ist hingegen die Verstärkung des Operationsverstärkers groß eingestellt (R_5 groß), so bedarf es nur relativ geringer Eingangsspannungsänderungen, um große Ausgangsspannungsänderungen zu erzielen und den Trigger umzuschalten. Die Schalthysterese der Temperatursensor-Schaltung ist in diesem Fall kleiner.

In *Bild 7.39* ist ein Ausführungsbeispiel der Temperatursensor-Schaltung abgebildet. Im Vordergrund ist der etwa bohnengroße Heißleiter-Widerstand zu sehen. Wenn dieser in größerer Entfernung von der Platine eingesetzt wird, sollte er über eine abgeschirmte Leitung angeschlossen werden (Abschirmung mit Masse verbinden!)

Ein Magnetfeldsensor

Vielseitig einsetzbar sind die in den letzten Jahren entwickelten magnetfeld-empfindlichen Sensoren. Es handelt sich um integrierte elektronische Schaltungen, in denen durch magnetische Felder winzige Spannungen erzeugt, verstärkt und ausgewertet werden. Äußerlich sehen solche Magnetfeld-Sensoren den Transistoren zum Verwechseln ähnlich. Ein Beispiel dafür ist in *Bild 7.40* aufgenommen: Der Sensor hat drei Anschlüsse ($+U_S$, Masse, Ausgang). Ist er keinem oder nur einem schwachen Magnetfeld ausgesetzt, so führt sein Schaltungsausgang H-Pegel (*Bild 7.40a*); wird der Sensor von einem entsprechend gerichteten, starken Magnetfeld durchdrungen, so wechselt der Ausgangspegel auf L (*Bild 7.40 b*).

In seinem Inneren ist der Magnetfeld-Sensor im wesentlichen folgendermaßen organisiert (*Bild 7.41*): In einem magnetfeldabhängigen winzigen Spannungsgenerator (nach dem Entdecker des zugrundeliegenden Effekts auch *Hall-Generator* genannt) wird eine Spannung erzeugt, wenn ein äußeres Magnetfeld einwirkt. In einer weiteren Schaltstufe wird diese Spannung verstärkt und dann von einem Schmitt-Trigger binär ausgewertet. Der Schmitt-Trigger

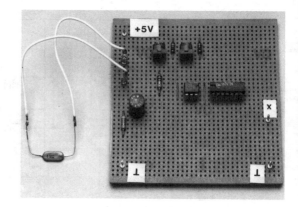

Bild 7.39: Ausführungsbeispiel des Temperatursensors mit separater Einstellmöglichkeit des Ansprechwertes und der Schalthysterese. Im Vordergrund der Heißleiter als Temperaturfühler.

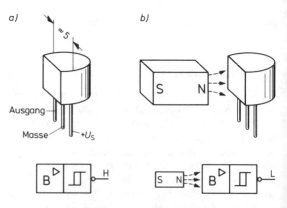

Bild 7.40: Ein Beispiel für einen Magnetfeldsensor (Typ TL 172 C, Fa. Texas Instruments):
a) Bei schwachem oder fehlendem Magnetfeld führt der Sensorausgang H-Pegel;
b) bei ausreichend starkem und entsprechend gerichtetem Magnetfeld führt der Sensorausgang L-Pegel.

schaltet in Abhängigkeit von der im Hall-Generator erzeugten Spannung einen integrierten Transistor in den Durchlaß- oder Sperrzustand. Als Schaltungsausgang des Sensors dient der Kollektor des Transistors; es liegt also ein sogenannter Offen-Kollektor-Ausgang vor, was beim Anschluß von Folgeschaltungen zu beachten ist (vgl. *Band 1, Kapitel 7*). Der integrierte Ausgangstransistor des vorliegenden Sensor-Typs TL 172 C sperrt Spannungen bis 30 V und verträgt einen Maximalstrom von 20 mA. Die Versorgungsspannung für das Sensor-System (angelegt zwischen den Anschlüssen $+U_S$ und Masse) darf +7 V nicht überschreiten. Empfohlen wird der Betrieb an einer stabilisierten 5-V-Gleichspannung, wie sie bei den meisten TTL-74-Schaltungen Vorschrift ist. Wenn TTL-Schaltglieder nachgeschaltet werden sollen, ist der Offen-Kollektor-Ausgang mit einem Arbeitswiderstand zu beschalten (vgl. *Bild 7.43*).

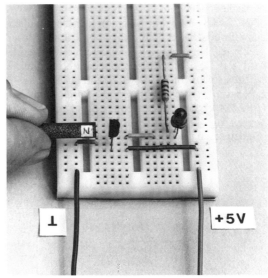

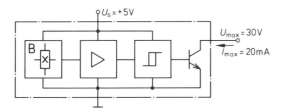

Bild 7.41: Inneres Organisationsschema eines Magnetfeldsensors (Typ TL 172 C) mit »Offen-Kollektor-Ausgang«. Von links nach rechts sind zu erkennen: Hall-Generator, Verstärker, Schmitt-Trigger, Ausgangs-Transistor.

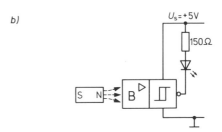

Bild 7.42: Experimentierschaltung zur Überprüfung der Funktion des Magnetfeld-Sensors:
a) Versuchsaufbau,
b) Schaltung mit Leuchtdiode zur Anzeige des Schaltungszustandes am Sensorausgang.

Zum Testen der Funktion können Sie an den Sensorausgang eine Leuchtdiode mit Vorwiderstand anschließen: *Bild 7.42*. Das auslösende Magnetfeld können Sie mit einem kleinen Magneten erzeugen (z.B. mit einem Haftmagneten, wie er für Magnethafttafeln in Schreibwarengeschäften zu haben ist). Wenn Sie den Nordpol (!) des Magneten bis auf einige Millimeter an die abgeflachte Seite des Sensors heranführen, schaltet der Sensorausgang vom H- auf den L-Pegel um: Der integrierte Transistor wird leitend, und die Leuchtdiode leuchtet.
Die Herstellerfirma gibt die magnetischen Schaltschwellen in der Einheit Tesla (genormtes Kurzzeichen T) für die *Magnetflußdichte* (genormtes Formelzeichen B) an. Die Einheit Tesla (T) hat die früher übliche Einheit Gauß (G) zur Angabe der Magnetflußdichte B abgelöst (1 T = 10000 G; 1 mT = 10^{-3} T = 10 G). Der Ausgangstransistor des Sensors ist beim Typ TL 172 C gesperrt (Ausgangspegel H), wenn die Magnetflußdichte 10 mT oder weniger beträgt (*Bild 7.43a*). Der Transistor ist durchgeschaltet (Ausgangspegel L), wenn die Magnetflußdichte 60 mT oder größer ist (*Bild 7.43b*). Diese vom Hersteller angegebenen Umschaltwerte liegen etwas unter bzw. über den tatsächlichen Umschaltwerten (*Bild 7.43c*); man sollte sie aber beachten, damit in jedem Fall ein sicheres Umschalten gewährleistet ist.
Wenn z.B. der *obere* Umschaltwert überschritten wurde und dann durch Verminderung der Magnetflußdichte wieder zurückgeschaltet werden soll, muß erst der um einiges niedrigere *untere* Umschaltwert unterschritten werden, damit sich am Ausgang ein Pegelwechsel ergibt. Es besteht also eine Schalt-

hysterese, die in den Datenblättern üblicherweise durch die sogenannte *Hysteresekurve* dargestellt wird (*Bild 7.43c*). Der für Magnetfelder empfindliche Schwellwertschalter läßt sich gut als kontaktloser, prellfreier, berührungsloser Schalter verwenden. Er wird z.B. in *Tastschalter* eingebaut, die prellfrei schalten sollen: *Bild 7.44a*. Er kann auch zur *Drehzahlmessung* (*Bild 7.44b*) oder zur *Positionsmeldung* (*Bild 7.44c*) eingesetzt werden. Und er kann als *Sensor* zur Diebstahlsicherung von Kunstgegenständen dienen, wie *Bild 7.44d* zeigt.

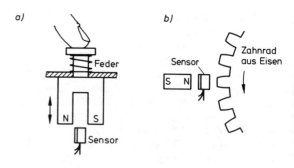

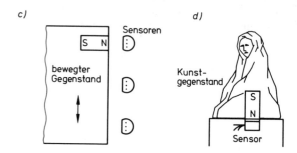

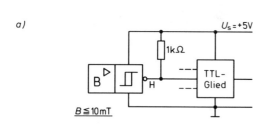

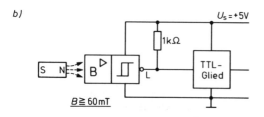

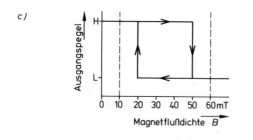

Bild 7.44: Anwendungsbeispiele für den Magnetfeld-Sensor:
a) prellfreier Schalter;
b) kontaktloser Drehzahlaufnehmer (das durch den Sensor greifende *Magnetfeld* wird stärker gebündelt, wenn gerade der (eiserne) Zahn des Zahnrades dahintersteht, und es wird schwächer, wenn ein Zwischenraum hinter dem Sensor steht. So kann die Drehzahl des Zahnrades gemessen werden, wenn die Anzahl seiner Zähne auf dem Umfang bekannt ist.
c) Positionsmeldung mit mehreren Sensoren bei einem beweglichen Gegenstand;
d) Alarmauslösung bei Entfernung eines Gegenstandes.

Pegelumsetzer

Pegelumsetzer werden benötigt, um zwischen Schaltungssystemen mit unterschiedlichen Signalfestlegungen eine signaltechnisch eindeutige Kopplung herzustellen. Bei der Darstellung in Digitalschaltungen wird für Pegelumsetzer das allgemeine Schaltzeichen (DIN 40700, Teil 14) gemäß *Bild 7.45* verwendet: Wenn z.B. in einem digitalelektronischen Schaltungssystem, das vielleicht aus diskreten Schaltelementen aufgebaut ist, als L-Pegel ein Spannungsbereich von 0 V bis +5 V und als H-Pegel ein Spannungsbereich von +10 V bis +15 V festgelegt wäre, dürfte mit diesen Pegeln keine TTL-Schaltung unmittelbar angesteuert werden. Denn der hier

Bild 7.43: Anschluß und Betrieb des Magnetfeld-Sensors TL 172 C in TTL-Schaltkreisen:
a) Bei einer Magnetflußdichte $B \leq 10$ mT sperrt der Ausgangstransistor (H-Pegel).
b) Bei einer Magnetflußdichte $B \geq 60$ mT ist der Ausgangstransistor durchlässig (L-Pegel).
c) Die Hysteresekurve veranschaulicht die Abhängigkeit des Ausgangsschaltzustands von der Magnetflußdichte B.

in der diskreten Schaltung angenommene L-Pegel (0 V bis +5 V) würde – je nach den tatsächlich vorhandenen Spannungswerten – vom TTL-System entweder als L- oder als H-Pegel, also *nicht eindeutig*, ausgewertet werden. Und der angenommene H-Pegel (+10 V bis +15 V) würde einen TTL-Signaleingang voraussichtlich spannungsmäßig »überfordern«, d. h. in den Halbleiterschichten Durchbrüche verursachen.

Eingangskreis fehlt, beginnt der Transistor schon durchzusteuern, wenn die Eingangsspannung etwa den Wert von +0,7 V erreicht. Der Transistor sperrt bei Eingangsspannungen unter diesem Wert. Zur Sicherheit wird der Eingangs-Spannungsbereich von 0 V bis +0,4 V als L-Pegelbereich festgelegt. Für den Eingangs-H-Pegel kann der untere Spannungswert auf +1,2 V festgelegt werden, weil ab diesem Wert

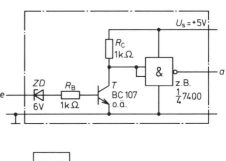

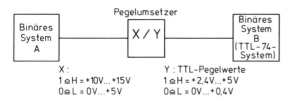

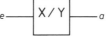

X: $1 \triangleq H = +10V...+15V$
$\quad\ 0 \triangleq L = 0V...+5V$

Y: TTL-Pegelwerte:
$\quad\ 1 \triangleq H = +2,4V...+5V$
$\quad\ 0 \triangleq L = 0V...+0,4V$

Bild 7.45: Beispiel für einen Pegelumsetzer (nach DIN 40700, Teil 14, können unmißverständliche Angaben zu den Signalpegeln X bzw. Y innerhalb oder außerhalb des Schaltzeichens angebracht werden).

Als signaltechnisches Bindeglied zwischen dem einen und dem anderen System ist deshalb unbedingt ein *Pegelumsetzer* erforderlich, der die eingangsseitigen (höheren) Spannungspegel verkraftet und unterscheidet und sie ausgangsseitig in einwandfreie TTL-Pegel umsetzt.

Für die digitalelektronische Ausführung eines für höhere Eingangsspannungen geeigneten Pegelumsetzers gibt es verschiedene Möglichkeiten. *Bild 7.46* zeigt ein Beispiel mit einem Transistor, einer Z-Diode und einem TTL-Glied. Die Z-Diode gewährleistet, daß die am Pegelumsetzer-Eingang e auftretenden Spannungen des L-Eingangspegels (0 V bis +5 V) den Transistor im Sperrzustand halten, so daß am Pegelumsetzer-Ausgang a (es ist ein negierender Ausgang eines TTL-Gliedes, z. B. ¼ 7400) ein TTL-systemgerechter L-Pegel ausgegeben wird. Spannungswerte im Eingangs-H-Pegelbereich (+10 V bis +15 V) bewirken ein eindeutiges Durchsteuern des Transistors und damit am Ausgang dieser Pegelumsetzerschaltung einen TTL-systemgerechten H-Pegel. Als »verbotener Bereich« am Pegeleingang e gilt im vorliegenden Beispiel der Spannungsbereich zwischen +5 V und +10 V.

Eine Pegelumsetzer-Schaltung für Eingangspegelwerte, die *niedriger* sind als die TTL-Pegelwerte, zeigt *Bild 7.47*. Diese Schaltung entspricht bis auf die hier weggelassene Z-Diode der Pegelumsetzer-Schaltung des *Bildes 7.46*. Weil die Z-Diode im

X: $1 \triangleq H = +10V...+15V$
$\quad\ 0 \triangleq L = 0V...+5V$

Y: TTL-Pegelwerte:
$\quad\ 1 \triangleq H = +2,4V...+5V$
$\quad\ 0 \triangleq L = 0V...+0,4V$

Bild 7.46: Eine Pegelumsetzer-Schaltung für Eingangspegelwerte, die *höher* sind als die TTL-Pegelwerte.

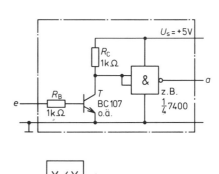

X: $1 \triangleq H = +1,2V...+2,4V...(+48V)$
$\quad\ 0 \triangleq L = 0V...+0,4V$

Y: TTL-Pegelwerte

Bild 7.47: Eine Pegelumsetzer-Schaltung für Eingangspegelwerte, die *niedriger* sind als die TTL-Pegelwerte.

der Transistor (über den Begrenzungswiderstand R_B) mit Sicherheit voll durchgeschaltet sein wird. Nach oben begrenzt ist der Eingangs-H-Pegel in diesem Fall nur durch den zulässigen Eingangshöchststrom, der bei einer Eingangsspannung von +48 V erreicht sein würde. Der »verbotene Bereich«, in dem zur eindeutigen Signalverarbeitung keine Eingangsspannungen auftreten dürfen, liegt bei dieser Schaltung zwischen den Spannungswerten +0,4 V und +1,2 V.

Die in *Bild 7.48* vorgestellte Schaltung hat außer der Funktion des *Pegelumsetzers* die Funktion eines *Impulsformers*. Sie kann dazu dienen, die sinusförmigen 50-Hz-Wechselspannungs-Wellen in TTL-systemgerechte Rechteck-Impulse umzusetzen. Man kann diese Schaltung z. B. als *Zeittaktgeber* für Uhren u. a. verwenden, denn die Netzfrequenz wird, über längere Zeiten gemittelt, recht genau eingehalten.

Die Schaltung hat folgende Wirkungsweise: Die z. B. mit einem Klingeltrafo auf einige Volt heruntertransformierte Netzwechselspannung wird einer Reihenschaltung aus einer Z-Diode und einem Arbeitswiderstand R zugeführt. Die Z-Diode wirkt als spannungs- und richtungsabhängiger Widerstand, d. h., sie ist niederohmig, wenn die anliegende Spannung von der Anode zur Katode gerichtet ist (negative Halbwellen), und sie ist hochohmig, wenn die anliegende Spannung von der Katode zur Anode gerichtet ist (positive Halbwellen) und den Wert von 5 V nicht überschreitet. Bei Spannungen über 5 V wird die Z-Diode jeweils so weit leitend, daß an ihr kein weiterer Spannungsanstieg erfolgt.

Die Z-Diode arbeitet in dieser Schaltung also als *Gleichrichter* und *Spannungsbegrenzer* (*Bild 7.48*). An der Z-Diode ist eine pulsierende Spannung U_x abgreifbar, die aus »gekappten« 50-Hz-Sinushalbwellen besteht. Die Begrenzung der Spannung ist notwendig, um den Eingang des nachgeschalteten Schmitt-Trigger-Gliedes zu schützen. Der Schmitt-Trigger wandelt die Impulse mit den noch »gebogenen« Flanken in TTL-systemgerechte Impulse um (U_a). Weil er einen negierenden Ausgang besitzt, erfolgt eine Signalumkehrung, was aber beim Einsatz der Schaltung als Zeittaktgeber normalerweise keine Rolle spielt.

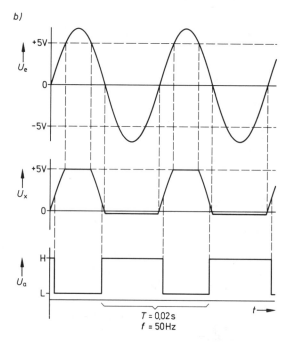

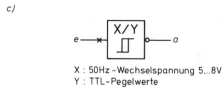

X : 50Hz -Wechselspannung 5...8V
Y : TTL-Pegelwerte

Bild 7.48: Beispiel für eine Pegelumsetzer- und Impulsformer-Schaltung
a) Digitalelektronischer Schaltplan;
b) Die Spannungsdiagramme für verschiedene Meßpunkte (gegen Masse) zeigen das Zustandekommen der TTL-systemgerechten Rechteck-Impulse;
c) Digitaltechnisches Schaltzeichen der Einrichtung.

Optokoppler

Wenn zwei verschiedene binäre elektronische Schaltungssysteme zwar *signaltechnisch gekoppelt*, aber *elektrisch völlig getrennt* werden sollen, werden *Pegelumsetzer mit Potentialtrennung* verwendet (*Bild 7.49*). Als Pegelumsetzer mit Potentialtrennung können z. B. elektromechanische Relais verwendet werden, wenn ihre relativ geringe Schaltgeschwindigkeit, ihre Kontaktprellungen und andere Nachteile keine Rolle spielen. In digitalelektronischen Schaltungen mit schnellen Signalwechseln werden jedoch bevorzugt sogenannte *Optokoppler* zur Potentialtrennung und Pegelumsetzung verwendet, die meist aus einer Leuchtdiode und einem Fototransistor zusammengesetzt sind: *Bild 7.50*. Für Experimentierzwecke kann man sich einen solchen Optokoppler selbst herstellen, indem man z.B. eine Leuchtdiode und einen Fototransistor gleicher Bauform in einer lichtdichten Hülse in optisch engem Kontakt zusammenmontiert (*Bild 7.50c*). Ein Signal wird übertragen, wenn die Strahlung der Leuchtdiode den Fototransistor auf Durchlaß steuert. Hinsichtlich der Strahlungsabstimmung passen IR-Dioden und Fototransistoren am besten zusammen, aber auch rotleuchtende Dioden können verwendet werden.

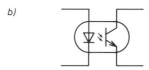

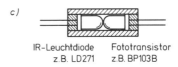

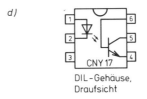

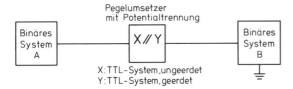

Bild 7.49: Beispiel für den Einsatz eines Pegelumsetzers mit Potentialtrennung.

Optokoppler werden selbstverständlich auch als integrierte optoelektronische Bausteine in verschiedenen Gehäuseausführungen angeboten. Ein Beispiel zeigt *Bild 7.50d*. Dieser Optokopplertyp würde noch Potentialunterschiede von 4000 V zwischen Sender-Diode und Empfänger-Transistor trennen. Für den praktischen Betrieb der Optokoppler ist vor allem auch das sogenannte *Stromübertragungs-Verhältnis* von Bedeutung; das ist das Verhältnis des Fototransistorstromes zum Leuchtdiodenstrom. Es ist je nach Optokoppler-Typ oftmals kleiner, manchmal größer als 1. Das bedeutet, daß durch die Leuchtdiode ein entsprechend großer Strom getrieben werden muß, um im Fototransistor bei einer bestimmten Kollektor-Emitter-Spannung einen ausreichenden und (relativ) kleineren Strom fließen zu lassen.

Ein Beispiel für den Einsatz eines Optokopplers wird in *Bild 7.51* vorgestellt. Hier sind ein nicht geerdetes und ein geerdetes TTL-System signaltechnisch miteinander verbunden, aber elektrisch (galvanisch) voneinander getrennt. Die Leuchtdiode wird über einen »Offen-Kollektor«-Ausgang eines integrierten Treiberbausteins (Typ 7406) geschaltet.

Bild 7.50: Optokoppler als Pegelumsetzer mit Potentialtrennung:
a) Digitaltechnisches Schaltzeichen für einen Pegelumsetzer mit Potentialtrennung.
b) Elektronisches Schaltzeichen eines Optokopplers.
c) Selbstbauanordnung eines Optokopplers mit einer Leuchtdiode und einem Fototransistor.
d) Ausführungsbeispiel eines integrierten Optokopplers (Typ CNY 17, Siemens).

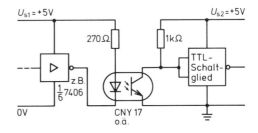

Bild 7.51: Beispiel für den Anschluß eines Optokopplers als Pegelumsetzer mit Potentialtrennung zwischen zwei TTL-Schaltsystemen, von denen eines geerdet ist.

Thyristoren und Triacs als Wechselstromschalter

Thyristoren und *Triacs* sind Halbleiterbauelemente, die bevorzugt zum kontaktlosen Schalten von Lasten in Wechselstromkreisen eingesetzt werden. Als elektronische Schalter schalten sie schnell und leistungsarm und verschleißen nicht wie mechanische Kontakte.

Thyristoren

Thyristoren arbeiten in Wechselstromkreisen im Prinzip wie Gleichrichter-Ventile, die man aber erst über einen besonderen *Steueranschluß* (G) auf Durchlaß schalten muß: *Bild 7.52*. In englischen Fachschriften werden sie deshalb meist als *SCR*s bezeichnet, eine Abkürzung für *S*ilicon *C*ontrolled *R*ectifiers (wörtlich übersetzt: gesteuerte Silizium-Gleichrichter). Auch das genormte *Schaltzeichen* weist auf die Gleichrichter-Funktion der Thyristoren hin: Ein Thyristor besitzt wie ein Gleichrichter die Anschlüsse *Anode* (A) und *Katode* (K), aber außerdem einen Steueranschluß (G), der auch als *Gate-Anschluß* (gate, engl. Tor) bezeichnet wird.

Beim Thyristor *sperrt* die Anoden-Katoden-Strecke in beiden Richtungen (*Bild 7.52a*), wenn das Gate (G) unbeschaltet bleibt, ebenso wenn es mit der Katode (K) verbunden wird oder wenn es gegenüber der Katode etwas negativer gepolt wird. Eine negative Gatespannung sollte allerdings nicht zu groß werden (bis ca. −7 V), damit die Katoden-Gate-Strecke nicht durchbrochen wird.

Wird der Gate-Anschluß gegenüber der Katode etwas positiv gepolt (ca. 0,7 bis 1 V), so wird der Thyristor von der Anode in Richtung Katode stromdurchlässig (*Bild 7.52b*). Beim Schaltzeichen weist wie bei den Dioden die »Pfeilspitze« auf die Durchlaßrichtung hin. Wegen dieses Gleichrichtereffekts wird die Last nur von den »positiven« Halbwellen des Wechselstromes durchflossen. Die »negativen« Halbwellen (von der Katode zur Anode) werden auch bei anliegender Steuerspannung nicht durchgelassen. Eine Ausnutzung der negativen Halbwellen ist jedoch – wie wir noch sehen werden – schaltungstechnisch durchaus möglich, wenn die Thyristorschaltung mit Hilfe einer Gleichrichterschaltung erweitert wird.

Von besonderer Bedeutung für den Einsatz von Thyristoren als Wechselstromschalter ist sein im folgenden beschriebenes *Schaltverhalten*: Wenn die Steuerspannung am Gate eines Thyristors gerade während einer laufenden positiven Wechselstromhalbwelle abgeschaltet wird, bleibt der Thyristor noch solange leitend, bis der Last-Wechselstrom auf

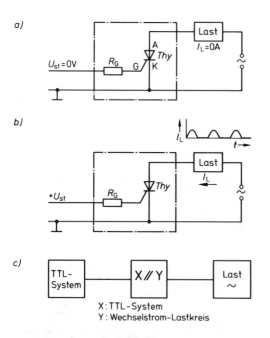

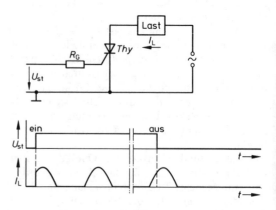

Bild 7.52: Der Thyristor als Wechselstromschalter:
a) Wenn die Steuerspannung 0 V ist, sperrt der Thyristor den Laststrom.
b) Wenn eine positive Steuerspannung an den Gate-Anschluß G (Steueranschluß) gelegt wird, läßt der Thyristor die positiven Halbwellen des Laststroms passieren.
c) Der Thyristor kann digitalelektronisch als Pegelumsetzer angesehen werden.

Bild 7.53: Ein Thyristor sperrt nach dem Abschalten der Steuerspannung U_{st} erst dann wieder, wenn der Laststrom I_L auf null absinkt.

null absinkt, *Bild 7.53*. Ein Thyristor schaltet also eine Wechselstromlast nicht abrupt, sondern »weich« mit dem Abklingen der Wechselstromhalbwelle ab. Dies ist ein Grund für den bevorzugten Einsatz von Thyristoren zum Schalten von Wechselstromlasten. Denn dadurch werden vor allem beim Abschalten von induktiven Lasten (z.B. Relais- oder Motorwicklungen) überhöhte Abschaltspannungsimpulse vermieden, die sowohl in den Schaltungen selbst als auch beim Rundfunkempfang in der Umgebung der geschalteten Geräte Störungen verursachen könnten.

Nun zu einem konkreten Einsatzbeispiel für einen Thyristor (*Bild 7.54*): Mit Hilfe eines Kleinthyristors (Typ BRY 21, s.u.) soll ein Türöffner geschaltet werden. In der Praxis werden Türöffner normalerweise mit Wechselstrom aus Klingeltransformatoren betrieben. Man merkt dies am Schnarrgeräusch, wenn die Magnetwicklung eines Türöffners erregt wird, um die Türverriegelung zu lösen. Der Kleinthyristor, der als kontaktloser Wechselstromschalter fungieren soll, kann z.B. von einer TTL-Schaltung angesteuert werden (vielleicht von einer Codeschloß-Schaltung, vgl. *Band 1, Seite 73*). Im vorliegenden Einsatzbeispiel läßt der Thyristor zwar nur die positiven Halbwellen des Wechselstromes durch, aber bei entsprechender Abstimmung der Betriebswerte (Betriebsspannung, Wicklungswiderstand, Windungszahl und Anzugsvermögen der Türöffner-Magnet-Wicklung) funktioniert der Türöffner auch unter diesen Umständen einwandfrei: Die Laststromunterbrechungen zwischen den einzelnen positiven Halbwellen des 50-Hz-Wechselstromes werden durch die Trägheit des Türöffner-Mechanismus ausgeglichen.

Beim Einsatz eines Thyristors sind, wie bei anderen elektronischen Bauelementen auch, einige Grenz- und Kennwerte zu beachten, damit er ordnungsgemäß arbeitet. Wir wollen die wichtigsten Werte am Beispiel des in *Bild 7.54* verwendeten Kleinthyristors

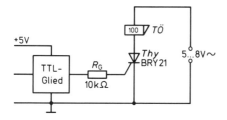

Bild 7.54: Einsatz eines Kleinthyristors (BRY 21) zum Schalten eines Türöffners (TÖ) mit der Wechselspannung eines Klingeltransformators.

BRY 21 vorstellen, der übrigens äußerlich wie ein Transistor im Plastikgehäuse aussieht:

Die *periodische Spitzensperrspannung* U_{RM} ist die höchste Spannung, die zwischen Anode und Katode bzw. umgekehrt anliegen darf, damit die Strecke im Sperrzustand nicht durchbrochen wird. Beim Typ BRY 21 ist $U_{RM} = 80$ V.

Der *Dauergrenzstrom* I_{TAV} ist der höchste effektive Dauerstrom, der zwischen Anode und Katode des Thyristors fließen darf. Beim Typ BRY 21 ist $I_{TAV} = 0{,}5$ A.

Die *kritische Spannungssteilheit* $\frac{dU}{dt}$ gibt den schnellsten zulässigen Spannungsanstieg zwischen Anode und Katode an. Verläuft der Spannungsanstieg zu schnell, so kann die Anoden-Katoden-Strecke im Sperrzustand auch schon bei Spannungswerten durchbrochen werden, die kleiner sind als die Spitzensperrspannung U_{RM}. Beim BRY 21 ist $\frac{dU}{dt} = 5 \frac{V}{\mu s}$.

Der *Mindestzündstrom* I_G ist erforderlich, um die Anoden-Katoden-Strecke über das Gate auf Durchlaß zu schalten, zu »zünden«, wie man in der Fachsprache sagt. Der BRY 21 zündet, wenn bei ausreichend hoher Anodenspannung der Zündstrom I_G etwa 0,05 mA beträgt.

Als *Mindesthaltestrom* I_H wird jene Laststromstärke in der Anoden-Katoden-Strecke angegeben, bei der der Thyristor noch nicht von selbst in den Sperrzustand übergeht. Wird dieser Mindesthaltestromwert unterschritten, so schaltet der Thyristor schon wieder in den Sperrzustand – und nicht erst, wenn der Laststrom ganz null geworden ist. Beim BRY 21 ist $I_H < 5$ mA.

Wenn man den zeitlichen Verlauf des Laststromes in verschiedenen thyristorgesteuerten Schaltungen (z.B. in der Schaltung von *Bild 7.52*) mit dem *Oszilloskop* untersuchen würde, so würde das *Oszillogramm* zeigen, daß bei allen Halbwellen des Lastwechselstromes – genau betrachtet – jeweils ein kleiner Teil von der sinusförmigen Anstiegsflanke fehlt und daß auch von der abfallenden Flanke jeweils ein Stück »abgeschnitten« ist (*Bild 7.55*). Dies ist folgendermaßen zu erklären:

Wenn die *Anodenspannung* (das ist die Spannung zwischen der Anode A und der Katode K des Thyristors) ansteigt, so wird dieser trotz des schon über das Gate G fließenden Steuerstromes erst dann durchlässig, wenn die Anodenspannung einen gewissen Schwellenwert überschreitet. Dann plötzlich fließt ein Laststrom. Die Kennlinie im Diagramm verläuft für diesen Zeitpunkt des plötzlichen Stromanstiegs praktisch senkrecht.

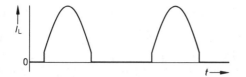

Bild 7.55: Thyristoren zeigen beim Ein- und Ausschalten ein *Schwellwert*verhalten: Sie schalten erst bei einer bestimmten Mindest-Anodenspannung zwischen Anode (A) und Katode (K) auf Durchlaß; und sie sperren, wenn ein bestimmter Mindest-Anodenstrom unterschritten wird. Daher die senkrechten »Abschnitte« zu Beginn und am Ende jeder Halbwelle des Laststroms.

Der plötzliche Stromabfall am Ende einer positiven Wechselstromhalbwelle ist hingegen damit zu erklären, daß der sogenannte *Mindesthaltestromwert* unterschritten wird und der Stromfluß durch den Thyristor dann plötzlich abbricht. Der Thyristor sperrt somit schon, bevor die sinusförmige Anoden-Katoden-Spannung ganz auf null abgesunken ist.

Wenn gewünscht wird, daß mit einem Thyristor nicht nur die positiven, sondern auch die negativen Halbwellen des Wechselstromes im Laststromkreis geschaltet werden sollen, so ist dies z.B. mit einer Thyristorschaltung gemäß *Bild 7.56* möglich, die durch eine Gleichrichterschaltung erweitert wurde: In dieser Schaltung wird die Last (eine Lampe) von *allen* Halbwellen des Wechselstromes durchflossen, wenn der Thyristor auf Durchlaß geschaltet wird. Während die Last von Wechselstrom durchflossen wird, wird der Thyristor selbst nur von »pulsierendem« Gleichstrom (I_{Thy} in *Bild 7.56a*) durchflossen, weil für ihn der Wechselstrom mit Hilfe der vier Gleichrichterdioden gleichgerichtet wird. Der Thyristor und jede der vier Dioden müssen für den maximal zu erwartenden effektiven Laststrom ausgelegt sein.

Statt der vier einzelnen Dioden kann auch ein handelsüblicher Brückengleichrichter-Baustein verwendet werden, in dem diese Gleichrichterschaltung integriert ist. Solche integrierte Brückengleichrichter werden für verschiedene Sperrspannungen und Höchststromstärken gebaut. Sie besitzen zwei Wechselspannungsanschlüsse sowie einen Plus- und einen Minus-Anschluß für die Gleichspannungsseite (vgl. z.B. *Bild 7.57*).

Bild 7.56b zeigt einen Versuchsaufbau der Thyristorschaltung zum Schalten *aller* Wechselstromhalbwellen, ausgeführt mit Mitteln des DIGIPROB-Experimentiersystems. Zur Gleichrichtung des Wechselstromes für den Thyristor sind vier einzelne Dioden eingesetzt.

Wie schon erläutert wurde, ist es für das störungsfreie Abschalten von manchen Wechselstromgeräten von Vorteil, daß ein Thyristor immer nur jeweils dann in den Sperrzustand schaltet, wenn der Lastwechselstrom am Ende einer Halbwelle auf Null absinkt. Ebenso kann es günstiger sein, daß bestimmte Wechselstromlasten (Lampen, Heizwicklungen, Geräte mit höheren Kapazitäten) nicht zufällig bei Spannungshöchstwerten in den Wechselstromkreis eingeschaltet werden, sondern nur dann, wenn eine Wechselspannungs-Halbwelle gerade von null anzusteigen beginnt. So können unerwünschte überhöhte Einschaltstromstöße vermieden werden.

a)

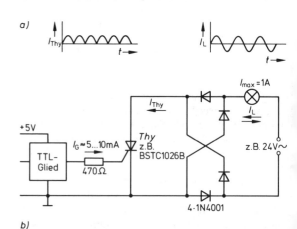

b)

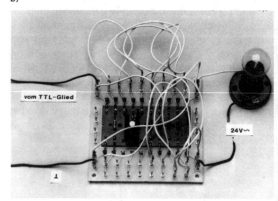

Bild 7.56: Die Ausnutzung *aller* Wechselstrom-Halbwellen beim Schalten einer Wechselstromlast mit einem Thyristor durch Hinzufügen einer Gleichrichter-Brückenschaltung. Die Last wird von Wechselstrom, der Thyristor von pulsierendem Gleichstrom durchflossen.
a) Die Schaltung mit Strom-Zeit-Diagrammen.
b) Der Versuchsaufbau der Schaltung.

Ein Ausführungsbeispiel einer Thyristorschaltung, die dieser Forderung gerecht wird und die man deshalb als *Nullspannungsschalter* bezeichnet, zeigt *Bild 7.57*. Die Schaltung enthält zusätzlich einen Transistor, der mit seiner Kollektor-Emitter-Strecke zwischen dem Gate-Anschluß und dem Katoden-Anschluß des Thyristors eingefügt ist. Der Transistor wird über einen Spannungsteiler (R_1, R_2) angesteuert, der zwischen der Anode und der Katode des Thyristors liegt.

Diese Transistorschaltung bewirkt folgendes: Wenn eine Wechselspannungs-Halbwelle am Thyristor (Thy) anzusteigen beginnt, wird der Transistor T (über den Spannungsteiler) auf Durchlaß geschaltet. Die Kollektor-Emitter-Strecke des Transistors bildet nun eine niederohmige Brücke zwischen dem Gate und der Katode des Thyristors. Wenn nun bei durchgesteuertem Transistor eine Steuerspannung (U_{St}) angelegt wird, so fließt der Steuerstrom *nicht* in das Gate des Thyristors, sondern über die durchlässige Kollektor-Emitter-Strecke des Transistors T zur Masse (Katode) hin ab. Der Thyristor bleibt somit gesperrt.

Er wird erst beim Ansteigen der *nächsten* Wechselspannungs-Halbwelle durchgesteuert, wenn die Steuerspannung weiter angelegt bleibt. Dabei spielt sich im einzelnen folgender Wirkungsablauf ab: Mit dem Abklingen der letzten Wechselspannungshalbwelle, bei der der Thyristor ja noch nicht durchsteuerte, wird der Transistor wie üblich gesperrt. Nun kann die Steuerspannung (U_{St}) einen Steuerstrom über die Gate-Katoden-Strecke des Thyristors treiben, so daß dieser schon vorbereitend angesteuert wird. Sobald die nächste Wechselspannungs-Halbwelle auftritt, kann nun der Laststrom durch den Thyristor fließen, der *Thyristor* ist also durchgeschaltet (*Bild 7.57b*). Zwischen Anode und Katode entsteht so gut wie kein Spannungsabfall mehr, so daß nun der *Transistor*, der zwischen Gate und Katode liegt, nicht mehr über den Spannungsteiler durchgesteuert wird. Der Steuerstrom (I_G) fließt deshalb weiterhin über den Gate-Anschluß in den Thyristor und hält diesen auch für die folgenden Wechselspannungs-Halbwellen im Durchlaßzustand.

Wenn die Steuerspannung (U_{St}) abgeschaltet wird, sperrt der Thyristor, eine schon begonnene Halbwelle des Laststromes wird aber noch »beendet«, vgl. auch *Bild 7.53*. Danach wird aber nun wieder (wie oben beschrieben) der Transistor bei jeder Wechselspannungs-Halbwelle durchgesteuert, die an der Anoden-Katoden-Strecke des Thyristors auftritt. Dies bedeutet, daß die Gate-Katoden-Strecke des Thyristors nun wieder während einer jeden Wechselspannungs-Halbwelle durch den Transistor überbrückt ist und ein Zünden des Thyristors während der laufenden Halbwelle unterbleibt.

Wenn die Steuerspannung erneut eingeschaltet wird, fungiert die Schaltung wieder als »Nullspannungsschalter«, d.h., der Thyristor wird erst wieder bei einer ansteigenden Wechselspannungs-Halbwelle durchgeschaltet. Das Diagramm in *Bild 7.57* zeigt, daß beim Ein- und Ausschalten nur vollständige Wechselstrom-Halbwellen auftreten – von den *Schwellenwerten* an den ansteigenden und abfallenden Flanken (siehe *Bild 7.55*) einmal abgesehen.

Bei den bisher vorgestellten Thyristorschaltungen zum Ein- und Ausschalten von Wechselstromgeräten besteht jeweils über das Gate des Thyristors und die gemeinsame Masseleitung eine direkte leitende Verbindung zwischen der Steuerschaltung und dem Wechselstrom-Lastkreis. Eine solche sogenannte galvanische Verbindung birgt jedoch manchmal unzulässige Risiken in sich – z.B. dann, wenn mit den Befehlen aus einer TTL-Schaltung ein Gerät an der Netzwechselspannung von 220 V geschaltet werden soll.

Um ein Übergreifen der gefährlichen Netzwechselspannung auf die Niedervolt-TTL-Steuerschaltung auszuschließen, ist in einem solchen Fall das Einfü-

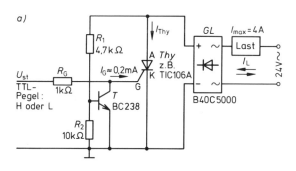

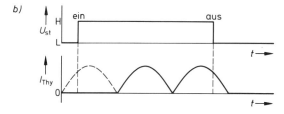

Bild 7.57: Ein »Nullspannungsschalter« mit Thyristor:
a) Schaltung;
b) der zeitliche Ablauf des Einschaltvorgangs.

gen eines *Optokopplers* notwendig (vgl. auch *Bild 7.50*). Der Optokoppler gewährleistet die galvanische Trennung zwischen Steuerstromkreis und Laststromkreis, ermöglicht aber die signaltechnische Kopplung der beiden Kreise. Digitaltechnisch gesehen ist die Thyristorschaltung mit Optokoppler ein »Pegelumsetzer mit Potentialtrennung«. Man kann ihn deshalb durch ein Blockschaltzeichen gemäß *Bild 7.58b* darstellen (vgl. auch *Bild 7.49*).

Weil der unvorsichtige Umgang mit Netzwechselspannung leicht verhängnisvolle Folgen haben kann, schlagen wir für die experimentelle Erprobung eines »Thyristor-Wechselstromschalters mit Potentialtrennung durch Optokoppler« zunächst eine Schaltungsausführung gemäß *Bild 7.58a* vor, bei der nur eine Betriebswechselspannung von 24 V (von einem Transformator) im Lastwechselstromkreis verwendet wird. Wie Sie sehen können, ist die Thyristor-Schaltung auf der »Laststrom-Seite« genauso ausgeführt wie z. B. in *Bild 7.57*. Der Brückengleichrichter ermöglicht die Ausnutzung aller Wechselstromhalbwellen. Thyristor und Gleichrichter sind bezüglich ihrer Werte auch hier so gewählt worden, daß sie die auftretenden Wechselspannungsspitzen ohne weiteres sperren können und einen effektiven Wechselstrom bis zu 4 A verkraften. Auf der »Steuerkreis-Seite« ist das Gate des Thyristors über den im Optokoppler befindlichen Fototransistor und einen Widerstand R_1 mit der Anode des Thyristors verbunden.

Solange der Fototransistor im Optokoppler sperrt – das ist der Fall, solange die Leuchtdiode im Optokoppler nicht angesteuert wird –, kann kein »Zündstrom« zum Gate des Thyristors fließen, und der Thyristor bleibt gesperrt. In diesem Zustand schwankt die Spannung an der Anode des Thyristors periodisch zwischen null und dem Spitzenwert der Betriebswechselspannung (24 V · 1,41 = 34 V). Es fließt kein Laststrom. Wird aber die Leuchtdiode des Optokopplers durch ein Signal von der Steuerschaltung zum Leuchten gebracht, so schaltet der Fototransistor durch und gibt den Weg für den Zündstrom zum Thyristor-Gate frei. Der Widerstand R_1 begrenzt den Zündstrom, damit sowohl der Fototransistor wie auch die Gate-Katoden-Strecke des Thyristors nicht überlastet werden. Der Widerstand R_2 verbindet das Gate mit der Katode, wenn der Fototransistor sperrt.

Bild 7.58c zeigt einen Versuchsaufbau der Thyristorschaltung mit Optokoppler, ausgeführt mit Bauteilen des DIGIPROB-Experimentiersystems. Als Last wird eine Lampe geschaltet.

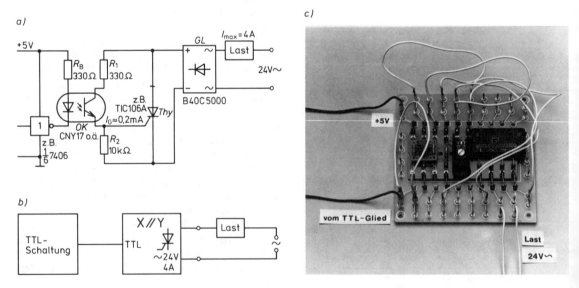

Bild 7.58: Ein Thyristor als Wechselstromschalter mit Optokoppler zur Potentialtrennung zwischen Last- und Steuerkreis:
a) Schaltung;
b) Blockdarstellung der Schaltung »Pegelumsetzer mit Potentialtrennung«;
c) Versuchsaufbau mit DIGIPROB-Baueinheiten. Als Last wird eine Lampe geschaltet.

Wenn die Thyristorschaltung mit Optokoppler zum Schalten von Geräten an der Netzwechselspannung von 220 V eingesetzt werden soll, sind einige Änderungen erforderlich, wie *Bild 7.59* zeigt: Der Thyristor und der Gleichrichter müssen für eine höhere Sperrspannung bemessen sein (Thyristor: z.B. TIC 106 M, U_{RM} = 600 V; Gleichrichterbrücke: z.B. B250/5000).

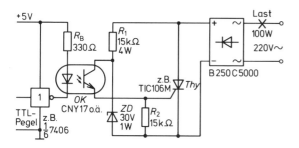

Bild 7.59: Ein Thyristor als Wechselstromschalter mit Optokoppler zur Potentialtrennung zwischen dem 220-V-Wechselstromnetz und einer TTL-Steuerschaltung.

Der Fototransistor muß an einen Spannungsteiler angeschlossen sein, der aus einem Widerstand R_1 (15 kΩ) und einer Z-Diode (30 V) gebildet wird. Die Z-Diode in diesem Spannungsteiler begrenzt die Spannung am Fototransistor, dessen Kollektor-Emitter-Spannung höchstens 70 V betragen darf. Ohne die Spannungsbegrenzung durch die Z-Diode könnte die Spannung am Transistor weit über 70 V ansteigen, da die Wechselspannung bei sperrendem Thyristor bis zu einem Spitzenwert von 311 V ansteigt; der Fototransistor würde durchschlagen.
Der Widerstand R_1 und die Z-Diode sind am stärksten belastet, wenn sich der Fototransistor und der Thyristor im Sperrzustand befinden. Widerstand und Z-Diode liegen dann als Spannungsteiler an einer durchschnittlichen Spannung von 220 V und werden durch den in diesem Fall fließenden Strom entsprechend erwärmt. Beide Bauelemente sind deshalb bezüglich ihrer Wärmebelastbarkeit großzügig zu bemessen (R_1 : 4 W; ZD : 1,3 W). Bei durchgeschaltetem Thyristor hingegen ist die Belastung des Spannungsteilers minimal, weil dann so gut wie kein Spannungsabfall am Thyristor auftritt und durch den Spannungsteiler sowie durch den Fototransistor kaum ein Strom fließt.

Der Widerstand R_2 hat die Aufgabe, bei gesperrtem Fototransistor das Gate des Thyristors mit der Katode zu verbinden, um die eindeutige Sperrung des Thyristors zu garantieren.

Ein wichtiger Hinweis: Um die Gefährdung von Personen durch die Netzwechselspannung auszuschließen, müssen bei der Ausführung und beim praktischen Einsatz der Schaltung unbedingt die notwendigen Schutzmaßnahmen (Isolierung, Absicherung) beachtet werden. Für die kommerziellen Hersteller von elektrischen Geräten für Netzbetrieb gelten diesbezüglich die Bestimmungen des *Verbandes Deutscher Elektrotechniker* (VDE).

Von der Halbleiter-Industrie werden heute auch integrierte Schaltungen angeboten, die praktisch alle nützlichen Funktionen der verschiedenen bisher beschriebenen »diskreten« Thyristorschaltungen in sich vereinen.

Bild 7.60a zeigt z.B. das innere Organisationsschema eines integrierten Schaltkreises (Typ SK 2100, Enatechnik, Quickborn), der vom Hersteller als »Subminiature AC Solid State Relay« (Subminiatur-Wechselstrom-Halbleiter-Relais) bezeichnet wird. Dieser integrierte Baustein ist in einem 8poligen Dual-in-Line-Gehäuse untergebracht: *Bild 7.60b.* Er enthält zwei Thyristoren, die über zwei ebenfalls integrierte Optokoppler und Nullspannungsschalter angesteuert werden.

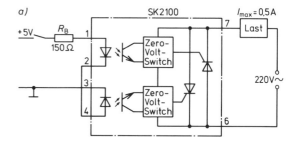

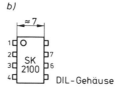

Bild 7.60: Ein »Integriertes Halbleiter-Wechselstrom-Relais«:
a) inneres Organisationsschema,
b) Dual-in-Line-(DIL)-Gehäuse in Draufsicht.

197

Die *Thyristoren* sind »antiparallel« geschaltet, d.h. der eine Thyristor läßt nur die positiven Wechselstromhalbwellen passieren, der andere die negativen, so daß eine besondere Gleichrichterschaltung, wie sie beim Einsatz von nur einem Thyristor als Wechselstromschalter erforderlich wäre, entfallen kann. Die integrierten Optokoppler garantieren eine Potentialtrennung zwischen Wechselstrom-Lastkreis und Steuerkreis von mindestens 2500 V.

Die eingebauten *Nullspannungsschalter* (»Zero-Volt-Switch«) gewährleisten, daß die Thyristoren immer nur bei einem gerade beginnenden Anstieg einer Wechselspannungs-Halbwelle durchschalten, und nicht auch zufällig dann, wenn höhere Spannungswerte auftreten. Durch diese Schaltungsmaßnahme werden plötzliche starke Einschaltstromstöße vermieden (zum Prinzip vgl. *Bild 7.57*). Die Thyristoren sind für den Betrieb an der Netzwechselspannung (220 V) ausgelegt und bis zu einer Dauerstromstärke von 0,5 A belastbar.

Die Ansteuerung des »Halbleiter-Wechselstrom-Relais« kann z.B. von einer TTL-Schaltung her erfolgen. Im Anschlußbeispiel von *Bild 7.61* sind die Leuchtdioden der beiden integrierten Optokoppler in Reihe geschaltet und über einen Strombegrenzungswiderstand an den Offen-Kollektor-Ausgang eines TTL-Treibers vom Typ 7406 angeschlossen.

Am 220-V-Netz können mit dem SK 2100 Lasten bis zu einer Leistung von etwa 100 W unmittelbar geschaltet werden.

Noch größere Lasten können betrieben werden, wenn die Schaltung gemäß *Bild 7.62* erweitert wird. Die Schaltungserweiterung besteht darin, daß den integrierten Thyristoren »kräftige« externe Thyristoren (maximaler Dauerstrom I_{TAV} = 10 A) parallel geschaltet werden. Die externen Thyristoren liegen ebenso wie die integrierten Thyristoren in »Antiparallelschaltung« im Wechselstrom-Lastkreis. Immer dann, wenn ein integrierter Thyristor durchgeschaltet wird, wird auch der ihm zugeordnete äußere Thyristor durchgeschaltet. Die Widerstände zwischen den Gate- und den Katoden-Anschlüssen der äußeren Thyristoren dienen der einwandfreien Sperrung, wenn keine Ansteuerung über die integrierte Schaltung erfolgt.

Triacs

Triacs sind, wie die Thyristoren auch, Mehrschicht-Halbleiter; sie besitzen drei Anschlüsse und sehen auch äußerlich wie Thyristoren oder Leistungstransistoren aus. Die Bezeichnung »Triac« ist ein aus dem Englischen stammendes Kunstwort (*Tr*iode for *A*lternating *C*urrent, also: Triode für Wechselstrom). Nach DIN 41786 heißen die Anschlüsse, über die der Lastwechselstrom fließt, *Hauptanschluß* A_1 und *Hauptanschluß* A_2; der Steueranschluß wird wie beim Thyristor als *Gate G* bezeichnet: *Bild 7.63a*. Ein Triac wird, ähnlich wie ein Thyristor, mit einer Gleichspannung am Gate (bezogen auf den Hauptanschluß A_1) gezündet.

Ein Triac läßt aber – im Gegensatz zu einem Thyristor – sowohl die positiven als auch die negativen Wechselstrom-Halbwellen passieren, wenn eine

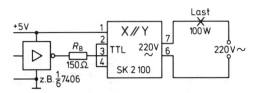

Bild 7.61: Anschlußbeispiel für das »Integrierte Halbleiter-Wechselstrom-Relais« (SK 2100).

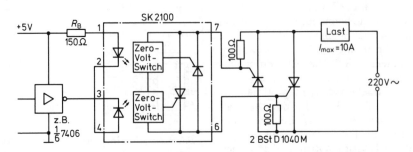

Bild 7.62: Schaltungserweiterung am »Integrierten Halbleiter-Wechselstrom-Relais« SK 2100 mit zwei externen Leistungsthyristoren zum Schalten von Last-Wechselströmen bis 10 A.

Steuerspannung am Gate anliegt. Ein Triac kann also prinzipiell anstelle einer Antiparallelschaltung von zwei Thyristoren (oder auch anstatt einer Schaltung mit einem Thyristor und einem Brückengleichrichter) als Wechselstromschalter eingesetzt werden. Interessant ist, daß das »Zünden« des Triacs sowohl mit einer positiven als auch mit einer negativen Gate-Spannung (bezogen auf den Hauptanschluß A1) erfolgen kann: *Bild 7.63b* und *c*. Bei den meisten Triac-Typen bestehen aber Unterschiede im Zündverhalten, je nachdem, welche Polung die Gate-Spannung und die an den Hauptanschlüssen anliegende Wechselspannung zueinander besitzen: Meist lassen sich Triacs schlechter zünden, wenn die Gate-Spannung gegenüber dem Hauptanschluß A_1 positiv und die Wechselspannung am Hauptanschluß A_2 gegenüber dem Hauptanschluß A_1 negativ ist. Man spricht von einer *Zünd-Unsymmetrie*, die im praktischen Betrieb störend sein kann.

Außerdem ist das Schalten von induktiven Lasten (Relais, Motoren usw.) mit Triacs vergleichsweise kritischer als mit Thyristor-Schaltungen, weil Triacs wegen ihres komplizierten inneren Aufbaus leichter »über Kopf« zünden. Das bedeutet: Auch wenn die Steuerspannung am Gate abgeschaltet wird, kann ein Triac eventuell – verursacht durch zu schnelle Spannungsänderungen – in der Hauptstrecke durchbrochen werden. Er wird dann zwar nicht zerstört, aber er ist in diesem Fall nicht steuerbar.

Triacs werden vorwiegend für den Einsatz als kontaktlose Schalter von netzbetriebenen Geräten (Lampen, Heizwicklungen, Motoren in Haushaltsgeräten) gebaut, wo die erwähnten Ungleichmäßigkeiten im Zündverhalten nicht weiter stören. In allen übrigen Anwendungsfällen werden wegen ihrer besseren Beherrschbarkeit Thyristor-Schaltungen bevorzugt.

Bei der Auswahl eines Triac-Typs für einen konkreten Anwendungsfall sind ebenso wie beim Thyristor *Grenzwerte* (z.B. periodische Spitzensperrspannung, maximaler Dauerstrom, maximale Spannungsanstiegs-Geschwindigkeit) und entsprechende *Kennwerte* (z.B. Mindestzündstrom, Haltestrom) zu berücksichtigen.

Bild 7.64 zeigt ein Anschlußbeispiel, in dem ein Triac direkt von einem TTL-Schaltglied angesteuert wird. Das RC-Glied parallel zum Triac soll die Gefahr des »Über-Kopf-Zündens« (s.o.) beim Betreiben einer induktiven Last mindern. Bei dieser Schaltung besteht keine galvanische Trennung zwischen dem Laststromkreis und der Steuerschaltung, so daß sie wegen der Sicherheitsrisiken nur mit Vorbehalt für den praktischen Einsatz infrage kommt.

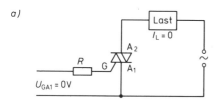

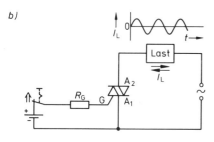

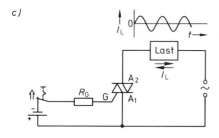

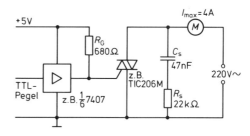

Bild 7.63: Ein Triac als Wechselstromschalter: Der Triac sperrt den Wechselstrom zwischen den Anschlüssen A_1 und A_2, wenn keine Gate-Spannung anliegt (*a*); er kann sowohl mit einer positiven Gate-Spannung (*b*) als auch mit einer negativen Gate-Spannung (*c*) »gezündet« werden.

Bild 7.64: Anschlußbeispiel für einen Triac als Wechselstrom-Schalter.

Bild 7.65 zeigt eine Schaltung, bei der das »Halbleiter-Wechselstrom-Relais SK 2100« zur Ansteuerung eines Triacs verwendet wird, der eine Heizwicklung am 220-V-Netz schalten soll. Diese Schaltung ist in ihrer Funktion der von Bild 7.62 gleichzusetzen, in der zwei Thyristoren in Antiparallelschaltung als Wechselstromschalter eingesetzt sind.

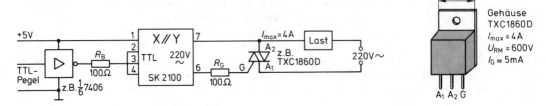

Bild 7.65: Eine Triac-Schaltung, angesteuert mit dem »Integrierten Halbleiter-Wechselstrom-Relais« SK 2100, das eine Potentialtrennung zwischen Last- und Steuer-Stromkreis gewährleistet. Rechts die Gehäuseausführung des Triac.

8. Zum Nachschlagen für die Experimentierpraxis

Zahlensysteme

Allgemeines

Die in der Digitalelektronik verwendeten Zahlensysteme sind sogenannte *Stellenwertsysteme*. Ihr Aufbau hat also folgende Struktur:

Für ganze (»natürliche«) Zahlen:
(I) $S_B = a_n \cdot s_n + \ldots + a_4 \cdot s_4 + a_3 \cdot s_3 + a_2 \cdot s_2 + a_1 \cdot s_1 + a_0 \cdot s_0$;

und für gebrochene Zahlen:
(II) $S_B = a_n \cdot s_n + \ldots + a_2 \cdot s_2 + a_1 \cdot s_1 + a_0 \cdot s_0 + a_{-1} \cdot s_{-1} + a_{-2} \cdot s_{-2} + \ldots + a_{-m} \cdot s_{-m}$

Darin bedeuten:
S_B = darzustellende Zahl im System B (s. u.),
a = Zahlenwert der Ziffer an der gegebenen Stelle,
s_n = Stellenwert an der gegebenen Stelle.

Der Stellenwert s an der gegebenen Stelle errechnet sich als Potenzwert nach der Beziehung $s_n = B^n$.
Darin bedeuten:
s_n = Potenzwert an der gegebenen Stelle,
B = Basis (des Zahlensystems, z. B.: $B = 10$ im Dezimalsystem),
n = Exponent an der gegebenen Stelle.

Aus den Beziehungen (I) und (II) wird hierdurch
für natürliche Zahlen:
(III) $S_B = a_n \cdot B^n + \ldots + a_4 \cdot B^4 + a_3 \cdot B^3 + a_2 \cdot B^2 + a_1 \cdot B^1 + a_0 \cdot B^0$;

und für gebrochene Zahlen:
(IV) $S_B = a_n \cdot B^n + \ldots + a_2 \cdot B^2 + a_1 \cdot B^1 + a_0 \cdot B^0 + a_{-1} \cdot B^{-1} + a_{-2} \cdot B^{-2} + \ldots + a_{-m} \cdot B^{-m}$

Diese allgemeinen Darstellungformen (I, II, III und IV) werden an Beispielen erläutert im Abschnitt »*Beispiele von Zahlen nach dem Stellenwertsystem*«, Seite 203.

Zusammenstellung wichtiger Zahlensysteme

Name des Zahlensystems	Basis des Zahlensystems B	verwendete Zeichen a	dezimal angegebene Zahlenwerte der Zeichen a	Stellenwerte des Zahlensystems s_n
Zweier-System (Dual-System)	2	0, 1	0, 1	2^n
Sechser-System (Hexal-System)	6	0, 1, 2, 3, 4, 5	0, 1, 2, 3, 4, 5	6^n
Achter-System (Oktal-System)	8	0, 1, 2, 3, 4, 5, 6, 7	0, 1, 2, 3, 4, 5, 6, 7	8^n
Zehner-System (Dezimal-System)	10	0, 1, 2, 3, 4, 5, 6, 7, 8, 9	0, 1, 2, 3, 4, 5, 6, 7, 8, 9	10^n
Zwölfer-System (Duodezimal-System)	12	0, 1, 2, 3, 4, 5, 6, 7, 8, 9, A, B	0, 1, 2, 3, 4, 5, 6, 7, 8, 9, 10, 11	12^n
Sechzehner-System (Sedezimal-System)	16	0, 1, 2, 3, 4, 5, 6, 7, 8, 9, A, B, C, D, E, F	0, 1, 2, 3, 4, 5, 6, 7, 8, 9, 10, 11, 12, 13, 14, 15	16^n

Zusammenstellung von Potenzwerten zu B^n

Die aufgeführten Werte stellen eine Auswahl dar. Andere können mit einem Rechner mit der Funktion y^x bestimmt werden.

Werte der Potenzen 2^n

n	2^n
10	1024
9	512
8	256
7	128
6	64
5	32
4	16
3	8
2	4
1	2
0	1
–1	0,5
–2	0,25
–3	0,125
–4	0,0625
–5	0,03125
–6	0,015625
–7	0,0078125
–8	0,00390625
–9	0,001953125
–10	0,000976525

Werte der Potenzen 6^n

n	6^n
10	60466176
9	10077696
8	1679616
7	279936
6	46656
5	7776
4	1296
3	216
2	36
1	6
0	1
–1	0,166666667
–2	0,027777778
–3	0,004629630
–4	0,000771605
–5	0,000128601
–6	0,000021433

Werte der Potenzen 8^n

n	8^n
10	1073741824
9	134217728
8	16777216
7	2097152
6	262144
5	32768
4	4096
3	512
2	64
1	8
0	1
−1	0,125
−2	0,015625
−3	0,001953125
−4	0,000244141
−5	0,000030518
−6	0,000003815

Werte der Potenzen 12^n

n	12^n
8	429981696
7	35831808
6	2985984
5	248832
4	20736
3	1728
2	144
1	12
0	1
−1	0,0833333
−2	0,00694444
−3	0,000578704
−4	0,000048225
−5	0,000004019
−6	0,000000335

Werte der Potenzen 10^n

n	10^n
8	100000000
7	10000000
6	1000000
5	100000
4	10000
3	1000
2	100
1	10
0	1
−1	0,1
−2	0,01
−3	0,001
−4	0,0001
−5	0,00001
−6	0,000001

Werte der Potenzen 16^n

n	16^n
8	4294967296
7	268435456
6	16777216
5	1048576
4	65536
3	4096
2	256
1	16
1	1
−1	0,0625
−2	0,00390625
−3	0,000244141
−4	0,000015259
−5	0,0000009537

Beispiele von Zahlen nach dem Stellenwertsystem

Dualzahlen:

a) $S_2 = 1011$

$a_0 = 1;\ s_0 = 2^0$
$a_1 = 1;\ s_1 = 2^1$
$a_2 = 0;\ s_2 = 2^2$
$a_3 = 1;\ s_3 = 2^3$

$S_2 = 1011$ ist die Kurzschreibweise von:
$S_2 = 1 \cdot 2^3 + 0 \cdot 2^2 + 1 \cdot 2^1 + 1 \cdot 2^0$

b) $S_2 = 1{,}101$

$a_{-3} = 1;\ s_{-3} = 2^{-3}$
$a_{-2} = 0;\ s_{-2} = 2^{-2}$
$a_{-1} = 1;\ s_{-1} = 2^{-1}$
$a_0 = 1;\ s_0 = 2^0$

$S_2 = 1{,}101$ ist die Kurzschreibweise von
$S_2 = 1 \cdot 2^0 + 1 \cdot 2^{-1} + 0 \cdot 2^{-2} + 1 \cdot 2^{-3}$

Hexalzahlen:

a) $S_6 = 5031$
- $a_0 = 1; s_0 = 6^0$
- $a_1 = 3; s_1 = 6^1$
- $a_2 = 0; s_2 = 6^2$
- $a_3 = 5; s_3 = 6^3$

$S_6 = 5031$ ist die Kurzschreibweise von
$S_6 = 5 \cdot 6^3 + 0 \cdot 6^2 + 3 \cdot 6^1 + 1 \cdot 6^0$

b) $S_6 = 30{,}425$
- $a_{-3} = 5; s_{-3} = 6^{-3}$
- $a_{-2} = 2; s_{-2} = 6^{-2}$
- $a_{-1} = 4; s_{-1} = 6^{-1}$
- $a_0 = 0; s_0 = 6^0$
- $a_1 = 3; s_1 = 6^1$

$S_6 = 30{,}425$ ist die Kurzschreibweise von
$S_6 = 3 \cdot 6^1 + 0 \cdot 6^0 + 4 \cdot 6^{-1} + 2 \cdot 6^{-2} + 5 \cdot 6^{-3}$

Oktalzahlen:

a) $S_8 = 3704$
- $a_0 = 4; s_0 = 8^0$
- $a_1 = 0; s_1 = 8^1$
- $a_2 = 7; s_2 = 8^2$
- $a_3 = 3; s_3 = 8^3$

$S_8 = 3704$ ist die Kurzschreibweise von
$S_8 = 3 \cdot 8^3 + 7 \cdot 8^2 + 0 \cdot 8^1 + 4 \cdot 8^0$

b) $S_8 = 0{,}531$
- $a_{-3} = 1; s_{-3} = 8^{-3}$
- $a_{-2} = 3; s_{-2} = 8^{-2}$
- $a_{-1} = 5; s_{-1} = 8^{-1}$
- $a_0 = 0; s_0 = 8^0$

$S_8 = 0{,}531$ ist die Kurzschreibweise von
$S_8 = 0 \cdot 8^0 + 5 \cdot 8^{-1} + 3 \cdot 8^{-2} + 1 \cdot 8^{-3}$

Dezimalzahlen:

a) $S_{10} = 1409$
- $a_0 = 9; s_0 = 10^0$
- $a_1 = 0; s_1 = 10^1$
- $a_2 = 4; s_2 = 10^2$
- $a_3 = 1; s_3 = 10^3$

$S_{10} = 1409$ ist die Kurzschreibweise von
$S_{10} = 1 \cdot 10^3 + 4 \cdot 10^2 + 0 \cdot 10^1 + 9 \cdot 10^0$

b) $S_{10} = 25{,}013$
- $a_{-3} = 3; s_{-3} = 10^{-3}$
- $a_{-2} = 1; s_{-2} = 10^{-2}$
- $a_{-1} = 0; s_{-1} = 10^{-1}$
- $a_0 = 5; s_0 = 10^0$
- $a_1 = 2; s_1 = 10^1$

$S_{10} = 25{,}013$ ist die Kurzschreibweise von
$S_{10} = 2 \cdot 10^1 + 5 \cdot 10^0 + 0 \cdot 10^{-1} + 1 \cdot 10^{-2} + 3 \cdot 10^{-3}$

Duodezimalzahlen:

a) $S_{12} = A3B9$
- $a_0 = 9; s_0 = 12^0$
- $a_1 = B; s_1 = 12^1$
- $a_2 = 3; s_2 = 12^2$
- $a_3 = A; s_3 = 12^3$

$S_{12} = A3B9$ ist die Kurzschreibweise von
$S_{12} = A \cdot 12^3 + 3 \cdot 12^2 + B \cdot 12^1 + 9 \cdot 12^0$

b) $S_{12} = 7{,}0A5$
- $a_{-3} = 5; s_{-3} = 12^{-3}$
- $a_{-2} = A; s_{-2} = 12^{-2}$
- $a_{-1} = 0; s_{-1} = 12^{-1}$
- $a_0 = 7; s_0 = 12^0$

$S_{12} = 7{,}0A5$ ist die Kurzschreibweise von
$S_{12} = 7 \cdot 12^0 + 0 \cdot 12^{-1} + A \cdot 12^{-2} + 5 \cdot 12^{-3}$

Sedezimalzahlen:

a) $S_{16} = F5DA$
- $a_0 = A; s_0 = 16^0$
- $a_1 = D; s_1 = 16^1$
- $a_2 = 5; s_2 = 16^2$
- $a_3 = F; s_3 = 16^3$

$S_{16} = F5DA$ ist die Kurzschreibweise von
$S_{16} = F \cdot 16^3 + 5 \cdot 16^2 + D \cdot 16^1 + A \cdot 16^0$

b) $S_{16} = B{,}1C4$
- $a_{-3} = 4; s_{-3} = 16^{-3}$
- $a_{-2} = C; s_{-2} = 16^{-2}$
- $a_{-1} = 1; s_{-1} = 16^{-1}$
- $a_0 = B; s_0 = 16^0$

$S_{16} = B{,}1C4$ ist die Kurzschreibweise von
$S_{16} = B \cdot 16^0 + 1 \cdot 16^{-1} + C \cdot 16^{-2} + 4 \cdot 16^{-3}$

Umwandlung vorgegebener Zahlen einiger Stellenwertsysteme in Dezimalzahlen

Zur Berechnung der Dezimalzahlen werden die Beziehungen (I) und (II) bzw. (III) und (IV) von Seite 201 verwendet.

Umwandlung von *Dualzahlen* S_2 in Dezimalzahlen S_{10}

a) $S_2 = 1011$
$S_2 = 1 \cdot 2^3 + 0 \cdot 2^2 + 1 \cdot 2^1 + 1 \cdot 2^0$
$S_{10} = 8 + 0 + 2 + 1$
$S_{10} = 11$

b) $S_2 = 1,101$
$S_2 = 1 \cdot 2^0 + 1 \cdot 2^{-1} + 0 \cdot 2^{-2} + 1 \cdot 2^{-3}$
$S_{10} = 1 + 0,5 + 0 + 0,125$
$S_{10} = 1,625$

Umwandlung von *Hexalzahlen* S_6 in Dezimalzahlen S_{10}

a) $S_6 = 5031$
$S_6 = 5 \cdot 6^3 + 0 \cdot 6^2 + 3 \cdot 6^1 + 1 \cdot 6^0$
$S_{10} = 1080 + 0 + 18 + 1$
$S_{10} = 1099$

b) $S_6 = 30,425$
$S_6 = 3 \cdot 6^1 + 0 \cdot 6^0 + 4 \cdot 6^{-1} + 2 \cdot 6^{-2} + 5 \cdot 6^{-3}$
$S_{10} = 18 + 0 + 0,666666667 + 0,055555556 + 0,023148148$
$S_{10} = 18,74537038$

Umwandlung von *Oktalzahlen* S_8 in Dezimalzahlen S_{10}

a) $S_8 = 3704$
$S_8 = 3 \cdot 8^3 + 7 \cdot 8^2 + 0 \cdot 8^1 + 4 \cdot 8^0$
$S_{10} = 1536 + 448 + 0 + 4$
$S_{10} = 1988$

b) $S_8 = 0,531$
$S_8 = 0 \cdot 8^0 + 5 \cdot 8^{-1} + 3 \cdot 8^{-2} + 1 \cdot 8^{-3}$
$S_{10} = 0 + 0,625 + 0,046875 + 0,001953125$
$S_{10} = 0,673828125$

Umwandlung von *Duodezimalzahlen* S_{12} in Dezimalzahlen S_{10}

a) $S_{12} = A3B9$
$S_{12} = A \cdot 12^3 + 3 \cdot 12^2 + B \cdot 12^1 + 9 \cdot 12^0$
$S_{12} = 10 \cdot 12^3 + 3 \cdot 12^2 + 11 \cdot 12^1 + 9 \cdot 12^0$
$S_{10} = 17280 + 432 + 132 + 9$
$S_{10} = 17853$

b) $S_{12} = 7,0A5$
$S_{12} = 7 \cdot 12^0 + 0 \cdot 12^{-1} + A \cdot 12^{-2} + 5 \cdot 12^{-3}$
$S_{12} = 7 \cdot 12^0 + 0 \cdot 12^{-1} + 10 \cdot 12^{-2} + 5 \cdot 12^{-3}$
$S_{10} = 7 + 0 + 0,069444444 + 0,002893519$
$S_{10} = 7,072337963$

Umwandlung von *Sedezimalzahlen* S_{16} in Dezimalzahlen S_{10}

a) $S_{16} = F5DA$
$S_{16} = F \cdot 16^3 + 5 \cdot 16^2 + D \cdot 16^1 + A \cdot 16^0$
$S_{16} = 15 \cdot 16^3 + 5 \cdot 16^2 + 13 \cdot 16^1 + 10 \cdot 16^0$
$S_{10} = 61440 + 1280 + 208 + 10$
$S_{10} = 62938$

b) $S_{16} = B,1C4$
$S_{16} = B \cdot 16^0 + 1 \cdot 16^{-1} + C \cdot 16^{-2} + 4 \cdot 16^{-3}$
$S_{16} = 11 \cdot 16^0 + 1 \cdot 16^{-1} + 12 \cdot 16^{-2} + 4 \cdot 16^{-3}$
$S_{10} = 11 + 0,0625 + 0,046875 + 0,000976563$
$S_{10} = 11,11035156$

Umwandlung von Dezimalzahlen S_{10} in Zahlen anderer Stellenwertsysteme

Bei der Umwandlung von Dezimalzahlen in Zahlen anderer Stellenwertsysteme müssen drei Fälle unterschieden werden:
- die Umwandlung von ganzzahligen Dezimalzahlen (z. B. $S_{10} = 451$),
- die Umwandlung von Dezimalzahlen kleiner als 1 (echte Dezimalbrüche, z. B. $S_{10} = 0,278$),
- die Umwandlung von »gemischten Dezimalzahlen« (rationalen Zahlen, z. B. $S_{10} = 61,735$).

In der Praxis kommt der erste Fall häufiger als die letzten beiden vor. Dies ist u. a. dadurch bedingt, daß man das Komma bei vielen Anwendungsbereichen geschickt umgehen kann. So läßt sich z. B. bei einer Länge die Angabe 4,21 m auch als 421 cm oder 4210 mm ausdrücken.

Umwandlung von Dezimalzahlen S_{10} in *Dualzahlen* S_2

a) ganzzahlige Dezimalzahlen
   Die gegebene ganzzahlige Dezimalzahl wird fortlaufend durch 2 *geteilt*, bis sich ein Quotient 0 ergibt. Die sich bei diesem Divisionsverfahren ergebenden *Reste* sind Ziffern der gesuchten Dualzahl.

$S_{10} = 11$
11 : 2 = 5 Rest 1
5 : 2 = 2 Rest 1
2 : 2 = 1 Rest 0   Leserichtung ↑
1 : 2 = 0 Rest 1
$S_2 = 1011$

b) Dezimalzahl <1 (echter Dezimalbruch)
Der echte Dezimalbruch wird mit 2 *multipliziert*.
Die bei dem Produkt vor dem Komma stehende Zahl ist eine Ziffer der gesuchten Dualzahl.
Im folgenden Schritt wird der gebrochene Anteil des vorhergehenden Produkts wieder mit 2 multipliziert. Die Zahl vor dem Komma ergibt die nächste Dualstelle, usw.

Die Multiplikation wird solange fortgesetzt, bis kein gebrochener Anteil mehr entsteht oder aber die Umwandlung genügend viele Stellen erreicht hat. Die Anzahl der Stellen ist dabei eine Funktion der gewünschten Umwandlungsgenauigkeit.

$S_{10} = 0,464$
$0,464 \cdot 2 = \overline{0},928 \to \overline{0}$
$0,928 \cdot 2 = \overline{1},856 \to \overline{1}$
$0,856 \cdot 2 = \overline{1},712 \to \overline{1}$ Leserichtung
$0,712 \cdot 2 = \overline{1},424 \to \overline{1}$
$0,424 \cdot 2 = \overline{0},848 \to \overline{0}$

Abbruch der Rechnung, da ausreichend viele Stellen hinter dem Komma ermittelt sind.
$S_2 = 0,01110\ldots$

c) »gemischte Dezimalzahl« (rationale Zahl)
Die rationale Zahl wird in einen ganzzahligen und in einen gebrochenen Teil zerlegt, die dann getrennt nach *a)* bzw. nach *b)* umgewandelt werden. Anschließend werden die Ergebnisse beider Umwandlungen zusammengefügt.

$S_{10} = 11,464$
Teil A: 11,...,   Umwandlung siehe *a)*
Teil B: ...,464,   Umwandlung siehe *b)*
$S_2 = 1011,01110$

Umwandlung von Dezimalzahlen S_{10} in *Hexalzahlen* S_6

a) ganzzahlige Dezimalzahl
Die gegebene ganzzahlige Dezimalzahl wird fortlaufend durch 6 geteilt, bis sich ein Quotient 0 ergibt. Die sich bei diesem Divisionsverfahren ergebenden Reste sind Ziffern der gesuchten Hexalzahl.

$S_{10} = 1099$
$1099 : 6 = 183$ Rest 1
$183 : 6 = 30$ Rest 3
$30 : 6 = 5$ Rest 0   Leserichtung
$5 : 6 = 0$ Rest 5
$S_6 = 5031$

b) Dezimalzahl < 1 (echter Dezimalbruch)
Der echte Dezimalbruch wird mit 6 multipliziert.
Die bei dem Produkt vor dem Komma stehende Zahl ist eine Ziffer der gesuchten Hexalzahl.
Im folgenden Schritt wird der gebrochene Anteil des vorhergehenden Produkts wieder mit 6 multipliziert. Die Zahl vor dem Komma ergibt die nächste Hexalstelle, usw.

Die Multiplikation wird solange fortgesetzt, bis kein gebrochener Anteil mehr entsteht oder aber die Umwandlung genügend viele Stellen erreicht hat. Die Anzahl der Stellen ist dabei eine Funktion der gewünschten Umwandlungsgenauigkeit.

$S_{10} = 0,74537038$
$0,74537038 \cdot 6 = \overline{4},47222228 \to \overline{4}$
$0,47222228 \cdot 6 = \overline{2},83333368 \to \overline{2}$ Leserichtg.
$0,83333368 \cdot 6 = \overline{5} \to \overline{5}$
$S_6 = 0,425$

c) »gemischte Dezimalzahl« (rationale Zahl)
Die rationale Zahl wird in einen ganzzahligen und in einen gebrochenen Teil zerlegt, die dann getrennt nach *a)* bzw. nach *b)* umgewandelt werden. Anschließend werden die Ergebnisse beider Umwandlungen zusammengefügt.

$S_{10} = 1099,74537038$
Teil A: 1099,...,   Umwandlung nach *a)*
Teil B: ...,74537038,   Umwandlung nach *b)*
$S_6 = 5031,425$

Umwandlung von Dezimalzahlen S_{10} in *Oktalzahlen* S_8

a) ganzzahlige Dezimalzahl
Die gegebene ganzzahlige Dezimalzahl wird fortlaufend durch 8 geteilt, bis sich ein Quotient 0 ergibt. Die sich bei diesem Divisionsverfahren ergebenden Reste sind Ziffern der gesuchten Oktalzahl.

$S_{10} = 1988$
$1988 : 8 = 248$ Rest 4
$248 : 8 = 31$ Rest 0
$31 : 8 = 3$ Rest 7   Leserichtung
$3 : 8 = 0$ Rest 3
$S_8 = 3704$

b) Dezimalzahl < 1 (echter Dezimalbruch)
Der echte Dezimalbruch wird mit 8 multipliziert.
Die bei dem Produkt vor dem Komma stehende Zahl ist eine Ziffer der gesuchten Oktalzahl.

Im folgenden Schritt wird der gebrochene Anteil des vorhergehenden Produkts wieder mit 8 multipliziert. Die Zahl vor dem Komma ergibt die nächste Oktalstelle, usw.

Die Multiplikation wird solange fortgesetzt, bis kein gebrochener Anteil mehr entsteht oder aber die Umwandlung genügend viele Stellen erreicht hat. Die Anzahl der Stellen ist dabei eine Funktion der gewünschten Umwandlungsgenauigkeit.

$S_{10} = 0{,}673828125$
$0{,}673828125 \cdot 8 = \overline{5}{,}390625 \rightarrow \overline{5}$
$0{,}390625 \quad \cdot 8 = \overline{3}{,}125 \quad \rightarrow \overline{3}$ Leserichtung
$0{,}125 \quad\quad \cdot 8 = \overline{1}{,}0 \quad\quad \rightarrow \overline{1}$
$S_8 = 0{,}531$

c) »gemischte Dezimalzahl« (rationale Zahl)
Die rationale Zahl wird in einen ganzzahligen und in einen gebrochenen Teil zerlegt, die dann getrennt nach *a)* bzw. nach *b)* umgewandelt werden. Anschließend werden die Ergebnisse beider Umwandlungen zusammengefügt.

$S_{10} = 1988{,}673828125$
Teil A: 1988,...,   Umwandlung nach *a)*
Teil B: ...,673828125,   Umwandlung nach *b)*
$S_8 = 3704{,}531$

Umwandlung von Dezimalzahlen S_{10} in *Duodezimalzahlen* S_{12}

a) ganzzahlige Dezimalzahl
Die gegebene ganzzahlige Dezimalzahl wird fortlaufend durch 12 geteilt, bis sich ein Quotient 0 ergibt. Die sich bei diesem Divisionsverfahren ergebenden Reste sind Ziffern der gesuchten Duodezimalzahl.

$S_{10} = 17853$
17853 : 12 = 1487 Rest 9
 1487 : 12 = 123 Rest 11 ≙ B   Leserichtung
  123 : 12 =   10 Rest 3
   10 : 12 =   0 Rest 10 ≙ A
$S_{12} = A3B9$

b) Dezimalzahl < 1 (echter Dezimalbruch)
Der echte Dezimalbruch wird mit 12 multipliziert. Die bei dem Produkt vor dem Komma stehende Zahl ist eine Ziffer der gesuchten Duodezimalzahl.
Im folgenden Schritt wird der gebrochene Anteil des vorhergehenden Produkts wieder mit 12 multipliziert. Die Zahl vor dem Komma ergibt die nächste Duodezimalstelle, usw.

Die Multiplikation wird solange fortgesetzt, bis kein gebrochener Anteil mehr entsteht oder aber die Umwandlung genügend viele Stellen erreicht hat. Die Anzahl der Stellen ist dabei eine Funktion der gewünschten Umwandlungsgenauigkeit.

$S_{10} = 0{,}072337963$ Leserichtung
$0{,}072337963 \cdot 12 = \overline{0}{,}868055556 \rightarrow \overline{0}$
$0{,}868055556 \cdot 12 = \overline{10}{,}41666667 \rightarrow \overline{10} ≙ A$
$0{,}41666667 \;\;\cdot 12 = \overline{5}{,}0$
$S_{12} = 0{,}0A5$

c) »gemischte Dezimalzahl« (rationale Zahl)
Die rationale Zahl wird in einen ganzzahligen und in einen gebrochenen Teil zerlegt, die dann getrennt nach *a)* bzw. nach *b)* umgewandelt werden. Anschließend werden die Ergebnisse beider Umwandlungen zusammengefügt.

$S_{10} = 17853{,}072337963$
Teil A: 17853,...,   Umwandlung nach *a)*
Teil B: ...,072337963,   Umwandlung nach *b)*
$S_{12} = A3B9{,}0A5$

Umwandlung von Dezimalzahlen S_{10} in *Sedezimalzahlen* S_{16}

a) ganzzahlige Dezimalzahl
Die gegebene ganzzahlige Dezimalzahl wird fortlaufend durch 16 geteilt, bis sich ein Quotient 0 ergibt. Die sich bei diesem Divisionsverfahren ergebenden Reste sind Ziffern der gesuchten Sedezimalzahl.

$S_{10} = 62938$
62938 : 16 = 3933 Rest 10 ≙ A
 3933 : 16 = 245 Rest 13 ≙ D   Leserichtung
  245 : 16 =   15 Rest 5
   15 : 16 =   0 Rest 15 ≙ F
$S_{16} = F5DA$

b) Dezimalzahl < 1 (echter Dezimalbruch)
Der echte Dezimalbruch wird mit 16 multipliziert. Die bei dem Produkt vor dem Komma stehende Zahl ist eine Ziffer der gesuchten Sedezimalzahl.
Im folgenden Schritt wird der gebrochene Anteil des vorhergehenden Produkts wieder mit 16 multipliziert. Die Zahl vor dem Komma ergibt die nächste Sedezimalstelle, usw.

Die Multiplikation wird solange fortgesetzt, bis kein gebrochener Anteil mehr entsteht oder aber die Umwandlung genügend viele Stellen erreicht hat. Die Anzahl der Stellen ist dabei eine Funktion der gewünschten Umwandlungsgenauigkeit.

$S_{10} = 0{,}11035156$ Leserichtung
$0{,}11035156 \cdot 16 = \overline{1}{,}76562496 \to \overline{1}$
$0{,}76562496 \cdot 16 = \overline{12}{,}24999936 \to \overline{12} \triangleq C$
$0{,}24999936 \cdot 16 = \overline{3}{,}99998976 \to \overline{4}$
$\phantom{0{,}24999936 \cdot 16} = \overline{4}{,}0 \text{ (gerundet)}$
$S_{16} = 0{,}1C4$

c) »gemischte Dezimalzahl« (rationale Zahl)
Die rationale Zahl wird in einen ganzzahligen und in einen gebrochenen Teil zerlegt, die dann getrennt nach *a)* bzw. nach *b)* umgewandelt werden. Anschließend werden die Ergebnisse beider Umwandlungen zusammengefügt.

$S_{10} = 62938{,}11035156$
Teil A: 62938,...,   Umwandlung nach *a)*
Teil B: ...,11035156,   Umwandlung nach *b)*
$S_{16} = F5DA{,}1C4$

Funktionsglied-Tabellen

Zusammenstellung von JK-Kippgliedern

Benennung und Schaltzeichen	Schaltverhalten		Bemerkungen
	Wertetabelle	Zeitablaufdiagramm	
JK-Kippglied mit Einflankensteuerung durch 0-1-Wechsel Version 1 j—1J—Q c—▷C1-- k—1K—$\overline{Q}$ Version 2 j—1J—Q c—▷C1 k—1K—$\overline{Q}$	t_n | t_{n+1} J K | Q $\overline{Q}$ 0 0 | Q_n $\overline{Q}_n$ 1 0 | 1 0 0 1 | 0 1 1 1 | $\overline{Q}_n$ Q_n t_n = Zeitpunkt vor einem 0-1-Wechsel am Steuereingang C t_{n+1} = Zeitpunkt nach einem 0-1-Wechsel am Steuereingang C. Q_n = binärer Wert (1 oder 0), der schon vor einem 0-1-Wechsel am Steuereingang C am Ausgang Q vorhanden war; $\overline{Q}_n$ = Negation des binären Wertes, der vor einem 0-1-Wechsel am Steuereingang C am Ausgang Q vorhanden war; am Ausgang $\overline{Q}$ erscheint jeweils der zum Q-Ausgang entgegengesetzte Wert.	(Zeitdiagramm mit Signalen c, j, k, Q, $\overline{Q}$)	Die Übernahme der Information am J- und am K-Eingang in das Kippglied erfolgt mit dem Übergang vom Wert 0 zum Wert 1 der Variablen am C-Eingang. Gleichzeitig erscheinen die übernommenen Werte an den den Vorbereitungseingängen zugeordneten Ausgängen. In einem Schaltplan soll für mehrere JK-Kippglieder jeweils nur das Schaltzeichen der einen *oder* der anderen Version, nicht aber beide nebeneinander verwendet werden.

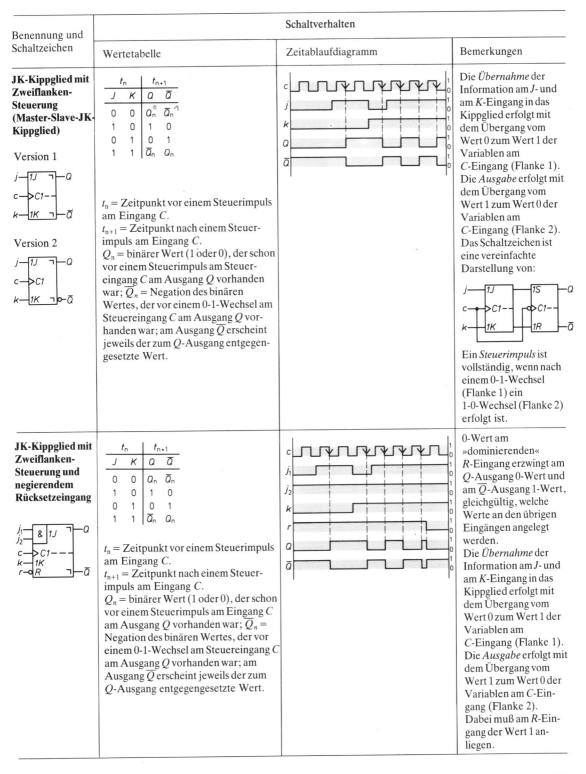

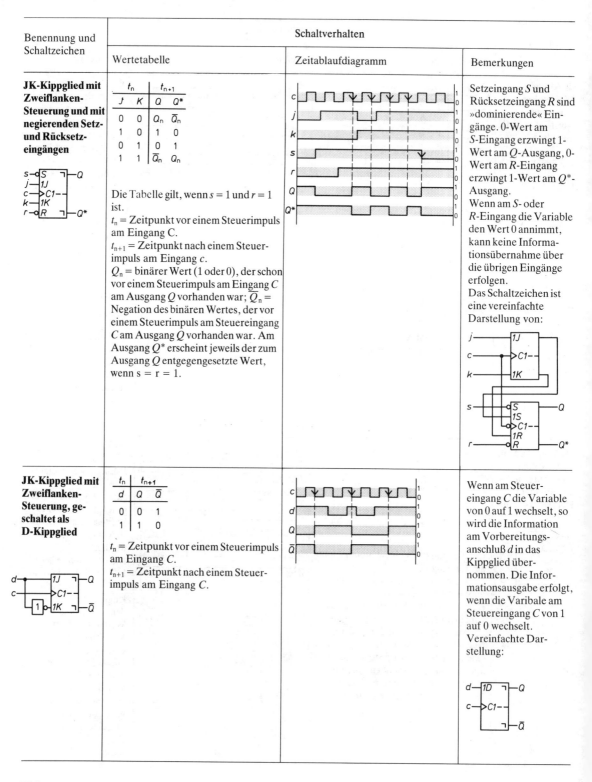

Benennung und Schaltzeichen	Schaltverhalten		
	Wertetabelle	Zeitablaufdiagramm	Bemerkungen
JK-Kippglied mit Zweiflanken-Steuerung, geschaltet als T-Kippglied Möglichkeit 1 (Schaltzeichen: 1J, C1, 1K mit Q, $\bar{Q}$, Rückführung) Möglichkeit 2 (Schaltzeichen: „1" an 1J, c an C1, „1" an 1K, Ausgänge Q, $\bar{Q}$)		(Zeitablaufdiagramm mit Signalen c, Q, $\bar{Q}$)	*Möglichkeit 1:* Wenn der Ausgang Q mit dem Eingang K und der Ausgang $\bar{Q}$ mit dem Eingang J verbunden werden, wird das JK-Kippglied jeweils auf einen Wechsel des bisherigen Zustands vorbereitet. Der Wertwechsel an den Ausgängen erfolgt jeweils mit der 1-0-Flanke des Steuerimpulses. *Möglichkeit 2:* Das JK-Kippglied arbeitet wie ein T-Kippglied, wenn die Vorbereitungseingänge J und K dauernd auf den Wert 1 geschaltet sind. Der Wertwechsel an den Ausgängen des JK-Kippgliedes mit Zweiflankensteuerung erfolgt jeweils mit der 1-0-Flanke des Steuerimpulses. Vereinfachte Darstellung: (Schaltzeichen: c an T, Ausgänge Q, $\bar{Q}$)

Zusammenstellung von Verzögerungsgliedern

Benennung und Schaltzeichen	Schaltverhalten	
	Zeitablaufdiagramm	Bemerkungen
Einschaltverzögerung		Der Übergang vom Wert 0 zum Wert 1 der Ausgangsvariablen erfolgt nach einer *Verzögerungszeit* t_1 in bezug auf denselben Übergang am Eingang. t_1 kann im Schaltzeichen durch den tatsächlichen Verzögerungswert ersetzt werden, z. B.:
Ausschaltverzögerung		Der Übergang vom Wert 1 zum Wert 0 der Ausgangsvariablen erfolgt nach einer *Verzögerungszeit* t_2 in bezug auf denselben Übergang am Eingang. t_2 kann im Schaltzeichen durch den tatsächlichen Verzögerungswert ersetzt werden, z. B.:
Ein- und Ausschaltverzögerung		Das Schaltzeichen ist eine vereinfachte Darstellung von: t_1 und t_2 können im Schaltzeichen durch die tatsächlichen Verzögerungswerte ersetzt werden, z. B.:
Ein- und Ausschaltverzögerung mit gleichlangen Zeiten		Ein- und Ausschaltverzögerung haben die gleiche Zeitdauer t. t kann im Schaltzeichen durch den tatsächlichen Verzögerungswert ersetzt werden, z. B.:

Benennung und Schaltzeichen	Schaltverhalten	
	Zeitablaufdiagramm	Bemerkungen
Einstellbare Ein- und Ausschaltverzögerung		Die einstellbaren Ein- und Ausschaltverzögerungszeiten sind jeweils gleich lang. Der Einstellbereich kann konkret angegeben werden, z. B.:
Ein- und Ausschaltverzögerung mit negierendem Eingang und negierendem und nicht negierendem Ausgang		Wenn die Eingangsvariable vom Wert 1 zum Wert 0 wechselt, erfolgt nach einer Verzögerungszeit t_1 am Ausgang a ein Wertwechsel von 0 auf 1 und am Ausgang $\bar{a}$ von 1 auf 0. Wenn die Eingangsvariable vom Wert 0 zum Wert 1 wechselt, erfolgt nach einer Verzögerungszeit t_2 am Ausgang a ein Wertwechsel von 1 auf 0 und am Ausgang $\bar{a}$ von 0 auf 1.

Zusammenstellung von monostabilen Kippgliedern

Benennung und Schaltzeichen	Schaltverhalten	
	Zeitablaufdiagramm	Bemerkungen
Monostabiles Kippglied mit Ansteuerung durch 0-1-Wechsel		Wenn die Eingangsvariable vom Wert 0 zum Wert 1 wechselt, so wechselt die Ausgangsvariable für eine begrenzte Zeit, die Verweilzeit t_v, ebenfalls vom Wert 0 zum Wert 1. Der Wechsel der Ausgangsvariablen vom Wert 1 zum Wert 0 erfolgt nach dem Ablauf der Verweilzeit t_v unabhängig davon, ob die Eingangsvariable noch den Wert 1 besitzt oder schon zum Wert 0 übergegangen ist. Die Verweilzeit kann im Schaltzeichen konkret angegeben werden, z. B.:

Benennung und Schaltzeichen	Schaltverhalten	
	Zeitablaufdiagramm	Bemerkungen
Monostabiles Kippglied mit Ansteuerung durch 1-0-Wechsel e —o—[1⊓]— a		Wenn die Eingangsvariable vom Wert 1 zum Wert 0 wechselt, so wechselt die Ausgangsvariable für eine begrenzte Zeit, die Verweilzeit t_v, vom Wert 0 zum Wert 1. Die Ausgangsvariable wechselt nach Ablauf der Verweilzeit t_v vom Wert 1 zum Wert 0, unabhängig davon, ob die Eingangsvariable noch den Wert 0 besitzt oder wieder den Wert 1 besitzt. Erst wenn nach Ablauf einer Verweilzeit ein erneuter 1-0-Wechsel der Eingangsvariablen stattfindet, wird ein erneutes Ablaufen einer Verweilzeit ausgelöst.
Monostabiles Kippglied mit einstellbarer Verweilzeit e —[1⊓ $t_{v1}...t_{v2}$]— a		Die Verweilzeiteinstellung kann z. B. über externe verweilzeitbestimmende Schaltelemente erfolgen, die zusammen mit dem Schaltzeichen dargestellt werden können: ⊁: Kennzeichen für Eingänge, die keine binären Signale führen.
Nachtriggerbares monostabiles Kippglied e —[1⊓ nachtriggerbar]— a		Erfolgt während des Ablaufs einer Verweilzeit t_v erneut ein 0-1-Wertwechsel am Kippgliedeingang, so wird von diesem Zeitpunkt an die Verweilzeit um den Betrag t_v erweitert. Diese Möglichkeit der Verweilzeitverlängerung wird als »Nachtriggerbarkeit« bezeichnet.
Monostabiles Kippglied mit Rücksetzeingang und negierendem und nichtnegierendem Ausgang e —▷[1⊓]— a r —[R]o— $\bar{a}$		Der Rücksetzeingang r dominiert über den Steuereingang e. Erfolgt am Eingang r ein 0-1-Wertwechsel während einer ablaufenden Verweilzeit, so wechselt die Variable am Ausgang a unmittelbar vom Wert 1 zum Wert 0. Führt der Rücksetzeingang r gerade den Wert 1, wenn am Steuereingang e ein 0-1-Wertwechsel erfolgt, so bleibt der Ausgang a auf dem Wert 0 und der Ausgang $\bar{a}$ auf dem Wert 1.

Zusammenstellung von astabilen Kippgliedern

Benennung und Schaltzeichen	Schaltverhalten	
	Zeitablaufdiagramm	Bemerkungen
Astabiles Kippglied, allgemein	(Zeitdiagramm mit t_i, t_p, T)	Impulsdauer t_i und Impulspausendauer t_p einer Impulsperiode T können gleich oder unterschiedlich lang sein. $T = t_i + t_p$. Im Schaltzeichen können die Frequenz oder die Periodendauer oder andere Angaben zur Funktion eingetragen werden, z.B.: quarzgesteuert
Astabiles Kippglied mit Sperreingang	(Zeitdiagramm e, a)	Der Kippgliedausgang a führt den Wert 0, wenn die Variable am Sperreingang e den Wert 1 einnimmt. Das astabile Kippglied gibt Impulse ab, wenn die Variable am Sperreingang e den Wert 0 einnimmt.
Astabiles Kippglied mit negierendem Sperreingang sowie mit einem negierenden und einem nichtnegierenden Ausgang	(Zeitdiagramm e, a, $\bar{a}$)	Der Kippgliedausgang a führt den Wert 0 und der Kippgliedausgang $\bar{a}$ den Wert 1, wenn die Variable am Sperreingang e den Wert 0 einnimmt. Das astabile Kippglied gibt Impulse ab, wenn die Variable am Sperreingang e den Wert 1 einnimmt.
Astabiles Kippglied mit Steuereingang zur Einstellung der Impulsfrequenz $f_1 ... f_2$	(Zeitdiagramm e mit Rampe von e_1 bis e_2, a)	Die Impulsfrequenz des astabilen Kippgliedes kann durch eine nichtbinäre Variable am Steuereingang e eingestellt werden, z.B. spannungsgesteuerter Oszillator (VCO). Erläuternde Angaben können innerhalb oder außerhalb des Schaltzeichens hinzugefügt werden.
Astabiles Kippglied, synchron anlaufend	(Zeitdiagramm e, a)	Wenn die Variable am Eingang e den Wert 1 annimmt, erscheint am Ausgang a eine Impulsfolge, die mit einem vollen Impuls beginnt.

Zusammenstellung von Schmitt-Trigger-Gliedern

Benennung und Schaltzeichen	Schaltverhalten	
	Zeitablaufdiagramm und Übertragungskennlinie	Bemerkungen
Schmitt-Trigger-Glied		Die Variable am Ausgang a nimmt den Wert 1 an, wenn die nichtbinäre Variable am Eingang e einen bestimmten Schwellenwert (z. B. U_{eo}) überschreitet. Die Variable am Ausgang a behält den Wert 1 solange bei, bis die nichtbinäre Variable am Eingang e einen bestimmten Schwellenwert (z. B. U_{eu}) unterschreitet, der niedriger liegt als der andere Schwellenwert ($U_{eu} < U_{eo}$). Ein Schmitt-Trigger-Glied wird auch als *Grenzsignalglied* bezeichnet. Im nebenstehenden Beispiel der Übertragungskennlinie eines Schmitt-Triggers ist die Eingangsvariable die Spannung U_e. Als oberer Schwellenwert ist U_{eo}, als unterer Schwellenwert ist U_{eu} eingetragen. Die Differenz zwischen U_{eo} und U_{eu} ist die *Schalthysterese* U_h.
Schmitt-Trigger-Glied mit negierendem Ausgang		Die Variable am Ausgang a nimmt den Wert 0 an, wenn die nichtbinäre Variable am Eingang e einen bestimmten Schwellenwert (z. B. U_{eo}) überschreitet. Die Variable am Ausgang a behält den Wert 0 solange bei, bis die nichtbinäre Variable am Eingang e einen bestimmten Schwellenwert (z. B. U_{eu}) unterschreitet, der niedriger liegt als der andere Schwellenwert.
UND-Schmitt-Trigger-Glied mit drei Eingängen		Die Variable am Ausgang a nimmt nur dann den Wert 1 an, wenn die nichtbinären Variablen an den Eingängen e_1, e_2, e_3 alle die oberen Schwellenwerte e_{1o}, e_{2o}, e_{3o} überschreiten. Die Variable am Ausgang a behält den Wert 1 solange bei, bis mindestens eine der nichtbinären Variablen an den Eingängen ihren unteren Schwellenwert unterschreitet.

Benennung und Schaltzeichen	Schaltverhalten	
	Zeitablaufdiagramm	Bemerkungen
NAND-Schmitt-Trigger-Glied mit vier Eingängen, geschaltet als Schmitt-Trigger mit negierendem Ausgang		Werden alle Eingänge eines NAND-Schmitt-Trigger-Gliedes zusammengefaßt, so funktioniert dieses Glied wie ein Schmitt-Trigger-Glied mit einem Eingang und einem negierenden Ausgang. Die gleiche Funktion ergibt sich, wenn nur ein Eingang allein als Trigger-Eingang benutzt wird, während die übrigen Eingänge auf den Wert 1 geschaltet werden.

Zusammenstellung von Signalpegel-Umsetzern

Benennung und Schaltzeichen	Schaltverhalten	
		Bemerkungen
Signalpegel-Umsetzer		Der Signalpegel-Umsetzer setzt die Signalpegelbereiche eines binären Systems in die entsprechenden Signalpegelbereiche eines anderen binären Systems um. X und Y können durch geeignete Bezeichnungen innerhalb oder außerhalb des Schaltzeichens ergänzt oder ersetzt werden, z. B.: $$X \begin{cases} 1 \triangleq H = +10\,V \ldots +12\,V \\ 0 \triangleq L = 0\,V \ldots +2\,V \end{cases}$$ Y { TTL-Pegel
Signalpegel-Umsetzer mit Kennzeichnung der Potentialtrennung zwischen Eingang und Ausgang		Zwischen dem binären System am Eingang und dem binären System am Ausgang besteht keine elektrisch leitende Verbindung. Die Signalübertragung erfolgt z. B. optisch oder magnetisch. Geeignete erläuternde Bezeichnungen können innerhalb oder außerhalb des Schaltzeichens angegeben werden, z. B.: Optokoppler.

TTL-Bausteine: Anschlußpläne

Kenn-Nr.	Funktion Lastfaktoren	Anschlußplan mit Lageberücksichtigung der Anschlüsse	Anschlußplan – aufgelöst nach Funktionseinheiten
7413	Zwei NAND-Schmitt-Trigger-Glieder mit je vier Eingängen fan-in 1 fan-out 10 U_{eo} typ. 1,7 V U_{eu} typ. 0,9 V		
7414	Sechs Schmitt-Trigger-Glieder mit negierenden Ausgängen fan-in 1 fan-out 10 U_{eo} typ. 1,7 V U_{eu} typ. 0,9 V		
49713	Zwei NAND-Schmitt-Trigger-Glieder mit je drei Eingängen fan-in an a und b 1 $I_{ein\ Hmax}$ 1 mA $I_{ein\ Lmax}$ 1,6 mA fan-in an h 30 $I_{ein\ Hmax}$ 1 µA $I_{ein\ Lmax}$ 50 µA U_{eo} typ. 1,7 V U_{eu} typ. 0,9 V 10		

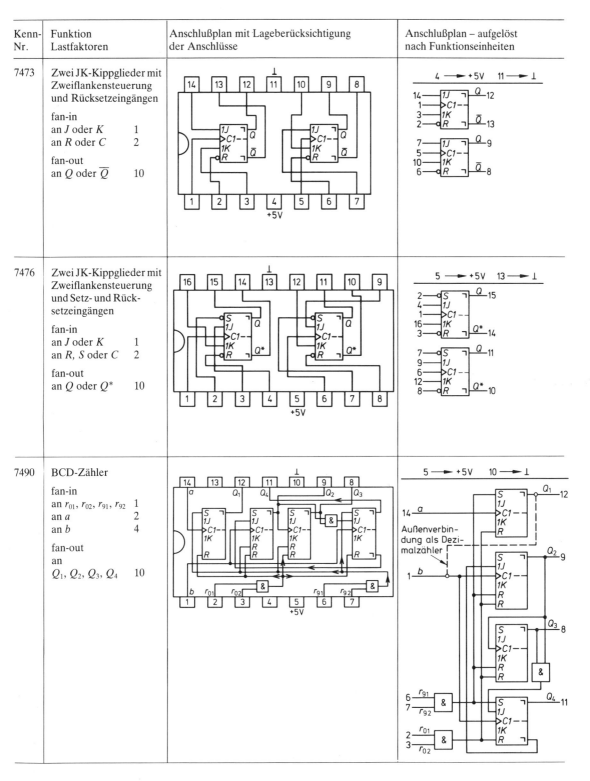

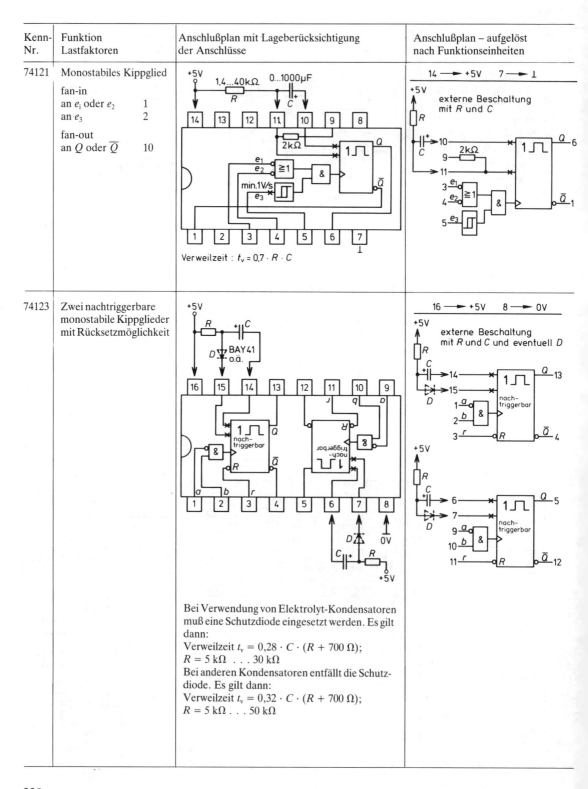

Kenn-Nr.	Funktion Lastfaktoren	Anschlußplan mit Lageberücksichtigung der Anschlüsse	Anschlußplan – aufgelöst nach Funktionseinheiten
555	Beschaltung als monostabiles Kippglied	$+4{,}5\ldots15\,\text{V}$ R: $10^2\ldots10^6\,\Omega$ C: beliebig Verweilzeit: $t_v = 1{,}1 \cdot R \cdot C$	$8 \rightarrow +5\text{V}\,(4{,}5\ldots15\,\text{V}) \quad 1 \rightarrow \bot$ $+4{,}5\ldots15\,\text{V}$
555	Beschaltung als astabiles Kippglied mit Sperreingang $I_{a\,max} = 100\,\text{mA}$	$+4{,}5\ldots15\,\text{V}$ $R_i = 150\,\Omega \ldots 1\,\text{M}\Omega$ $R_p = 150\,\Omega \ldots 1\,\text{M}\Omega$ C beliebig $t_i = 0{,}7 \cdot C \cdot (R_i + R_p)$ $t_p = 0{,}7 \cdot C \cdot R_p$ $T = 0{,}7 \cdot C \cdot (R_i + 2\,R_p)$ $f = \dfrac{1}{0{,}7 \cdot C \cdot (R_i + 2\,R_p)}$	$+4{,}5\ldots15\,\text{V}$

221

9. Lösungen der Übungen

Lösung 1.1

a)

Dezimal-zahl	Dual-zahl	Hexal-zahl	Oktal-zahl	Duo-dezimal-zahl	Se-dezimal-zahl
0	0 0 0 0 0	0	0	0	0
1	0 0 0 0 1	1	1	1	1
2	0 0 0 1 0	2	2	2	2
3	0 0 0 1 1	3	3	3	3
4	0 0 1 0 0	4	4	4	4
5	0 0 1 0 1	5	5	5	5
6	0 0 1 1 0	10	6	6	6
7	0 0 1 1 1	11	7	7	7
8	0 1 0 0 0	12	10	8	8
9	0 1 0 0 1	13	11	9	9
10	0 1 0 1 0	14	12	A	A
11	0 1 0 1 1	15	13	B	B
12	0 1 1 0 0	20	14	10	C
13	0 1 1 0 1	21	15	11	D
14	0 1 1 1 0	22	16	12	E
15	0 1 1 1 1	23	17	13	F
16	1 0 0 0 0	24	20	14	10
17	1 0 0 0 1	25	21	15	11
18	1 0 0 1 0	30	22	16	12

b)
Ohne Angabe des verwendeten Zahlensystems kann man eine Zeichen-Kombination nicht auswerten.

Beispiel:

Zeichen-kombination	Zahlensystem	Zahlenwert	Kennung des Systems
	Dual-S.	drei	S_2
	Hexal-S.	sieben	S_6
11	Oktal-S.	neun	S_8
	Duodezimal-S.	dreizehn	S_{12}
	Sedezimal-S.	siebzehn	S_{16}

Der Zeichenkombination muß also eine *Kennung* zugeordnet werden! Beispiele:
$S_2 = 10110$, oder: 10110 (2) für das Dual-System
$S_8 = 64701$, oder: 64701 (8) für das Oktal-System.

Lösung 1.2

a)
Umwandlung von $S_{10} = 21437$ in eine Dualzahl S_2
$21437 : 2 = 10718$ Rest 1
$10718 : 2 = 5359$ Rest 0
$5359 : 2 = 2679$ Rest 1
$2679 : 2 = 1339$ Rest 1
$1339 : 2 = 669$ Rest 1
$669 : 2 = 334$ Rest 1
$334 : 2 = 167$ Rest 0 ↑
$167 : 2 = 83$ Rest 1 $\quad$ Leserichtung
$83 : 2 = 41$ Rest 1
$41 : 2 = 20$ Rest 1
$20 : 2 = 10$ Rest 0
$10 : 2 = 5$ Rest 0
$5 : 2 = 2$ Rest 1
$2 : 2 = 1$ Rest 0
$1 : 2 = 0$ Rest 1
$S_2 = 101001110111101$

Probe:

2^{14}	2^{13}	2^{12}	2^{11}	2^{10}	2^9	2^8	2^7	2^6	2^5	2^4	2^3	2^2	2^1	2^0
1	0	1	0	0	1	1	1	0	1	1	1	1	0	1

$S_{10} = 1 \cdot 2^{14} + 1 \cdot 2^{12} + 1 \cdot 2^9 + 1 \cdot 2^8 + 1 \cdot 2^7 + 1 \cdot 2^5 + 1 \cdot 2^4 + 1 \cdot 2^3 + 1 \cdot 2^2 + 1 \cdot 2$
$S_{10} = 16384 + 4096 + 512 + 256 + 128 + 32 + 16 + 8 + 4 + 1$
$S_{10} = 21437$

b)
Umwandlung von $S_{10} = 21437$ in eine Hexalzahl S_6
21437 : 6 = 3572 Rest 5
 3572 : 6 =   595 Rest 2
  595 : 6 =   99 Rest 1
   99 : 6 =   16 Rest 3
   16 : 6 =   2 Rest 4
    2 : 6 =   0 Rest 2
$S_6 = 243125$

Leserichtung

Probe:

6^5	6^4	6^3	6^2	6^1	6^0
2	4	3	1	2	5

$S_{10} = 2 \cdot 6^5 + 4 \cdot 6^4 + 3 \cdot 6^3 + 1 \cdot 6^2 + 2 \cdot 6^1 + 5 \cdot 6^0$
$S_{10} = 15552 + 5184 + 648 + 36 + 12 + 5$
$S_{10} = 21437$

c)
Umwandlung von $S_{10} = 21437$ in eine Oktalzahl S_8
21437 : 8 = 2679 Rest 5
 2679 : 8 = 334 Rest 7
  334 : 8 =   41 Rest 6
   41 : 8 =   5 Rest 1
    5 : 8 =   0 Rest 5
$S_8 = 51675$

Leserichtung

Probe:

8^4	8^3	8^2	8^1	8^0
5	1	6	7	5

$S_{10} = 5 \cdot 8^4 + 1 \cdot 8^3 + 6 \cdot 8^2 + 7 \cdot 8^1 + 5 \cdot 8^0$
$S_{10} = 20480 + 512 + 384 + 56 + 5$
$S_{10} = 21437$

d)
Umwandlung von $S_{10} = 21437$ in eine Duodezimalzahl S_{12}
21437 : 12 = 1786 Rest 5
 1786 : 12 = 148 Rest 10 $\triangleq$ A
  148 : 12 =   12 Rest 4
   12 : 12 =   1 Rest 0
    1 : 12 =   0 Rest 1
$S_{12} = 104A5$

Leserichtung

Probe:

12^4	12^3	12^2	12^1	12^0
1	0	4	A (10)	5

$S_{10} = 1 \cdot 12^4 + 4 \cdot 12^2 + 10 \cdot 12^1 + 5 \cdot 12^0$
$S_{10} = 20736 + 576 + 120 + 5$
$S_{10} = 21437$

e)
Umwandlung von $S_{10} = 21437$ in eine Sedezimalzahl S_{16}
21437 : 16 = 1339 Rest 13 $\triangleq$ D
 1339 : 16 =   83 Rest 11 $\triangleq$ B
   83 : 16 =   5 Rest 3
    5 : 16 =   0 Rest 5
$S_{16} = 53BD$

Leserichtung

Probe:

16^3	16^2	16^1	16^0
5	3	B (11)	D (13)

$S_{16} = 5 \cdot 16^3 + 3 \cdot 16^2 + 11 \cdot 16^1 + 13 \cdot 16^0$
$S_{16} = 20480 + 768 + 176 + 13$
$S_{16} = 21437$

Lösung 1.3

(Die Zahlenwertbereiche werden jeweils in Dezimalzahlen angegeben.)

a)
Anwendung des Dual-Systems
Je Bit kann eine binär-codierte Dual-Stelle repräsentiert werden. Hierdurch reicht der Zahlenwertbereich von 0 bis
$S_{10} = 1 \cdot 2^7 + 1 \cdot 2^6 + 1 \cdot 2^5 + 1 \cdot 2^4 + 1 \cdot 2^3 + 1 \cdot 2^2 + 1 \cdot 2^1 + 1 \cdot 2^0$
$S_{10} = 128 + 64 + 32 + 16 + 8 + 4 + 2 + 1$
$S_{10} = 255$

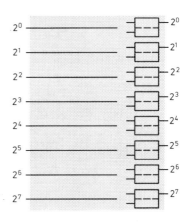

b)
Anwendung des Hexal-Systems
Für jede binär-codierte Stelle des Hexal-Systems werden 3 Bit benötigt (*Bild 1.17*). Es können zwei Hexal-Stellen vollständig, die dritte nur teilweise (bis 3) dargestellt werden.
Der Zahlenwertbereich geht von 0 bis
$S_{10} = 3 \cdot 6^2 + 5 \cdot 6^1 + 5 \cdot 6^0$
$S_{10} = 108 + 30 + 5$
$S_{10} = 143$

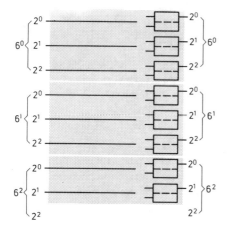

d)
Anwendung des Dezimal-Systems
Für jede binär-codierte Stelle werden 4 Bit benötigt (*Bild 1.28*). Es können zwei Dezimalstellen voll ausgeschöpft werden.
Der Zahlenwertbereich geht von 0 bis
$S_{10} = 9 \cdot 10^1 + 9 \cdot 10^0$
$S_{10} = 90 + 9$
$S_{10} = 99$

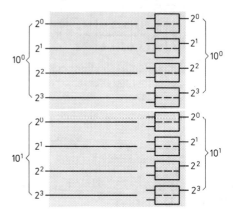

c)
Anwendung des Oktal-Systems
Für jede binär-codierte Stelle des Oktal-Systems werden 3 Bit benötigt (*Bild 1.21*). Es können zwei Oktal-Stellen vollständig, die dritte nur teilweise (bis 3) dargestellt werden.
Der Zahlenwertbereich geht von 0 bis
$S_{10} = 3 \cdot 8^2 + 7 \cdot 8^4 + 7 \cdot 8^0$
$S_{10} = 192 + 56 + 7$
$S_{10} = 255.$

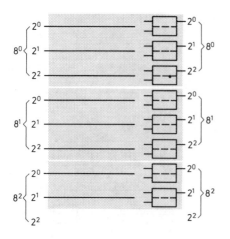

e)
Anwendung des Duodezimal-Systems
Für jede binär-codierte Stelle werden 4 Bit benötigt (*Bild 1.28*). Es können zwei Duodezimalstellen voll ausgeschöpft werden.
Der Zahlenwertbereich geht von 0 bis
$S_{10} = 11 \cdot 12^1 + 11 \cdot 12^0$
$S_{10} = 132 + 12$
$S_{10} = 144$

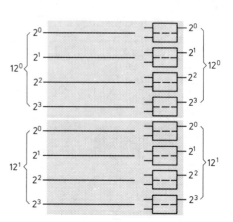

f)
Anwendung des Sedezimal-Systems
Für jede binär-codierte Stelle werden 4 Bit benötigt (*Bild 1.28*). Es können zwei Sedezimalstellen voll ausgeschöpft werden.
Der Zahlenwertbereich geht von 0 bis
$S_{10} = 15 \cdot 16^1 = 15 \cdot 16^0$
$S_{10} = 240 + 15$
$S_{10} = 255$

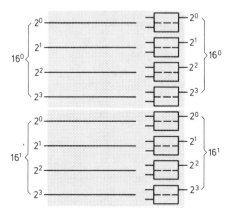

Lösung 2.2

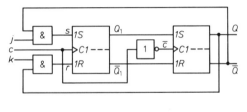

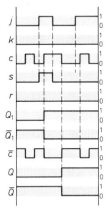

Lösung 2.1

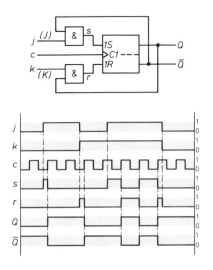

Lösung 2.3

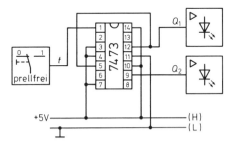

Lösung 2.4

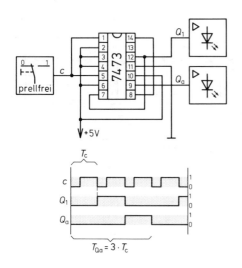

Lösung 2.5

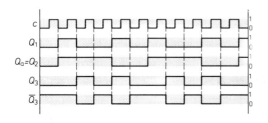

Lösung 2.6

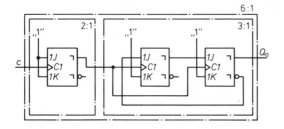

Lösung 2.7

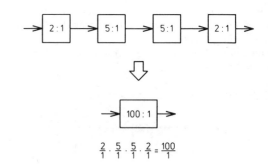

$$\frac{2}{1} \cdot \frac{5}{1} \cdot \frac{5}{1} \cdot \frac{2}{1} = \frac{100}{1}$$

Lösung 2.8

a)
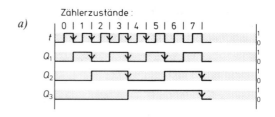

b) Einschließlich des Null-Zustandes (000) sind bei einem dreistelligen Dualzähler 8 verschiedene Wertezustände möglich.

c)

Zustände der Zählerausgänge			Anzahl der Zählimpulse am Eingang t
Q_3	Q_2	Q_1	
0	0	0	0
0	0	1	1
0	1	0	2
0	1	1	3
1	0	0	4
1	0	1	5
1	1	0	6
1	1	1	7
0	0	0	8

Mit dem 8. Zählimpuls wird wieder der Zählerzustand erreicht, der vor Beginn des Zählvorgangs vorhanden war.

Lösung 2.9

a) Ein zwölfstelliger Dualzähler kann $2^{12} = 4096$ verschiedene Werte-Kombinationen einschließlich des Null-Zustandes einnehmen.

b) Die Zählkapazität des zwölfstelligen Dualzählers ist: $z = 2^{12} - 1 = 4096 - 1 = 4095$.

Lösung 2.10

a) Experimentierschaltung des vierstelligen Dualzählers aus TTL-Bausteinen des Typs 7473. *Achtung:* alle nichtbeschalteten Eingänge der JK-Kippglieder liegen auf H-Pegel (1-Werte)!

Lösung 2.11

Die Dezimalzahl 7 entspricht der Dualzahl 0111, also muß gleichzeitig gelten: $Q_1 = 1$, $Q_2 = 1$, $Q_3 = 1$ und $Q_4 = 0$, es ist: $Z = Q_1 \wedge Q_2 \wedge Q_3 \wedge \overline{Q_4}$

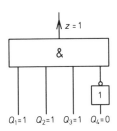

a)
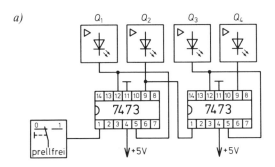

b) Wertetabelle des vierstelligen Dualzählers:

Zählerausgänge				Zählimpulse
Q_4	Q_3	Q_2	Q_1	am Eingang
0	0	0	0	0
0	0	0	1	1
0	0	1	0	2
0	0	1	1	3
0	1	0	0	4
0	1	0	1	5
0	1	1	0	6
0	1	1	1	7
1	0	0	0	8
1	0	0	1	9
1	0	1	0	10
1	0	1	1	11
1	1	0	0	12
1	1	0	1	13
1	1	1	0	14
1	1	1	1	15
0	0	0	0	16
0	0	0	1	17

c) Zeitablaufdiagramm des vierstelligen Dualzählers gemäß Schaltung nach *a)*. Die verwendeten Kippglieder besitzen retardierende Ausgänge.

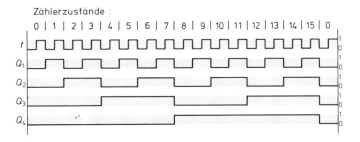

Lösung 2.12

a) Wertetabelle; willkürlich angenommener Grundzustand: 5

Zählimpulse an t	Zählerausgänge Q_4 Q_3 Q_2 Q_1	Zählerstand
0	0 1 0 1	5
1	0 1 0 0	4
2	0 0 1 1	3
3	0 0 1 0	2
4	0 0 0 1	1
5	0 0 0 0	0
6	1 1 1 1	15
7	1 1 1 0	14
8	1 1 0 1	13
9	1 1 0 0	12
10	1 0 1 1	11
11	1 0 1 0	10
12	1 0 0 1	9
13	1 0 0 0	8
14	0 1 1 1	7
15	0 1 1 0	6
16	0 1 0 1	5
17	0 1 0 0	4
18	0 0 1 1	3

Lösung 2.13

Es muß vorgegeben werden: $A = 1$, $B = 0$, $C = 1$, $D = 0$, und der Freigabe-Widerstand muß 1 sein.

Lösung 2.14

a)
Zählerstand 2 (dual geschrieben: 0010):
U_1: $Q_1 = 0$, $Q_2 = 1$
U_2: $Q_1 = 0$, $Q_2 = 1$
U_3: $Q_1 = 0$, $Q_2 = 1$, $Q_3 = 0$
U_4: $Q_1 = 0$, $Q_2 = 1$, $Q_3 = 0$
Mit dem nachfolgenden 3. Zählimpuls kann nur das erste Kippglied gesetzt werden. Die anderen sind gesperrt. Es folgt der Zählerstand 3 (0011).

b)
Zählerstand 7 (dual geschrieben: 0111):
U_1: alle Eingänge führen 1-Wert,
U_2: alle Eingänge führen 1-Wert,
U_3: alle Eingänge führen 1-Wert,
U_4: alle Eingänge führen 1-Wert.
Mit dem nachfolgenden 8. Zählimpuls werden alle vier Kippglieder umgesteuert; die ersten drei werden zurückgestellt, und das vierte wird gesetzt. Es folgt der Zählerstand 8 (1000).

b) Zeitablaufdiagramm:

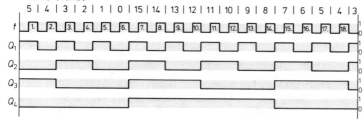

c) Zählzyklus:

1, 0, 15, 14, 13, 12, 11, 10, 9, 8, 7, 6, 5, 4, 3, 2, 1, 0, 15, 14
                    Zyklus

Lösung 2.15

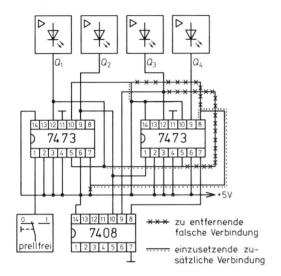

××× zu entfernende falsche Verbindung

...... einzusetzende zusätzliche Verbindung

Lösung 2.17

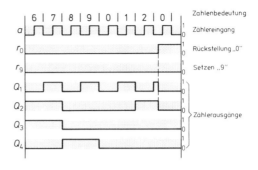

Lösung 2.16

Wertetabelle des BCD-Zählers nach *Bild 2.58* und *Bild 2.61*:

Q_4	Q_3	Q_2	Q_1	Zählschritte
0	0	0	0	0
0	0	0	1	1
0	0	1	0	2
0	0	1	1	3
0	1	0	0	4
0	1	0	1	5
0	1	1	0	6
0	1	1	1	7
1	0	0	0	8
1	0	0	1	9
0	0	0	0	10

Zählfolge ↓

Lösung 2.18

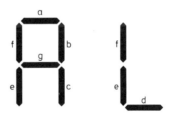

Lösung 2.19

Beschreibung: Jedes Kippglied wechselt seinen Zustand, wenn das vorgeschaltete Kippglied vom Arbeits- in den Ruhezustand zurückkehrt. Dadurch ergibt sich nach und nach ein »paarweises Aufblinken« der angeschlossenen Leuchtmelder: Es leuchten 1 und 3, im nächsten Takt 2 und 4, dann wieder 1 und 3, usw.

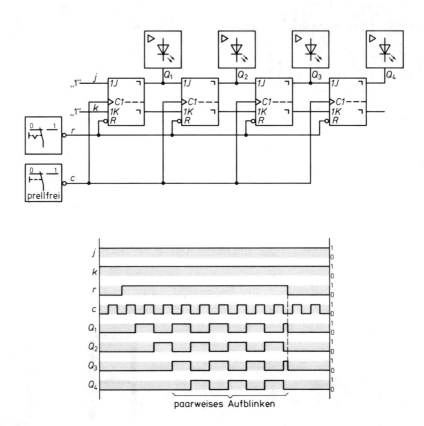

Lösung 2.20

	Q_1	Q_2	Q_3	Q_4
Vor dem 1. wirksamen Steuerimpuls	■			
Nach dem 1. wirksamen Steuerimpuls		■		
Nach dem 2. wirksamen Steuerimpuls			■	
Nach dem 3. wirksamen Steuerimpuls				■
Nach dem 4. wirksamen Steuerimpuls	■			
Nach dem 5. wirksamen Steuerimpuls		■		
Nach dem 6. wirksamen Steuerimpuls			■	
Nach dem 7. wirksamen Steuerimpuls				■
Nach dem 8. wirksamen Steuerimpuls	■			
Nach dem 9. wirksamen Steuerimpuls		■		
Nach dem Reset-Signal (0-Wert)	■			

Lösung 3.1

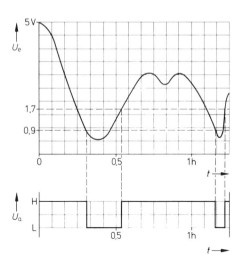

Lösung 3.2

a) kleinstmögliche Hysterese

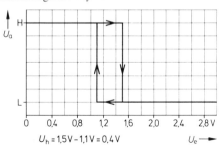

$U_h = 1{,}5\,V - 1{,}1\,V = 0{,}4\,V$

b) größtmögliche Hysterese

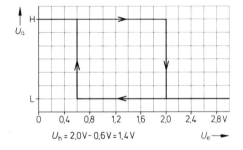

$U_h = 2{,}0\,V - 0{,}6\,V = 1{,}4\,V$

Lösung 3.3

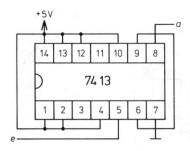

Lösung 3.4

a) Es stellt sich folgende Trigger-Eingangsspannung ein: $U_e = I_e \cdot R = 0.85$ mA $\cdot 0.47$ k$\Omega = 0.4$ V

b) Diese Eingangsspannung liegt eindeutig unter der unteren Triggerschwelle von 0,9 V und sogar unter dem unteren Toleranzwert von 0,6 V.

Lösung 4.1

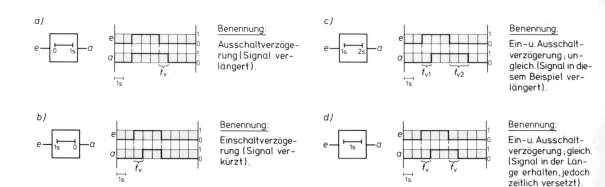

Lösung 4.2

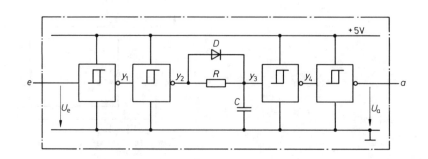

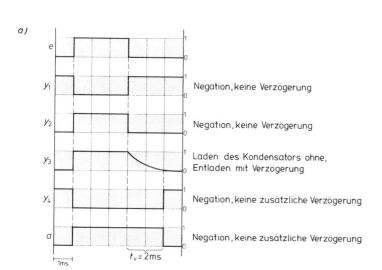
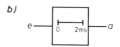

c) Benennung: Ausschaltverzögerung

Lösung 4.3

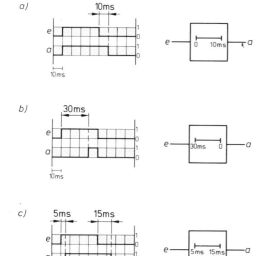

Lösung 4.4

a)
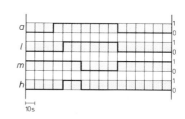

b) Bei einer Alarmmeldung geschieht folgendes:

a) Der Motor (m) läuft noch 30 s weiter und bleibt dann für den Rest der Alarmzeit stehen.

b) Die Alarm-Signalleuchte (l) leuchtet 10 s nach Alarmbeginn auf und bleibt bis zum Ende der Alarmzeit an, d. h. bis das Alarmsignal a zurückgestellt wird.

c) Die Alarm-Hupe (h) ertönt 10 s nach Alarmbeginn und bleibt für nur 20 s in Betrieb.

Lösung 4.5

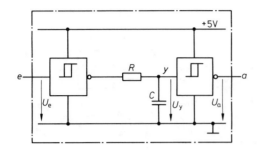

a)

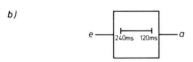

b)

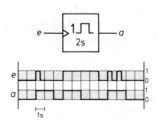

c)
Benennung:
Ein- und Ausschaltverzögerung; ungleich lang, Impulsverkürzung.

Lösung 5.1

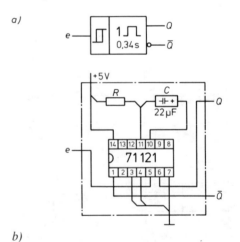

Lösung 5.2

Die Geschwindigkeit v ist definiert als die Änderung der betr. Größe, dividiert durch die Zeitspanne, in der diese Änderung stattfindet. Also muß die *Spannungsdifferenz* ΔU (die Differenz wird symbolisiert durch den griechischen Buchstaben Δ = »delta«) dividiert werden durch die *Zeitspanne* Δt.

a)
$\Delta t = 20 \text{ ms} - 3 \text{ ms} = 17 \text{ ms}$
$\Delta U = 4{,}75 \text{ V} - 0{,}4 \text{ V} = 4{,}35 \text{ V}$

$$v_U = \frac{\Delta U}{\Delta t} = \frac{4{,}35 \text{V}}{17 \text{ ms}} = 255{,}88 \frac{\text{V}}{\text{s}}.$$

b)
$\Delta t = 5 \text{ min} - 4{,}5 \text{ min} = 0{,}5 \text{ min} = 30 \text{ s}$
$\Delta U = 4{,}75 \text{ V} - 0{,}4 \text{ V} = 4{,}35 \text{ V}$

$$v_U = \frac{\Delta U}{\Delta t} = \frac{4{,}35 \text{ V}}{30 \text{ s}} = 0{,}145 \frac{\text{V}}{\text{s}}.$$

Im Diagramm *a)* ist die Änderungsgeschwindigkeit der elektrischen Spannung wesentlich größer als in *b)*. Auf den ersten Blick scheint dies eher umgekehrt zu sein – beachten Sie aber die gewählten Maßstäbe!

Lösung 5.3

a)

b)
$t_v = 0{,}7 \cdot R \cdot C$

$$R = \frac{t_v}{0{,}7 \cdot C} = \frac{0{,}34 \text{ s}}{0{,}7 \cdot 22 \text{ }\mu\text{F}} = \frac{0{,}34 \text{ s}}{0{,}7 \cdot 22 \cdot 10^{-6}\text{F}}$$

$R = 22078 \text{ }\Omega$;
gewählt wird der Normwert:
$R = 22 \text{ k}\Omega$.

Lösung 5.4

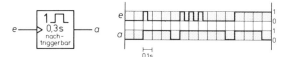

Lösung 5.5

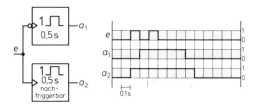

Lösung 5.6

a)

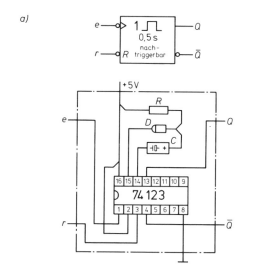

b)
Bei einer Schaltung mit Elektrolytkondensator (und Schutzdiode) gilt:
$t_v = 0{,}28 \cdot C \cdot (R + 700 \, \Omega)$

$R + 700 \, \Omega = \dfrac{t_v}{0{,}28 \cdot C}$

$R = \dfrac{t_v}{0{,}28 \cdot C} - 700 \, \Omega = \dfrac{0{,}2 \text{ s}}{0{,}28 \cdot 22 \cdot 10^{-6} \text{F}} - 700 \, \Omega$

$R = 31767 \, \Omega$;
gewählt wird der Normwert:
$R = 33 \text{ k}\Omega$.

Lösung 5.7

Der wirksame Widerstand R läßt sich mit Hilfe des Einstellwiderstandes zwischen 1 kΩ und 1001 kΩ (= 1,001 MΩ = 1 MΩ + 1 kΩ) variieren.
$t_v = 1{,}1 \cdot R \cdot C$
$t_{v\,min} = 1{,}1 \cdot 1 \text{ k}\Omega \cdot 1 \, \mu\text{F}$
$t_{v\,min} = 1{,}1 \cdot 10^3 \, \Omega \cdot 10^{-6} \text{F}$
$t_{v\,min} = 1{,}1 \cdot 10^{-3} \text{s} = 1{,}1 \text{ ms}$

$t_{v\,max} = 1{,}1 \cdot 1{,}001 \text{ M}\Omega \cdot 1 \, \mu\text{F}$
$t_{v\,max} = 1{,}1 \cdot 1{,}001 \cdot 10^6 \, \Omega \cdot 10^{-6} \text{F}$
$t_{v\,max} = 1{,}1011 \text{ s} = 1101{,}1 \text{ ms}$

Die Verweilzeit läßt sich zwischen 1,1 ms und 1,1 s einstellen. Im Schaltzeichen in der Aufgabenstellung sind also $t_1 = 1{,}1$ ms und $t_2 = 1{,}1$ s.

Lösung 5.8

Das gegebene monostabile Kippglied wird mit 1-Werten getriggert. Der Ausgang geht dabei für die Dauer der Verzögerungszeit t_v auf den Wert 0 (also eine Negation). Wichtig ist: Bei dieser Ausführung eines monostabilen Kippgliedes wird die Verweildauer verkürzt, wenn das Eingangssignal kürzer als die eingestellte Verweilzeit ist.

a)

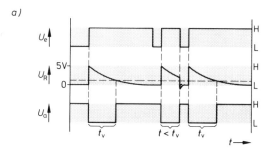

b)

Lösung 5.9

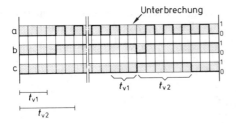

Sobald eine der Flaschen umkippt und somit von dem Opto-Fühler nicht erfaßt wird, gibt das nachtriggerbare monostabile Kippglied einen 1-0-Wertwechsel an das nachgeschaltete zweite monostabile Kippglied ab, das dann seinerseits einen auf die Zeitdauer t_{v2} begrenzten Alarm meldet.
Dabei muß die Verweilzeit t_{v1} so bemesssen sein, daß sie schon beim Ausbleiben nur *eines* Impulses bei a abgelaufen ist, damit das zweite, durch 1-0-Wechsel gesteuerte monostabile Kippglied gesetzt wird.

Lösung 5.10

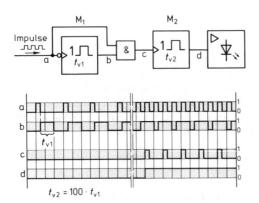

Bei *niedriger* Eingangsfrequenz ist die Zeitspanne zwischen zwei Impulsen größer als die Verweilzeit t_{v1} des monostabilen Kippgliedes M_1.
Das UND-Glied erhält deshalb abwechselnd nur immer an einem der beiden Eingänge den Wert 1 und bleibt gesperrt (linke Hälfte des Zeitablaufdiagramms: $c = 0$). Sobald aber die Eingangsfrequenz so hoch wird, daß die Zeitspanne zwischen zwei Eingangsimpulsen kleiner als die Verweilzeit t_{v1} von M_1 ist, erhält das UND-Glied an beiden Eingängen gleichzeitig den Wert 1 (die Impulse an a und b

»überlappen« sich zeitlich; rechte Hälfte des Zeitablaufdiagramms).
Das UND-Glied triggert nun über die Leitung c das monostabile Kippglied M_2, welches für einige Zeit ($t_{v2} = 100 \cdot t_{v1}$) die optische Anzeige (Leuchtdiode) einschaltet.

Lösung 6.1

a)

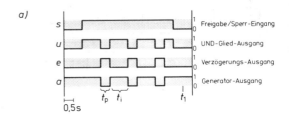

Anmerkung zum Abschaltvorgang: Im Zeitpunkt t_1 wird e nicht mehr auf 1-Wert gebracht.

b)
$t_i = 1$ s
$t_p = 0{,}5$ s
$T = t_i + t_p$
$T = 1{,}5$ s

$f = \dfrac{1}{T} = \dfrac{1}{1{,}5 \text{ s}} = 0{,}667$ Hz.

Lösung 6.2

a)

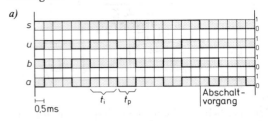

b)
$t_i = 1{,}5$ ms
$t_p = 1$ ms
$T = t_i + t_p$
$T = 2{,}5$ ms

$f = \dfrac{1}{T} = \dfrac{1}{2{,}5 \text{ ms}} = 0{,}4$ kHz $= 400$ Hz.

c)
Impuls-Impulspause-Verhältnis:
$t_i : t_p = 1{,}5 : 1$.

Lösung 6.3

a)

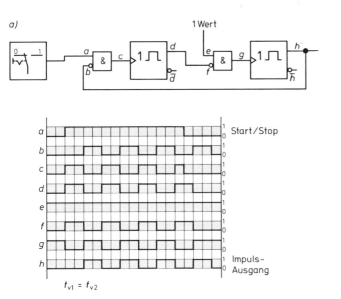

b) Das astabile Kippglied führt im gesperrten Zustand (Ruhezustand) den Wert 0 am Ausgang h. Die Sperrung erfolgt mit 0-Wert an a.

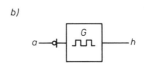

Beachten Sie, daß h und b bzw. d und f jeweils zeitlich gleich verlaufen. Vergleichen Sie auch mit der Schaltung in *Übung 6.2*.

Lösung 6.4

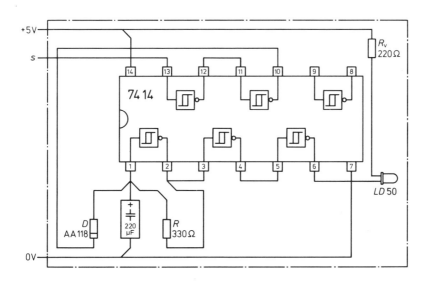

Einschließlich des IC werden nur 6 Bauelemente benötigt.

Lösung 6.5

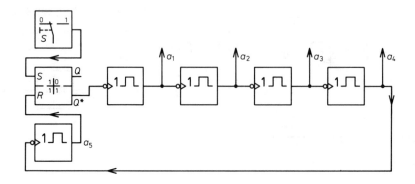

a) Infolge der Verriegelungsschaltung kann die Programmablauf-Steuerung erst nach Ablauf eines Zyklus erneut gestartet werden.

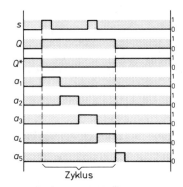

b) Wenn der Tastschalter S dauernd auf 1-Wert gehalten wird, so startet die Programmablauf-Steuerung nach dem Ablauf eines jeden Zyklus selbständig erneut, da der dominierende Rücksetzeingang des RS-Kippgliedes dann nicht mehr dauernd mit 1-Wert beschaltet ist.

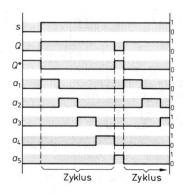

Lösung 6.6

1. Schritt:

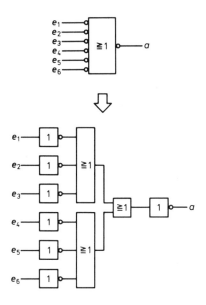

2. Schritt:
Es gilt (siehe auch *Band 1, Seite 64, Bild 4.42*):

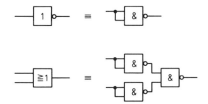

Damit folgt (zu den Streichungen s. *3. Schritt*):

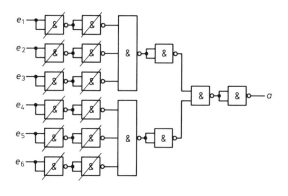

3. Schritt:
Doppelte Negationen entfallen (siehe die Streichungen im 2. Schritt); nicht jedoch die durch die NAND-Glieder selbst erzwungenen! Zur Schaltungs-Realisation werden ⅔ TTL-ICs 7410 benötigt.

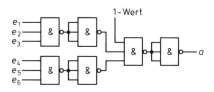

Lösung 6.7

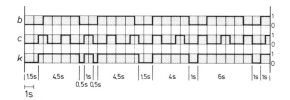

Anmerkung: Es ergibt sich bei k eine unregelmäßige Impulsfolge, die sich alle 30 Sekunden genau wiederholt.

Lösung 6.8

Ist der zeitliche Abstand zwischen zwei Nadelimpulsen kürzer als die am nachtriggerbaren monostabilen Kippglied M eingestellte Verweilzeit t_v, so führt der Ausgang a einen Dauer-1-Wert.
Beachten Sie hierzu die Darstellungen in *Bild 5.4*.

Lösung 6.9

a)

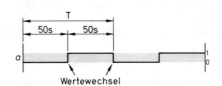

$T = 100$ s

b)

$$f = \frac{1}{100 \text{ s}} = 0{,}01 \text{ Hz}$$

$f = 10$ mHz

c)

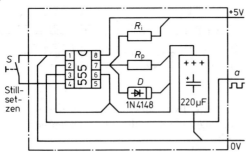

d)

$$f = \frac{1}{0{,}7 \cdot C \cdot (R_i + R_p)}$$

Für $R_i = R_p = R$ gilt:

$$f = \frac{1}{0{,}7 \cdot C \cdot 2 \cdot R} = \frac{1}{1{,}4 \cdot R \cdot C}$$

$$1{,}4 \cdot R \cdot C = \frac{1}{f}$$

$1{,}4 \cdot R \cdot C = T$

$$R = \frac{T}{1{,}4 \cdot C}$$

$$R = \frac{100 \text{ s}}{1{,}4 \cdot 220 \cdot 10^{-6} \text{F}}$$

$R = 324{,}68$ kΩ
gewählter Normwert:
$R = 330$ kΩ

Lösung 6.10

Da jede Binärteiler-Stufe ihre Eingangsfrequenz jeweils um den Faktor 2 teilt, sind insgesamt 22 solcher Stufen nötig. Kontrolle durch Rückrechnung: $2^{22} = 4{,}194304$ Millionen.

Teilerschaltungen mit diesem Frequenzverhältnis gibt es in integrierter monolithischer Form z.B. in DIL-Gehäuse-Ausführung.

Anhang

Literaturhinweise:

Bücher:

Bernstein, H.: Handbuch der TTL-Technik, Teil 1 bis 3. Stuttgart: Frech-Verlag.

Bertram, U.: Hochintegrierte digitale Schaltungen. Hamburg: Valvo.

Block, K., u.a.: Kontaktlose Signalverarbeitung. Köln: Stam-Verlag.

Bürgel, E.: Neue Normen und Schaltzeichen der digitalen Informationsverarbeitung. München: Franzis-Verlag.

Davies, D.W.: Digitaltechnik. München: Oldenbourg-Verlag.

Dokter, F., u. J. Steinhauer: Digitale Elektronik in der Meßtechnik und Datenverarbeitung. Band I: Theoretische Grundlagen und Schaltungstechnik. Band II: Anwendungen der digitalen Grundschaltungen und Gerätetechnik. Hamburg: Philips-Fachbücher, Deutsche Philips GmbH.

Föllinger, O., u. W. Weber: Methoden der Schaltalgebra. München: Oldenbourg-Verlag.

Groh, H., u. W. Weber: Digitaltechnik I, Elemente der mathematischen Entwurfsverfahren. Düsseldorf: VDI-Verlag.

Häberle, H., u.a.: Elektronik – Industrieelektronik, 2. Teil. Wuppertal: Europa-Lehrmittel-Verlag.

Hänisch, W., u.a.: Digitale Systeme. München: Franzis-Verlag.

Heim, K.: Schaltungsalgebra. München: Siemens AG.

Kussl, V.: Digitaltechnik III – Steuerungstechnik mit elektronischen Funktionselementen. Düsseldorf: VDI-Verlag.

Pütz, J. (Hrsg.): Digitaltechnik – ein Einführungskurs. Düsseldorf: VDI-Verlag.

Reiß, K., u.a.: Integrierte Digitalbausteine. Berlin, München: Siemens AG.

Schaaf, B.-D. u. W.A. Schröder: Digitale Datenverarbeitung. München: Carl Hanser-Verlag.

Schmidt, W. u. O. Feustel: Optoelektronik. Würzburg: Vogel-Verlag.

Seifert, W.: Digitaltechnik II – Schaltelemente. Düsseldorf: VDI-Verlag.

Siemens AG (Hrsg.): Datenbuch Optoelektronik-Halbleiter. München: Siemens AG.

Siemens AG (Hrsg.): Digitale Schaltungen – Datenbuch. München: Siemens AG.

Söll, W. u. J.H. Kirchner: Digitale Speicher. Würzburg: Vogel-Verlag.

Telefunken-Fachbuch: Digitale integrierte Schaltungen. Berlin: Elitera-Verlag.

Texas Instruments Deutschland GmbH (Hrsg.): TTL-Kochbuch. Freising: Texas Instruments.

Texas Instruments Deutschland GmbH (Hrsg.): Das Opto-Kochbuch. Freising: Texas Instruments.

Texas Instruments Deutschland GmbH (Hrsg.): Pocket Guide, Band 1 – Digitale Integrierte Schaltungen. Freising: Texas Instruments.

Ulrich, D.: Grundlagen der Digitalelektronik und digitalen Rechentechnik. München: Franzis-Verlag.

VDI (Hrsg.): Programmierte Unterweisung in die Digitaltechnik. Düsseldorf: VDI-Verlag.

Weber, W.: Einführung in die Methoden der Digitaltechnik. Berlin: AEG-Telefunken.

Weyh, U.: Elemente der Schaltungsalgebra. München: Oldenbourg-Verlag.

Wirsum, S.: Experimente mit digitalen Schaltgliedern. München: Franzis-Verlag.

Wolf, G.: Digitale Elektronik. München: Franzis-Verlag.

Zeitschriften:

Elektor – Fachzeitschrift für Elektronik. Gangelt: Elektor-Verlag.

Elektronik – Fachzeitschrift für angewandte Elektronik und Datentechnik. München: Franzis-Verlag.

ELO – Magazin für Praxis und Hobby. München: Franzis-Verlag.

elrad. Hannover: Heinz Heise-Verlag.

Populäre Elektronik. Hamburg: M + P-Verlag.

rfe – Der junge Radio-, Fernseh- und Industrie-Elektroniker. Frankfurt: Frankfurter Fachverlag.

Sachregister

Abhängigkeitsnotation 36
Abtastkopf (Abtastscheibe) 13 f., 23 ff.
Achter-System (s. auch Oktal-System) 21, 202 ff.
Änderung der Schieberichtung 81
Adressierung 21, 25
akustisches Mobile 139 ff.
akustischer Sensor 183 ff.
akustischer Signalgeber 130 f.
Alarmanlage 107 f.
alphanumerische Darstellung 31
analoge Meßwertanzeige 120 f.
Anoden-Katoden-Strecke (b. Thyristor) 192
Anschlußpläne v. TTL-Bausteinen 218 ff.
Ansprechsicherheit 166
Ansteuerung des Asynchronzählers 58
Ansteuerung des Synchronzählers 58
Antenne, drehbare 27
Antiparallelschaltung (v. Thyristoren) 198
Anzeige-Einheit 68
Anzeige, 1-aus-10- 67
Arbeitszustand 111, 116
Arbeitsweise eines BCD-Zählers 62 f.
astabile Kippglieder 124 ff., 131 ff.
astabiles Kippglied aus NAND-Gliedern 159 ff.
astabile Kippschaltungen, quarzgesteuert 160 ff.
Asynchronzähler 58 f.
Auffülleffekt 76
Auffüll- und Räumeffekt 78 ff.
Aufwärtszählen 63
Ausgabe-Einrichtungen 163 ff.
Ausgabe, parallele 85
Ausgabe, serielle 84 f.
Ausgänge, retardierende 38 f.
Auslesen 85
Ausschaltverzögerung 100 ff., 212

Basis (eines Zahlensystems) 201 ff.
BCD-Code 24
BCD-7-Segment-Codierer 71

BCD-Zähler 60 ff., 219
Berechnung der Verzögerungszeit 105
binäre Codes 12 ff., 46
binäre Codierung von Schriftsätzen 31
binär codierte Dezimalzahl 24
binär-direkter Code 24
binäre Informationsübertragung 12
binäre Positionsübertragung 15
Binär-Teiler 36, 42
binäre Zustände 60
»binary digit« (Bit) 16
bistabile Kippglieder 35, 47, 60
Bit 16 ff., 23, 47, 85
Bit-Aufwand 24
Bit-Kombinationen 19, 31
Blinksignalgeber 128
Buchstabenumschaltung 31

CCIT-Code Nr. 2 31
Check-Kanal (b. Lochstreifen) 33 f.
Codes 11 f.
Code, 1-aus-m- 14
Code, 1-aus-10- 14, 23, 67
Code, 1- aus-12- 29
Code, 1-aus-16- 14
Codes, binäre 12 ff., 46
Code, 4-Bit- 23
Code, dualer 28
Code, einschrittiger 28
Code, mehrschrittiger 28
Code, IBM-8-Kanal- 33 f.
Codesysteme, Struktur 13
Codeworte, 4-Bit- 24
Codeworte, 5-Bit- 33
Codeworte, 6-Bit- 31
Codier-Einrichtung, binäre 14
Codierer 67 f.
Codierung, binäre 19 ff.
Codierung, binäre von Schriftsätzen 31
Computertechnik 11

D-Kippglieder 36, 41, 83, 210
Dämmerungsschalter 163 f.
Darlington-Transistor 133
Darstellung, alphanumerische 31

Darstellung von Informationen 12
Datenübertragung 86 f.
Dauergrenzstrom 193
Decodierlogik (-Schaltung) 29 f.
Dezimalstelle 23
Dezimal-System 17 ff., 202 ff.
Dezimalzähler 60, 72 ff.
Dezimalzahlen 60
Dezimalzahlen, binär codiert 24
dezimale Anzeige 60, 67
Diebstahlsicherung 108, 188
Differenzverstärker 185
DIGIPROB-System 40, 66, 69, 74 f., 92, 103, 114, 129, 171 ff., 248 f.
Digitalelektronik 11
digitalelektronischer Umschalter 84
Digitaltechnik 11
direkte Strahlschranken 166, 180
dominierende Eingänge 64
dominierender Rücksetzeingang 112
Doppelbelegung (v. Tasten) 31
DPS = DIGIPROB-System (siehe dort)
Drehspulmeßinstrument 120 f.
Drehzahlaufnehmer, magnetischer 188
Drehzahlmesser, optoelektronischer 120 ff.
Dual-Code 18, 24, 28
Dual-Rückwärtszähler, voreinstellbarer 57
Dual-System 18, 46 ff., 202 ff.
Dualzähler 47, 60
Dualzähler, dreistelliger 48
Dualzähler, umschaltbarer 54
Dualzähler, vierstelliger 49 ff.
Dualzähler, Voreinstellung 55
Dualzähler, Zurückstellung 52
Dualzahlen 60, 205
Dunkel-Steuerung 151
Duodezimal-System (12er-System) 24 f., 202 ff.

Ein- und Ausgabe-Einrichtungen 163 ff.
Ein- und Ausschaltverzögerung 106, 212

Einflanken-Steuerung 36 ff., 208
Eingabe, parallele 85
Eingabe, serielle 84 f.
Eingänge 64
Eingang, systemgerechter (TTL) 105
Eingangsgröße 91
Einlesen 85, 88
Einschaltverzögerung 100 ff., 212
Einschrittigkeit (v. Codes) 29
Einstellung der Impulsfrequenz 145 f., 154 f., 215
Elektrolytkondensatoren, Leckströme 114
Empfänger-Schieberegister 86 ff.
Empfangseinrichtung 28
Entladekurve 101
Entscheidung, Ja/Nein- 16
Ergebnisanzeige 46
Exponent 201 ff.

fan-in 219 ff.
fan-out 218 ff.
Fehlererkennung (b. Lochstr.) 34
Fehlerkorrektur (b. Lochstr.) 31
Fernauslöseeinrichtung, IR- 180 ff.
Fernauslösung, optoelektronische 180
Fernschreibcodes 31 ff.
Fernschreibcode CCIT Nr. 2 (5-Bit) 33
Fernschreiber 31
Fernsprechanlagen 15
Fotodiode 165
Fotoelement 165
Fototransistor 165 ff.
Fotowiderstand 149, 164
Freigabebefehl 58
Freigabeeingang 126, 131
Fremdlicht, Fremdstrahlung 166 ff.
Frequenz 120 ff.
Frequenzabgleich 182
Frequenzanzeige-Einrichtung 35
Frequenzeinstellung 145 f., 154 f., 215
Frequenzgenerator 132
Frequenzmesser 120
Frequenzteiler 42 ff.
Frequenzteiler, 50:1, 45

Frequenzteiler mit JK-Kippgliedern 42
Frequenzteilung, 2:1 64
Frequenzteilung, 5:1 64
Frequenzuntersetzer 42
Frequenzvergleich 122
Funktionseinheiten 218 ff.
Funktionsglied-Tabellen 208 ff.

Gabellichtschranken 169
Garagenbeleuchtung 101
Gate (b. Thyristor) 192
Gesamt-Teilungsverhältnis 45
Gesamtumschaltzeit 58
Gray-Code 28
Grundzustand 64

Halbleiter-Wechselstromrelais, integriertes 197 f.
Hall-Generator 186 f.
Hell-Dunkel-Steuerung 152
Helligkeitseinstellung, stufenlose 146 f.
Helligkeitssensor 164
Helligkeitssteuerung 148 ff.
Hexadezimales System (16er-System) 25, 204 ff.
Hexal-System (6er-System) 19, 202 ff.
hochohmiger Trigger-Eingang 97
Hysterese 91, 164, 187

Impulsdauer 120 ff.
Impulsdauereinstellung 145 ff.
Impulsdauerformung 121
Impulsflanke, ansteigende 36
Impulsformer 121, 190
Impulsfrequenz 42, 120, 130 f.
Impulsfrequenz, automatisch veränderliche 156
Impulsfrequenz, Einstellung der 145 f., 154 f., 215
Impulsgeber 12
Impulsgenerator 125 ff., 175
Impulsgenerator, quarzgesteuerter 160 ff.
Impulsgenerator, spannungsgesteuerter 154 f.
Impulsgrößenformung 121
Impulslückenmeldung 123
Impulspaket 181
Impulspausendauer 125, 146

Impulspausendauer, einstellbare 152 ff.
Impulsserie 15
Impulssteuerung 146
Impulssumme 16 f.
Impulszähler mit JK-Kippgliedern 46
Impulszeiteinstellung 155
Induktivität 178
industrielle Revolution 12
Informationsaustausch 12
Informationsdarstellung 17
Informations-Eingabe- und Ausgabe 84, 163
Informationsmenge 16
Informationsspeicherung 39
Informationsspuren (b. Lochstr.) 32, 170 ff.
Informationsträger 12
Informationsübernahme 36
Informationsübertragung 87
Informationsübertragung, binäre 12
Informationsverarbeitung 84
Infrarot: siehe IR-
Integriertes Halbleiter-Wechselstromrelais 197 f.
IR-Diode (-Leuchtdiode) 167, 175
IR-Empfänger 168
IR-Fernauslöseeinrichtung 183
IR-Fernbedienungseinrichtung 180
IR-Filter 167 ff.
IR-Impulsempfänger 177 ff.
IR-Impulssender 175 ff.
IR-Impulssender, batteriebetriebener 182
IR-Strahlschranken 167
IR-Strahlung 167 ff.
IR-Wechsellichtschranke 180

»Jaul-Sirene« 154 ff.
JK-Kippglieder 36 ff., 76 ff., 184, 208 ff.
JK-Kippglieder, für Impulszähler 46
JK-Kippglieder mit Zweiflanken-Steuerung 57
JK-Master-Slave-Kippglied 39, 209

Kaltleiter 96
Kanäle (Inf.-Spuren) 31 ff., 170 ff.

8-Kanal-Lochstreifenleser 171
Katode (b. Thyristor) 192
Kippglieder 16 ff.
Kippglieder, astabile 124 ff., 152 ff., 215
Kipglieder, bistabile 35, 47, 60, 208 ff.
Kippglieder, monostabile 108 ff., 213 ff.
Klatschschalter 183 f.
Kleinlichtschranke 166 ff.
Kleinthyristor 193
Kommunikation 12

Langzeit-Taktgeber 159
Lautsprecherstufe 138
Leckströme bei Elektrolytkondensatoren 114
Lesebefehl 32
Lesekopf 171 f.
Leuchtdioden-Anzeige 60
Leuchtpunkt-Anzeige, dezimal 69, 74 f.
Leuchtreklame 78
Leuchtsegmente 70
Lichtimpulsfrequenz 175
Lichtschranken 165
Lichtschranken-Empfänger 174
Lichtschranken-Sender 174
Lichtsensor 164 f.
linksschiebendes Register 81
Lochkartenleser, optoelektronischer 169 ff.
Lochrastermaß 172
Lochstreifen 31, 171
Lochstreifenabtastung, elektromechanische 13
Lochstreifenführung 172
Lochstreifenleser, optoelektronischer 169 ff.

Magnetfeldsensor 186 ff.
Magnetflußdichte 187
Markierungsspur 28 ff., 170 ff.
Maschinenkommandos 33
Master-Slave-JK-Kippglied 39, 209
Master-Slave-Schaltung 39
Meldeschaltung 75
Melodiegeber 134 ff.
Meßwertanzeige, analoge 120 f.
Mikrocomputer 11

Mikrofon 184
Mikroprozessor 21, 25
Mindesthaltestrom 193
Mindestzündstrom 193
Miniorgel 131 ff.
»Monoflop«: s. monostab. Kippgl.
monostabile Kippglieder 108 ff., 213 f.
monostabile Kippglieder, nachtriggerbare 110 ff., 214, 220
Multivibrator 124

nachtriggerbare monostabile Kippglieder 110 ff., 214, 220
Nadelimpuls-Generator 144 ff.
NAND-Glieder 30
NAND-Schmitt-Trigger 94 ff., 130 f., 142, 217 f.
negierendes Trigger-Glied 94
Netzfrequenz 45
nichtbinäre Signale 91
Nullausblendung 71
Nullspannungsschalter 195 ff.

Oktade 24
Oktal-System (8er-System) 21, 202 ff.
Operationsverstärker 178, 184 f.
optoelektronische Fernauslösung 180
optoelektronische Leseeinrichtungen 169 ff.
optoelektronischer Sensor 121
Optofühler 28
Optokoppler 120, 196 ff.
Oszillator 124

Parallele Informationsübertragung 85 ff.
Parallelschwingkreis 177
parity bit 34
Pegelumsetzer 188 ff.
Pegelwechsel, H-L- 109
Periodendauer 42, 125 f.
periphere Einrichtungen 99, 163
»Pieper« 131
»Piepton« 139
Positionsgeber 13, 27 f.
Positionsmeldung 188
Potentialtrennung 190 ff., 217
Potenzwert 201 ff.
prellfrei 47

prellfreier Schalter 188
Programmablauf-Steuerung 117 ff., 134 ff.
Programmiersprachen 12
Prüfbit 34
Pseudotetrade 24 f.
Puls-Code-Modulation (PCM) 11

quarzgesteuerter Taktgenerator 160 ff.

RC-Glied 101, 115, 126 f.
RC-Glied, Bemessung 105
Rechteckimpulse 124 f., 125
rechtsschiebendes Register 81
Reflektor 180
Reflexionskopf 169
Reflexions-Lesekopf 173
Reflexions-Strahlschranke (-Lichtschranke) 166 ff., 180
Registerschaltungen 35, 76
Reihenschwingkreis 161
Resonanzfrequenz 161, 177
retardierende Ausgänge 38 f.
Ringregister 89
RS-Kippglied 38, 150
Rückkopplungsleitung 160
Rücksetzeingang 209, 219
Rücksetzeingang, dominierender 39 f., 112
Rückstellung 52 ff.
rückwärtsschiebendes Register 82
Rückwärtszähler 53 ff.
Ruhezustand 111, 116
Runden-Zähler 68

Schallpegelmelder 184
Schallplatte, digitale 11
Schalthysterese 91 ff., 164, 187
Schaltungsfehler 63
Schaltzeitbeeinflussung 100
Schaltzeitbegrenzung 108
Schieberegister 76 ff.
Schieberegister mit Auffüll- und Räumeffekt 78 f.
Schieberegister mit wanderndem 1-Wert 81
Schieberegister, umkehrbar 82
Schieberegister, vierstufig 77
Schieberegister, zwölfstufig 80
Schieberichtung 81 ff.
Schiebetaktleitung 87

Schmitt-Trigger 90 ff., 132 f., 183, 216 ff.
Schrankenweite 166 f., 174
Schrift 12
Schriftsätze, binäre Codierung 31
Schutzdiode 111
Schwellwertschalter (s. auch Schmitt-Trigger) 90 ff., 183
Schwingkreisspule 178
Schwingungserzeuger 124
Schwingungsvorgang 160
Schwingquarz 160 ff.
Sechser-System (Hexal-System) 19, 202 ff.
Sechzehner-System (Hexadezimal-System, Sedezimal-System) 25, 202 ff.
7-Segment-Anzeige 60, 69 ff.
Sekundentakt 45
Selektiv-Frequenz-Verstärker 177
Sender-Schieberegister 86 f.
Sender-Strahlungsleistung 176
Sensor, akustischer 183 ff.
Sensor, optoelektronischer 121
Sensoren für nichtelektrische Größen 163
serielle Informationsübertragung 84 ff.
Setzeingang 219
Sieben-Segment-Anzeige 60, 69 ff.
Signale, nichtbinäre 91
Signale, stetige 90
Signalgeber, akustischer 130 f.
Signallaufzeit 100, 106
Signalnegation 94
Signalpegel-Umsetzer 188 ff., 217
Signalpegel-Umsetzer mit Potentialtrennung 190 ff., 217
Signalumkehr 94
Signalwechsel 90
Sirenen-Schaltung 155
Slave-Speicher 38
Sollwertvorgabe 51
Sollwertvorwahl 74
spannungsgesteuerter Impulsgenerator 154 f.
Spannungsteilheit, kritische 193
Speicher 36 ff.
Speicherglieder 17
Speicherung 12
Sperreingang 126, 131, 215
Sperrfrequenz 179

Spitzensperrspannung, periodische 193
Spulen 179
Stellenübertrag 60, 73
Stellenwertigkeit 18
Stellenwertsysteme 17 ff., 201 ff.
stetige Signale 90
Steueranschluß 192
Steuereingang 36
Steuertakt-Eingang 40
Störstrahlung 168
Strahlenbündelung 166 ff.
Strahlenleistung 176
Strahlschranken, direkte 166, 180
Strahlschranken, Reflexions- 166, 180
Stromimpuls-Helligkeits-Steuerung 148 ff.
Sunrise-Sunset-Dimmer 150
Synchronzähler 58 f.
systemgerechter Eingang (TTL) 105

T-Kippglieder 36, 41 ff., 56, 183 ff., 211
Taktfrequenz 127, 145
Taktgeber 78, 139, 157
Taktgenerator 131, 141
Taktgenerator, quarzgesteuerter 160
Taktzeitänderung 141
Tastverhältnis 175
Teiler (s. auch Frequenzteiler) 64
temperaturabhängiger Widerstand 96
Temperaturfühler-Schaltung 96 ff.
Temperatursensor 185 f.
Tesla 187
Tetrade 24
Thyristor 192 ff.
Thyristor-Wechselstromschalter 196
Timer 555 (s. auch Zeitgeber 555) 113 f., 221
Toleranzbereich 93
Tonfrequenzgenerator (Tonsignalgeber) 124 ff.
Tor-Schaltung 126, 139
Transportspur 32, 170
Treiberstufe 137 f.
Triac 192, 198 ff.

Trigger (s. auch Schmitt-Trigger) 90
Trigger-Eingang, hochohmiger 97
Trigger-Eingangsstrom 96 f.
Trigger-Einheit 172
Trigger-Impuls 111
Trigger-Spannungsschwelle (Tr.-Schaltschwelle) 92 ff.
»Trillerton« 139
TTL-Bausteine: Anschlußpläne 218 ff.

Übernahme-Impuls 86
Übertrag 60, 73
Übertragungskennlinie 91 ff.
Übertragungssystem 16
umkehrbare Schieberegister 82 f.
Umschaltzeit 58
Umwandlung vorgegebener Zahlen 205 ff.

VCO 154 f.
Verknüpfungsglieder 16, 30
Verknüpfungsschaltung 51
Verriegelungsschaltung 136
Verweilzeit 108 ff.
Verweilzeiteinstellung 110 ff., 214
Verzögerungsglieder 100 ff., 212 f.
Verzögerungszeiten 101 ff.
vierstelliger Dualzähler 51
Voltage Controlled Oscillator (VCO) 154 f.
Vorbereitungseingänge 36
Voreinstellen von Dualzählern 55 ff.
Vorwärtszähler 53 ff.
Vorwärtszähler, asynchroner 59
Vorwärtszähler, synchroner 59
Vorwahl der Schieberichtung 84
Vorwahl der Zählerauswertung 51

Wechsellichtschranke 174 ff.
Wechsellichtsender 174
Wechselspannungs-Selektiv-Verstärker 177 f.
Wechselspannungsverstärker 178, 184
Wechselstromschalter 192, 197 ff.
Wegstreckenabtastung 13
Wertekombinationen 30
Wertetabelle 37

Widerstand, temperaturabhängiger 96
Widerstandsanspassung 98, 104
Wirtschaftlichkeit 25

Z-Diode 189 f.
Zählcode 15
Zähleinheit 68
Zähleinrichtung 14, 53
Zähleranzeige, dezimale 60
Zählerauswertung, Vorwahl der 50
Zählergrundzustand 64
Zählerinhalt 50 f., 60
Zählerorganisation 54
Zählerstand 54, 72
Zählstandsanzeige, dezimal 67

Zählerstandsauswertung 50
Zählerstandsmeldung 74
Zählerstandsvorwahl 75
Zählersystem 46
Zählgeschwindigkeit 58
Zählrichtungsvorwahl 55
Zählfrequenz 58
Zählimpulse 46
Zählkapazität 15, 48 f.
Zählphasen 61 f.
Zählschaltungen 35, 46
Zählschaltung, voreinstellbare 58
Zählzyklus 47, 54
Zahlensysteme 17 ff., 201 ff.
Zeichen 12
Zeichenvorrat 17
Zeitablaufdiagramm 37

Zeitbegrenzung 116 f.
zeitbestimmende Bauelemente 110 f.
Zeitgeber 555 (s. auch Timer 555) 113 f., 157., 221
Zeittaktgeber 124 ff., 190
Ziffern 12
Ziffernfiguren 60, 68
Ziffernzählcode 16
Zuordnungssysteme 12
Zurückstellen eines Dualzählers 52
Zustände, binäre 60
Zweiflanken-Steuerung 36 ff., 57, 209 ff., 219
zweistelliger Dezimalzähler 72 ff.
Zwischenspeicher 86

Bausätze

vgs
verlagsgesellschaft
Postfach 180269
5000 Köln 1

Die Platinen für das DIGIPROB-System und die übrigen in diesem Buch vorgestellten Bausätze sind in Zusammenarbeit mit der Firma Thomsen-Elektronik entwickelt worden, die auch die Garantieleistungen für Bauteile und Platinen übernimmt.

Alle Bausätze enthalten die zur Funktion benötigten Bauelemente sowie ein vorgebohrte Platine mit Positionsaufdruck zur leichten Bestückung. Eine ausführliche Aufbauanleitung mit Hinweisen zur digitaltechnischen Funktion (bei den DPS-Baueinheiten) bzw. zur Inbetriebnahme (bei den übrigen Bausätzen) erleichtern die Arbeit.

Die DPS-Baueinheiten und die Bausätze sind im Fachhandel erhältlich, können aber auch bei der Verlagsgesellschaft Schulfernsehen (Adresse siehe oben) bestellt werden. Technische Änderungen bleiben vorbehalten. Porto und Verpackung gehen zu Lasten des Empfängers.

Bitte fordern Sie den Elektronik-Prospekt der vgs an!

Die DPS-Baueinheiten zu Band 1:

7128-2 4fach-Eingabeeinheit DPS 1
7129-0 Prellfreie Taste mit zwei Stellschaltern DPS 2
7130-4 Halterung mit Stecksockel für ICs DPS 3
7131-2 Halterung für diskrete Bauelemente DPS 4
7132-0 6fach-Ausgabeeinheit DPS 5
7133-9 Netzteil (5 V, 1 A) DPS 6
7134-7 Zwei Sensortasten DPS 8
7135-5 Motor-Steuereinheit DPS 9
7136-3 4fach-Pegelwertanzeige (H, L) DPS 12
7137-1 4fach-Binäranzeige (0,1) DPS 13
7138-X Netzteil (12 V, 2 A) DPS 14
7139-8 DPS-Kabelsatz
         30 Kabel à 0,15 m und 60 Stecker

Die folgenden beiden Kombinationen enthalten alle für die ersten Grundversuche notwendigen Signaleingabe- und -ausgabeeinheiten, das 5-V-Netzgerät und 1 bzw. 2 IC-Halterungen sowie einen Kabelsatz.

7140-1 DPS-Sechser-Set
         Zwei DPS 3 und je 1 DPS 1, 2, 5 und 6
7141-X DPS Vierer-Set
         Je ein DPS 1, 3, 5 und 6

Die weiteren Bausätze zu Band 1:
(Jeweils ohne Gehäuse)

7142-8 Leuchtmobile LEMO
         Besteht aus zwei Platinen
7143-6 Mehrton-Klingelanlage MTKL
7144-4 Geschicklichkeitsspiel GSP
         Besteht aus drei Platinen

Bausätze

vgs
verlagsgesellschaft
Postfach 180269
5000 Köln 1

Steuerungen mit dem Mikrocomputer

Von Ingrid Beck
144 Seiten, 186 Abbildungen und Tabellen.
ISBN 3-8025-1229-4
Erhältlich in jeder Buchhandlung.

„Das Buch vermittelt den Wissensstoff in knapper und sachlicher Form und kann jedem, der in die Programmierung des 8085 einsteigen will, als Arbeitsbuch empfohlen werden." Elektronik

Die Autorin behandelt ausführlich und leicht verständlich den Mikroprozessor. Er findet sich in jedem Mikrocomputer und Homecomputer. Aber man kann viel mehr mit ihm machen.

Zu Beginn werden die Komponenten eines Mikrocomputersystems ausführlich erläutert, und es wird das Prinzip der Programmierung behandelt. Dabei wird auf den Experimentiercomputer ECB 85 Bezug genommen: die Maschinenbefehle lassen sich aber auch auf andere 8080- oder 8085-Mikrocomputer übertragen. Im zweiten Teil des Buches werden zahlreiche Versuche beschrieben; dies geschieht meist in Form von Übungen, so daß der Leser die Ergebnisse nach und nach selbst erarbeiten kann, bis das fertige Programm läuft und die gewünschten Steuerungen vornimmt.

Zum Beispiel: das Prinzip der Multiplikation mit einem Mikrocomputer; das Heraussuchen des größten (oder kleinsten) Wertes aus Datenlisten; die Ansteuerung von Ziffernanzeigen; der Mikrocomputer als Uhr.

Die Hardware-Anwendungen schließlich sind sehr praxisnah konzipiert und auch in manchen Modellanlagen verwendbar. Im Anhang sind ausführliche Befehlslisten enthalten.

Aus dem Inhalt:
Der prinzipielle Aufbau eines Mikrocomputers
Die wichtigsten Funktionseinheiten des ECB 85
Zur Programmierung des 8085 A
Die Befehlsworte für den Mikroprozessor 8085 A
Übungen mit dem ECB 85

vgs verlagsgesellschaft
Breite Straße 118/120 · 5000 Köln 1

> **„Das MFA-Mediensystem ist ein Lehr- und Lernsystem, mit dem in der Aus- und Weiterbildung praktisches und theoretisches Wissen über Mikrocomputer-Technik vermittelt wird."**

Die Einsatzmöglichkeiten des MFA-Systems

Ein Lehr- und Lernsystem zur Mikrocomputer-Technik muß verschiedene Voraussetzungen erfüllen, damit es mit gutem Erfolg eingesetzt werden kann:

1. Die Erarbeitung bzw. Vermittlung der neuen Technologie wird wesentlich erleichtert, wenn der Lernende selbst an einem Mikrocomputer arbeiten kann. Dies erfordert ein möglichst preiswertes Gerät.

2. Die verschiedenen Zielgruppen der Ausbildung mit ihren unterschiedlichen Eingangsvoraussetzungen und Ausbildungszielen (mehr dazu weiter unten) erfordern ein System, mit dem sich unterschiedliche Schwerpunkte setzen lassen. Daher soll der Mikrocomputer je nach Anforderung entweder selbst aufzubauen oder aber als fertiges Gerät zu beziehen sein.

3. Schließlich müssen die verschiedenen Funktionsteile des Mikrocomputers als seperate Baugruppen einzeln bzw. nach und nach eingeführt und verwendet werden können. Damit kann die Mikrocomputer-Technologie Schritt für Schritt erarbeitet werden; so ist jede Funktionseinheit durchschaubar und muß daher nicht als „black box" hingenommen werden.

Sämtliche genannten Anforderungen erfüllt das MFA-Mediensystem in hervorragender Weise. Der MFA-Mikrocomputer ist preiswert und kann als Bausatz oder als Fertiggerät bezogen werden; sämtliche Baugruppen sind auch separat lieferbar.

Ein System aus der Praxis für die Praxis

Die Materialien des MFA-Systems wurden im Berufsförderungszentrum Essen (BFZ) entwickelt, und zwar im Zusammenhang mit einem von den Bundesministerien für Bildung und Wissenschaft und für Forschung und Technologie sowie der Bundesanstalt für Arbeit geförderten Wirtschaftsmodellversuch mit der Bezeichnung „Mikrocomputer-Technik in der Facharbeiter-Ausbildung"; hieraus entstand das Kürzel MFA.

Nach einer mehrjährigen Testphase in verschiedenen Ausbildungsabteilungen von Industriebetrieben, in Schulen und anderen Bildungseinrichtungen sind die Materialien jetzt ausgereift und allgemein erhältlich.

Das MFA-System eignet sich für die verschiedensten Einsatzbereiche

Das neuartige Ausbildungs-System MFA ist nicht nur für die Aus- und Weiterbildung von Facharbeitern in der immer wichtiger werdenden Mikrocomputer-Technik geeignet, sondern für jeden, der in irgendeiner Weise mit dieser Technik zu tun hat. Mit Hilfe des MFA-Mediensystems können ebenso Anfangskenntnisse erworben wie vorhandene Fertigkeiten erweitert werden.

Hier die wichtigsten Einsatzbereiche des MFA-Medien-Systems:

○ Ausbildungsbetriebe bzw. Ausbildungsabteilungen in Betrieben der Elektrotechnik, Elektronik, der Steuerungs- oder Nachrichtentechnik usw.;

○ Berufs- und Fachschulen sowie Fachoberschulen;

○ allgemeinbildende Schulen, hier vor allem die Sekundarstufe II;

○ Fachhochschulen und andere Einrichtungen der Erwachsenenbildung;

○ sonstige Bildungseinrichtungen aller Art.

Die Struktur des MFA-Mediensystems

Das gesamte MFA-Mediensystem besteht aus folgenden Teilen:

○ Ausbilder-Handbuch (AHB) mit Overheadprojektor-Folien

○ Fachtheoretische Übungen (FTÜ)

○ Fachpraktische Übungen (FPÜ, aufgeteilt in zwei Bände)

○ Mikrocomputer-Baugruppensystem, bestehend aus einem industrieüblichen 19-Zoll-Rahmen, in den außer der Stromversorgung bis zu 11 der Baugruppen eingesetzt werden können

○ Datensichtstation (Tastatur, Monitor)

○ Peripherie (Drucker, Kassettengerät, etc.).

Bitte fordern Sie den ausführlichen Sonderprospekt kostenlos an:
vgs verlagsgesellschaft
Postfach 18 02 69
5000 Köln 1

Mikroprozessor-Anwendung mit BERT

Von R. Schulé, A. Gruppe, unter Mitarbeit von M. Zillgitt.
333 Seiten mit vielen Abb., geb.
ISBN 3-8025-1239-1

Das Buch erhalten Sie in jeder Buchhandlung.

Informationen über BERT direkt beim Verlag anfordern.

Eine neue umfassende Einführung in die Mikroprozessor-Anwendung. Geschrieben von renommierten Fachleuten für alle, die sich intensiv mit elektronischen Steuerungen und Regelungen befassen wollen.

Wichtige Verfahrens- und Programmiertechniken werden anhand konkreter Beispiele vermittelt. Eigenes Programmieren steht dabei im Mittelpunkt.

Die Experimente können auf fast allen PCs durchgeführt werden. Dazu haben die Autoren einen Einplatinen-Computer (BERT) entwickelt, der als „intelligentes Interface" an alle Rechner mit einer V-24 Schnittstelle angeschlossen wird.

vgs verlagsgesellschaft
Breite Straße 118/120 · 5000 Köln 1